液体静压丝杠进给系统润滑及控制

YETI JINGYA SIGANG
JINGEI XITONG
RUNHUA JI KONGZHI

张永涛 著

化学工业出版社

·北京·

内 容 简 介

本书共 10 章,内容主要包括液体静压丝杠副的理论基础、液体静压丝杠副的设计计算、液体静压螺母的新型结构形式与新型节流器、螺距误差作用下液体静压丝杠副的油膜特性数学模型及静动态特性、螺距误差作用下液体静压蜗杆齿条副的油膜特性数学模型及静动态特性分析、液体静压丝杠副的螺距误差均化作用、液体静压丝杠副传动的高速运动特性、基于静压支承的宏微双驱动进给伺服系统设计建模及动态特性分析、基于静压支承的宏微双驱动进给伺服系统控制方法。

本书可作为液体静压丝杠副进给系统相关的设计、生产和管理人员的工具书,也可供高等院校机械、自动化等专业师生阅读参考。

图书在版编目(CIP)数据

液体静压丝杠进给系统润滑及控制 / 张永涛著.

北京 : 化学工业出版社,2025. 8. -- ISBN 978-7-122
-48281-5

Ⅰ. TH136

中国国家版本馆 CIP 数据核字第 2025ZS6653 号

责任编辑:陈 喆
责任校对:李雨晴   装帧设计:王晓宇

出版发行:化学工业出版社
        (北京市东城区青年湖南街 13 号   邮政编码 100011)
印   装:三河市双峰印刷装订有限公司
787mm×1092mm 1/16 印张 18¾ 字数 467 千字
2025 年 10 月北京第 1 版第 1 次印刷

购书咨询:010-64518888   售后服务:010-64518899
网   址:http://www.cip.com.cn
凡购买本书,如有缺损质量问题,本社销售中心负责调换。

定   价:128.00 元   版权所有 违者必究

近年来，我国装备制造业得到了迅猛的发展，然而，仍然与先进国家存在差距，尤其是高端数控机床。如今，随着数控机床不断向高速、重载、精密方向发展，对进给伺服系统提出了越来越高的要求，在这一领域应用最为广泛的滚珠丝杠由于自身结构的原因逐渐暴露出一些先天缺点，如接触磨损、重载点蚀、低速爬行、高速受限、精度保持性差等，而且解决的难度和代价越来越大。人们开始逐渐关注液体静压丝杠。

液体静压丝杠的丝杠和螺母螺纹面之间有一层压力油膜，具有高承载能力、高刚度、高抗振性、接近无摩擦运动、无爬行等优越特性，且在承载能力、刚度、能源消耗等方面的性能更优异，逐渐成为高速、重载、精密化应用场合更具竞争力的传动形式。

由于液体静压丝杠的应用开始较晚，如今，其应用日益广泛的同时，设计、研究资料却显得明显不足和滞后。研究文献多集中于二十世纪七八十年代。如何充分发挥其优越性能，亟需有充分考虑实际工况的、较完善的理论体系作为指导。

现有的液体静压丝杠进给系统设计、研究资料简单，对系统动力学特性、控制方法均无论及，给其设计和应用带来诸多不便。可见，本书对液体静压丝杠的油膜润滑作用、动力学特性及双驱动控制方法进行论述，为液体静压丝杠的使用者和研究者提供有利的设计参考和研究指导，有利于推动我国高端数控机床行业的发展。

本书在编写过程中，得到了山东大学路长厚教授、潘伟副教授和张艺馨老师的支持，王伟邵奇、祁政、刘嘉伟等研究生参与了相关章节资料的整理工作，在此表示衷心的感谢。

本书编写过程中参阅和引用了国内外同行的文献资料，在此一并表示衷心感谢。由于作者水平有限，书中难免存在不足之处，恳请广大读者批评指正。

著　者

目录
CONTENTS

第1章

静压丝杠副及其相关领域的发展现状

1.1 液体静压丝杠副的应用背景

随着我国工业化进程的推进以及先进制造技术的发展，作为重要的战略性产业之一的机床工业受到了高度重视[1]。机床工业涵盖面广、分支众多，在军工以及民用产品的加工制造中发挥着其不可或缺的重要作用[2]。自1952年第一台数控机床面世以来，极大地提高了零部件加工的稳定性和精确度，随着机床的不断改进，加工材料也不再局限于金属工件[3,4]。如图1-1所示，伴随着先进制造技术的应用，数控加工机床从传统车床、磨床等逐步过渡到能实现精密加工的精密车床和精密磨床等加工制造设备，而等离子束加工、研磨加工等加工工艺使得精密数控机床迈向了超精密数控加工机床的发展方向[5,6]。加工技术的发展极大程度上缩短了加工所需时间、提高了加工工件的表面精度[7]，但数控机床加工精度的提升是一个积累和迭代的过程。在过去的20年里，高端制造设备的市场份额在稳步增长[8]，在高需求的背景下市场对于数控机床的加工精度提出了亚微米级甚至纳

图 1-1　数控机床示意图

米级的加工要求[9]。面对国内庞大的市场需求，针对加工设备的加工精度的升级改革已成燃眉之急。

对于加工设备的高加工精度的改革需求，主要体现在加工设备中高速、高精度定位系统的升级，其主要内容是对于定位系统中进给驱动机构以及运动控制系统的设计[10]。直线进给运动平台作为各种高端加工设备的加工功能的基础依托部件，运动平台的定位精准度直接影响了加工设备的加工精度[11]，因此想要满足加工设备的高加工精度的改革需求，就要提高直线进给运动平台的定位精准度[12]。滚珠丝杠副因其精度高、灵敏度好、摩擦损失小、传动效率高等优点，被广泛应用于各种加工设备中[13]，尤其对于半导体芯片的贴装过程中需要的快速精准点位贴装起到了关键性作用。目前，我国虽然已经成为世界制造业的第一大

国，但在高新技术领域仍然处于被卡脖子的情况[14]，高精密制造设备仍然需要依靠国外进口，因此我国在发展规划中都将高新技术领域的技术创新和突破作为重点推进目标[15]，加工设备中高速高精度定位系统的升级对于实现突破我国在高新技术领域的技术被封锁的现状有着重要意义[16]。

运动平台在工作过程中的高精度定位受到多个因素的综合影响，这其中包括高速、高精度定位系统的机械机构以及控制运动平台完成精确定位的控制系统等[17]。结构方面又受到定位系统的材料、加工过程中加工工艺[18]和零部件装配过程中各部件间精度损失的影响[19]；控制系统方面又受到定位系统数值模型搭建精确度[20]、测量元件检测精度[21]以及运动平台工作过程中外部因素的影响。随着生产技术的不断提高以及控制技术的不断发展，高速、高精度定位系统的一些生产制造和运动控制难题得到了一定程度的解决[22]，然而当碰到亚微米级甚至纳米级的加工情况时，我国的生产设备所能达到的定位精度依然是捉襟见肘。我们面临的主要问题：一方面是依赖于单一驱动形式的加工工作台，因单一进给驱动方式普遍存在自身局限性，在加工时进给定位的精度误差较大，且没有有效的误差补偿措施[23]；另一方面，新型智能材料在大型精密加工系统进给精度补偿的应用并不具有普遍适用性[24]。而进给加工平台在进给定位的过程中会因受力问题产生一定的弹性变形[25]，在装配中，由于零部件在定位安装时会出现精度误差，从而导致运动平台在运动过程中会多承受一部分载荷，进而影响运动平台的定位精度。同时作为传动机构运动转换主体的滚珠丝杠，存在着因运动发热而产生的热变形现象，也会影响到运动平台的定位精度[26]。

在超精密机床的驱动方式中，直接驱动和间接驱动各有其优势和适用场景。间接驱动通常采用旋转电机带动滚珠丝杠副实现线性运动，但其固有的摩擦、刚度不足和微动特性限制了其在超精密领域的应用，尽管滚珠丝杠副因其制造简便、成本低而被广泛应用[27]。为了克服这些缺点，许多学者进行了深入研究以提升滚珠丝杠副的性能。卢礼华等的研究则通过高增益 PID 控制，结合滚珠丝杠副和直流伺服电机，成功实现了纳米级精度的定位驱动[28]。尽管如此，滚珠丝杠副仍存在刚度不足的问题，这在超精密机床中是不可忽视的。如今，随着数控机床不断向高速、重载、精密方向发展，人们开始将目光转向直线电机和液

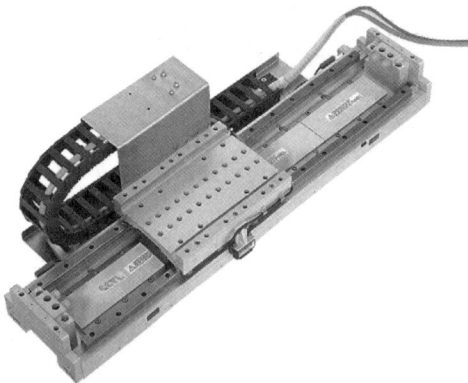

图 1-2 直线电机

体静压丝杠副。如图 1-2 所示，近年来，以直线电机为动力的数控机床作为一种创新的高效率的驱动技术，在高端制造领域得到了广泛的应用。与传统滚珠丝杠副或旋转电机驱动相比，直线电机通过直接传动技术，提供了许多优势[29]。直线电机的显著优点包括高刚度、低噪声以及高加速度。由于没有中间的传动部件，它能直接驱动机器的运动，从而提高了响应速度和动态性能，这使得它在需要快速加减速和高精度调整的超精密加工中表现尤为突出。传统滚珠丝杠副可能在低速时产生"爬行"现象，影响加工精度，而直线电机能避免这一问题，

确保平稳且稳定的运动。它的调速范围广，能够在高速时提升加工效率，而在低速时确保高精度。一些国内外领先企业已在超精密机床中验证了直线电机的优势。例如，德国的 Brückl 等学者通过对比实验发现，直线电机在提高定位精度和运动稳定性方面表现突

出[30,31]。美国 Precitech 公司则将直线电机应用于其超精密机床系列，成功提高了机床的性能和市场认可度。

传统丝杠驱动在达到较高的加速度时往往会受限于摩擦力、惯性力等因素，而直线电机具有直接传动的特性，能够在短的时间内实现加速、减速，使机床的加工效率得到了很大的提升[32,33]。特别是在高速切削和高速定位的应用场景中，直线电机能够有效提高生产效率，缩短加工周期。而且，直线电机具有很高的精度，这对于数控机床来说是一个很大的优势。

直线电机虽然在高速方面有优势，但其控制系统复杂、技术难度高、抗干扰性差、成本高，使其推广应用受到极大限制。液体静压丝杠副的丝杠和螺母螺纹面之间有一层压力油膜，具有高承载能力、高刚度、高抗振性、接近无摩擦运动、无爬行等优越特性，且在承载能力、刚度、能源消耗等方面都优于直线电机，逐渐成为高速、重载、精密化应用场合更具竞争力的传动形式。

液体静压丝杠副通过在丝杠与螺母螺纹面之间形成压力油膜，使整个传动系统的综合性能得到大幅度提高。这种油膜不仅可以减少摩擦，而且可以承受和分散很大的负荷，使承载能力和刚性大大提高。在液态油膜的作用下，整个液体静压丝杠副的摩擦力趋近于零，达到近乎零摩擦力的效果，从而保证了动作的平顺、准确，"爬行"现象基本上杜绝。而且油膜的存在，使液体静压丝杠副具有极高的抗振能力，特别是在高速或重载的情况下，更是如此。与传统直线马达相比，液体静压丝杠副在多个方面都表现出了更加卓越的性能。液体静压丝杠副的结构比较简单，维护和保养也比较方便，操作维护成本较低。液体静压丝杠副可能通过不断优化设计和技术创新，在某些应用场合下逐步替代其他传统传动方式，成为今后高速、重载、高精度应用的重要选择。

此外，特种加工技术的不断发展，也为静压螺母螺旋油腔的加工提供了新思路、新方法，如电火花加工[34]、3D 打印等。近几年来，液体静压丝杠副在沉寂多年后又有复苏的迹象[35-37]，市场供应商逐渐出现，产品逐渐成熟，德国 Hyprostatik 公司和 Zollern 公司生产的液体静压丝杠副分别如图 1-3 和图 1-4 所示。其中，Hyprostatik 公司作为最具代表性的厂家，其生产的液体静压丝杠副规格从直径 40～225mm，最高加速度达 10g，最高速度达 120m/min，最大长度达 5m，并且提供与之相配套的液体静压轴承；此外，日本的不二越公司也供应标准化的液体静压丝杠副。

图 1-3 Hyprostatik 公司液体静压丝杠副   图 1-4 Zollern 公司液体静压丝杠副

在加工过程中，丝杠螺纹和螺母螺纹不可避免地会产生螺距误差[38,39]。螺距误差会导致螺纹之间油膜间隙的波动：一方面，波动的油膜间隙导致封油面液阻的变化，影响静压特性；另一方面，在一定的丝杠转速下，波动的油膜间隙使得封油面上出现动压效应。油膜特性是静压效应与动压效应的联合，必然受到螺距误差的显著影响。而目前几乎所有的设计资料都只给出了静压设计，而且设计计算公式多是在对置静压推力轴承计算公式的基础上给予一定修正、简化而得，既没有考虑螺距误差造成的静压液阻变化，更没有考虑封油面上的动

压效应。建立合理的数学模型，定量分析螺距误差作用下液体静压丝杠副静动态特性的变化规律，对静压丝杠副的设计计算具有重要的指导意义。

当前，在高速加工领域，数控机床正向 $60\sim120\mathrm{m/min}$ 的进给速度方向发展[40]。与传统的滚珠丝杠副相比，高进给速度是液体静压丝杠副的一个重要优势。滚珠丝杠副的最高转速不但受丝杠轴临界转速的限制，还受 DN 值的限制（D 是滚珠的中心直径，N 是容许转速）[41]；而液体静压丝杠副的最高转速只受丝杠轴临界转速的限制。在高速工况下，动压效应对油膜特性的贡献是非常可观的。此时，通过合理利用螺距误差，将可显著提高液体静压丝杠副的静动态特性。

螺距误差是影响丝杠螺母副传动精度的主要因素。然而，在液体静压丝杠副中，油膜提供承载力的同时，还具有对螺距误差的均化作用[42-44]，使丝杠上的螺距误差不是等量地传递到螺母的运动误差上，而是具有减小的趋势。当液体静压丝杠副能够实现很好的均化效果时，即使是开环进给或半闭环进给，也能达到很高的运动精度。但是，目前对油膜均化作用的研究大多集中于静压导轨，罕见有对液体静压丝杠副油膜均化作用的深入研究。建立数学模型，定量分析油膜对螺距误差不同组成成分的均化效果和影响均化作用的主要因素，将对液体静压丝杠副传动的精度设计，开环、半闭环控制时的传动精度预测等具有重要指导意义。

在高速进给时，随着丝杠的转动，丝杠与螺母的配合区域不断变化，丝杠上带有螺距误差的螺旋面对油膜的挤压效应不断变化，油膜厚度沿螺旋线方向的波动情况也不断变化，导致了静压螺母行进过程中动压效应的时变特性。当动压效应的变化导致油膜承载能力出现大的波动时，将显著影响静压螺母的运动特性。因此，准确地描述高速进给过程中液体静压丝杠副的运动规律，是实现其高速化应用的关键。

液体静压支承的静动态特性受到节流方式的显著影响，传统的固定节流器和可变节流器都不能实现对静压支承油腔压力的主动控制。电液伺服阀、压电陶瓷主动控制节流器等可以实现对静压支承流量补偿的主动控制，可以用于提高静压支承的承载刚度，实现静压支承的油膜厚度主动控制，利用静压支承实现精密定位，以及主动控制支承轴的轴心运动轨迹等场合。这其中，静压支承的油膜主动控制是技术关键。

综上所述，现有的液体静压丝杠副设计、研究资料简单，对螺距误差均无论及，而螺距误差对液体静压丝杠副的静动态特性、传动精度和运动特性等具有显著影响，给其设计和应用带来诸多不可回避的关键问题。可见，在对液体静压丝杠副进行性能分析时，考虑螺距误差影响的必要性。利用静压支承的主动主控可以显著提高静压支承的静动态特性或实现轨迹控制，在一些应用场合起到意想不到的效果。

1.2 静压支承的发展现状

1.2.1 静压丝杠副的发展现状

1.2.1.1 液体静压丝杠副性能的研究

Bassani[45-47] 将流量自动调节原理分别应用于梯形螺纹液体静压丝杠副[48] 和矩形螺纹液体静压丝杠副[49]，仅仅通过特殊形状的双头螺纹，将来自一个油泵的总流量连续、自动地分离为两股流量，分别流入螺纹两侧的螺旋油腔。这种自动调节流量的液体静压丝杠副相当于用两个油泵同时向丝杠两侧的油腔供油，因此，可以得到更高的刚度。文献［48］中通过实验测试证实了流量自动调节液体静压丝杠副的理论。文献［50］对自动调节流量的液体静压丝杠副与采用两个油泵同时供油或采用一个油泵而通过两个流量调节器分流的液体静压丝杠副进行了性能比较分析。

梯形螺纹的牙型角和螺旋升角会导致螺旋面在径向和圆周方向的倾斜，液体静压丝杠副静态特性的传统计算方法没有充分考虑螺旋面的倾斜，不能充分表达液体静压丝杠副的性能。El-Sayed 和 Khatan[51] 提出了螺纹螺旋面的等效扇形平面，并用此等效平面和静压推力轴承的传统设计计算公式"精确"计算了液体静压丝杠副的静态特性。但是，其计算只涉及静压设计公式，且基于整个螺旋面上的油膜厚度一致、无波动的前提。实质上此等效扇形平面是螺纹螺旋面的近似展开图，所依据的原则是：螺纹内径和外径的螺旋线长度分别等于等效扇形平面的内周长和外周长；螺纹螺旋面的母线长度等于等效扇形平面外半径与内半径之差。传统的螺纹参数是为了提高滑动丝杠副的性能而设计的，若照搬到液体静压丝杠副中，往往不能充分发挥液体静压丝杠副的优越性能。El-Sayed 和 Khatan[51] 根据最小功率提供最大承载能力和最大刚度的原则，优化了梯形螺纹和矩形螺纹的尺寸参数。用建议的尺寸参数可以节省 40％的功率，流量也可以减小 40％。El-Sayed 和 Khatan[52] 推导了液体静压丝杠副运行状态的流量、承载能力、静刚度、功率损耗等的计算公式，发现采用建议的螺纹尺寸参数，液体静压丝杠副在运行状态也具有优越的性能。El-Sayed 和 Khatan[53] 还初步比较研究了梯形螺纹、矩形螺纹液体静压丝杠副与传统滑动丝杠副、滚珠丝杠副的性能，发现梯形螺纹液体静压丝杠副的运行特性优于矩形螺纹液体静压丝杠副；液体静压丝杠副的效率优于滚珠丝杠副和滑动丝杠副。梯形螺纹液体静压丝杠副螺旋面上油膜力的径向分量会合成一个固有的翻转力矩，倾向于导致静压螺母轴线与丝杠轴线的不重合，文献［54］分析了这个力矩的产生原因和大小，提出了消除此力矩的几个办法。对于矩形螺纹的液体静压丝杠副，由于其螺纹牙型角为 0°，不会产生此固有翻转力矩。

作为对液体静压丝杠副的初步研究，Tsubone 和 Yamamoto[55] 在不考虑液体静压丝杠副螺旋升角和牙型角的前提下，将液体静压丝杠副近似看作推力轴承。理论和实验研究了四油腔、小孔节流单面静压推力轴承的静刚度。在文献［55］的基础上，Tsubone 和 Yamamoto[56] 试制了断续油腔液体静压丝杠副。静压螺母一圈开 4 个扇形油腔，采用牙型角为 60°的三角形螺纹，使液体静压丝杠副具有良好的自动定心性，并进行了切削实验，表现出良好的切削性能。

德国 Hyprostatik 公司生产的液体静压丝杠副采用 8 个 PM（Progressive Mengen）流量控制器作为补偿单元，使得丝杠和螺母之间静压油膜的厚度基本保持不变，显著提高了液体静压丝杠副的承载能力和刚度。Mizumoto 等[57] 应用一种油压控制主动节流器于液体静压丝杠副，这种主动控制节流器用一系列的油垫支承节流环，通过主动控制油压使节流环的间隙发生变化，进而改变通向螺母油腔的润滑油流量，实现对油膜厚度的主动控制，使液体静压丝杠副的刚度达到无穷大。主动控制节流器嵌入静压螺母内部，静压螺母具有紧凑的结构。

康源[58] 概要阐述了液体静压丝杠副的结构和性能，利用液阻网络法分析了静压丝杠副的静态特性，并给出了一套液体静压丝杠系统的性能测试方法及实验方案规划。如图 1-5 所示，赵树清[59,60] 给出了液体静压丝杠副的承载能力、静态刚度和与之相关的理论计算公

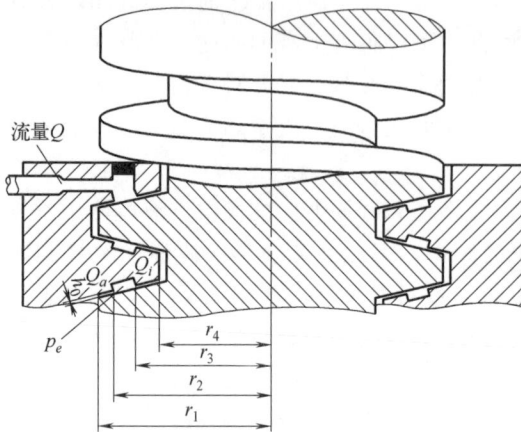

图 1-5　用于高速进给的液体静压螺母结构

式。通过在传统静压螺母中引入冷却系统，提出一种用于高速进给的液体静压螺母结构。

1.2.1.2　液体静压螺母结构的研究

Rumbarger[61]报道的早期的液体静压螺母是沿螺纹两侧螺旋面的中间各开一条螺旋油腔，在螺母的始、末端留有一段不开油腔的螺纹，用于封油，这种结构为连续油腔液体静压螺母。其特点是：结构相对简单，所需节流器数量少，但调心性差，只能承受轴向载荷，不能承受径向载荷和翻转力矩。后来，荷兰的 Konnings[62]提出在每圈螺纹两侧螺旋面的中间开多个轴向对称的螺旋油腔，常见的结构为每圈 3 对或 4 对螺旋油腔，这种结构为断续油腔液体静压螺母。其特点是：结构复杂，所需节流器数量多，既能承受轴向载荷，又能承受径向载荷和翻转力矩。以上为液体静压螺母的两种基本结构。

鉴于螺旋面上的螺旋油腔加工较困难，日本鸟取大学的 Mizumoto 等[63]发明并试制了一种易加工的小孔型液体静压螺母结构。螺母由内套筒、外套筒和法兰组成，沿径向在内套筒上钻若干小孔，在螺旋面上形成若干椭圆形小孔，以此来代替螺旋油腔。采用内、外套筒的配合面间隙节流，节流器在内、外套筒装配后自然形成。之后，Mizumoto 等[64]对小孔型液体静压丝杠螺母的轴向静刚度和径向静刚度进行了计算和实际测量，发现新型结构不但避免了螺旋油腔的加工和复杂的节流器装配，而且改善了液体静压丝杠副的油膜特性。

日本的 Tsubone 等[65]研究了两种类型液体静压螺母结构的静刚度。类型 1：把连续油腔静压螺母纵向切成 4 个扇形块，在每两个扇形块之间加入厚度为 6mm 的 4 个夹板，这样就形成了断续的油腔，再用螺栓将其组合为一体，嵌入套筒内。类型 2：把密封条塞入齿顶和齿底的空隙中，把螺母螺纹两侧的螺旋面隔开，在螺纹的始、末端用另外的螺纹牙起封油作用，这样在螺纹两侧的整个螺旋面上形成油腔，有效增大了承载面积，且避免了螺旋油腔的加工。Otsuka 等[66]研究了一种修改了螺纹牙型的液体静压丝杠螺母，采用这种形式的螺纹牙型可以减小油腔的加工难度。并采用文献［65］中结构类型 1 的制作方式试制了液体静压丝杠螺母，其轴向静刚度的实验值与理论值相差不大。

Slocum[67]采用矩形螺纹形式，设计了一种自动耦合的液体静压丝杠螺母。这种自动耦合的结构只传递轴向运动，只存在轴向刚度，因此，执行机构和丝杠的偏斜不会传递给工作台，并通过实验验证了其良好的自动耦合性[68]。

Rumbarger 等[69]发明了一种自适应螺纹加工误差的液体静压螺母结构，螺母分为两部分，每部分螺母都只在螺旋面的一侧开螺旋油腔，用外壳套住两部分螺母。一部分螺母与外壳固定在一起，限制其转动和轴向移动，而只限制另一部分螺母的转动，允许其轴向移动。存在误差时，可轴向移动部分的螺母在螺旋油腔和外壳上静压推力轴承的作用下，保持平衡状态，自动调节油膜间隙，自动适应螺纹上的误差，且通过测量推力轴承的油腔压力可以估计螺纹误差的大小。

哈尔滨工业大学的庞志成等[70]提出一种双头螺纹内部节流液体静压螺母结构，液体静压螺母上的双头螺纹，一条用作承载，另一条用作节流，承载螺纹两侧开螺旋油腔，节流螺纹齿高较低，与丝杠装配后形成节流间隙。这种节流方式对轴向载荷有自动反馈补偿作用，趋于增大承载侧的油腔压力，而减小非承载侧的油腔压力。实验证实内部节流液体静压丝杠螺母具有较大的油膜刚度和较小的摩擦转矩。

　　路文忠[71] 发明了一种电液伺服泵控制的数字超精多功能液体静压丝杠副，螺母螺纹两侧的螺旋油腔由结构相同的两组数字式电液伺服泵供油，且在两侧的螺旋油腔内设有位移传感器，传感器与数字式电液伺服泵相连，从而形成调节油膜间隙的闭环控制系统。

　　陈耀龙[72] 发明了一种带有测压孔的液体静压螺母结构，可根据测压接头检测的油腔压力值，调节调压部件，使液体静压丝杠螺母处于最佳工作状态。

1.2.1.3　气体静压丝杠副的研究

　　由于气体的可压缩性，气体静压丝杠副的承载能力和刚度不及液体静压丝杠副，但两者工作原理相同。Satomi 和 Yamamoto 在文献［73］中作为对气体静压丝杠副的初步研究，应用气体推力轴承模型（相当于一圈导程为零的气体静压丝杠副），理论计算了压力分布、承载能力和最大静刚度等。之后，Satomi 和 Yamamoto[74] 试制了三角形螺纹的气体静压丝杠副，进行了静刚度实验，验证了理论公式的正确性。

　　Mizumoto 等在易加工小孔型液体静压螺母成功试制之后，在文献［75］中报道了使用空气作为润滑介质时，这种小孔型静压丝杠副的性能。为了避免气锤现象，对油介质静压丝杠副做了如下改动：减小供油孔直径；减小轴向间隙；增大压力比。当供气压力为 0.2MPa，轴向间隙为 12μm，压力比为 0.9 时，最大静刚度达到 11N/μm。Mizumoto 等[76] 还报道了一种采用台阶节流的气体静压丝杠副，这种节流方式有效地避免了气锤现象的产生。

　　Kanai 和 Ishihara[77] 将多孔质陶瓷材料用于螺母螺旋面实现节流，实验表明，公称直径为 25mm，供气压力为 0.5MPa 时，气体静压丝杠副轴向静刚度大于 30N/μm，静压螺母定位精度大约为 5nm，比加工误差提高了 10 倍多，表现出良好的误差均化作用。Ohishi[78] 用环氧树脂模制螺纹的方法试制了气体静压丝杠副，此方法有效降低了成本，并进行了实验研究。

　　Zhu 等[79] 研究制作了一种应用于高性能微型机床的多孔质节流气体静压丝杠副，分析了供气压力和多孔质磁盘的渗透率对空气静压丝杠副轴向承载能力和静刚度的影响。实验结果为：当供气压力为 827kPa 时，每圈螺纹的螺母静刚度达到 9.7N/μm，定位精度达到 10nm。Adair 等[80] 研制了另一种应用于微型机床的气体静压丝杠副，静压螺母螺纹的制作采用低收缩率的环氧基树脂铸造而成，螺纹螺旋面上有螺旋凹槽作为气压腔，节流方式采用小孔节流。试制的气体静压丝杠副达到了如下设计目标：工作行程为 20mm，静态刚度达到 50N/μm，在频率为 50～500Hz 的范围内动态刚度达到 40～60N/μm。

　　如图 1-6 所示，Tachikawa 等[81] 应用气体静压丝杠副来实现高精密定位，整个闭环进给系统由气体静压丝杠副、气体静压导轨、气体静压轴承、直流电机等组成，实验结果表明系统的定位精度可以达到纳米级。Fukuda 和 Niwase[82] 研究了由气体静压丝杠副、气体静压导轨、气体静压轴承、旋转编码器、直流伺服电机等组成的高精密进给系统。进给系统采用半闭环控制，应用 FPGA（Field Programmable Gate Array）作为半闭环系统的控制器，伺服采样频率为 10kHz，旋转编码器分辨率为每转 225000 个脉冲，直接与丝杠轴相连，最后达到 5nm 的定位精度。

东京电机大学的 Satomi 等[43] 分析了气体静压丝杠副的静刚度和误差均化作用，试制的气体静压螺母由两部分组成，通过左右两部分的相互旋转可以调整轴向空气间隙的大小。研究发现，气体静压丝杠副具有良好的螺距误差均化作用，螺母运动误差大约等于丝杠两侧螺距误差的平均值，但没有考虑丝杠螺距误差的不同组成成分对螺母运动误差的影响。哈尔滨工业大学的申涛[83,84] 分析了矩形螺纹气体静压丝杠副误差均化作用的影响因素。发现：螺母的有效圈数显著影响了误差均化效果；当丝杠螺旋线误差的周期在螺母长度范围内时表现出很好的均化效果，随着误差周期的增大，均化效果减弱。

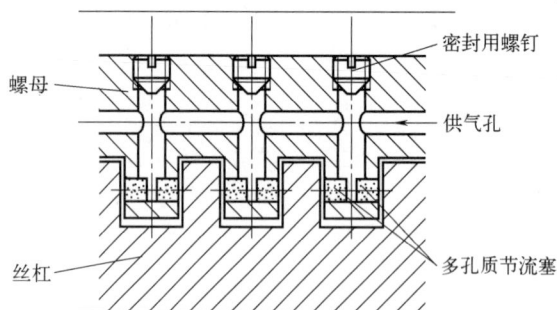

图 1-6   气体静压丝杠螺母副结构图

卢泽生和于雪梅[85] 将多孔质气体静压丝杠螺母看作由多个多孔质气体静压圆锥轴承以螺距间距排列而成，用有限元法计算单个圆锥轴承的承载能力和静刚度，进而得到整个静压丝杠副的承载能力和静刚度。

1.2.2   液体静压轴承的发展现状

如图 1-7 所示，液体静压轴承利用具有一定压力的工作油液（一般为矿物润滑油）填充在静压轴承与其支承轴之间的微小空隙形成高压流体膜，是以一定的静/动压力承载其外部工作载荷的一种精密滑动轴承[86]。与传统的依靠固态材料进行机械式摩擦传动的普通滑动轴承相比，液体静压轴承是以高压流体膜代替了传统的硬质金属或其他固体材料，当轴颈旋转时，由于受到来自轴承壳体中的供油系统提供的具有一定压力的工作油的作用，而使得承载面及被承载面间的距离发生了变化，并形成了具有足够厚度且均匀分布的楔形油膜层，将两者隔离开来，从而使整个传递过程变成了纯粹的"液体"摩擦传动的方式，这样就大大地减小了摩擦系数 μ 以及因相互摩擦所产生的热损耗和磨粒磨损等现象的发生率；同时又因为所选用的是优质润滑油，所以还有效地防止了腐蚀性物质对设备造成的影响；另外也避免了由于外物碰撞所带来的冲击负荷导致的损坏事故；并且还有利于延长零部件本身及其相关附属件的寿命。液体静压轴承具有上述诸多优点，因此被广泛应用于要求高转速、高精度或长周期工作的各种数控机床及其他机器上。液体静压轴承根据流体力学的基本理论设计制造，主要依据流体本身的流动性能以及可塑性进行工作，在承受外加载荷时，能随外加载荷的变化自行改变静压油腔内的液体流量，进而控制油腔内的压力大小，以便提供抵抗外部载荷的静压油膜力。也就是说，无论外界条件如何变化都能保证其始终处于一种稳定而又良好的平衡状态下，正常运转。此外，还可以承受相当大的径向和轴

图 1-7   液体静压轴承

向负荷，能满足很高的速度要求，尤其适合那些需要经常性的高速转动或者持续时间很长但又不允许有任何故障发生的场合。

　　液体静压轴承对工况条件的变化具有良好的补偿能力。当承受的外部载荷、轴颈的转速及环境温度等参数发生变化时，因润滑油黏度变化的影响，以及工作面上润滑油分布不均匀等因素的存在，都会引起静压油膜厚度和静压油腔压力发生相应的变化，从而使静压轴承获得稳定的承载能力和良好的抗振性能。此外，液体静压轴承比滚动轴承具有更好的稳定性、更小的摩擦系数，因而摩擦损失也较小；而且它的热膨胀系数很低，因此，不会发生因为温升过高而导致材料强度降低甚至破坏的现象。

1.2.2.1　径向静压轴承的发展现状

　　如图 1-8 所示，作为旋转机械领域广泛采用的流体动压组件，液体径向静压轴承凭借其卓越的动态响应特性，在实际应用和学术界获得了广泛的关注。Raimondi 和 Boyd 早期利用集中参数法研究了毛细管节流器补偿静压滑动轴承的性能，但本质上他们只考虑了相邻凹槽之间压力诱导流动的影响。然后将 Raimondi 和 Boyd 的基本理论扩展到包括压力诱导流量和速度诱导流量的影响。Davies[87] 充分分析了压力比、速度变量和施加载荷方向之间的相互作用，对孔口补偿的多凹槽流体静压轴承进行了静态特性优化。Donoghue 等从精度、成本和易用性方面比较了简单同心理论、集中参数法设计多凹槽静压滑动轴承的过程。Ms[88] 分析了压力比、偏心比、膜柔度和轴转动对膜补偿多凹槽静压滑动轴承静态特性的影响。Bassani[89] 提出了一种结合湍流和惯性边缘效应的方法来预测其静态特性。Hsiao 等[90] 采用集中参数法分析了设计参数对单作用薄膜节流器补偿的静压圆锥滑动轴承静态特性的影响。Liang 等[91] 假设轴承封油面压力从油腔到周向回油槽呈线性减小，给出了带周向回油槽静压滑动轴承凹槽压力和流量的新的解析表达式，该表达式具有简单、计算精度高的优点。然而，这种方法不适用于流体动压力。朱希玲对轴瓦结构进行了优化，并以油道结构参数为优化变量，使得油泵的功耗降低 6.23%[92]。

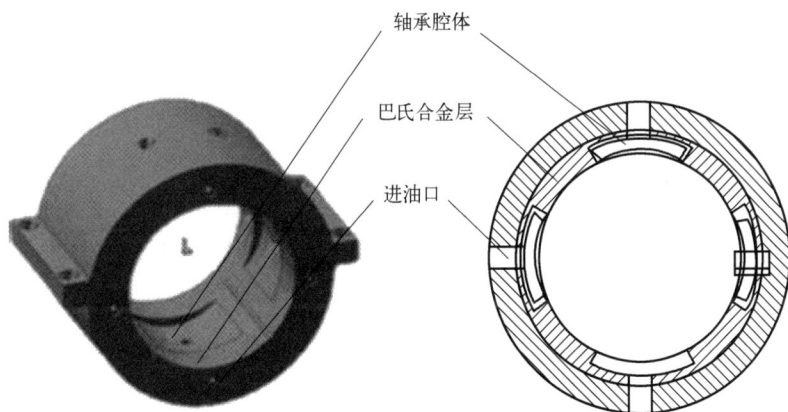

图 1-8　径向静压轴承结构图

　　陈卉[86] 通过分析液体径向静压轴承的静态性能、流体-固体耦合效应和优化设计，揭示了压力场和温度场对系统刚性的影响规律。研究结果表明，静压轴承的刚性主要受自身结构设计的影响。同时还从主轴回转摩擦功率损耗、油泵功率损耗和液压机械损失等方面探讨了温度上升对静压轴承系统的影响，为实际生产中的温度控制提供了有价值的参考。2016年，Wang 等[93] 研究了微结构静压轴承的润滑性能优化问题，并建立了三维微结构径向静压轴承模型。研究发现，适当的微结构分布确实能够提高轴承的承载能力和最大压强，同时有效降低摩擦系数。张凯[94] 对静压轴承的油膜进行了分析，并揭示了油腔结构参数对承载能力和压力分布的影响。孟曙光等[95] 运用有限体积法及正交试验法，对小孔节流深浅、油腔压力及负载特性进行了研究。同时基于该模型，构建了微元控制体边界压力的插值函数，并通过四因素三水平的正交试验法对轴承参数进行了优化。

Gao 等[96] 重点分析了空气静压轴承中气膜与固体结构之间的流固耦合问题。研究表明，气膜与结构之间的相互作用对螺旋轴的性能有重要影响，尤其是在结构变形和重力偏心性方面。通过对流固耦合效应的建模，研究者能够捕捉结构变形，并结合虚拟载荷方法，估算静压轴承的刚度。Untaroiu 等[97] 研究了混合轴承中不同凹槽形状对其性能的影响，旨在设计出高静态承载能力和高动态载荷的静压轴承。混合轴承因其独特的设计优势，在高速和重载条件下表现出优越的稳定性与承载能力。该研究还考虑了多种不同的凹槽形状，包括矩形、圆形、三角形、椭圆形和环形。假设相同的工况条件下，研究者通过静力学特性评估了不同形状的性能。Fedorynenko 等[98] 提出了一个新的混合式流动轴承设计，结合了球形轴承油腔和积分的调节阀门与回路控制系统，特别设计了一种特殊的水基润滑系统，以减少摩擦阻力并提供腐蚀保护。Yu[99] 等探讨了气膜与固体结构之间的流固耦合现象，特别是在冲击和重力偏心条件下，为高速重载条件下流固耦合问题的分析提供了新的思路。范晋伟等[100] 研究了液体静压轴承的内部流场，并对油腔深度、小孔节流器孔径和轴承间隙三个关键参数进行了优化。

杨春梅和曹炳章[101] 采用粒子群优化算法对气动孔的关键参数进行优化设计，分析了气动孔参数对承载力、刚度和空气流量的影响，最终承载力提升了 17%，刚度提高了 36.3%，空气流量下降了 43.4%。Jamwal 等[102] 分析了不同深度、不同分布对滑动轴承的动态性能的影响。陈冬菊等[103] 通过建立主轴运动误差的动力学模型，模拟了不同工况下主轴系统参数的变化，并使用遗传算法对液体静压主轴系统的运动误差进行了优化分析。黄鹏[104] 对主轴静压轴承的参数进行了优化，优化后的参数显著提升了静压轴承的运动精度和综合性能。石豆豆等[105] 利用粒子群优化方法，对精密磨床静压轴承进行多目标优化。通过对轴瓦的应力和变形进行了优化前后的对比，发现优化后的油膜刚度增加显著，温升、功率损耗均大幅下降。如图 1-9 所示，李一飞和尹益辉[106] 提升了球形腔的空气静压支承轴承静力学和动力学性能，并提出了工程实践中的参考价值。陈淑江等[107] 为了进一步提升机床主轴的旋转精度，对内嵌控制油腔的单面薄膜节流器的油膜压力进行了主动调节，以达到对主轴的径向运动的调控。在固定负载的情况下，采用主动控制式静压主轴，可以使主轴保持在预定位置上；在动载荷作用下，轴向移动幅度明显减小，移动中心也更靠近预定位置。王立春和戴彤焱[108] 针对大型转轴加工专机主轴静压轴承的故障问题，将恒压静压径

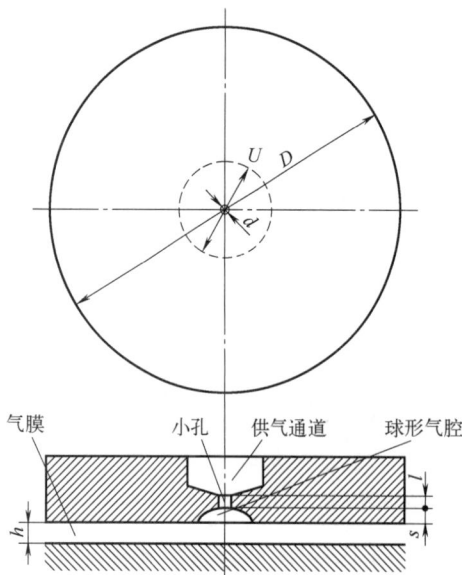

图 1-9　球形腔小孔节流空气静压支承轴承构型

向轴瓦改造为恒流静压结构，并通过有限元模拟和优化计算制定了改造方案。

1.2.2.2　止推静压轴承的发展现状

2010 年，Bakker 和 van Ostayen[109] 通过分析惯性效应对高旋转速度下轴承性能的影响提出了基于最优化模型的方法。并指出，惯性项引起的次流会对耗散函数产生显著贡献，尤其是在高旋转速度的应用中。该研究首次将耗散函数作为优化目标，提出了新的设计方法。Zhang 等[110] 研究了高黏度条件下重力静压轴承油腔深度对载荷能力的影响。作者通过建立黏度-温度方程和 B-Spline 拟合黏度-温度曲线，并结合有限体积法，揭示了油腔深度对轴承载荷能力的显著影响。研究表明，当油腔深度较小时（≤2mm），静态压力和动态压力随油腔深度的增加而迅速下降；而当油腔深度较大时（≥2mm），静态压力和动态压力随油腔深度的增加几乎无明显变化。通过合理的数值模拟，研究表明能够较好地反映静压轴承压力的分布特性，为轴承的设计提供了一定的理论依据。Lee 等[111] 研究了高刚度旋转台结构的设计优化，旨在最小化旋转台的重量并提高其刚度。研究重点是采用有限体积法和遗传算法对超重型旋转台的结构进行了优化设计。文章提出了一种基于 FEM 结构分析的方法，通过遗传算法实现了优化目标，重量降低了 22.2%、刚度提升了 8.56%。研究的结果为超大型旋转台的高效设计提供了理论支持和实践指导。许经伟[112] 研究气体静压润滑止推轴承，并探索气膜厚度、供气孔分布及供气形式对静承载力和单位载荷气体消耗率的影响。

李西兵等[113] 在 2016 年的试验中发现，密封圈的设计对静压止推轴承的温度场有很大的影响，特别是对密封圈的形状、大小有重要影响。研究发现，油腔厚度对温度场的影响最为显著，油腔宽度对温度场的影响最小，他提出了 10mm 的最优油腔尺寸。Yadav 和 Sharma[114] 通过使用非牛顿油和油液孔的结构改进，可以显著减少摩擦功率损失，并改善其他性能参数。2017 年，Hanawa 等[115] 研究了水润滑静压推力轴承，其中采用了多孔油垫和毛细管节流器的结构设计。通过理论分析和实验研究，发现这种结构设计具有较高的承载能力和静态刚度。

如图 1-10 所示，黄颖等[116] 研究了温度升高对静压轴承变形的影响以及通过冷却结构优化减少变形的可行性。研究利用 FLUENT 软件对不同冷却管数量和管径对液体静压轴承温度场的影响进行了仿真分析，结果显示，适当设置冷却管数量和管径可以显著降低温度梯度，从而有效控制变形。实验表明，当冷却管数量和管径适当时，静压轴承的最大温度可达55℃，流体温度可达 45℃。Yu 等[99] 进行油膜三维模型的构建，分别模拟单相和双相油膜的油膜压力分布，并通过实验进行结果对比验证。张深远等[117] 基于已有的矩形油腔，提出了一种新型的梯形油腔，同时研究了不同的油腔形状对油膜温度场的影响，证实了梯形油腔对静压轴承的冷却效果是有利的。

2020 年，毛宁宁等[118] 分析了气体静压推力轴承的表面结构对承载力和刚度的影响。该研究利用通用曲线法与有限元分析，提出了最优的均压槽几何尺寸，使得承载能力提升49.71%，同时显著改善了刚度，为设计提供参考。庄泽伟[119] 分析了节流孔的布置方式对承载能力的影响。研究发现，均匀分布的节流孔结构在相同孔数下能够显著提高气浮静压轴承的承载力，且气膜间隙中间的压力分布较高。

王宇[120] 在 24t 载荷、104r/min 的条件下，分别对双矩形腔、环形腔、圆形腔以及跑道形腔的最优腔深度和进油孔尺寸进行了理论分析、仿真和实验验证，为腔结构的优化设计

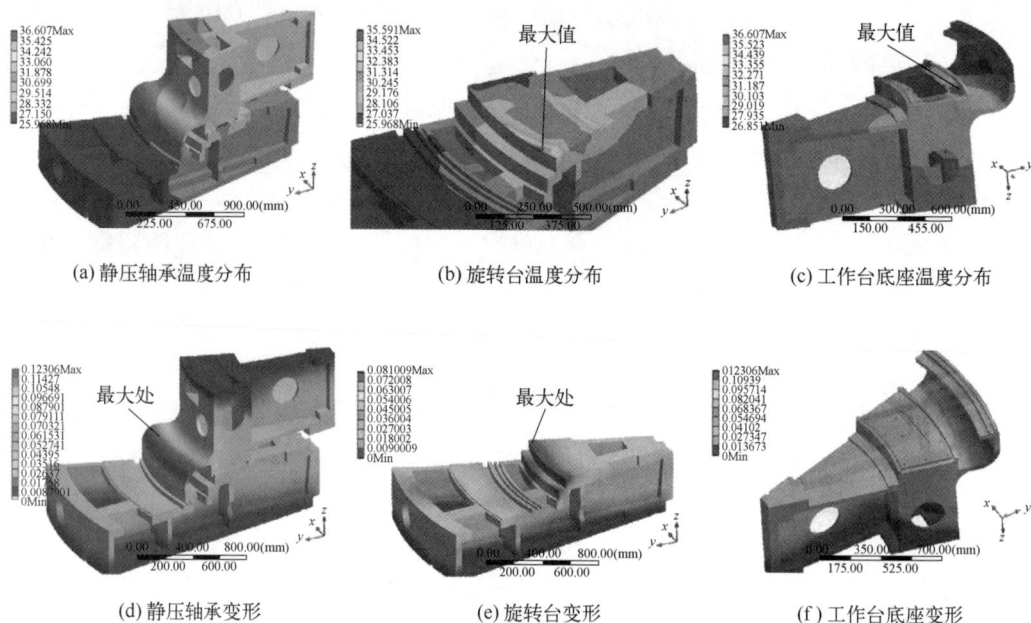

(a) 静压轴承温度分布　　　　(b) 旋转台温度分布　　　　(c) 工作台底座温度分布

(d) 静压轴承变形　　　　(e) 旋转台变形　　　　(f) 工作台底座变形

图 1-10　静压轴承变形

提供了理论依据。田助新等[121] 利用密度驱动流模型，研究了在不同的油腔结构下，轴承承载力随油腔面积的变化关系，以及对油膜压力分布和温度场的影响。

1.2.3　液体静压导轨的发展现状

如图 1-11 所示，液体静压导轨系统是一种创新的导轨设计，采用液体介质降低摩擦损耗，在精密机械传动中起着至关重要的作用。与传统的金属接触式导轨系统相比，通过引入液体静压层，显著提高了运动部件间的定位精度和运行稳定性，因而在精密机械、机床制造、航天航空等诸多高精尖领域得到广泛应用。其运作机制的核心在于导轨和滑块之间形成一层静压液体薄膜。这层薄膜在承受负载时，能够保持适当的间隙，有效阻隔了金属部件的直接接触，从而大大削减了摩擦阻力。得益于液体优异的流动性和自适应特性，液体静压润滑导轨能在长时间的作业过程中，保持性能的恒定，并通过自我调整间隙，进一步提高了工作效率。

图 1-11　液体静压导轨的实物图

但是，液体静压导轨在加工、安装和装配等环节中不可避免存在一定的误差，这些误差直接影响了导轨的定位精度，从而可能降低整个机床系统的精度表现。因此，如何提高液体静压导轨的定位精度成为了机床精密控制领域的重要研究方向。

1.2.3.1　液体静压导轨的结构设计

美国实验室从 20 世纪 60 年代以来，已将液体静压轴承和液体静压导轨用于精密机床的研制与开发。工程师在传统的液压支承结构的基础上，研制出了具有更高承载能力和更高刚度的扭板反馈节流式静压导轨。在此基础上，提出了一种摆盘式反馈节流静压导轨，以进一步提高其角刚度[122]。Kane[123] 设计出了一种带有自动补偿装置的超薄静压轴承。该装置以一种简单结构构成多个静压油腔，其承载力高，油膜刚度大。该系统具有很高的加工精度，可以达到 $0.05\mu m$ 的径向误差、$2.5\mu m$ 的轴向误差。针对结构优化问题，Brecher[124] 提出了一种基于静压支承的流体力学模型，从而优化支承结构、节流器结构及主要机械零件的设计。Shie 和 Shih[125] 针对支承更为复杂的静压导轨，利用有限差分法求解静压导轨内的压强分布，通过设计合理的油垫分布组合达到均匀受压的目的。国内通过闭式静压导轨结构设计，结合上、下油腔参数计算，提升了磨床导轨的性能和精度稳定性[126,127]。Lai 等[128] 在静压导轨基础上设计了具有不同孔径的小孔节流装置。研究结果表明，当液阻比为 0.707 时，其油膜刚度最大。因此，优化节流器的液阻比可以有效提升静压导轨的工作特性，尤其在提高刚度方面起到了关键作用。如图 1-12 所示，蒙文[129] 把内、外导轨设计成花键形式，显著提高了静压导轨的传动刚度。范长庚[130] 设计了一种新型内反馈式静压导轨，有效提升了导轨的性能。吕琳[131] 针对精冲机中滑块对高精度导向的严格需求，设计了一种由两副对称导轨组成的滑块导向结构。这种设计不仅提升了导轨副的油膜刚度和强度，还增强了导轨的整体承载能力。通过精确控制油腔的分布和流体压力，该设计能有效保证精冲机滑块在工作过程中保持高精度的运动状态，从而大幅提高滑块的运动稳定性和整体精度，确保精冲机能够在高负载、高精度要求下稳定运行。

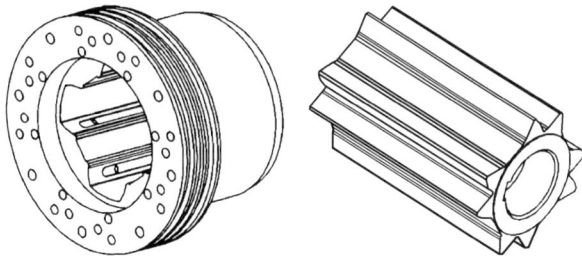

图 1-12　内、外花键导轨

1.2.3.2　液体静压导轨静态特性的研究

液体静压导轨的静压油膜能够承受较大的外部载荷，并保证静压支承的两配合面不会直接接触，达到平滑的负荷转移。在理想情况下，当静压油腔的压力较大时，可使液体静压导轨承载更大的负荷，提高其承载力和稳定性，从而保证高精密加工。

油膜刚度则反映了液体静压导轨抵抗外部载荷变化的能力。具体来说，油膜刚度是指油膜在承受外部载荷变化时，能够保持油膜厚度变化最小的能力。油膜刚度越大，导轨系统的稳定性就越强，能够有效抵抗由于载荷波动所引起的精度损失。当载荷发生变化时，油膜厚度变化较小的情况，说明油膜能迅速适应外界的负载变化，从而保持滑块的精确运动。

因此，液体静压导轨的设计需要精确控制油膜的厚度和压力分布，确保在不同工作条件下都能维持高效的承载能力和油膜刚度。为了进一步提升液体静压导轨的性能，采用优化的油腔设计、提高油膜压力以及增强油膜抗负载能力的技术，可以显著提升整体系统的稳定性和精度，从而满足精密加工的严苛要求[132]。

关于液体静压导轨的静态特性，目前已有很多学者做过大量的研究工作。

（1）节流器对导轨静态特性的影响

液体静压导轨系统通过恒压供油液压系统为多个静压油垫提供油液，以确保在不同负载和工况下，导轨系统能够稳定工作并满足高精度要求。在这种系统中，油泵提供稳定的油液流量和压力，而每个油垫的油腔压力则通过节流器来进行调节。节流器的作用是根据油液流过节流器时产生的压力降，自动调整每个油垫的油腔压力，以便根据负载的变化保持油膜的稳定性和承载能力。

唐健[133] 通过对四种节流器（毛细管节流器、小孔节流器、滑阀节流器和薄膜节流器）的压力-流量关系进行研究，并与液体静压轴承的受力平衡方程相结合，构建四种节流器驱动下的液体静压轴承的承载能力与油膜刚度计算模型。在此基础上，作者还就不同的节流方式对静压轴承的载荷特性的影响进行了比较研究。结果表明，与毛细节流器、小孔节流器相比，薄膜式节流器、滑阀式节流器具有更高的承载能力，且具有更好的油膜刚度。

李文锋[134] 根据流体力学原理和闭式液体静压导轨的结构特点，提出了一种适用于高精度数控机床的静压导轨的数学模型。结合双层薄膜节流阀的压力-流量关系式，能够系统地描述液体静压导轨的静态性能，并分析其设计参数对性能的影响。如图 1-13 所示，李锁斌[135] 通过应用计算流体力学技术和现代控制理论，深入研究了液体静压支承中的薄膜节流器供油系统，为理解和优化液体静压支承系统的性能提供了理论基础。他进一步推导了整个静压系统的动力学模型及其传递函数，为静压系统的设计、调控和优化提供了更加精确的理论支持。

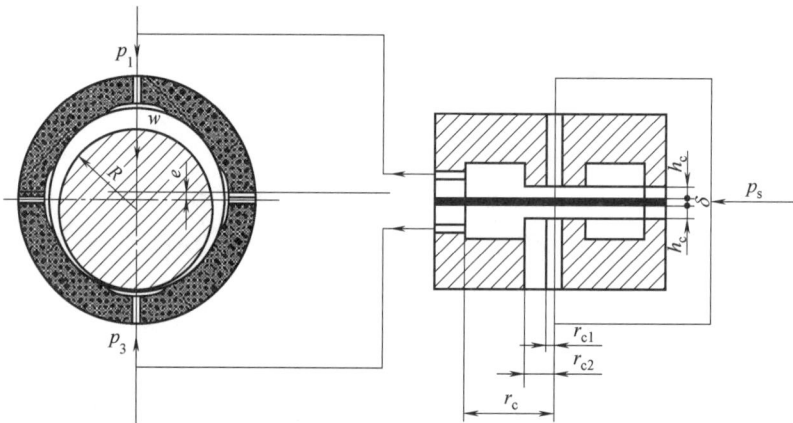

图 1-13　静压轴承及双薄膜节流器的工作原理图

毛细管节流器作为一种固定节流器，广泛应用于液体静压支承系统中，尤其是在闭式液体静压导轨中，因其具有制造工艺简单、调试方便等优点，能够显著提升静压系统的稳定性与可靠性。毛细管节流器的设计通常依赖于其几何形状和流体动力学特性，这使得其能够有效地控制油液流量，从而调节油膜的稳定性和支承性能[136]。除上述的节流器外，采用两端直径不同的锥形毛细管作为节流器，也成为改进液体静压支承性能的一种有效手段[47]。这种设计方案不仅能够提高油膜的刚度，还能在更大程度上提升静压导轨的静态性能。

（2）静压导轨结构参数

闭式液体静压导轨是一种利用液体静压力支承运动部件的导轨系统，其主要优点是能够提供高刚度、低摩擦、无磨损的运行环境。闭式导轨系统依靠其精密的几何结构设计，使得运动件只能沿着预定的方向进行精确的运动，从而提高了系统的稳定性和精度。常见的闭式导轨结构类型包括双矩形导轨、回转平导轨和菱形导轨等多种形式。这些导轨系统在许多高精度的应用领域中起着至关重要的作用，如数控机床、精密仪器以及航空航天设备等[137,138]。

Sharma[139] 等利用有限元法，对具有不同油腔结构（如圆形、方形、椭圆形、环形等）的静压导轨进行了系统对比研究。结果表明，环形油腔具有最好的承载能力和油膜刚度，其静压性能远优于其他形状。矩形油腔虽然次之，但相较于圆形油腔，其承载能力和油膜刚度具有显著提升。值得注意的是，圆形油腔由于其几何特性，提供的承载能力和油膜刚度相对较小，无法与其他形状相比，尤其是在高负载和高精度应用中表现较弱。这一研究结果为静压导轨系统的设计提供了有力的理论依据，尤其是对提高高承载和高精度要求的液体静压导轨的性能有着重要指导意义。吴笛[140] 则进一步探讨了局部多孔介质静压径向轴承的设计与应用，研制出一种兼具高承载、高刚性的静压轴承。研究表明，通过合理设计局部多孔介质的分布，可以显著提升静压轴承的负载能力和刚度，尤其是在特定工况下，这种设计能够有效降低能量损失，增强系统的稳定性和工作效率。该研究成果为新型静压轴承的优化设计提供了重要参考，对相关领域的技术发展起到了积极推动作用。Johnson[141] 等则专注于静压止推轴承油腔深度对其静态性能的影响，研究发现，浅油腔相比于深油腔在承载特性上表现更为优越。

矩形静压滑动导轨具有出色的动态响应特性、抗振性和制造工艺性，在精密工程机械、自动控制等领域有着广泛的应用前景。

（3）弹性变形对静压导轨的静态特性的影响

在液体静压导轨的设计和计算过程中，通常假设导轨结构件为刚体，即忽略了导轨在工作过程中因受到油膜压力及其他外部载荷的作用而产生的弹性变形。然而，实际应用中，液体静压导轨系统的结构件在承受油膜压力、滑台和主轴零部件自重以及机床工作载荷时，确实会产生一定的弹性变形。这种变形不仅影响导轨系统的承载能力，还可能改变油膜的厚度和压力分布，进而影响系统的精度和稳定性。Hong[142] 等通过对某超精密机床上的液体静压导轨进行研究，发现导轨副板在油膜压力作用下会发生显著的变形，变形量达到 $4\mu m$。这一现象表明，在实际工作状态下，液体静压导轨的结构会受到不同程度的弹性变形，这对导轨系统的性能有着直接影响。通过对该导轨的静态刚度进行实际测量，研究人员发现其与通过理论计算公式得到的结果相比，刚度下降了 21%。刘一磊[143] 通过建立有限元模型并假设油膜为线弹性体模型，分析了溜板在压力油膜作用下的形变。研究结果表明，溜板的变形会导致导轨的刚度和运动直线度降低，进而影响系统的稳定性和精度。

1.2.4　静压丝杠副相关的其他领域的发展现状

1.2.4.1　螺距误差的研究

螺距误差包含螺距累积误差、周期螺距误差和随机螺距误差[144]，其中，周期螺距误差由具有不同周期、相位和频率的正弦函数组合而成。Fukada[39] 实际测量了滑动丝杠螺母的螺距误差，应用无限短轴承理论建立了丝杠和螺母的配合间隙模型，分析了考虑螺母上周期为 2π 的周期螺距误差时，滑动丝杠副在动压条件下的摩擦特性。日本 Otsuka 的团队对螺纹的磨削加工进行了一系列研究，包括：分析了螺纹磨削过程中周期螺距误差产生的原因；采用在丝杠全长上喷洒润滑油的方法，阻止丝杠的热变形，减小螺距累积误差；提前测量得到螺距误差，作为再加工时的误差补偿值进行误差补偿；同时测量主轴转角和工作台进给量，对两者的配合误差进行闭环补偿。Wang 和 Feng[145] 分析了螺纹磨削过程中的磨削力和弹性变形。Bin 等[146] 对机床丝杠传动链误差进行了测量、ARMA（Autoregressive

Moving Average）模型谱分析和误差诊断，所用方法适用于螺纹车床和螺纹磨床。Xu 等研究了一种消除螺纹磨床传动链误差的智能控制方法。Zhou 等[147] 用基于时间序列分析的预测方法，对测量的螺距误差进行修正，补偿掉了 89% 的单牙周期螺距误差和 99% 的螺距累积误差。Guevarra 等[148,149] 研究了一种用于滚珠丝杠副的新型研磨工具，并基于此设计了自动研磨机床，进行研磨实验。Zhang[150] 等用超磁致伸缩执行器驱动柔性铰链微位移工作台，实现长行程进给机构的螺距误差补偿，定位误差从 $\pm 20\mu m$ 减小到 $\pm 8\mu m$。裘著燕等[151] 采用激光多普勒测量仪测量了滚珠丝杠副的螺距误差，并进行了误差补偿方法的研究。宋现春等[152] 给出了滚珠丝杠副热变形误差的计算模型；提出了螺距误差前馈补偿控制方法[153]、带有圆光栅和激光干涉仪的螺纹磨床的智能 PID 控制方法[154]。北京机床研究所分别研究了螺距误差的来源，工件的热变形，母丝杠的热变形，工作台的倾斜和直线度误差导致的螺距误差和螺距误差的数字控制补偿。

1.2.4.2 滑动轴承混合润滑状态的研究

螺距误差作用下，油膜压力由静压效应和动压效应联合产生，液体静压丝杠副处于动静压混合润滑状态。Ho 等[155] 研究了六油腔径向轴承在一定静态载荷和转速下的压力分布，结果表明油膜压力的产生不仅包含了静压效应，也包含了动压效应。Chaomleffel 等[156] 实验测量了混合润滑径向轴承的压力分布，发现当有较大加载，使偏心率大于 0.4 时，在周向封油面上有明显的动压力。Jain 等[157] 分析了柔性径向轴承采用不同的节流方式，在混合润滑状态下的性能。研究表明，结合变形系数来恰当选择节流器，可以有效地提高轴承的性能。Sharma 等[158] 对比分析了六油腔径向轴承和四油腔径向轴承在混合润滑模式下的性能，发现六油腔径向轴承比四油腔径向轴承的稳定性要好。Singh 等[159] 研究了薄膜补偿径向轴承在混合润滑状态下，油腔形状对静动态特性的影响。Sinhasan 等[160] 研究了小孔补偿四油腔径向轴承在非牛顿流体、混合润滑状态下的静动态特性。Rowe 等[161] 比较研究了孔入口轴承、槽入口轴承、四油腔静压轴承在静压润滑、混合润滑下的性能，并在提高承载能力方面给出了孔入口轴承优化后参数的合理范围。Nicodemus 等[162] 研究了微极流体润滑小孔补偿四油腔径向轴承在不同油腔形状、不同节流器设计参数、混合润滑状态下的性能。Jain 等[163] 分别研究了在静压润滑和混合润滑下，轴颈偏斜对孔入口径向轴承静动态特性的影响。Sharma 等[164] 研究了在静压润滑和混合润滑下，薄膜补偿柔性径向轴承在不同外载、不同变形系数下的性能。Liang 等[165] 提出了动压比的概念来定量衡量封油面上动压效应的大小，并研究了在四油腔毛细管补偿静压径向轴承中，动压比随偏心率和轴颈转速的变化。

1.2.4.3 静压设备节流方式的研究

静压设备的性能受到节流器类型的显著影响，静压丝杠副也是如此。节流器通常分为固定节流器和可变节流器，前者主要包括毛细管节流器、小孔节流器和常流量阀等；后者主要包括薄膜节流器和滑阀节流器等。Morsi[166] 比较研究了固定节流和可变节流液体静压推力轴承的静刚度和功率消耗，发现可变节流方式具有明显的优势。Cusano[88] 研究了压力比、偏心率、薄膜补偿系数、轴颈转速等对双面薄膜补偿液体静压径向轴承流量、承载能力、静刚度的影响。Rowe 和 O'Donoghue[167] 理论和实验研究了双面薄膜补偿静压轴承的性能，并给出了一个应用双面薄膜节流器于静压导轨的系统结构。印度理工学院 Sharma[168] 考虑轴颈偏斜、轴瓦弹性、磨损等的影响，对毛细管、常流量阀、小孔、缝隙、薄膜等不同节流方式下液体静压轴承的性能进行了大量研究。为不同工作环境下，节流器的选择提供了指导。而总体看来，薄膜补偿方式在最小油膜厚度、动刚度、阻尼、稳定性临界转速等方面具有明显的优势。Gohara 等[169] 应用薄膜节流器于水润滑静压推力轴承，实现了高刚度和低功率消耗。Kang[170] 分别对常流量阀、单双侧圆柱形滑阀节流器、单双侧锥形滑阀节流器、单面薄膜节流器等不同补偿方式下的液体静压轴承进行了静刚度设计；分析了一种新型常流量阀的静态特性；结合实验数据对单面薄膜节流器的液阻、节流系数、变形系数等进行了辨识，使节流器的流量计算更符合实际值；研究了毛细管、小孔节流器对刚性转子轴承系统稳定性的影响。Wang 和 Cusano[171] 分析了薄膜节流双油垫环形推力轴承在静载荷和静载荷上叠加周期载荷下的动态特性，结果显示，薄膜补偿方式比毛细管补偿方式具有更好的整体性能。

德国 Hyprostatik 公司应用 Schonfeld[172] 发明的 PM 流量控制器于静压轴承、静压导轨、静压丝杠副、静压转台等，并推向市场进行系列化生产。如图 1-14 所示，高殿荣等[173] 阐述了 PM 流量控制器的工作原理，分析了 PM 流量控制器设计参数对对置油垫静压导轨承载能力、静刚度、动态特性的影响；调查了敏感油路对动态特性的影响[174]；研究了 PM 流量控制器调节开式静压导轨的动态特性。张作超[175] 理论研究了基于 PM 流量控制器的开式、闭式液体静压导轨的静动态特性。林廷章实验对比分析了 PM 流量控制器和一种供油预压单向薄膜节流器的性能。Yoshimoto 等[176,177] 介绍了一种浮动碟盘式自主控制节流器，浮动碟盘上下侧受油膜力作用，其上下移动量控制着节流间隙，可以达到非常高的静态刚性；研究了浮动碟盘式自主控制节流器应用于液体静压轴承的静态特性、阶跃响应特性和应用于气体静压轴承的静态特性。山东大学[178-180] 分析了一种压电陶瓷主动控制薄膜节流器的性能，应用此节流器可以实现轴心轨迹的主动控制。Park 等[181] 应用压电陶瓷主动控制毛细管节流器于液体静压导轨，实现 5 个自由度方向的误差补偿，达到了很好的补偿效果。

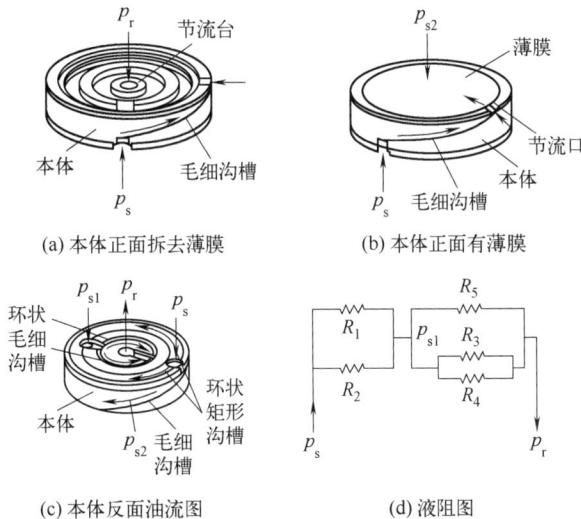

图 1-14 PM 流量控制器结构及油流示意图

1.2.4.4 油膜误差均化作用的研究

目前，许多学者对静压导轨中油膜误差均化作用的作用机理、影响因素等做了理论和实验研究，为液体静压丝杠副中油膜螺距误差均化作用的研究提供了重要指导。

Shamoto 等[182] 和 Park 等[183] 用有限单元法建立了描述单油垫滑块的油膜力与不同空间频率的导轨几何误差之间关系的传递函数，进而可以通过已知的导轨几何误差来预测工作台运动误差。此外，也可以通过测量的工作台运动误差来反推导轨几何误差，对凸起的位置进行研磨，再加工，达到提高滑块运动精度的目的。Khim 等[184] 和 Kim 等[185] 运用以上传递函数，基于静态平衡，得到了多孔质空气油垫静压导轨 5 个自由度方向的运动误差与导轨几何误差的关系，并实验验证了理论模型。Ekinci 等[186] 同时考虑空气轴承的刚度和工作台与空气轴承机械连接件的刚度来分析空气静压导轨的运动精度，并通过实验验证了理论分析。Xue 等[187] 通过对油膜厚度取平均的方式，建立液体静压导轨运动误差模型，分析了主要设计参数对误差的影响，发现导轨几何误差的波长是影响运动误差的主要因素，此外，供油压力的波动、导轨的工作行程等对直线度误差也有较大影响。之后，作为文献 [140] 研究内容的扩展，Zha 等[188] 研究了油垫间距与导轨几何误差波长的比率 m_y 对液体静压导轨运动直线度误差的影响，发现：当 $m_y \leq 0.5$ 时，通过增大油垫间距，可以减小运动直线度误差；而当 $m_y \geq 0.72$ 时，通过减小油垫间距，可以减小运动直线度误差。同时，在横梁的不同位置测量了龙门式开式液体静压导轨的直线度误差，发现不同位置测量得到的直线度误差有较大差异，当测量点位于横梁中间时，直线度误差最小。之后，根据测量值对液体静压导轨的直线度误差进行开环补偿，有效地提高了运动精度。Zha 等[189] 研究了工作位置对开式液体静压导轨运动直线度的影响。Zha 等研究了在闭式液体静压导轨中，导轨上的螺钉预紧力与滑块运动直线度的关系，进而利用螺钉对导轨施加不均匀的预紧力来提高滑块运动直线度。Qi 等[190] 考虑导轨三维空间的形状误差，建立了单油垫和一对对置油垫液体静压导轨的误差均化作用模型，研究了导轨误差在长度、宽度方向的变化和油膜刚度对均化效果的影响。此外，Xue 等[191] 研究了花岗岩液体静压导轨在潮湿环境下的吸湿膨胀对运动精度的影响。

以上研究的数学模型都是基于静态平衡，根据力平衡和力矩平衡得到运动误差与导轨几何误差的关系，因此，只能局限于低速工况。Wang 等[192] 联合滑块的运动方程和油膜的雷诺方程，考虑流体可压缩性和挤压油膜效应，建立了适用于高速工况的数学模型，研究了速度对液体静压导轨运动误差的影响。发现对不同波长的导轨几何误差，速度对运动误差的影响程度不同。

此外，Zha[193] 还建立了液体静压推力轴承中转子的跳动误差模型，研究了液体静压推力轴承的垂直度误差和平面度误差对转子轴向跳动和偏斜角度的影响。

1.2.4.5 动压/动静压轴承-转子系统瞬态运动特性的研究

在不同的外部载荷下，静压螺母的高速运动特性反映了运动精度、运行平稳性和抵抗不同外载的能力。作为一个相关领域，许多学者研究了在动压/动静压轴承-转子系统中转子的瞬态运动轨迹。

Castelli 等[194] 基于雷诺方程、转子的运动方程，利用时间离散的方法得到气体动压轴承-转子系统中转子的瞬态运动轨迹，用于分析系统的稳定性。之后，应用此方法分析了具有 18 个自由度的可倾瓦气体轴承的瞬时动态特性。Kirk 和 Gunter[195] 分析了动压短轴承-转子系统的稳定性；计算了转子对不平衡载荷、恒定载荷、周期单向载荷、周期旋转载荷等的瞬态响应轨迹；研究了弹性阻尼支撑对对称转子瞬时动态特性的影响。Choy 等[196] 研究了动压轴承-转子系统在轻载、重载、高速、存在轴颈偏斜等 4 种工作环境下的非线性瞬态特性和频率响应特性。Gadangi 和 Palazzolo[197] 研究了油膜温度、可倾瓦弹性变形对弹性可倾瓦轴承支承转子瞬态轨迹的影响，发现可倾瓦的弹性变形对转子轨迹和最小油膜厚度有显著影响，而热效应对其影响不大。Andres[198] 基于常数转子动力特性系数，给出一个计算湍流静压轴承-转子系统中转子瞬态运动轨迹的线性简化模型，其耗时较少，且计算结果与非线性方法计算得的转子轨迹有很好的一致性。Sinhasan 等[199] 和 Kushare 等[200] 用龙格-库塔法计算了非牛顿流体润滑 2 叶径向轴承-转子系统中转子的非线性轨迹，用来分析系统的瞬态特性和稳定性。Liang 等[201] 基于欧拉法，仿真实现了用伺服阀控制一种油腔嵌套式静压轴承的控制腔压力时，轴颈的椭圆运动轨迹。

1.3 静压支承主动控制技术的发展现状

静压支承主动控制技术是现代高精度机床和精密仪器中的重要技术之一，其主要应用于减少摩擦、提高运动精度和刚性。静压油膜通过在支撑面和滑动表面之间形成一层油膜，提供无接触的支承，极大地减小了摩擦力和磨损，从而提升了系统的性能和稳定性。目前，研究的重点主要集中在油膜厚度调节、压力分布优化以及实时控制策略的研究上。通过精确的油膜控制，不仅能够确保机床在长时间运行中的稳定性，还能有效抑制外界扰动对系统的影响，提升机床的精度和刚性。随着传感技术、控制算法和计算机模拟的进步，静压支承主动控制技术在精密加工中的应用前景广阔，已逐步成为提升高精度机械系统性能的核心技术之一。

可控静压轴承广泛应用于主轴，以提高主轴的旋转精度和实现轨迹跟踪。控制方法的设计也是决定系统性能的关键因素。然而，静压主轴系统具有明显的非线性，其特性受转速、外部负载和平衡位置的影响很大，因此建立精确的模型是一项挑战，这使得许多控制方法无效。因此，可控静压主轴的控制受到了广泛的关注。

近年来，几种可控静压轴承的方法已经被提出，包括调节润滑油压力[202]、流量[203]。Santos 等[204,205] 研究了倾斜垫轴承的主动润滑，并使用两个高速伺服阀来抑制主轴振动。然而，传统伺服阀的动态特性对于高速控制应用并不理想。新材料为可控轴承提供了新的思路，Carmignani 等[206] 设计并测试了一种安装在压电驱动器上的可动壳自适应流体动力轴承。控制方法的研究对于提高液压转子-轴承系统的精度和性能至关重要。这些系统表现出高度非线性的行为，研究人员已经探索了各种各样的控制器，从线性到非线性，以处理非线性和参数不确定性的问题。

如图 1-15 所示，王勤勇等[207] 提出了一种基于液压伺服控制的静压推力轴承方案。该方案通过测量主轴的偏心位移并反馈信息给伺服控制系统，调节伺服阀的动作来精确调控静压油腔的流量，从而实现主动控制油膜的厚度。马柯达等[208] 研发了一种超磁致伸缩驱动器，利用磁致伸缩材料的变形特性来实现对静压轴承的精确控制。通过感知主轴的偏心位移，使磁致伸缩驱动器施加适当的力，进而调整油膜厚度。这种主动控制方式能够有效抑制转子振动，在高精度和低振动的工业应用中具有广泛前景。李仕义[209] 对两种常规的反馈节流器进行了改进。第一种是将磁致伸缩材料应用到薄膜节流器中，通过磁致伸缩效应对薄膜的变形量进行主动控制，从而改变油膜的厚度，实现精确调节。第二种是对常规滑阀节流器进行了创新性设计，使其能够在更为狭窄的空间内高效运行，这对于一些特殊空间条件下的应用场景非常重要，尤其是在空间受限的高精度机械中。刘学忠[210] 针对伺服驱动的轴

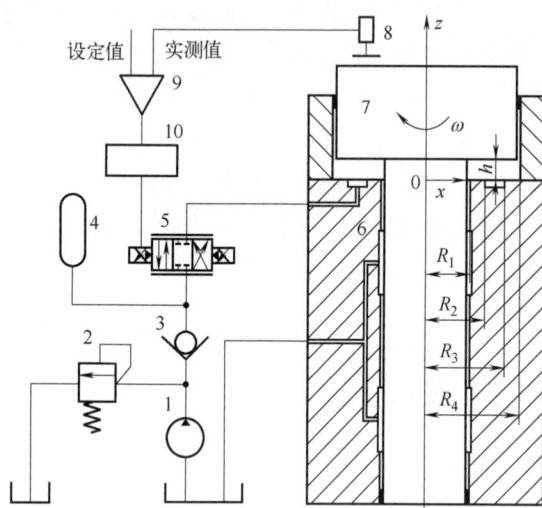

图 1-15　伺服节流的静压推力轴承系统结构示意图

1—定量泵；2—溢流阀；3—单向阀；4—蓄能器；
5—伺服阀；6—轴承；7—主轴；8—传感器；
9—运算放大器；10—PI调节器

承系统，提出了一种利用最优极点配置的控制方法。该方法通过优化系统的极点配置，显著改善了转子振动问题，计算结果表明，采用该控制策略后，转子的不平衡和振动得到了有效抑制，提高了转子系统的精度和稳定性，尤其适用于精密加工和高速旋转设备。韩桂华[211] 研制了一套适用于重载、高刚性的静压止推轴承的主动控制系统。该控制系统不仅提升了轴承的刚度，还优化了控制策略和性能，使得系统能够在高负载下保持优异的精度与稳定性。研究表明，主动控制系统能够显著提升重型机床的加工精度和运行稳定性，尤其在复杂加工任务中发挥了关键作用。李树森[212] 等设计了一种集成静压气体轴承与主动磁轴承的气磁轴承系统。该系统利用主动磁轴承补偿主轴的回转误差，与静压气体轴承共同工作，从而有效提升

了主轴系统的回转精度。该设计在高精度主轴应用中表现出色，能够降低普通气体轴承的回转误差，并且在高转速下仍能维持良好的稳定性与可靠性。

　　Haugaard 等[213] 分析了可倾瓦轴承的稳定性，结果表明，转子质量、预紧因子和转速对其稳定性有很大影响。Yau[214] 提出通过电动液压执行器控制油腔压力，结合 PD 控制器，显著提高了转子稳定性。Kytka 和 Ehman 等[215] 设计了一个快速动态伺服阀控制系统，通过 PI 控制器提升轴承刚度和阻尼特性。Wardle 等[216] 提出使用外部阻尼器改善空气轴承的刚度，实验验证了其有效性。Bassani[217] 设计了曲折流道节流方案，用于补偿液体静压轴承的压力。Wasson 等[218] 研发了一种提高轴承刚度和承载能力的自补偿静压导轨滑块。

　　如图 1-16 所示，江桂云提出了一种基于动静压轴承的液压伺服控制节流阀，这一设计使得润滑油输出压力得到了有效调节[219]。针对工作台位姿随着速度而改变的问题，韩桂华提出了一种油腔流量的分组控制方案，能够在不同转速和载荷下动态调整油膜厚度，保证了轴承的稳定性和精度[211]。姚超东采用西门子 S7-300 可编程控制器进行压力、转速和温度的控制，并设计了基于 PID 控制的流量控制系统。在实际应用中，他通过比较实际载荷与设定载荷之间的偏差，实现阀门开度的精确控制。这一方案有效地提高了油膜厚度的控制精度，使得静压轴承在高精度加工中的表现更加稳定[220]。为了对静压转台的油膜厚度进行优化，朱波设计了一种新的自抗扰控制策略。该策略控制后的控制系统在面对外部扰动时展现出了更好的鲁棒性，能够有效保持油膜厚度的稳定性。此方案的应用，使得静压试验台的控制性能得到了显著提升，油膜厚度得到了更加精确的控制，确保了轴承的高效运行[221]。闫志超则在油液压力控制的基础上，设计了油膜厚度抗干扰控制器。结果表明，该控制器能够有效抑制外界干扰，保持油膜厚度的稳定性，提升了静压支承系统的抗干扰能力。这项研究为油膜厚度控制系统提供了新的优化方向，有助于提升整体系统的精度和稳定性[222]。

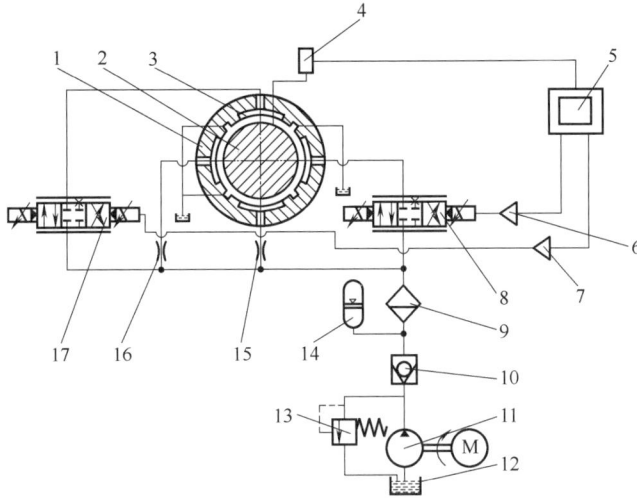

图 1-16　液体伺服控制的液体润滑轴承工作原理图

1—轴承；2—主轴；3—静压油腔；4—位置传感器；5—微机；6,7—电压放大器；
8—伺服阀 A；9—过滤器；10—单向阀；11—液压泵及电机；12—油箱；
13—溢流阀；14—蓄能器；15—节流器 A；16—节流器 B；17—伺服阀 B

孙国栋等[223] 提出了一种基于最小二乘法的工作台油膜厚度控制方法，该方法的核心目的是通过精准调节静压轴承的油膜厚度，从而有效减少其波动对加工精度的干扰。董甫豹[224] 运用 PID 控制算法对油膜厚度进行精确调节，从而确保油膜厚度始终保持在最优范围内。靖马超[225] 的研究则侧重于利用多头泵调节输出流量来实现油膜厚度的控制，并在实验中验证了油膜厚度的可控性及其控制器的实际应用效果。丁国龙[226] 提出了两种油膜厚度控制模型，分别采用了工况系数法和三次插值法。这一方案能够根据实时反馈调节油膜厚度，保证静压轴承在高精度要求下的稳定运行，尤其是在重负荷和高转速条件下，表现出了优异的动态响应能力。Zhang 等[227] 提出了一种自磨机床静压轴承监控系统，通过传感器和测量仪表对重要部件的运行状态进行实时监控。

国外在静压支承油膜厚度控制方面，阀控流量技术已成为关键研究方向。Hiroshi等[228] 提出了薄膜控制节流器，用于改善机床静压轴承的主轴性能。通过限制流量精确调节油膜厚度，该方法提升了机床的稳定性和精度。Renn 和 Wu[229] 设计了一种在伺服阀中设置节流孔的新思路，可以有效消除因油温波动引起的影响，进而稳定了静压轴承中油膜的性能，实现主动控制。Shih 和 Shie[230] 则采用了一种主动补偿的伺服阀与控制器控制策略，来动态控制油膜厚度。

1.4　数控机床进给伺服系统的发展现状

1.4.1　直线进给系统

目前直线运动机构实现进给运动的方式主要有滚珠丝杠副、直线电机、静压丝杠副、同步带以及电动缸、气缸和液压油缸等。

(1) 滚珠丝杠副

作为工程机械和高精密加工机械上最常用的传动转换器件，其主要的功能是利用丝杠螺母传动副实现电机旋转运动向运动平台直线进给运动的转换，同时由于其精度高、摩擦阻力小等优点被广泛应用于各种工业设备和精密加工机械中。以德国普爱纳米（PI）公司研发的L-417 系列高负载线性工作平台为例，其中 L-417.05 型线性工作平台的未校准定位精度可达 $\pm 6\mu m$，校准后的精度可达 $\pm 1\mu m$[231]。

实际上人们将螺杆应用于传动机构上的历史并不是很长，19 世纪 90 年代人们才初次尝试着将滚珠放置在螺杆和螺母之间，将两者之间刚性接触的滑动摩擦替换成滚珠的滚动摩擦，以此来延长螺杆的使用寿命，而滚珠螺杆真正在工业上的里程碑式应用则是其在汽车转向装置上的应用[232]，直到近代以来，滚珠丝杠副才真正成为传动机构中应用最为广泛的零部件之一[233]。

(2) 直线电机直线运动机构

不同于滚珠丝杠副将旋转电机的旋转运动转换为直线运动，直线电机与运动工作台之间没有运动转换元件[234]。直线电机的结构主要包括定子和动子两个部分，定子部分固定在基台上，动子部分则是沿着定子部分路径进行直线运动[235]。直线电机的工作原理与传统旋转电机的基本电磁原理是一致的，而不同于旋转电机工作时产生的旋转磁场，直线电机工作时则是产生一个行波磁场[236]。直线电机工作时是定子部分的三相绕组通过通入三相交流电，在定子部分和动子部分之间产生一个行波磁场，动子部分则被行波磁场力推动着沿磁场方向移动[237]。相较于旋转电机带动丝杠副完成工作台直线运动的直线运动机构，直线电机直线运动机构结构更加简单，机构中并没有传统传动机构所需的减速器、安装轴承和联轴器等关联部件，所以直线电机运动机构的安装和维护也更加简便。以日本 THK 公司研发的 GLM-CP 系列直线电机模组为例，直线电机引动器通过增加磁板可完成滚珠丝杠传动所达不到的长行程，通过底座拼接直线模组可实现 15m 的长行程。同时，此系列直线模组分辨率最高可达 $0.001\mu m$[238]。

然而直线电机的缺点也很明显，在进行重型负载以及高加速度的运动过程时，直线电机工作需要很高的耗电量，在造成能源损耗的同时也会伴随产生大量的热量[239]。而且直线电机直线运动结构一般安装紧凑，不能进行及时、有效的散热，这对使用直线电机的运动机构是一个很大的挑战。同时直线电机不能够实现自锁，不利于运动机构使用时的安全[240]。

直线电机与静压导轨的组合进给方式，近几年来已成为最广泛的进给驱动方式之一。该进给方式通过将直线电机的高精度和静压导轨的优越支撑特性相结合，使机床在超高精度和高刚性需求下表现出极佳的动态性能和稳定性。然而，尽管这种组合方式能够有效提升机床的性能，但是直线电机由于自身的磁隔离、非线性以及扰动问题，使其在控制与应用方面仍然存在一定的困难。综合运用传统的 PID 控制方法，结合滑模控制、自适应控制、鲁棒控制等现代控制策略，以及神经网络、模糊控制等智能控制策略，能够有效地提升控制精度与稳定性。PID 控制作为最常见的传统控制算法，它因其简单、鲁棒性好且易于实现而被广泛应用于机床控制中。现代控制策略在超精密机床中的应用取得了显著成效[241-243]。

(3) 静压丝杠副

静压丝杠副通过液体或气体的静压力实现传动，这是一种高精度、高刚性、低摩擦的传动方式。其核心原理是利用液体或气体压力形成薄膜，减少丝杠副中接触面之间的摩擦，使得传动更加高效、平稳。Kami 等[244] 开发了一套由液体静压轴承、液体静压丝杠副、液体静压导轨等组成的全液压高精密闭环定位系统，当测量装置采用分辨率达 0.1nm 的光纤传感器时，定位精度可以达到传感器的测量分辨率 0.1nm。如图 1-17 所示，赖志锋[245] 基于液体静压导轨和 Hyprostatik 公司生产的液体静压丝杠副及液体静压轴承，搭建了一套精密进给系统，测试了液体静压丝杠副和液体静压轴承之间的安装同轴度，以 PMAC Lite 为控制器设计了控制系统，最终实现了优于 10nm 的运动分辨率。

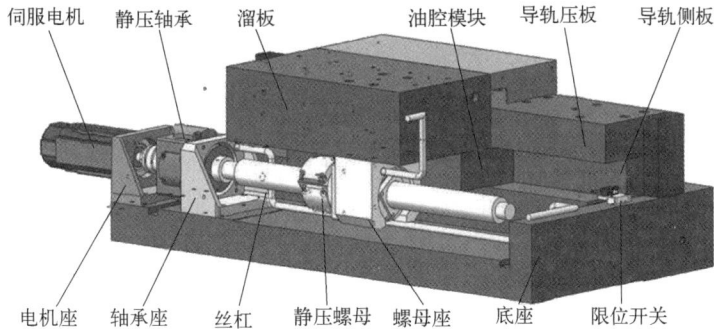

图 1-17　超精密运动系统驱动结构三维模型图

（4）同步带

同步带传动通过主动轮和惰轮上的轮齿与传动带上的齿槽啮合来实现传动。DS45/DS60 系列同步带导轨模组，运行速度最大可到 500mm/s；有效行程大，有效行程可做到 50～3000mm，水平载重 15kg，垂直负载 5kg。相较于传统摩擦型带传动，同步带传动并不会发生传动带在带轮上打滑的现象，拥有稳定的传动比。但同步带传动中心距过大时会加剧传动带的波动，降低同步带传动平稳性。同步带传动具有结构简单、传动平稳、价格低廉和缓冲吸振等特点[246]。但是也有传动精度低、传动效率不高的缺点。相对于其它直线进给机构而言，同步带传动的结构布置占用空间大、结构不紧凑，不利于机构集成[247]。在使用同步带进行直线运动机构的传动时，传动带会因持续受力发生塑性变形和磨损[248]。为了使同步带传动能够长久地正常工作，还需要在传动机构中加入相应的张紧装置，进一步占用了设备的安装空间。

（5）电动缸、气缸以及液压油缸

不同于前面提到的三种直线运动机构的实现方式，电动缸、气缸和液压油缸实现直线运动的方式则是依赖于缸内的活塞杆，而电动缸相较于气缸、液压油缸的缸内活塞杆的伸缩形式是不一样的。气缸的活塞杆运动方式主要依靠缸内的压缩空气，由缸内压缩空气作为动力推动活塞杆做直线运动，且气缸内需要进行严格的密封措施来防止工作时缸内压缩气体泄漏导致动力不足，所以使用气缸作为直线运动的执行元件很难做到运动位置的精确定位。王素梅等[249] 与中国重汽集团合作设计了一种超薄气缸，超薄气缸缸体利用铆压工艺一体成型，提高了气缸的密封性，通过革新气缸装配工艺使其使用寿命相较于普通气缸提高了 3 倍。郝欣妮等[250] 利用比例阀控制传统气缸伺服系统，串入 PID 调节器调整系统的定位精度，实现了其所设计系统的精准定位。赵彦楠等[251] 针对气动位置调节设计了一种分数阶控制器，使启动位置调节系统的定位精度达到了 0.5mm。虽然学者们对于气动位置调节做出了很多的改进和调整，但还是很难实现利用气动元件将定位系统的精度提高到更精密的量级。气缸工作时还需要搭配缓冲装置，特别是行程长、速度快的气缸，在达到行程终点时会产生很大的动能，如果没有缓冲装置的介入，很容易产生由于冲击力过大导致零部件损坏的情况。

液压油缸需要搭配泵站使用将液压能转换为机械能，和气缸一样，液压油缸同样需要对缸体内部进行严密的密封来保证作为动力的液压油不会发生泄漏。液压油缸相较于气动缸而言定位精度要好一些，刘海星等[252]设计了一种反步法控制器，基于这种控制器对传统双液压缸控制系统搭建了机电耦合模型，通过与PID调节器的实验对比，发现反步法控制器对于双液压缸控制系统的精度控制更好。贾启康等[253]分析了重载工程机械的液压升降装置，对于多点位分布的液压缸控制策略进行了改进，为液压缸升降平台的改进提供了参考。液压缸相对于气缸，在运动控制方面的提升更多体现在稳定性上，而位置精度的提升并不明显，相较于二者而言，电动缸在定位精度和传动稳定性上的提升就显而易见了，这些提升主要取决于电动缸的传动结构。

电动缸实际上是属于伺服电机与丝杠的一体化、模块化的产物，电动缸内部的活塞杆运动原理则与传统滚珠丝杠直线运动机构相同，都是借助丝杠螺母将电机的旋转运动转换成活塞杆/工作台的往复直线运动[254]。得益于丝杠结构的优越性能，使得电动缸相较于液压油缸和气缸能够更好、更简单地实现运动平台的精准定位。中航西安飞机工业集团的兰自立等[255]利用电动缸、伺服电机和定位球头组成了柔性工作单元，用于组装飞机中的壁板等部件，成功满足了150mm以内0.025mm重复定位精度和0.05mm定位精度的设计要求。Lin Darui[256]研究了在摩擦和扰动等非线性因素影响下的电动缸位置跟踪控制问题，设计了一种非线性观测器来补偿电动缸伺服系统的摩擦力，最后提出了一种自适应的鲁棒控制器来处理参数的不确定性，为电动缸位置跟踪控制问题的研究提供了理论依据。表1-1对液压油缸、气缸和电动缸三者进行了主要对比。

表1-1 液压油缸、气缸和电动缸三者主要对比

项目	液压油缸	气缸	电动缸
传动媒介	液压油	压缩空气	伺服电机、丝杠螺母
工作温度	工作温度为-40~120℃，易受到温度变化影响	工作温度为5~60℃，易受到温度变化影响	工作温度为-30~80℃，受温度变化影响很小
结构复杂程度	结构复杂	结构复杂	结构简单
定位可靠性	低	很低	高
维护工作量	很大	大	小
环境污染	液压油泄漏问题	噪声大	小

1.4.2 微进给机构

微位移运动机构代指位移行程小、定位精度高以及反应灵敏度高的移动定位机构，是精密加工机械和精密实验仪器的关键组成部分之一[257]。微位移机构不仅作为实现微小位移的移动机构，更是担当着对于宏动行程位置定位的误差补偿的作用[258]。随着精密加工在军事和民用工业中的大量应用[259]，尤其是加工工艺以及新型智能材料的发展和应用，学者们对于微位移机构的研究也越来越深入，对于微位移机构所能达到的定位精度也力求达到更高的程度。而为适应市场，对于微电子元件的加工精度提出的亚微米级甚至纳米级要求，以往针对宏观位移的一部分驱动方式对于微位移定位失去了适用性[260]。面对这一问题，国内外学者们经过多年的实践探索，提出并应用了许多基于不同机构和致动进给原理的微位移驱动机构。

目前能够较好实现微位移定位补偿的运动机构大致分为使用机电系统驱动微位移机构以及其他基于柔性铰链或压电元件建立的微位移机构。

（1）机电系统驱动式微位移机构

使用机电系统进行驱动控制的微位移运动机构主要包括两类运动机构：①使用直线电机实现微位移运动，由于直线电机的特殊结构，在传递直线运动的过程中无需借助其他转换部件，使得直线电机驱动的微位移运动机构，可以任意调节微位移行程且响应速度快、可瞬时达到高加速度和高减速度。但是直线电机工作需要很高的耗电量，在造成能源损耗的同时也会伴随产生很高的热量[261]，使用成本高、控制系统复杂[262]，所以直线电机驱动的大部分应用场景都是轻负载、高加速的情况。②使用旋转电机和螺旋机构、杠杆机构、凸轮机构、弹性复合机构等搭配，利用丝杠螺母传动副实现电机旋转运动变为运动平台直线进给的转换[263]。这种运用形式应用时间早、技术相对成熟、分辨率高、摩擦阻力小，但是在运动的传递转换过程中会出现摩擦磨损以及特有的低速爬行现象[264]，限制了这类传动机构能够实现的定位精度上限。

Peng 等[265] 提出了一种滚珠丝杠驱动的刚柔耦合工作台，如图 1-18（a）所示，通过柔性铰链来补偿摩擦死区，采用自抗扰控制消除柔性铰链振动，实现刚柔耦合工作台性能的最大化。Su 等[266] 通过直线电机和柔性铰链搭配的耦合运动平台，利用柔性铰链的弹性变形对耦合运动平台的运动摩擦死区进行了补偿，实现了运动平台 $\pm 0.25\mu m$ 的双向重复性。卢倩[267] 搭建了六自由度精密运动平台，利用压电式直线电机简化了系统的运动传递链，提高了运动平台的定位响应速度，六自由度定位平台的定位精度达到了 $1\mu m$，转动精度达到 $0.0005°$。刘建勇等[268] 将双直线电机交叉耦合控制运用到电火花加工中，与传统旋转电机和滚珠丝杠的组合运用做了对比，结果证明在加工效率方面两种结构基本一致，但在镜面加工中双直线电机驱动的加工时间要短，且定位精度和重复定位精度要更高。唐勉志等[269] 分析了滚珠丝杠副传动的误差源，建立了覆盖宏、小、微三种行程的滚珠丝杠精密运动平台，如图 1-18（b）所示，经过误差补偿使运动平台的对应行程的精度误差下降到 $2\mu m$、$1.5\mu m$、$1\mu m$ 以下。梁永辉[270] 研究了输入滚珠丝杠进给工作台的控制系统，对此提出了进给系统在力控制器和位置控制器之间平滑切换的控制策略，使得滚珠丝杠进给工作台在力控制器的输入控制下最大跟踪误差为 $13\mu m$；在位置控制器的输入控制下最大跟踪误差为

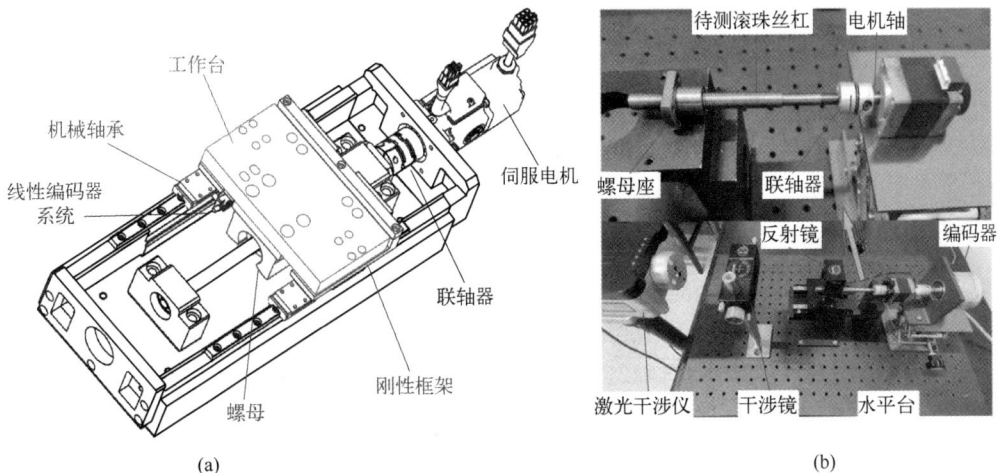

图 1-18　(a) 滚珠丝杠刚柔耦合工作台和 (b) 滚珠丝杠精密运动平台

$8\mu m$。左斌等[271] 通过分析进给定位系统在高速运行时定位精度的变化情况，利用 TRIZ 理论与实际相结合，将磁悬浮技术应用到进给定位系统中，使用直线电机作为动力源实现了进给定位系统无接触无摩擦的运行方式，解决了进给系统在高速运行时的精度定位问题。

（2）其他基于柔性铰链或压电元件的微位移机构

柔性铰链是一种规则的弹性连接支承元件。伴随着航空航天技术的进步，针对于如何实现在小范围内更精确偏转的支承结构提出了更高的要求，学者们通过对各种弹性材料的研究实验，开发出了柔性铰链结构[272]。因其体积小巧、引用灵活、无机械摩擦的特点而被应用于各种高精度仪表仪器中。压电元件是利用智能材料的压电效应而制作的弹性元件，基于压电元件的微位移机构在工作时，通过压电驱动器将电能转换为机械能实现微量机械运动。压电元件式的微位移机构体积小、机构紧凑、定位精度高、控制相对简单、稳定性好[273]。

方记文等[274] 设计了一种可调整定子类音圈电机搭配新型材料和柔性铰链的运动平台，如图 1-19 所示，宏动部分由音圈电机推动，由压电陶瓷产生一定的推动力，促使柔性铰链发生形变推动微动部分，其设定输出的最大位移量为 $20\mu m$；陆昂等[275] 设计了一种利用压电效应驱动的微位移驱动器，实验验证了驱动器最小步长为 65nm；Zhang 等[276] 提出了一种具有紧凑布局的新型椭圆柔性约束机构，使用堆叠式压电陶瓷致动器提高了 XY 微位移扫描平台的运动精度，使得扫描平台可以实现 $58.8\mu m \times 51.5\mu m$ 的工作空间，谐振频率为 576.5Hz，分辨率为纳米级；宋冠霖[277] 使用国内外极少采用的菱形和杠杆的复合放大结构，通过双层压电陶瓷驱动的位移叠加，使得线性驱动器最大位移 $1853\mu m$，放大倍数 23.2。王逸勐[278] 另辟蹊径，利用仿生学原理搭配压电陶瓷的压电效应，搭建出了一套微纳米级的定位装置。Chen 等[279] 开发了一种可实现的自适应控制器，采用最小化的参数化滞后模型来降低计算负荷，使其基于电致动器和基于挠性铰链的微纳定位系统定位误差可以渐近地趋近于零。

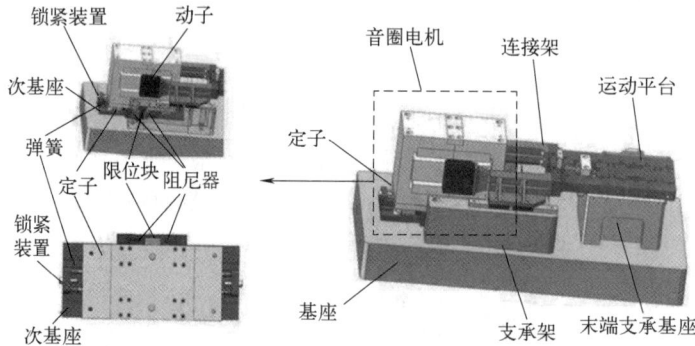

图 1-19　可调定子式直线运动平台

崔良玉等[280] 基于柔性铰链设计了一种由测微头提供微位移量进给的实验平台，如图 1-20（a）所示其实验平台的输出行程为 $13\mu m$，分辨率为 200nm。Shi 等[281] 用空间双四边形柔性铰链搭建了 XY 纳米定位平台，平台使用音圈电机进行驱动，优化后的样机 X 轴和 Y 轴分辨率分别达到了 100nm 和 150nm。王伟祥[282] 从轻量化、结构紧凑化以及高分辨率的角度出发，设计了一种基于柔性铰链的调节机构，通过使用压电陶瓷堆叠驱动使得调节机构的位移行程达到 $35.9\mu m$，分辨率达到 $0.023\mu m$。孟繁勋[283] 以压电陶瓷作为微位移运动平台驱动动力源，设计了三自由度微位移定位平台，利用差动式放大机构使得三自由度微位移定位平台，在三个方向上的运动定位精度为 2nm。季瑞南等[284] 将压电叠堆和楔形机构耦合设计了六自由度的定位运动平台，如图 1-20（b）所示，并用柔性铰链对定位系统进行了结构优化，在 X 轴、Y 轴和 Z 轴这三个方向上实现了 $0.01\mu m$ 精度的位移定位，同时在绕 X 轴、Y 轴和 Z 轴的旋转方向上做到了 $0.01°$ 分辨率的旋转角度调控。

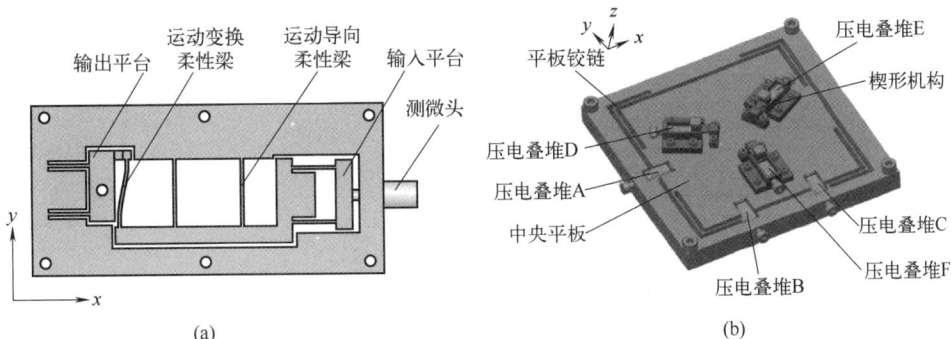

图 1-20　（a）基于柔性铰链的位移微调平台和（b）六自由度定位运动平台

1.4.3　宏微复合进给机构研究

随着科学技术的发展，人们对于事物的探索也不再局限于宏观表面，微观层面的技术探索和应用引起了人们的重视。不仅仅设备制造业对于微型加工的需求日益增加，医学、农学等学科领域也越来越依赖于微观高精度操作平台[285]。伴随着人们对进给定位平台宏观运动和微观运动的深入研究，单一模式驱动下的运动定位平台，有的只能实现大行程移动，有的只能实现高精度小行程定位，如何同时兼顾大行程、高精度定位的问题十分突出。针对上述问题，20 世纪 80 年代众多国内外学者陆续提出了宏微复合双驱动的研究方向[286]。正如字面意义所述，宏微复合双驱动系统需包含宏观移动系统和微观移动系统，通过宏观移动系统实现大行程进给，继而由微观运动系统进行高精度定位补偿。因此这种双驱动进给机构不仅结合了宏观进给机构的大行程特点，又兼顾了微观进给机构的高精度定位优点。

王红[287] 设计的基于浮动定子的宏微运动平台，如图 1-21 所示，利用基于扰动观测器而设计的运动控制器，使得宏微运动平台在 $10g$ 的加速度条件下，在 3ms 内达到 $20\mu m$ 的定位精度。韩国首尔国立大学研发的宏微双驱动进给平台，使用滚珠丝杠副搭配压电致动器，在 200mm 的行程中定位精度达到 10nm 之内[288]。王康[289] 应用弹性力学设计出了一种气压调整的微控工作平台，搭配滚珠丝杠进行宏动定位实现 13mm 行程内运动平台重复定位精度达到 $0.25\mu m$。赵荣丽[290] 利用柔性连杆搭建了微动平台，并使宏动平台与微动平台的运动方向相互垂直，对普通直线导轨进行误差补偿，补偿后的直线度误差降低了 $20.9\mu m$。伟胜强[291] 基于非线性连接刚度，采用滚珠丝杠和柔性铰链刚柔耦合的形式搭建的运动平台能够实现 $0.05\mu m$ 的定位精度。张金迪等[292] 运用直线电机和压电元件进行宏微复合驱动，实现了运动平台在 25mm 行程内，精度为 42.6nm 的精准定位。刘成龙[293] 利用超磁致伸缩材料的工作机理设计微位移执行器，以永磁直线电机作为宏观运动驱动器，将其设计的双驱动系统的重复定位精度从 $8.339\mu m$ 降到了 $0.8719\mu m$。龙涛元[294] 提出了将宏微双驱动位移运动集成在一起的压电致动器，基于多种可切换模式控制策略，使其设计的压电致动器定位精度达到了 $1\mu m$。图 1-22 为山东大学冯显英教授和他的课题组成员们设计的基于螺旋差动原理的进给工作台，对丝杠及螺母分别加装伺服电机，利用各伺服电机同时、同向、同速的旋转驱动，实现了进给系统工作台的平稳进给和微动定位补偿功能[295,296]。

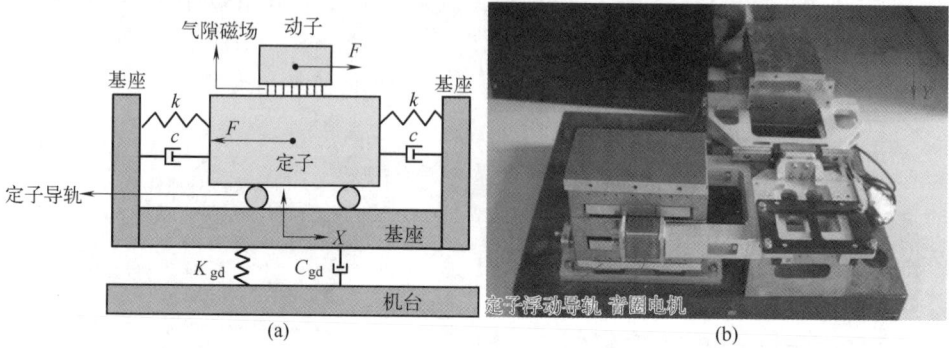

图 1-21 浮动定子式直线平台结构

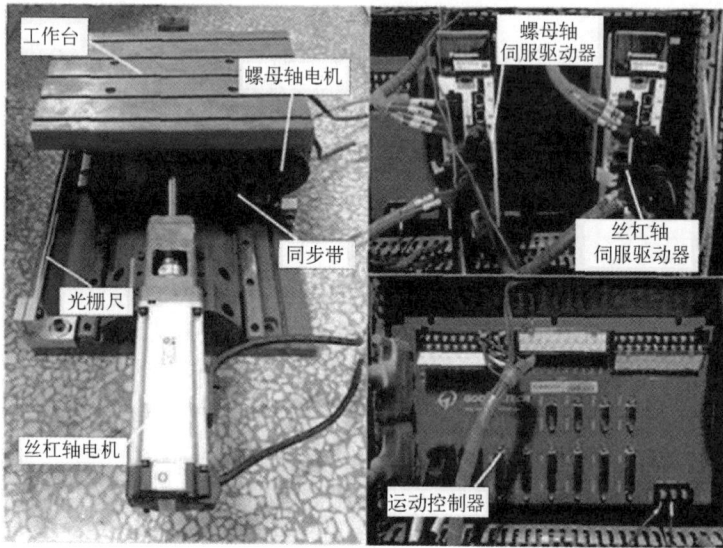

图 1-22 差动式复合伺服进给系统

1.4.4 进给机构动态特性研究

随着生产力的不断提高，对于零部件加工精度的要求也越来越高，复杂零部件的加工需求取决于数控加工机床的加工性能和定位精度。数控加工机床也向着高精度、高性能方向发展[297]。在生物、电子等领域，对于进给技术的要求也越来越高[298]。目前，数控机床的进给方式主要有直线电机直接驱动和伺服电机搭配滚珠丝杠副实现进给这两种方式[299,300]。伺服电机搭配滚珠丝杠副的进给方式具有刚度大、精度高的优点，因此广泛应用于各种数控加工设备中。进给定位机构的动态特性很大程度上影响着数控加工机床的加工精度、加工质量，对于进给定位系统动态特性的研究，很大程度上可以提高其加工性能及加工精度[301]。进给系统动态特性受工作台质量[302]和自身扭转刚度的影响。在工件加工过程中往往会发生共振现象，对系统稳定性产生较大影响。所以在加工机床的设计阶段可以利用进给系统的动力学模型，分析其动态特性，提高机床性能，避免造成损失。

动态特性分析作为提高进给系统稳定性和精度的重要依据，针对进给系统进行准确地建立动力学模型是十分必要的。目前能够有效针对系统建模分析的方法主要有集中参数法与有限元法。

①　集中参数法建模是应用离散化的思想，对于系统中分布不均匀的物理参数等进行分块或者分段的离散化处理，离散化处理后的对象段或块被视为质量集中的刚性体或者质点，块与块之间或者段与段之间弹性强的连接部件可以视作弹簧单元，弹簧单元自身的质量并不计入或者折合到集中质量中。因此这种建模方法常被应用于细长杆件或绳索的动力学模型的建立与分析中。

②　有限元法建模是先将复杂连续的系统，通过离散划分成有限多个简单的单元体，使一个系统逐一细分为更小、更简单的部分进行单元分析。然后再把这些离散化的细分单元进行整合，组合后的即代表原来的系统进行整体分析。先将完整系统逐步细分为单独的子系统，通过对单个子系统列方程式求解问题，再将求解所得的各有限参数结果整合得出整个系统的求解结果。总的来说，便是先化整为零，再聚零求整。

目前，国内外学者针对滚珠丝杠进给系统的动力学建模和动态特性分析做了较多研究。尚彤等[303] 为使进给系统获得更大的负载能力，采用了双丝杠驱动的形式，建立了进给系统的动力学模型，并分析了双丝杠驱动时系统产生同步误差的影响因素。于翰文等[304] 基于赫兹接触理论和静力学分析等理论，利用分析计算软件，构建了双驱动进给系统动力学模型，对双驱动进给机构的动态特性进行了分析；谌国章等[305] 以丝杠进给系统为对象，考虑了进给系统基座的参数，利用改进集中参数法对滚珠丝杠进给系统建立了精确的动力学模型，分析了进给系统响应频率随着工作台质量以及安装滑块间距变化时的影响规律；牟世刚等[306] 借助力学分析和计算软件，构建了螺母驱动的滚珠丝杠副进给系统结构动力学模型，对进给系统进行了动态特性研究；张仲玺等[307] 针对珩磨工艺的特殊要求，通过动力学分析得到了珩磨机进给机械系统的传递函数；陈哲钥等[308] 为了研究机床进给系统的动力学特性，建立了机床的进给系统机电耦合模型和动力学模型，通过改变工作台质量等因素分析了系统固有频率的影响因素；Liu 等[309] 考虑了导轨装配时误差的影响，通过推导系统的非线性恢复力函数以及丝杠轴的刚度，给出了进给系统的动力学模型，并对所提出的动力学模型进行了实验验证。Zai 等[310] 提出了一种模块化的动力学建模方法，建立了进给系统的集成模型，并通过验证证实了其能正确反映真实物理系统的动态特性；Huang 等[311] 提出了多面体线性参数变化（LPV）模型来表达滚珠丝杠传动的动态变化特性，采用闭环频域法和 Levenberg-Marquardt 迭代算法对 LPV 模型参数进行辨识；尹鹏等[312] 以数控机床上丝杠进给系统为研究对象，针对系统结合部处的刚度进行了计算，建立了系统的有限元模型，对其进行了谐响应分析得到了进给系统的动态特性。Zhang 等[313] 基于新型两轴差动式微进给系统，提出了一种新型全系统参数辨识方法和新的修正斯特里贝克曲线，显著提高了机床驱动系统的精度和稳定性。杨勇等[314] 发现了以往研究中为了便于求解而对丝杠进给系统进行模型简化的不足，通过改良建模方法推导得出了集成系统的状态空间模型，实验验证了改良后的系统模型具有 5.5% 的一阶固有频率误差。

1.4.5　宏微复合进给控制方法

数控机床想要实现高精度的定位，不仅依靠进给机构的更新升级，进给过程中的控制方法也是尤为重要的一环[315]。无论采用哪种方式的进给驱动，其控制方式均是采用半闭环或者全闭环的反馈控制系统[316]。响应速度快、精度高以及稳定性好的控制方式，可以保证进给系统在高速进给的情况下保持高精度定位进给[317,318]。

何文琦[319] 结合主动控制理论与磁流变液阻尼器设计出了一种主动减振控制器，运用仿真得出在 PID 和模糊控制下的主动减振方案的可行性。Zatarain 等[320] 开发的基于状态空间观测器的控制技术，以加速度反馈代替光栅尺的位置反馈，提高了机床精度和动态性能。Fujimoto 等[321] 提出了基于 n 次学习滤波器的完全跟踪控制（RPTC），并与传统学习滤波器的 RPTA 做比较，验证了其设计的 RPTC 的快速收敛性。Sun 等[322] 提出了一种新的控制理论，将电机与工作台之间的转速差视为机械振动并反馈给控制器，在不增加任何传感器或执行器的情况下提高进给驱动的带宽。

1.5 本章小结

本章重点介绍了静压丝杠副及与其相关领域的发展现状。首先，阐述了液体静压丝杠副在现代制造业中的重要应用背景，特别是在高精度传动系统中的优势。随后，详细分析了静压支承技术的发展，强调了其在提升机械系统稳定性和承载能力方面的关键作用。接着，探讨了静压支承主动控制技术的最新进展，指出了智能化控制对优化性能和提高精度的重要性。最后，回顾了数控机床进给伺服系统的发展现状，及宏微双驱动进给系统在提升数控系统精度和效率方面的潜力。总体而言，静压丝杠副作为精密机械传动系统的核心技术，其在提升加工精度、稳定性及系统效率方面发挥着越来越重要的作用，未来发展趋势也充满了广阔的前景。

第2章

液体静压丝杠副的理论基础

2.1 液体静压支承的特点

液体静压支承是一种通过液体静压力在工作面之间形成支承的滑动支承，使得支承零部件的配合面能够在纯液体润滑条件下运行。根据具体应用需求，液体静压支承可以分为三种类型：向心静压支承、向心与推力复合静压支承和推力静压支承，如图 2-1 所示。

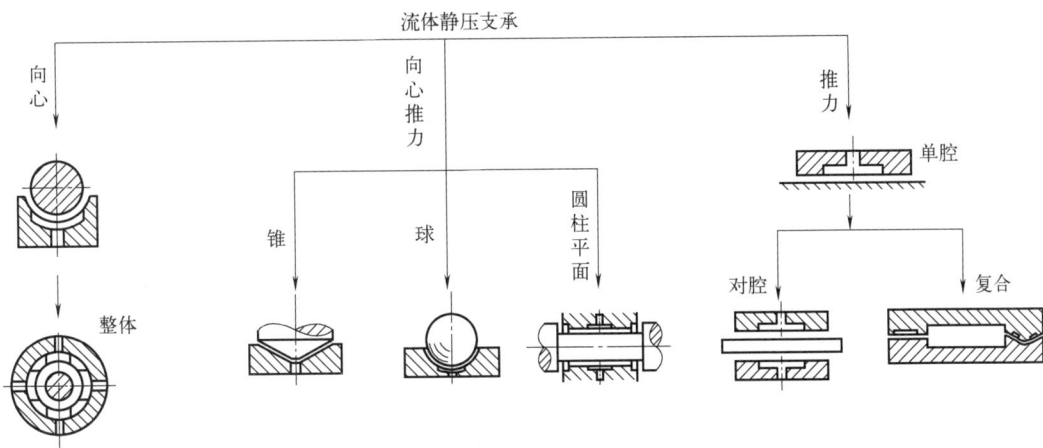

图 2-1　液体静压支承按使用要求分类简图

液体静压支承具有以下显著优点：

① 广泛的速度适应性：液体静压支承对静压支承处零部件配合面的相对滑动速度依赖性较小。因此，即便在极低运行速度，甚至两配合面相对静止情况下，它依然能够保持稳定可靠的性能。

② 卓越的承载性能：液体静压支承的承载能力主要由静压配合面的尺寸、恒压供油系统提供的恒定油液压力或恒流供油系统提供的流量决定，通过优化设计静压支承的有效承载面积，选择合适的节流器流量补偿方式，液体静压支承能够实现极高的承载能力和静压油膜刚度，满足重载需求。

③ 高运动精度：液体静压支承两零部件的静压配合面由高压润滑油膜隔离，显著减少了制造误差对运动精度的影响，并且对配合面的加工制造误差具有"油膜均化效应"，尤其是对于周期性的几何误差，使得静压支承的运动精度远超滑动面的制造精度，确保了高精度运动。

④ 出色的抗振性能：液体静压油膜具有高阻尼的特点，具备优异的吸振特性，能够有效吸收和抑制振动，确保滑动件运动的平稳性和稳定性。

⑤ 长久的使用寿命：由于在纯液体润滑状态下运行，液体静压支承避免了静压零部件配合面的直接金属接触，从而大幅减少了磨损，延长了使用寿命，同时降低了启动时的功率消耗。

这些特点使得液体静压支承在高精度、高负载和长寿命要求的应用中具有显著优势。液体静压支承不仅在机床上广泛用作支承元件（如轴承、导轨和螺母等），还因其油腔压力随外部载荷变化的特性，被应用于自动控制和测量装置中。具体应用包括高精度测力装置、砂轮自动平衡系统、对刀装置以及高精度微进给装置等。这些应用进一步拓展了液体静压支承技术的使用范围，使其在现代制造业中发挥着不可替代的作用。

2.2 液体静压支承的工作原理

按液压供油系统的形式不同，液体静压支承可分为定压供油式静压支承和定量供油式静压支承。

2.2.1 定压供油式静压支承的工作原理

2.2.1.1 单个静压油腔

图 2-2 所示为定压供油式单油腔静压支承的原理图，其由静压油腔、向油腔输送润滑油的进油孔及静压油腔四周封闭的封油面组成，用一个供油泵搭配溢流阀实现恒压供油，为实现静压油腔内的压力 p_r 随油膜厚度 h 变化，以抵抗外部载荷 F 的变化，在通往静压油腔的油路上设置节流器。节流器具有调压功能，能够使油腔压力 p_r 随载荷变化进行自动调节，当外部载荷 F 增大时，油腔压力 p_r 增大，当外部载荷 F 减小时，油腔压力 p_r 也减小，从而保持油腔压力与载荷之间的平衡。

单油腔静压支承的工作过程为：来自供油系统的恒压润滑油，在进入静压油腔之前，先经过节流器的节流作用，节流液阻为 R_g；流入静压油腔，在从静压油腔流出后，经过静压支承两配合面的节流缝隙，出油液阻为 R_h，相当于节流液阻 R_g 与出油液阻 R_h 串联，可以建立如图 2-3 所示的液电模拟等效电路，根据串联电阻的欧姆定律，即可计算得到油腔压力 p_r。

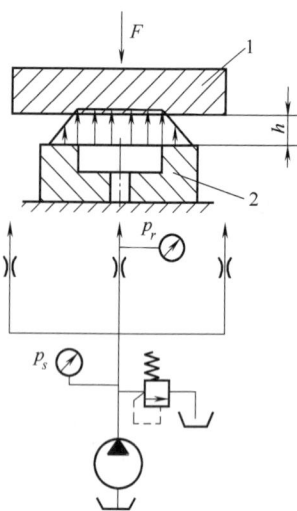

图 2-2　定压供油式静压
支承的工作原理图

1—滑动件；2—支承件

$$p_r = p_s \frac{R_h}{R_h + R_g} \tag{2-1}$$

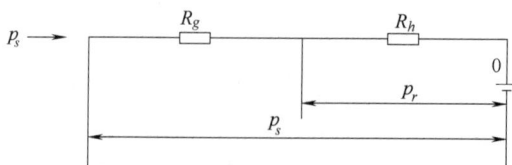

图 2-3　单油腔静压支承的液电模拟等效电路

图 2-4 所示为定压供油式单油腔静压支承的工作流程图。如图 2-4 （a） 所示，在未建立静压油膜的初始状态，静压支承的两配合面金属接触，在通入带压的润滑油时，油腔内的润滑油压力逐渐升高；此时，出油液阻 R_h 近似为无穷大，油腔压力 p_r 与供油压力 p_s 近似相等，并随供油压力 p_s 的增大而增大。如图 2-4 （b） 所示，随着油腔压力 p_r 逐渐增大到静压油膜力大于等于外部载荷 F 时，静压支承配合面上的移动件逐渐被静压油膜力抬起，润滑油从静压油腔流出，流过静压配合面的节流缝隙，流出静压支承配合面；移动件缓慢被抬起的过程中，出油液阻 R_h 逐渐减小，油腔压力 p_r 逐渐减小供油压力 p_s，油腔压力 p_r 的值，可以根据式 （2-1） 计算得到。当静压油膜力与外部载荷 F 达到静态平衡时，两者相等，可由式 （2-2） 计算。

$$F = A_e p_r \tag{2-2}$$

式中　A_e——静压支承的有效承载面积。

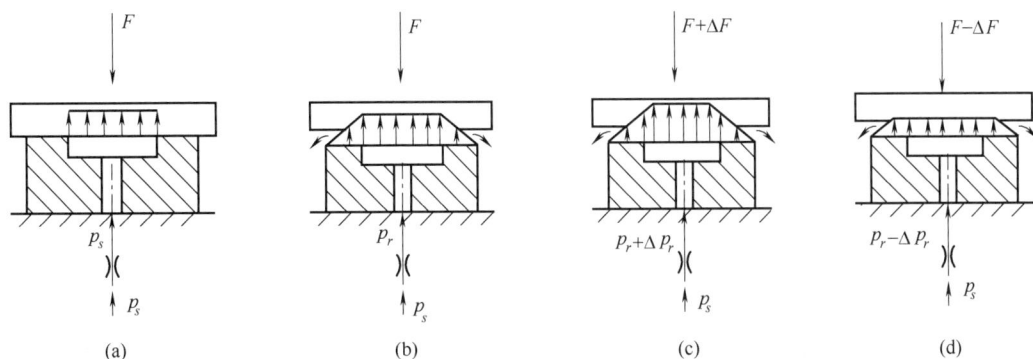

图 2-4　定压供油式单油腔静压支承的工作流程

如图 2-4 （c） 所示，当外部载荷 F 变化时，油腔压力 p_r 随之变化，以维持静压承载的作用。具体而言，当外部载荷由 F 增大至 $F+\Delta F$ 时，假设节流方式采用了固定节流器，则节流液阻 R_g 始终保持不变。在外部载荷增大的瞬间，移动件将有向下运动的趋势，导致静压节流间隙 h 的减小，进而，导致出油液阻 R_h 增大。由式 （2-1） 可知，油腔压力 p_r 会随之增大，静压油膜力也会随之增大，直至与增大的载荷 $F+\Delta F$ 达到平衡为止。理论上，液体静压支承所能承受的最大外部载荷为 $A_e p_s$，但是实际的静压支承配合面会有加工导致的几何误差和表面粗糙度，在过高的外部载荷作用下，节流间隙 h 非常小，可能会导致静压支承的配合面之间发生金属接触，导致摩擦力增大和磨损情况。

如图 2-4 （d） 所示，当外部载荷减小时，与外部载荷增大时的情况正好相反。当载荷由 F 减小至 $F-\Delta F$ 时，移动件将向上运动，导致节流间隙 h 增大，进而，导致出油液阻 R_h 减小。由公式 （2-1） 可知，油腔压力 p_r 会减小，静压油膜力也会随之减小，直至与减小后的载荷 $F-\Delta F$ 达到平衡为止。

在以上的分析过程中，假设节流器的液阻 R_g 保持恒定，为固定节流器类型。若采用可变节流器，节流液阻 R_g 可以根据静压油腔压力的变化实时调整，则由公式 （2-1） 可知，在某些情况下，可以达到在出油液阻 R_h 微小变化或保持不变的情况下，使油腔压力 p_r 随载荷的变化而变化，达到力平衡状态。也就是说，可以显著提高静压支承的油膜刚度，甚至油膜刚度理论上可以达到无穷大。

2.2.1.2　多油腔静压支承

单油腔静压支承在承受偏载荷时表现出局限性。如图 2-5 所示，当外部载荷偏置时，静

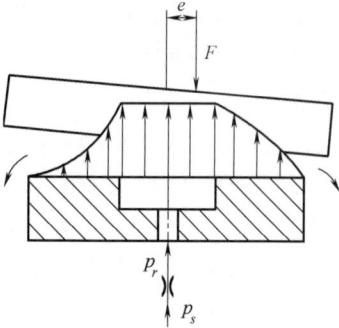

图 2-5 单油腔静压支承受偏载的情况

压油腔内部压力分布均匀，都等于油腔压力 p_r，仅在静压油腔两侧的封油面上存在较小的压力差异。封油面上远离加载载荷的一侧的油膜间隙较大，压力较低；靠近加载载荷的一侧的油膜间隙较小，压力较高。然而，对于静压支承，当动压效应不显著时，封油面的压力与静压油腔压力相比，在承载静压油膜力中所占比例较小，导致仅靠静压支承封油面上的压力差无法提供足够的承载能力来抵抗外部载荷。为了克服这一缺陷，出现了多油腔式静压支承，即在一个支承面上开设两个或两个以上的独立的静压油腔，如图 2-6 所示。

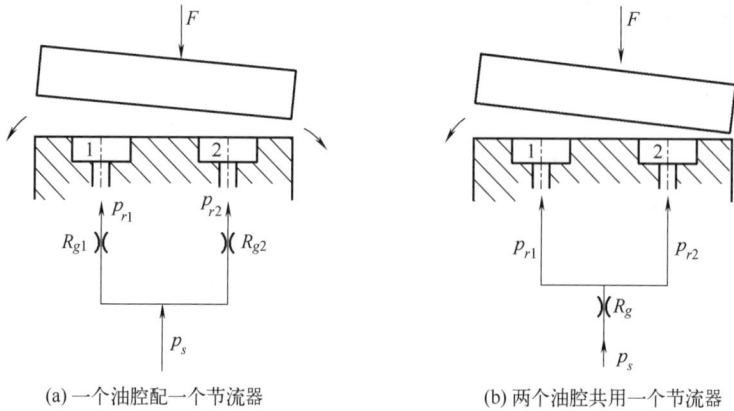

(a) 一个油腔配一个节流器   (b) 两个油腔共用一个节流器

图 2-6 定压供油多油腔式静压支承的工作原理图

如图 2-6（a）所示，定压供油式的多油腔静压支承，可以在每个静压油腔的进油口管道上都设置节流器，即节流器的数量与静压油腔的数量相等。每个静压油腔及其润滑油油路都可以构成类似于图 2-3 所示等效液阻网络图。这样每个静压油腔的油腔压力各不相同，由自身油路的节流器液阻和出油液阻决定，油腔压力 p_{r1} 和油腔压力 p_{r2} 的差值，构成了静压支承的翻转力矩，提高外部偏心载荷 F。油腔压力 p_{r1} 和油腔压力 p_{r2} 可以表达为

$$p_{r1} = p_s \frac{R_{h1}}{R_{h1} + R_{g1}} \qquad p_{r2} = p_s \frac{R_{h2}}{R_{h2} + R_{g2}} \tag{2-3}$$

如图 2-6（b）所示，若多油腔静压支承的多个静压油腔共用一个节流器，在承受偏心载荷 F 时，静压支承的配合面发生倾斜，两静压油腔的出油液阻发生变化。但是，由于两个静压油腔共用一个节流器，导致两个静压油腔的油腔压力始终相等，即 $p_{r1} = p_{r2}$。也就是说，此时静压油膜力无法产生静压翻转力矩，来抵抗外部偏心载荷 F。并且，一旦配合面发生倾斜，其中一个静压油腔的一端移动件被抬起，静压节流缝隙显著增大，润滑油便会从该油腔的节流缝隙中大量泄漏，这将会导致静压油腔的出油液阻显著减小，无法维持静压油腔压力，进而导致静压承载失效。

2.2.1.3 对置静压油腔

图 2-7（a）所示为对置油腔静压支承的原理图，两静压油腔呈对称布置。

在刚刚启动液压油泵的瞬间，由于移动件的自重或外部载荷 F 的作用，初始状态下，移动件与下静压油腔表面接触，下油腔几乎没有间隙，导致下油腔的出油液阻 R_{h2} 接近无

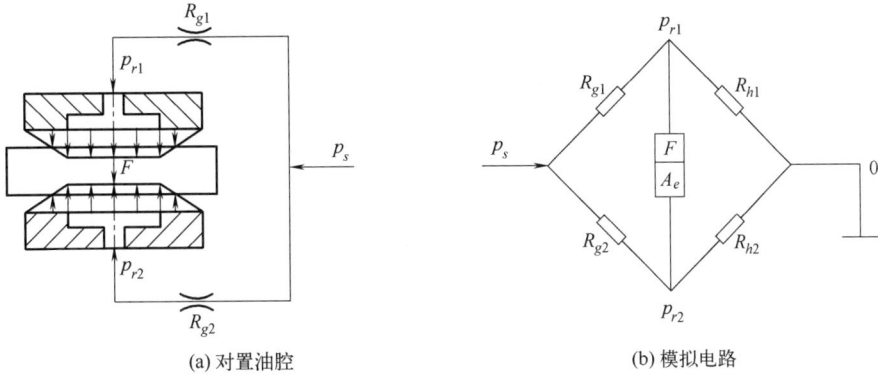

(a) 对置油腔

(b) 模拟电路

图 2-7 定压供油系统的对置油腔静压支承

穷大。随着润滑油的不断供给，下油腔静压压力 p_{r2} 相应升高。相反，与其对置布置的上静压油腔出油间隙较大，出油液阻 R_{h1} 较小，油腔压力 p_{r1} 也较低。下静压油腔与上静压油腔的差值 $p_{r2}-p_{r1}$，逐渐克服移动件的自重或外部载荷 F，促使移动件向上浮动。随着移动件上浮，上浮过程中，下油腔的出油间隙逐渐增大，出油液阻 R_{h2} 和油腔压力 p_{r2} 随之减小；同时，上油腔间隙逐渐减小，出油液阻 R_{h1} 和油腔压力 p_{r1} 逐渐增大。最终，下静压油腔与上静压油腔的差值 $p_{r2}-p_{r1}$，平衡移动件的自重和外部载荷 F，达到静压平衡状态，符合表达式：

$$F+G=A_e(p_{r2}-p_{r1}) \tag{2-4}$$

2.2.2 定量供油式静压支承的工作原理

图 2-8 所示为定量供油式静压支承的工作原理。与恒压供油系统不同，定量供油式静压支承的供油系统采用定量油泵等对静压支承的静压油腔供给恒定流量的润滑油，静压支承的油腔压力 p_r 取决于供给的流量 Q_c 和出油液阻 R_h，同样，也可以等效为液阻网络图，表达式为

$$p_r=Q_cR_h \tag{2-5}$$

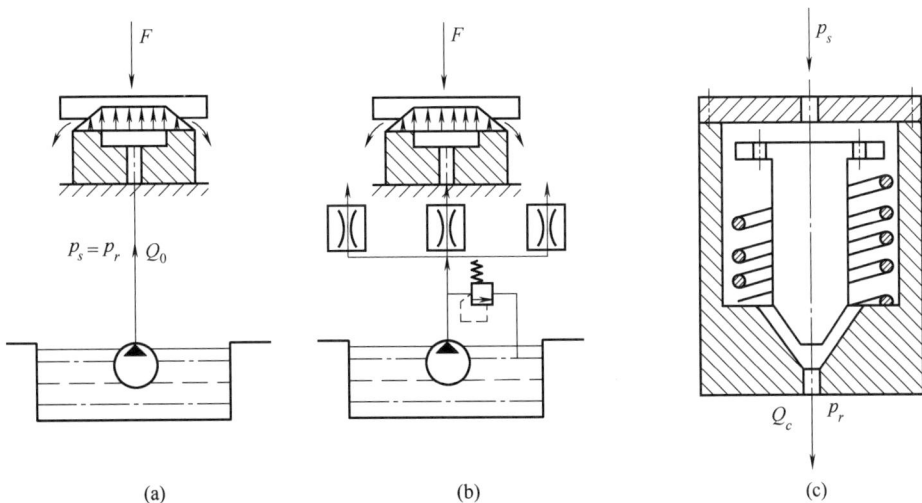

(a)   (b)   (c)

图 2-8 定量供油式单油腔静压支承的工作原理图

当外部载荷 F 增大时，在供油流量 Q_c 恒定的情况下，静压油腔的油膜间隙 h 将减小，出油液阻 R_h 将增大，由表达式（2-5），可以看出，这会导致油腔压力 p_r 增大以平衡载荷，反之亦然，因此，定量供油式静压支承与恒定压力式静压支承的承载原理相同，都是利用油膜间隙 h 的变化，联动出油液阻 R_h 的改变，进而使油腔压力 p_r 随外部载荷 F 的增大而增大，减小而减小。

供油系统可以用两种方法实现定量式供油：

① 如图 2-8（a）所示，用定量油泵以恒定的流量 Q_c 直接供油给油腔，这种供油方式，静压油腔的压力 p_r 始终等于供油压力 p_s。

② 如图 2-8（b）所示，用定量节流阀连接油泵与静压油腔，通过定量节流阀为静压油腔提供恒定流量的润滑油。

图 2-8（c）所示为一种常用的定量节流阀，定量节流阀内部有弹簧支承的可滑动阀芯，阀芯上部设置有节流小孔，阀芯与阀座之间设置有节流缝隙。来自液压油泵的压力为 p_s 的润滑油，进入定量节流阀之后，先经过阀芯上的节流小孔，一级节流之后，再经过阀芯与阀座之间的节流缝隙的二级节流，然后流到静压油腔。当静压油腔的压力 p_r 变化时，自动调节阀芯与阀座之间的节流缝隙，使得节流小孔两端的压力差不变，达到恒定流量输出的作用。

定量供油式多油腔静压支承，包括对置油腔和向心轴承等结构，其设计原则与定压供油式静压支承类似，也必须确保每个油腔独立配备一个定量泵（经常采用多联泵）或定量节流阀。如图 2-9（a）所示，当两个静压油腔共用一个定量泵时，则这两个静压油腔的油腔压力始终相等，在承受外部偏心载荷 F 时，会导致移动件的倾斜，左侧静压油腔的油膜间隙增大，右侧静压油腔的油膜间隙减小，虽然左、右侧油腔的油膜间隙发生变化，由于两油腔压力相等，只能在封油面上产生很小的静压翻转力矩来抵抗外部偏心载荷 F，无法达到力矩平衡状态，无法建立有效的静压支承。

图 2-9（b）和（c）所示为定量供油式多油腔静压支承和静压径向轴承的结构原理图。其中，每个静压油腔都使用独立的定量泵供油，因此各静压油腔的压力互不相等，各静压油腔都能够根据载荷变化独立调节。

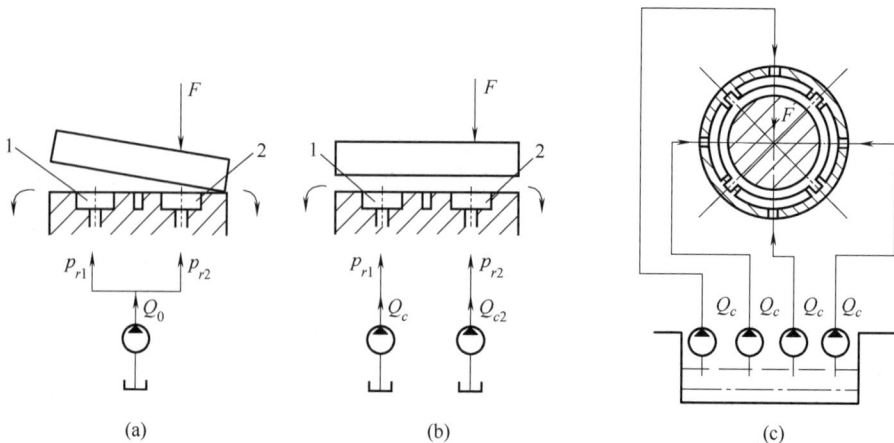

图 2-9 定量供油式多油腔静压支承的工作原理图

定量供油式静压支承的优点是可以避免定压式供油静压支承节流器堵塞的问题，同时，具有较小的功率损耗和较低的温升，常用于一些大型重载的场合，如大型或重型数控机床，也用于重载静压导轨。同时，也有缺点：润滑油路较长，润滑油的压缩性和时滞性对静压支承的动态特性影响较大。

2.3　液体静压支承的节流器

节流器对定压供油式静压支承的承载能力、油膜刚度、油膜阻尼等具有显著影响，按照节流液阻的可变性，常见的节流器可以分为固定节流器和可变节流器两种。

2.3.1　固定节流器

固定节流器的节流液阻在工作过程中始终保持不变。常见的固定节流器主要有毛细管节流器和小孔节流器两种类型。

如图 2-10（a）所示，毛细管节流器实现节流主要应用了其毛细管管道结构，当润滑油这种黏性液体流过直径为 d_c 和长度为 l_c 的毛细管节流器时，由于管壁与黏性液体之间的摩擦力作用，与管壁接触处的黏性液体的流速接近为 0，越靠近管壁中心，流速越大，在管道的中心位置，流速最大；液体在毛细管中的流动通常呈层流状态。如图 2-10（b）所示，小孔节流器则利用液体流经小孔口时产生的局部阻力损失来形成压力降，从而实现节流。其主要参数是小孔直径 d_0，且通常长径比 l_0/d_0 很小，小孔附近的液体流动状态为紊流。

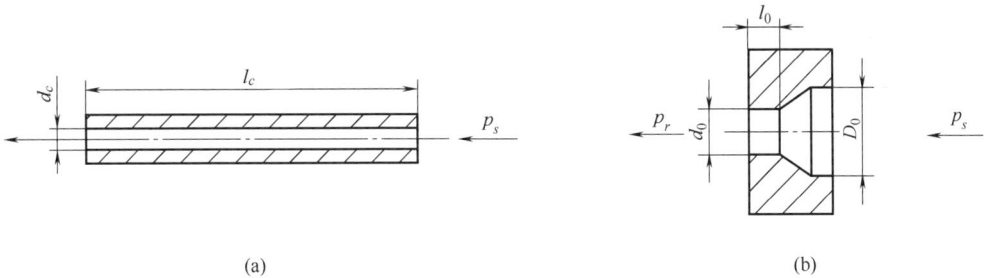

(a)

(b)

图 2-10　固定节流器

2.3.2　可变节流器

2.3.2.1　薄膜节流器

薄膜节流器依靠由半径 r_{m1} 和 r_{m2} 构成的环形凸台与弹性薄膜之间的环形节流缝隙 h_m 实现节流，厚度为 t_m 的弹性薄膜片两端简支或固支与薄膜节流器的外壳上，可以根据薄膜上下侧的润滑油压力差自由变形。薄膜节流器可以分为双面薄膜节流器和单面薄膜节流器。双面薄膜节流器如图 2-11（a）所示，其中，润滑油流入薄膜节流时，分别流向薄膜的上侧腔室和下侧腔室，再流过上、下侧薄膜节流缝隙后，分别流向两个静压油腔，尤其是对置布置的成对静压油腔。当两静压油腔的压力变化时，弹性薄膜上下侧的油膜间隙一侧增大，另一侧减小，起到差动节流的作用。单面薄膜节流器如图 2-11（b）所示，其中，润滑油流入薄膜节流时，只流向薄膜节流器一侧的腔室，经过薄膜节流缝隙后，流向静压油腔；弹性薄膜的另一侧为非工作腔。

在图 2-11（a）中，当轴颈不承受外部载荷时，其位于轴承的中心位置，上、下对置静压油腔的压力相等。上、下静压油腔分别连接双面薄膜节流器薄膜的上、下两侧，所以薄膜

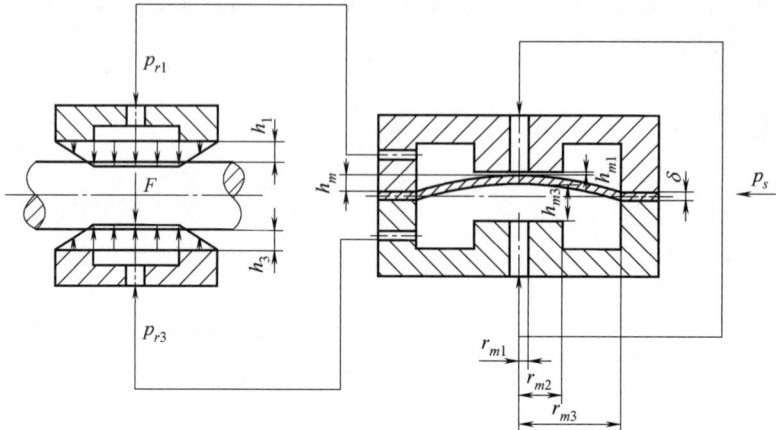

(a) 双面薄膜节流器

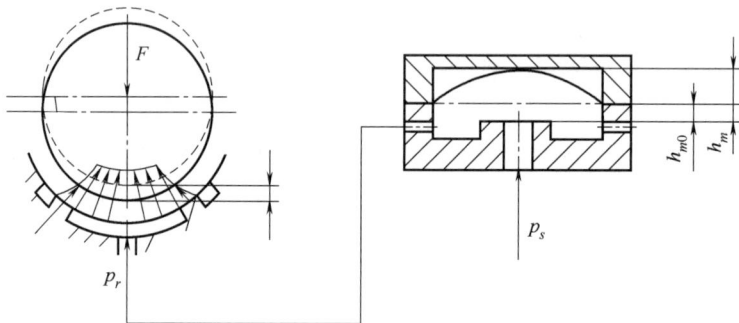

(b) 单面薄膜节流器

图 2-11 双、单面薄膜节流器的工作原理图

上下侧润滑油压力相等，理论上，薄膜无变形，薄膜上下侧的节流间隙相等，为初始节流间隙 h_{m0}。当轴颈受到向下的外部载荷 F 时，轴承下侧静压油腔的出油液阻增大，油腔压力 p_{r3} 将增大，而上静压油腔的出油液阻减小，油腔压力 p_{r1} 将减小。压力等于 p_{r3} 的润滑油作用于薄膜下侧，压力等于 p_{r1} 的润滑油作用于薄膜上侧，$p_{r3} > p_{r1}$，导致薄膜向上变形，使得薄膜下方的节流间隙 h_{m3} 大于薄膜上方的间隙 h_{m1}，薄膜下方的节流液阻减小，而薄膜上方的节流液阻增大。使更多的润滑油从薄膜下方的节流间隙 h_{m3} 流出，而从薄膜上方的节流间隙 h_{m1} 流向静压油腔的润滑油流量减小，促使 p_{r3} 进一步增大，p_{r1} 进一步减小，以获得更大的压力差来抵抗外部载荷 F。可见，与固定节流方式相比，通过薄膜的调节作用，静压支承可以获得更大的刚度。

在受到外部载荷 F 作用时，若轴颈能回复到外部载荷 F 之间的原位置，则可以看作静压支承具有无穷大刚度；若轴颈在沿着外部载荷 F 的方向偏离了原位置，则可以看作静压支承具有正刚度，这种情况在静压支承里面是最多的；若轴颈在沿着外部载荷 F 的反方向偏离了原位置，则可以看作静压支承具有负刚度，这种情况下，容易出现静压支承的不稳定现象。

在设计双面薄膜节流器的相关参数时，通常应使其支承在零位移状态下工作，薄膜上、下的润滑油压力相等，无变形。单面薄膜节流器只用于控制单个静压油腔，其工作原理与双面薄膜节流器类似。然而，由于单面薄膜节流器薄膜的另一侧没有润滑油压力，在设计状态，薄膜有一定的初始变形量。在设计单面薄膜节流器时，应该考虑初始变形量的大小。

可以看出，在外部载荷 F 变动时，引起静压油腔压力的变化，进而引起弹性薄膜变形量的变化，从而改变节流器的节流液阻，可以达到进一步加大静压油腔压力差的作用，使得静压油膜力与外部载荷 F 达到平衡时，轴有回复到原始位置的趋势，起到了反馈控制的作用，因此也称为薄膜反馈节流器。

2.3.2.2　滑阀节流器

图 2-12 所示为滑阀节流器的工作原理图。滑阀节流器利用阀芯与阀座内圆柱面之间的环形缝隙来实现节流作用。在不受外部载荷 F 的初始状态，对置的两静压油腔的压力相等，阀芯理论上位于中心位置，环形节流缝隙的间隙为 h_0，长度为初始长度 l_{c0}。上侧静压油腔连接阀芯的上部，下侧静压油腔连接阀芯的下部，也就是说，上侧静压油腔的压力作用于阀芯的上部，下侧静压油腔的压力作用于阀芯的下部。当轴颈受到向下的外部载荷 F 的作用时，上侧静压油腔的压力减小，下侧静压油腔的压力增大，作用于阀芯下面的润滑油压力大于作用其上部的润滑油压力，阀芯向上运动，使节流长度 l_c 发生变化，下侧节流长度减小为 $l_{c0}-x$，上侧节流长度增大为 $l_{c0}+x$。使更多的润滑油从阀芯下侧的出油孔流出，而从阀芯上侧的出油孔流向静压油腔的润滑油流量减小，促使 p_{r3} 进一步增大，p_{r1} 进一步减小，以获得更大的压力差来抵抗外部载荷 F。可见，滑阀节流器的作用原理与双面薄膜节流器类似，都能够增加静压支承的刚度。

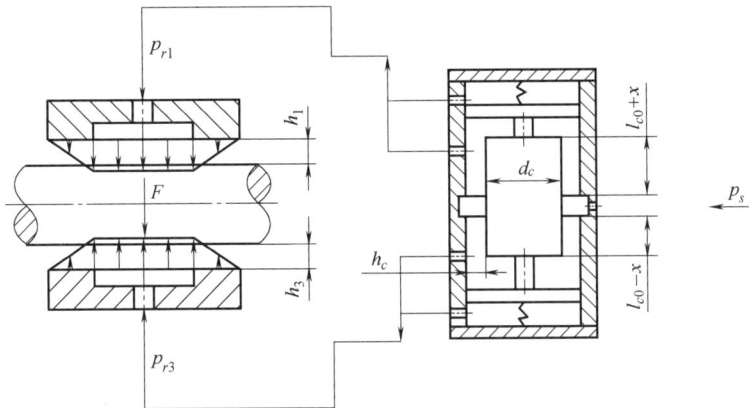

图 2-12　滑阀节流器的工作原理图

2.3.2.3　锥形阀节流器

图 2-13 所示为锥形阀节流器的工作原理图，其将阀芯的端部制作成锥形，锥面与阀座的凸台之间形成锥形节流缝隙。阀芯的锥形端连接弹簧，实现阀芯的复位，另一端作为高压润滑油的入口。与普通的滑阀节流器不同，锥形阀节流器在工作时，随着阀芯的移动，节流

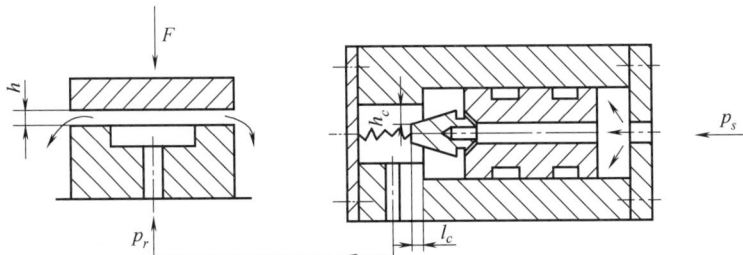

图 2-13　锥形阀节流器的工作原理图

长度 l_c 和节流间隙 h_c 同时改变。因而，其具有比普通滑阀节流器更高的流量反馈灵敏度，静压支承的动态特性更好。

在锥形阀节流器未通入润滑油时，阀芯受到弹簧的弹性力作用位于最右端。在启动油泵后，供油压力 p_s 克服弹簧的弹性力，推动阀芯向左移动，节流间隙 h_c 逐渐减小，从锥形阀节流器节流之后流出的润滑油流到静压油腔，静压油腔的压力 p_r 同时作用于阀芯的左侧。当阀芯受到的供油压力 p_s、油腔压力 p_r 和弹簧的弹性力三者达到力平衡时，阀芯的运动停止，节流间隙 h_c 稳定下来，静压油腔的压力 p_r 也维持稳定。

当静压支承受到外部载荷 F 的作用时，静压油腔的压力 p_r 增大，阀芯受到的向右的推力增大，向右移动，当阀芯达到新的平衡时，具有更大的节流间隙 h_c 和节流长度 l_c，以使更多的润滑油从锥形阀节流器流出，流到静压油腔，抵抗外部载荷 F，从而实现流量反馈调节作用。

2.3.2.4 扭板节流器

图 2-14 所示为扭板节流器的工作原理图。扭板节流器由双面薄膜节流器的原理演变而来，其工作原理与双面薄膜节流器类似。具体而言，扭板节流器采用带有两个"Ⅱ"字形槽的弹性板代替薄膜片，并且两个对应的圆台分布在同一平面上。当静压支承不承受外部载荷时，图 2-14 中的扭板位于水平位置。扭板与两圆台构成的两个环形节流缝隙相等，节流液阻相等，其连通的两对置静压油腔的油腔压力相等。当轴颈受外部载荷 F 作用时，下侧油腔压力升高，上侧油腔压力减小，在油腔压力差的作用下，扭板会绕中心轴线顺时针方向摆动，从而改变节流间隙，左侧圆台的节流间隙增加，节流液阻减小，右侧圆台的节流间隙减小，节流液阻增大，以使更多的润滑油从左侧圆台流出，流到下侧静压油腔，较少的润滑油

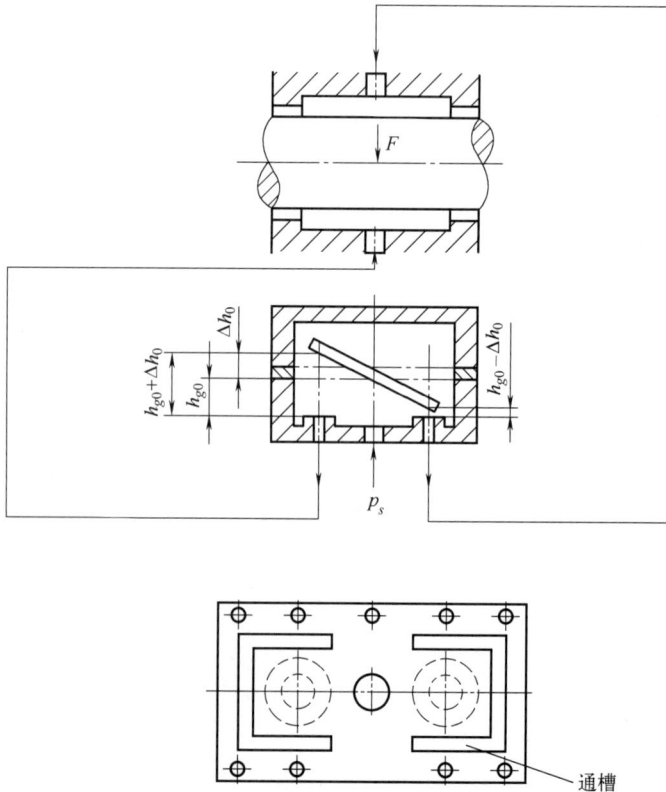

图 2-14 扭板节流器的工作原理图

从右侧圆台流出，流到上侧静压油腔，进而产生更大的压力差，抵抗外部载荷 F，从而实现流量反馈调节作用。

2.3.2.5　内部节流

图 2-15 所示为内部节流静压轴承的工作原理图。其在静压轴承的内表面上加工出节流腔。静压轴承上分别开有工作油腔 1、2、3、4 和节流油腔 $1'$、$2'$、$3'$、$4'$。供油压力为 p_s 的润滑油一部分通过节流油腔的封油面间隙流入各个节流油腔中，另一部分通过两侧环形封油面泄出，节流油腔与由它控制的工作油腔是对置的，并开有螺旋槽将节流油腔与其控制的工作油腔相连通。当轴颈受到向下的外部载荷 F 作用时，下侧静压油腔的出油间隙减小，液阻增大；上侧静压油腔的出油间隙增大，液阻减小。下侧节流油腔的节流间隙减小，其恰好补偿间隔 180° 的上侧的静压油腔；上侧节流油腔的节流间隙增大，其恰好补偿间隔 180° 的下侧的静压油腔；如此，实现更多的润滑油从上侧节流油腔流到下侧的静压油腔，较少的润滑油从下侧节流油腔流到上侧静压油腔，进而产生更大的压力差，抵抗外部载荷 F，从而实现流量反馈调节作用。这种内部节流结构设计紧凑，但存在流量损耗大、温升较高的缺点。

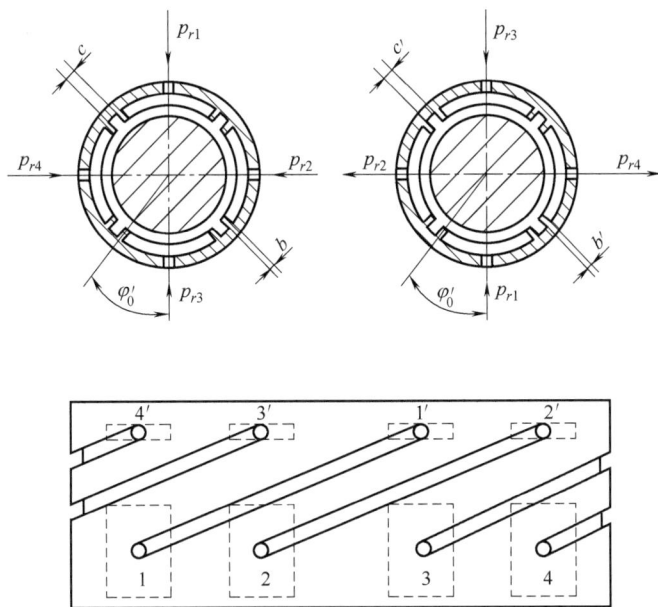

图 2-15　内部节流静压轴承的工作原理图

2.3.2.6　阶梯式节流

图 2-16 所示为阶梯式节流的工作原理图。阶梯式节流的静压轴承可以做到不开静压油腔，而是利用设置在轴颈上或轴承上的两个相差很小的台阶。台阶 1 与轴承内表面的环形间隙较小，台阶 2 与轴承内表面的环形间隙较大。供油压力为 p_s 的润滑油从台阶 2 侧流入。当轴颈承受外部载荷作用，产生径向位移时，由于台阶 1 的节流作用使台阶处产生压力变化以平衡外部载荷。阶梯式节流静压轴承具有结构简单、流量小、抗振性好等优点，但其承载能力和油膜刚度较低。

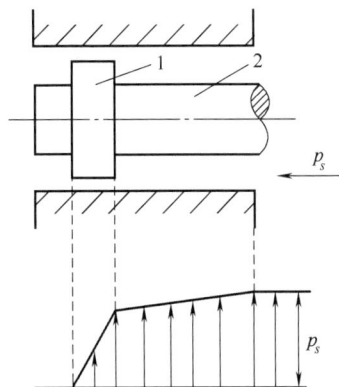

图 2-16　阶梯式节流的工作原理图

2.4 润滑油的主要性质

2.4.1 密度和重度

润滑油的密度表示单位体积的润滑油所具有的质量，表达为：

$$\rho = \frac{m}{V} \tag{2-6}$$

式中　m——润滑油的质量；

　　　V——润滑油的体积。

润滑油的重度表示单位体积的润滑油所具有的重量，表达为：

$$\gamma = \frac{G}{V} \tag{2-7}$$

式中　G——润滑油的重量。

由 $G = mg$，可以得到密度和重度的关系：

$$\gamma = \rho g \tag{2-8}$$

润滑油的比容表示单位重量的润滑油所具有的体积，表达为：

$$\bar{\nu} = \frac{V}{G} \tag{2-9}$$

比容与重度互为倒数。在温度和压力变化范围大时，需要考虑润滑油的密度和重度随温度和压力的变化，其与温度和压力的关系为：

$$\rho_t = \frac{\rho_{15}}{1 + \beta_t(t-15)} \tag{2-10}$$

$$\gamma_t = \frac{\gamma_{15}}{1 + \beta_t(t-15)} \tag{2-11}$$

式中　ρ_t，γ_t——给定温度 t 时油的密度和重度；

　　　ρ_{15}，γ_{15}——15℃时油的密度和重度；

　　　β_t——油在 15℃时的体胀系数。

液体在受到压力后，容积会缩小，密度会增大。容积对压力的变化关系如下：

$$\beta_\rho = \frac{1}{\Delta p} \times \frac{\Delta V}{V_0} \tag{2-12}$$

式中　β_ρ——压缩系数，一般可取为 $\beta_\rho = 6 \times 10^{-5} \, \text{cm}^2/\text{kg}$；

　　　Δp——压力的变化值；

　　　ΔV——被压缩前后液体容积的变化值；

　　　V_0——液体被压缩前的容积。

液体受 Δp 压缩后的容积 V 表达为：

$$V = V_0 - \Delta V = V_0(1 - \beta_\rho \Delta p) \tag{2-13}$$

压缩系数的倒数称为容积弹性系数 E，即

$$E = \frac{1}{\beta_\rho} \tag{2-14}$$

润滑油的可压缩性很小，一般可以忽略不计。但在分析液体静压支承的稳定性、过渡过程等动态特性时，必须考虑润滑油的可压缩性。

2.4.2　黏度

黏度是润滑油重要的指标之一，它直接影响着静压支承的工作性能，是液体静压支承选择润滑油的主要指标。

如图 2-17 所示，假设在两块平行平板之间充满液体，两平板进出口处无压力差，在垂直于图片方向上无限延伸。下平板固定不动，上平板以速度 u 做平移运动。设想将两平板间的液体分割成若干层与平板平行的微小质点层。在平板与液体交界的面上，平板对流体质点存在切向作用力，称为外摩擦力。在没有界面滑移的情况下，可以认为与上平板接触的流体也以相同的速度 u 运动；而与下平板接触的液体，可以认为速度为 0。流体流动时，流体的内部也存在摩擦力，为内部摩擦。内部摩擦力导致液体的各层之间速度不相同，形成速度梯度 $\partial u / \partial n$。流体这种因速度梯度而产生内摩擦力的性质，称为流体的黏性。

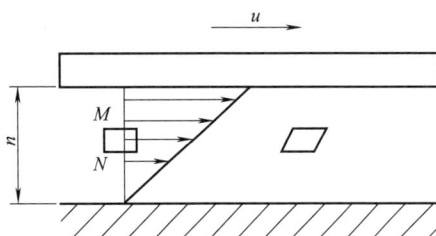

图 2-17　流体剪切示意图

液体的内摩擦力 F_f 与速度梯度 $\partial u / \partial n$ 及层与层之间的面积 A 成正比，可以写成

$$F_f = -\eta \frac{\partial u}{\partial n} A \tag{2-15}$$

式（2-15）两边都除以面积 A，得到单位面积上的内摩擦力，即液体的剪切应力 τ：

$$\tau = -\eta \frac{\partial u}{\partial n} \tag{2-16}$$

式中　η——流体的动力黏度。

这就是牛顿的内摩擦定律，可简述为：黏性流体中的剪切应力正比于速度沿法线方向的导数，该法线与运动方向垂直（图 2-18）。动力黏度 η 直接反映了流体内部摩擦力的大小。

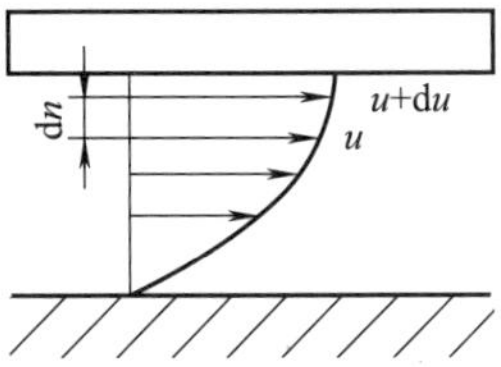

图 2-18　流体速度梯度示意图

液体的运动黏度 ν 等于动力黏度 η 与同温度下的液体密度 ρ 的比：

$$\nu = \frac{\eta}{\rho} \tag{2-17}$$

液压油的黏度受温度和压力的双重影响。特别是液压系统中常用的矿物油，其黏度对温度变化非常敏感。温度和压力的改变会影响液体分子间的相互作用力，进而改变其黏度。具体而言，温度升高时，分子间的吸引力减小，黏度随之降低；而压力升高时，分子间的吸引力增大，黏度则相应增加。

不同种类液压油的黏度随温度变化的规律各不相同。液压传动用油通常要求黏度随温度的变化尽可能小。对于在 50℃ 时运动黏度不超过 74 厘斯（cSt）的矿物油，在 $30\sim150℃$ 的温度范围内，其黏度变化可以近似地用以下公式计算：

$$\nu_t = \nu_{50} \left(\frac{50}{t}\right)^n \tag{2-18}$$

式中　ν_t——温度为 t（℃）时的运动黏度；

　　　ν_{50}——温度为 50℃ 时的运动黏度；

n——变化指数。

矿物油的压力与黏度的关系可用下列经验公式验算：

$$\nu_p = \nu_0(1+0.001\Delta p) \tag{2-19}$$

式中　ν_p——压力为 p 时的运动黏度；

　　　ν_0——大气压下的运动黏度；

　　　Δp——压力差。

2.5　流体在静压力下的流量

液体在静压支承内的流动特性对支承性能具有显著影响。静压支承流量的计算不仅有助于合理选择油泵，更重要的是，通过控制流量并结合所需的液流阻力（液阻）来建立必要的压力差。这正是静压支承简化计算的核心原理。因此，需要精确计算流经整个静压系统的流量，并以此为基础，利用流量公式推导静压支承及其相关元件的关键尺寸参数。

在典型的静压系统中，液体流经的常见缝隙形状包括：毛细管缝隙、平行平板缝隙（矩形）、圆环形缝隙、平面圆台缝隙以及薄壁小孔等。

2.5.1　流过平行平板间缝隙的流体流量

（1）两固定平板

将平板水平放置，在两平面之间的中线上取直角坐标系的原点。设 X 轴与平板平行，并与流速方向一致；Y 轴垂直于平板，如图 2-19 所示。设液体只沿 X 轴方向流动。

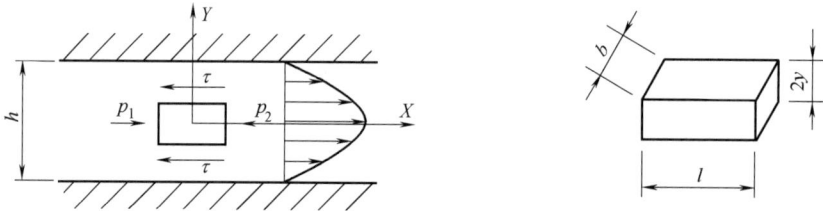

图 2-19　两固定平板间流量计算简图

在液体中取一长 l、宽 b 和高 $2y$ 的流体单元，其左右两端分别作用有静压力 p_1 和 p_2，上下表面作用着内摩擦力 τ，由于 $p_1 < p_2$，所以 τ 与 p_2 同向才能达到流体单元的受力平衡，在 X 方向的受力平衡表达式为 $p_1 \times 2yb - p_2 \times 2yb - 2\tau lb = 0$，可以得到

$$\tau = \frac{p_1-p_2}{l}y = \frac{\Delta p}{l}y \tag{2-20}$$

液体的流速 u 只是两平板之间法向距离坐标 y 的函数，因此 $\dfrac{du}{dn} = \dfrac{du}{dy}$，则式（2-16）可写为：

$$\tau = -\eta\frac{du}{dy} \tag{2-21}$$

将式（2-21）代入式（2-20）可得：

$$du = -\frac{\Delta p}{\mu l}y\,dy \tag{2-22}$$

两边积分可得：

$$u = -\frac{\Delta p}{2\mu l} y^2 + C \tag{2-23}$$

代入边界条件：$y = \pm\dfrac{h}{2}$ 时，$u = 0$，则计算得

$$C = \pm\frac{\Delta p h^2}{8\mu l} \tag{2-24}$$

进而，可以得到液体流速方程：

$$u = -\frac{\Delta p}{2\mu l}\left(y^2 - \frac{h^2}{4}\right) \tag{2-25}$$

这个方程是二次抛物线方程。

对式（2-25）积分，可以得到流过平行平板间的流量为：

$$Q = 2\int_0^{\frac{h}{2}} u\,\mathrm{d}A = -2\int_0^{\frac{h}{2}} \frac{\Delta p}{2\mu l}\left(y^2 - \frac{h^2}{4}\right) b\,\mathrm{d}y = \frac{bh^3\Delta p}{12\mu l} \tag{2-26}$$

式（2-26）还可以写为

$$\frac{\Delta p}{l} = \frac{12\mu}{6h^3}Q \tag{2-27}$$

式中　$\Delta p/l$——平行平板流动方向单位长度的压差。

如果要求在沿平行平板流动方向任意位置 x 处的压力 p 值，根据式（2-27）：

$$\frac{p_1 - p_2}{x} = \frac{12\mu}{6h^3}Q \tag{2-28}$$

将式（2-26）代入式（2-27），可以得到平行平板间沿流动方向的压力分布规律为：

$$p = p_1 - \frac{x}{l}(p_1 - p_2) \tag{2-29}$$

（2）两平板间有相对运动

如果两平板间有相对运动，相对运动速度为 u，可以看作下平板速度为 0，上平板以速度 u 运动，运动平板也带着液体流动。流固界面处，与运动平板接触的流体，也以速度 u 运动。

液体在两平板间的总流速是速度导致流动与压力导致流动的叠加，如图 2-20 所示。

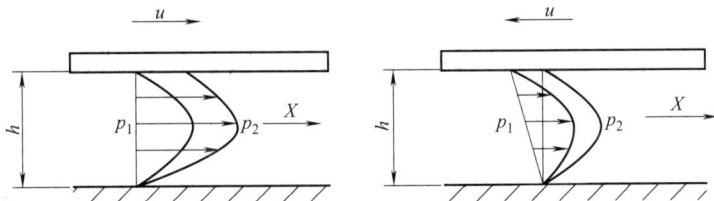

图 2-20　一板固定、一板移动时流量计算简图

当 $\Delta p = 0$ 时各层流速成直线分布，如取 z 方向宽度 b，则流过截面积 $A = hb$ 的流量为：

$$Q' = \frac{1}{2}uhb \tag{2-30}$$

同时考虑速度导致流动和压力导致流动时，流过平行平板间总流量为：

$$Q = \left(\frac{h^3\Delta p}{12\mu l} \pm \frac{uh}{2}\right)b \tag{2-31}$$

2.5.2 流过矩形平面油垫的流量

静压支承中常用的矩形平面油垫，中间为矩形的静压油腔，静压油腔的四周为封油面。润滑油从连通静压油腔的进油孔流入静压油腔，然后从四周的封油面流出，如图 2-21 所示。

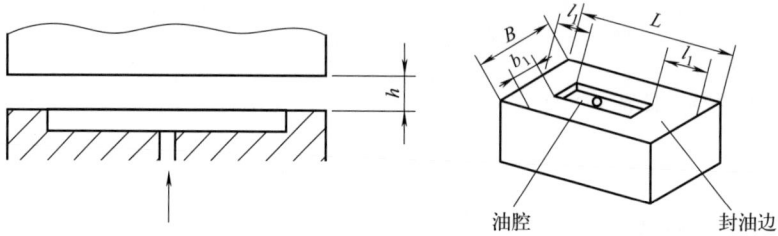

图 2-21 矩形平面油垫流量计算简图

当矩形油垫的油膜厚度为 h 时，流经矩形油垫的流量 Q 可按两平行板间层流的流量公式计算。由式（2-26），可以得到沿 X 和 Y 方向的流量分别为：

$$Q_X = 2\frac{h^3(B-b_1)\Delta p}{12\mu l_1} \tag{2-32}$$

$$Q_Y = 2\frac{h^3(L-l_1)\Delta p}{12\mu b_1} \tag{2-33}$$

进而，可以得到总流量为：

$$Q = \frac{\Delta p h^3}{6\mu}\left(\frac{B-b_1}{l_1} + \frac{L-l_1}{b_1}\right) \tag{2-34}$$

2.5.3 流过环形缝隙的流量

如果环形缝隙是同心的，如图 2-22 所示，就可将缝隙沿圆周展开，相当于一个宽度 $b = \pi d$ 的平面缝隙，可以由式（2-26），得到流过同心环形缝隙的流量为：

$$Q = \frac{\pi d h^3 \Delta p}{12\mu l} \tag{2-35}$$

如果由于加工或装配误差，环形缝隙存在偏心，如图 2-23 所示。在各个圆周角度上，环形缝隙的宽窄不是常数，而是圆心角 α 的函数，设任意圆心角 α 处的缝隙宽度为 y，根据几何关系，可以得到：

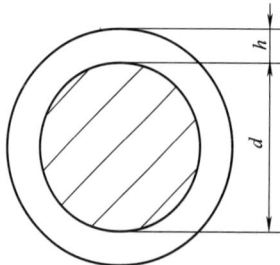

图 2-22 同心环形缝隙流量计算简图

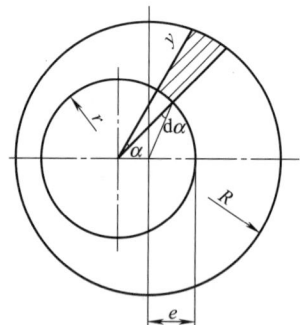

图 2-23 偏心环形缝隙流量计算简图

$$y = R - r\cos\gamma + e\cos\alpha \qquad (2\text{-}36)$$

由于缝隙很小，角度 γ 很小，可忽略不计，式（2-36）可写成

$$y = R - r + e\cos\alpha = h(1 + \varepsilon\cos\alpha) \qquad (2\text{-}37)$$

式中　h——同心时的缝隙，$h = R - r$；

　　　ε——相对偏心率，$\varepsilon = e/h$。

取宽度为 $r\mathrm{d}\alpha$ 无限小缝隙（图中阴影部分），液体在 $\mathrm{d}\alpha$ 角的缝隙中的流动可以认为无限接近于平行平板间的流动。根据式（2-26）可以得出流经上述微面积的流量为

$$\mathrm{d}Q = \frac{\Delta p y^3}{12\mu l} r\mathrm{d}\alpha = \frac{\Delta p}{12\mu l} y^3 (1 + \varepsilon\cos\alpha)^3 r\mathrm{d}\varphi \qquad (2\text{-}38)$$

积分后得到公式为

$$Q = \int_0^{2\pi} \frac{\Delta p}{12\mu l} y^3 (1 + \varepsilon\cos\alpha)^3 r\mathrm{d}\varphi = \frac{\pi \mathrm{d} y^3 \Delta p}{12\mu l}\left(1 + \frac{3}{2}\varepsilon^2\right) \qquad (2\text{-}39)$$

上式表明，偏心时的流量为同心时流量的 $(1 + 1.5\varepsilon^2)$ 倍。

2.5.4　流过圆台缝隙的流量

（1）圆形油腔平面油垫

一个空心圆台和一个平面形成圆环形平面缝隙，液体沿圆台径向缝隙往外或往里流动。设圆台的内、外圆半径分别为 r_1 和 r_2，如液体由内往外流，缝隙两边的压差 $\Delta p = p_1 - p_2$。

如图 2-24、图 2-25 所示，在任意半径 r 处取宽度 $\mathrm{d}r$ 的圆环，将其展开后相当于宽度 $b = 2\pi r$ 的平行平板的缝隙，长度 $l = \mathrm{d}r$，考虑到压力随半径的增加而减小，代入式（2-26），得：

$$Q = -\frac{2\pi r h^3}{12\mu} \times \frac{\mathrm{d}p}{\mathrm{d}r} \qquad (2\text{-}40)$$

$$\mathrm{d}p = -\frac{6\mu Q}{\pi h^3} \times \frac{\mathrm{d}r}{r}$$

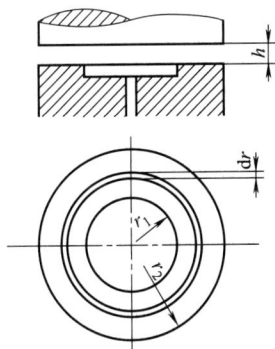

图 2-24　圆台缝隙流量计算简图

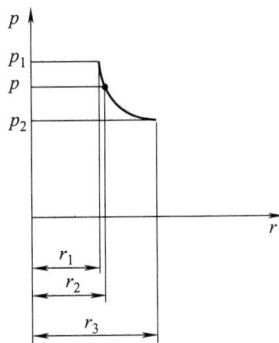

图 2-25　圆台缝隙（由内向外流）的压力分布

两边积分得：

$$-\int_{p_2}^{p_1} \mathrm{d}p = \int_{r_1}^{r_2} \frac{6\mu Q}{\pi h^3} \times \frac{\mathrm{d}r}{r} \qquad (2\text{-}41)$$

$$p_1 - p_2 = \Delta p = \frac{6\mu Q}{\pi h^3} \ln\frac{r_2}{r_1}$$

所以

$$Q = \frac{\pi h^3 (p_1 - p_2)}{6\mu \ln \frac{r_2}{r_1}} \tag{2-42}$$

如 $p_2 = 0$，得

$$Q = \frac{\pi h^3 p_1}{6\mu \ln \frac{r_2}{r_1}} \tag{2-43}$$

根据式（2-40），还可求出压力 p 的分布规律，对式（2-40）两边积分，分别以 p 到 p_2 和 r 到 r_2 为限，得：

$$p - p_2 = \frac{6\mu Q}{\pi h^3} \ln \frac{r_2}{r_1} \tag{2-44}$$

如 $p_2 = 0$，则

$$p = p_1 \frac{\ln \frac{r_2}{r}}{\ln \frac{r_2}{r_1}} \tag{2-45}$$

上式就是平行圆台沿半径 r 方向的压力分布规律。如果液体在平行圆台缝隙中由外向内流动，可用同样方法求得流量为：

$$Q = \frac{\pi h^3 (p_2 - p_1)}{6\mu \ln \frac{r_2}{r_1}} \tag{2-46}$$

如 $p_1 = 0$，则

$$Q = \frac{\pi h^3 p_2}{6\mu \ln \frac{r_2}{r_1}} \tag{2-47}$$

压力分布规律为：

$$p = p_1 + (p_2 - p_1) \frac{\ln \frac{r}{r_1}}{\ln \frac{r_2}{r_1}} \tag{2-48}$$

如 $p_1 = 0$，则

$$p = p_2 \frac{\ln \frac{r}{r_1}}{\ln \frac{r_2}{r_1}} \tag{2-49}$$

（2）环形油腔平面油垫图

图 2-26、图 2-27 是具有环形油腔的平面圆形油垫示意图。参照式（2-42）和式（2-46）可以给出它的流量为：

$$Q = \frac{\pi h^3 \Delta p}{6\mu \ln \frac{r_4}{r_3}} + \frac{\pi h^3 \Delta p}{6\mu \ln \frac{r_2}{r_1}} = \frac{\pi h^3 \ln \frac{r_4 r_2}{r_3 r_1}}{6\mu \ln \frac{r_4}{r_3} \ln \frac{r_2}{r_1}} \Delta p \tag{2-50}$$

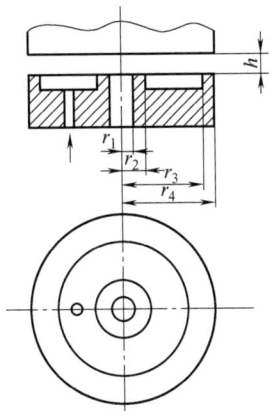

图 2-26　环形平面油垫流量计算简图

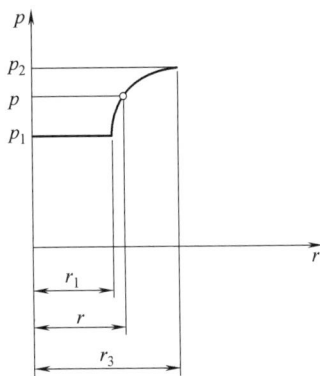

图 2-27　圆台缝隙（由外往里流）的压力分布

（3）离心作用下的压力分布

图 2-28、图 2-29 表示圆台缝隙在止推轴承中的应用。油液从中央进入油腔经过间隙外流，当被支承件以角速度 ω 转动时，油液质量的离心惯性力将引起油腔压力的下降。

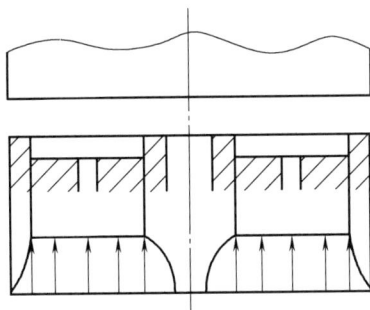

图 2-28　环形平面油垫的压力分布规律

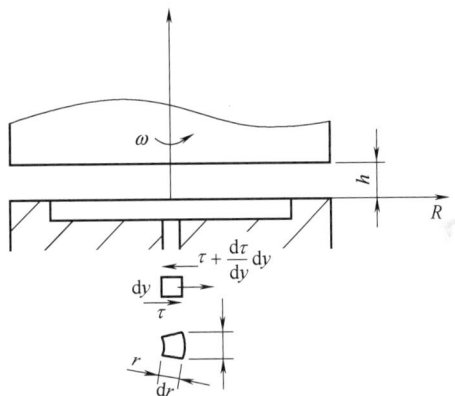

图 2-29　圆台缝隙在止推油腔中的应用

在间隙中取一微体质量 m，径向宽度为 $\mathrm{d}r$，距离中心为 $r+\dfrac{\mathrm{d}r}{2}$，只考虑离心力时的平衡条件为：

$$m\left(r+\frac{\mathrm{d}r}{2}\right)\omega_0^2-\left(\tau+\frac{\mathrm{d}\tau}{\mathrm{d}y}-y\right)\left(r+\frac{\mathrm{d}r}{2}\right)\mathrm{d}\varphi\,\mathrm{d}r=0 \tag{2-51}$$

将质量 $m=\rho\left(r+\dfrac{\mathrm{d}r}{2}\right)\mathrm{d}\varphi\,\mathrm{d}r\partial y$ 代入上式，并忽略高次项得：

$$\rho r\omega_0^2=\frac{\mathrm{d}\tau}{\mathrm{d}y} \tag{2-52}$$

式中，ω_0 为该微体的角速度，它和盘速度 ω 的关系是 $\omega_0=\omega\,\dfrac{y}{h}$。同 $\tau=-\mu\,\dfrac{\partial u}{\partial n}$ 一起代入得：

$$-\mu\,\frac{\mathrm{d}^2u}{\mathrm{d}y^2}=\frac{\rho\omega^2}{h^2}ry^2 \tag{2-53}$$

积分两次后可得

$$-\mu u = \frac{\rho r \omega^2}{3h^2} - \frac{y^2}{4} + C_1 y + C_2 \tag{2-54}$$

当 $y=0$ 时，$u=0$；当 $y=h$ 时，$u=0$；所以 $C_2=0$，$C_1=-\dfrac{\rho r h \omega^2}{12}$ 代入上式得：

$$-\mu u = \frac{\rho r \omega^2}{12h^2} y^4 - \frac{\rho r \omega^2}{12} h y \tag{2-55}$$

$$u = \frac{\rho r \omega^2}{12\mu} h y \left(1 - \frac{y^3}{h^3}\right)$$

由此可得离心作用所产生的流量为：

$$Q_\omega = \int_0^h 2\pi r u \, \mathrm{d}y = \int_0^h \frac{\rho r \omega^2}{12\mu} 2\pi r h y \left(1 - \frac{y^3}{h^3}\right) \mathrm{d}y = \frac{\rho \pi r^2 \omega^2}{6\mu}\left(-\frac{h^3}{2} - \frac{h^3}{5}\right) \tag{2-56}$$

$$= \frac{\pi}{20\mu} \rho h^3 \omega^2 r^2$$

油腔压力因油液的离心作用而降低，设 $p_{\omega r}$ 为离心作用在半径 r 处引起的力降，则由二平行板间的层流流量式可得：

$$Q_m = -\frac{2\pi r h^3}{12\mu} \times \frac{\mathrm{d}p_{\omega r}}{\mathrm{d}r} \tag{2-57}$$

由以上可得离心压力沿径向的分布规律为

$$-\mathrm{d}p_{\omega r} = 0.3\rho\omega^2 r \,\mathrm{d}r$$

$$-\int_{p_{\omega r}}^0 \mathrm{d}p_{\omega r} = \int_r^{r_2} 0.3\rho\omega^2 r \,\mathrm{d}r \tag{2-58}$$

$$p_{\omega r} = 0.15\rho\omega^2(r_2^2 - r_1^2)$$

取 $r=r_1$ 时，就可求得油腔压力的降低值为：

$$p_{\omega r} = 0.15\rho\omega^2(r_2^2 - r_1^2) \tag{2-59}$$

如果将油腔的外环封油边封死，则离心作用将增大而不是降低油腔压力。

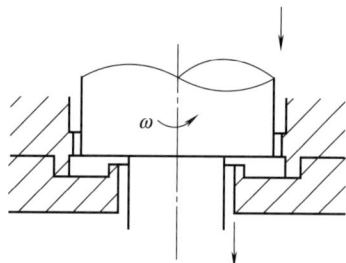

图 2-30　避免离心甩油的油腔结构

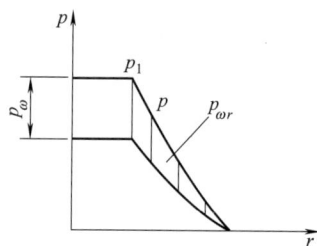

图 2-31　离心力影响下的压力分布

如图 2-30、图 2-31 所示，如果油腔在中间，则油腔压力的增减是以上两种情况的综合体现。减小值为 $0.15\rho\omega^2(r_4^2-r_3^2)$，增加值为 $0.15\rho\omega^2(r_2^2-r_1^2)$。有相对运动的圆台间隙的压力分布，就是静止时压力分布和离心作用下压力分布的叠加。例如对于中心油腔的情况，压力分布（取外界压力 $p_2=0$）为：

$$p = p_1 \frac{\ln \dfrac{r_2}{r}}{\ln \dfrac{r_2}{r_1}} - 0.15\rho\omega^2(r_2^2 - r^2) \tag{2-60}$$

（4）光滑圆管的流量

如图 2-32 所示的充满层流液体的圆管中，取一长度 l 和半径 y 的液柱，作用在液柱两端面的压力分别为 p_1 和 p_2，由于两端的压力差，使液柱向右流动的推力为：

$$p = (p_1 - p_2)\pi y^2 \qquad (2\text{-}61)$$

由于液体层流有速度差，单位面积上的剪切力为 $\tau = \mu \dfrac{\mathrm{d}u}{\mathrm{d}y}$，故阻止液柱向右流动的总内摩擦力为：

$$T = \tau g \cdot 2\pi yl = 2\pi yl\mu \frac{\mathrm{d}u}{\mathrm{d}y} \qquad (2\text{-}62)$$

由平衡条件得：

$$(p_1 - p_2)\pi y^2 = 2\pi yl\mu \frac{\mathrm{d}u}{\mathrm{d}y} \qquad (2\text{-}63)$$

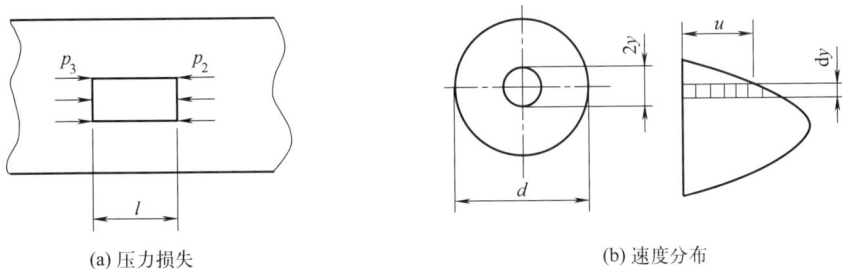

(a) 压力损失　　　　　　　　　　　　　　　　(b) 速度分布

图 2-32　直圆管流量计算简图

$$\mathrm{d}u = \frac{p_1 - p_2}{2\mu l} y \,\mathrm{d}y \qquad (2\text{-}64)$$

积分后，得

$$u = -\frac{p_1 - p_2}{4\mu l} y^2 + C \qquad (2\text{-}65)$$

将边界条件换为 $y = \dfrac{d}{2}$ 时，$u = 0$ 代入上式，可求得积分常数

$$C = \frac{\Delta p}{4\mu l} \times \frac{d^2}{4} \qquad (2\text{-}66)$$

将 C 值代入上式可得

$$u = \frac{\Delta p}{4\mu l}\left(\frac{d^2}{4} - y^2\right) \qquad (2\text{-}67)$$

由上式可知，圆管内液流的速度分布为回转抛物面形。在单位时间内流过的流量 Q 也就是此回转抛物面的体积，因此：

$$Q = \int_0^{\frac{d}{2}} u \,\mathrm{d}A = \int_0^{\frac{d}{2}} \frac{\Delta p}{4\mu l}\left(\frac{d^2}{4} - y^2\right) 2\pi y \,\mathrm{d}y = \frac{\pi d^4 \Delta p}{128\mu l} \qquad (2\text{-}68)$$

2.6　本章小结

本章主要介绍液体静压丝杠副的理论基础。

首先，论述了静压支承的特点及优越性；然后，分别介绍了定压供油式静压支承与定量供油式静压支承的原理，其中，定压供油式静压支承以单个静压油腔、多油腔、对置静压油腔为例分别论述了其工作原理，定量供油式静压支承主要从定量油泵和定量节流阀两种供油方式进行了阐述。

其次，论述了静压支承常用的节流器类型，包括固定节流器和可变节流器；固定节流器又分为毛细管节流器和小孔节流器两种类型，可变节流器分为薄膜节流器、滑阀节流器，以及这两种节流器的变形结构形式，包括锥形阀节流器、扭板节流器，可变节流器还包括内部节流和阶梯式节流两种形式；分别对各种节流器的结构、原理、工作方式进行论述。

进而，介绍了润滑油的主要性质，包括密度、重度、黏度等；给出了流体在流过平行平板间缝隙、矩形平面油垫、环形缝隙、圆台缝隙等时的流速方程和流量方程；还推导了圆台缝隙在离心力作用下的流量和压力变化。

第3章

液体静压丝杠副的设计计算

3.1 丝杠螺母传动的特点对比

丝杠螺母传动系统是一种将电机回转轴的旋转运动转换为工作台的直线运动的常见传动方式，它在数控机床、物流仓储、机器人、芯片半导体等机械装备中得到了广泛的应用。对于这种传动方式的要求通常包括：传动过程平稳、传动效率高、定位精度优越、长期使用中的精度保持性良好，以及较长的使用寿命等。这些要求确保了丝杠螺母传动能够在高精度和高效率的机械系统中稳定工作。

目前，机床及其他各类机械设备中广泛应用的丝杠传动系统，主要有三种常见的类型。

3.1.1 滑动丝杠副

滑动丝杠副的结构形式较为简单、制造也相对容易。目前，主要应用在一些对精度要求不高或需要较大承载能力的场合。但其有以下劣势：

① 丝杠螺母啮合的过程，大部分处于半干摩擦状态。这种摩擦方式导致了较大的摩擦阻力，不仅降低了整体的传动效率，而且还容易造成丝杠和螺母的螺纹配合面的磨损。长期使用后，这种磨损会影响传动精度，导致传动特性不易保持，从而影响设备的性能和使用寿命。同时，由于摩擦力具有显著的非线性，较大的摩擦阻力导致传动过程具有很强的非线性，影响了控制器的设计及整机的运动精度。

② 由于丝杠和螺母的螺纹的制造误差以及使用过程中的摩擦所引起的热膨胀现象，丝杠和螺母的螺纹配合面需要保留一定的间隙（即侧隙）。这个设计虽然能够避免因热膨胀造成的卡滞问题，但也使得系统无法实现完全的无间隙传动。当丝杠的转向发生变化时，间隙会引发反转初始时刻的空转现象，从而影响反向定位精度，导致系统在正向、反向调整过程中出现较大的误差。

③ 鉴于丝杠与螺母的螺纹配合面处于半干摩擦状态，动摩擦系数和静摩擦系数之间存在一定的差值。在低速传动或需要进行微调时，这种差值会导致"爬行"现象的发生。爬行会使得丝杠在低速运转时出现不规则的跳动，影响精确定位和调整，特别是在一些要求高精度操作的场合，这种现象可能带来较大的不便和误差。

3.1.2 滚动丝杠副

滚动丝杠副在丝杠与螺母的配合处设置一连串的循环运动的滚珠或滚柱，将滑动丝杠副的滑动运动转化成滚珠与配合面的滚动运动。具有以下特点：

① 将滑动摩擦转化为滚动摩擦，显著降低了摩擦系数，提高了传动效率；降低了摩擦非线性效应，使得在设计具有摩擦补偿等功能控制器的情况下，可以达到高运动精度。

② 可以通过在丝杠、螺母和滚珠之间施加预紧力的方式，实现正反向传动无间隙，从而提高了往复运动场合的传动精度。然而，滚动丝杠副也存在一些问题：尽管处于滚动摩擦状态，螺母、丝杠和滚动体之间仍然会有一定的摩擦力，尤其是在预紧力作用下，摩擦问题变得突出，并且处于滚珠与配合面之间的点接触或滚柱与配合面之间的线接触的配合状态，抗振性较差，重载工况下容易出现点蚀现象。另外，滚动丝杠副的制造工艺较为复杂，特别是在长丝杠的热处理和磨削质量控制上。

3.1.3 液体静压丝杠副

液体静压丝杠副可以看作由多个连续排布的对置油腔静压推力轴承构成。图 3-1 所示为连续油腔静压丝杠副的原理图。

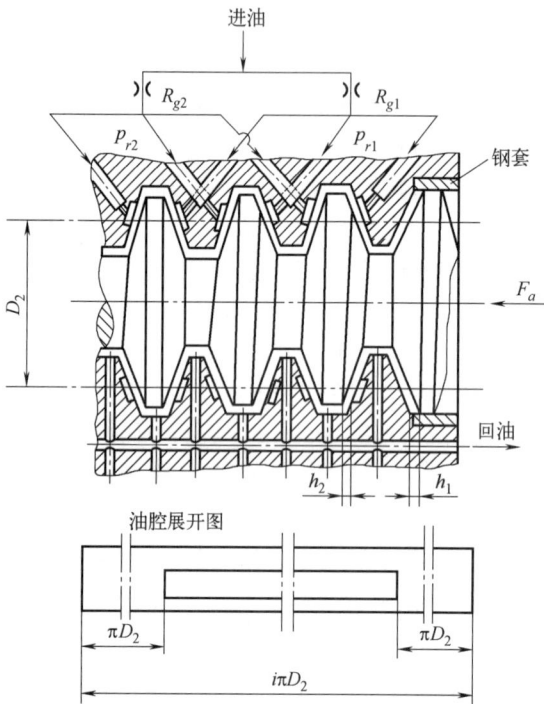

图 3-1 连续油腔静压丝杠副的原理

在静压螺母螺纹的两侧螺旋面上开螺旋形的连续多圈的静压油腔，液压油经固定节流器 R_{g1} 和 R_{g2} 的节流作用后，流进静压螺母螺纹左、右两侧的静压螺旋油腔；然后由静压螺旋油腔流出，流经丝杠螺母配合面的螺旋缝隙，起到节流的作用。在螺纹的齿顶和齿底汇集，流出静压螺母，形成一个持续的润滑循环。

在静压螺母不承受轴向负载时，螺母螺纹两侧的油膜间隙 $h_1 = h_2 = h_0$，对置的两油腔的压力处于平衡状态；在静压螺母所连接的工作台承受向左的负载 F_a 时，左侧的静压油膜间隙 h_2 减小，液阻增大，配合节流器 R_{g2} 的节流效果，油腔压力 p_{r2} 增加，右侧的静压油膜间隙 h_1 增大，液阻减小，配合节流器 R_{g1} 的节流效果，油腔压力 p_{r1} 减小，由对置的两油腔之间的压力差，产生静压承载力，静压承载力能够抵消外部施加的轴向载荷 F_a，当达到新的平衡时，左右侧油腔的压力差产生的静压力等于轴向载荷 F_a；如此，当外部载荷变化时，静压螺母不断处于动态平衡的变化之中。

为了实现更好的密封效果，在静压螺母的螺纹两端各保留了一道不开螺旋静压油腔的封油面。与滑动丝杠副和滚动丝杠副相比较，液体静压丝杠副具有如下优点：

① 静压螺母与丝杠的螺纹配合面形成有高刚性的螺旋形静压油膜，在丝杠正转和反转时，能够实现无间隙的正向和逆向传动，具有很高的定位精度。

② 静压螺旋油膜能够有效平均化丝杠螺纹和螺母螺纹的制造误差，特别对于周期螺距误差；通过静压螺旋油膜的均化作用，能够平滑传动过程中的微小波动，从而显著提高了传动精度。

③ 对置的静压油膜的压力差产生的静压力具有较大的承载能力，具有高刚度、高阻尼、高抗振性等特点，能够确保传动平稳。即便在极低转速下，也不会出现爬行的现象。

④ 静压螺旋油膜的流体动力润滑作用，实现极小的摩擦系数，因此能够显著提高整体系统的效率。低摩擦也减少了能量损耗，提升了工作性能。此外，油膜的润滑作用有效降低了磨损，延长了丝杠的使用寿命，保证了长期稳定运行。

尽管静压螺母具有许多优点，但其结构和加工相对复杂，且对丝杠螺母螺纹的直径和螺距有一定的要求。由于静压螺旋油腔位于静压螺母内螺纹的螺旋面上，较难加工，通常要求静压螺母的螺纹外径 $D>50$mm，螺距 $t>6$mm。这些限制是为了保证静压油腔的加工工艺性、油膜的润滑效果和承载能力，以确保其稳定性和精度。

静压丝杠螺母特别适用于对传动精度和定位精度要求极高，且传动功率较大的应用场合，如高精度丝杠车床、螺纹磨床、凸轮加工机床、曲轴加工机床，以及高精度自动化设备。

3.2 液体静压丝杠副的结构形式

3.2.1 液体静压螺母的结构

(1) 液体静压螺母的油腔的结构形式

① 连续螺旋油腔的结构　连续螺旋油腔结构是开于静压螺母内螺纹每个螺旋面上的螺旋形的凹槽，螺纹一侧的油腔展开图如图 3-1 所示。当静压螺母的螺纹圈数较多时（超过 10 圈），螺纹每个螺旋面上的长槽油腔可以分为两段来布置。由此，每段静压螺旋油腔工作需要的润滑油的流量较小，有助于设计节流器，并保证节流器中的润滑油在层流状态下运行。并且，如果某一段静压螺旋油腔发生断油故障，整个静压丝杠副系统依然能够继续工作，从而保证润滑效果和静压丝杠副工作的稳定性，确保进给系统的正常运行。

连续螺旋油腔的结构在液体静压螺母的起始、末端以及中间某些圈的螺纹侧面通常不开设油腔。由于每个螺旋面上的每段静压螺旋油腔是贯通连续许多圈螺纹的，导致整个静压丝杠副系统只能承受轴向载荷，不能承受径向载荷和翻转力矩。

② 断续多油腔的结构　图 3-2 所示为断续多油腔的液体静压螺母结构原理图，静压螺

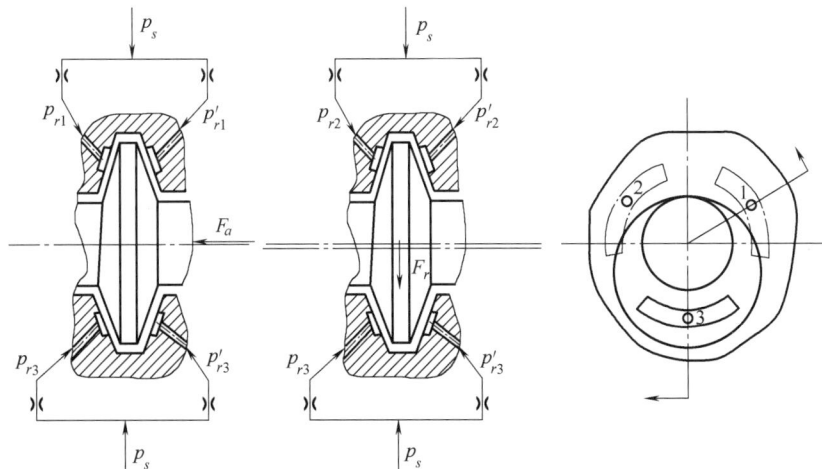

图 3-2　断续多油腔的液体静压螺母结构原理图

母的每圈螺纹侧面开设有三个或者三个以上的扇形断续螺旋油腔，一般沿圆周方向均匀布置；且静压螺母螺纹两侧的油腔呈轴向对称的对置结构。

由于静压螺母的每圈螺纹上的多个扇形静压螺旋油腔彼此独立且互不连通，且每个静压油腔都配备有对应的节流器来调节流入静压油腔的润滑油的流量和压力。这种设计使得静压丝杠螺母不仅能够承受轴向载荷，还能有效承受一定的径向载荷和翻转力矩。但是，由于静压螺母的牙型半角很小，静压油腔所产生的静压力在径向的分量较小，故静压丝杠副的径向承载能力远小于其轴向承载能力，一般不到 1/4。

（2）液体静压螺母两端的径向支承结构

液体静压丝杠副的丝杠轴属于细长结构件，尤其是对于较长的丝杠轴，由于丝杠轴本身的自重，往往会使其产生弯曲变形，使得丝杠与静压螺母的配合区域产生静压油膜间隙分布不均匀的现象，进而影响静压丝杠副的承载能力、刚度、传动精度和稳定性，为了减小丝杠轴在丝杠螺母配合区域的弯曲变形，可以在静压螺母的两端设置径向支承，其通常使用淬火钢套，如图 3-1 所示。钢套的外径与静压螺母一般采用过盈配合，钢套内径与丝杠轴的外径采用间隙配合，间隙大约为 0.02～0.03mm，通过这种配合方式，油腔的回油润滑得以有效进行，帮助减少摩擦，提升传动效率，同时保证润滑效果的持续性和稳定性。

（3）静压螺母的螺旋油腔进油孔的结构形式及其布置

液体静压螺母的每个油腔的进油孔不宜选择太小，不仅会增加压力损失，还可能导致钻头在加工过程中容易断裂，影响加工效率和安全性。通常采用阶梯孔的结构形式，可以大大改善加工进油孔的加工工艺性，大孔直径约为 $\phi 3mm$，小孔为 $\phi 1mm$。进油孔的布置方式有直孔形式和斜孔形式两种。

① 直孔形式　图 3-3 所示为静压螺母螺旋油腔的进油孔布置方式示意图，直孔形式的进油孔布置如图 3-3（a）所示，其中进油孔沿着静压螺母的径向通入静压油腔。直孔形式的布置，便于进油孔的加工制造。但是，静压螺母的螺纹的牙型半角往往较小，且静压油腔深度较浅，轴线方向宽度较窄，因此进油孔和油腔的中心难以对准。

② 斜孔形式　斜孔形式的进油孔布置如图 3-3（b）所示，进油孔与静压螺母的轴线之间倾斜一定角度。在加工过程中，需要先在螺母外径车削加工出一个三角形形状的螺纹，作为工艺螺纹，工艺螺纹的螺旋线与静压螺母螺纹的螺旋线重合或相差半个螺距。然后，沿着工艺螺纹牙面的法线，在工艺螺纹的中径处钻孔，使进油孔与静压油腔相通，为静压油腔供油。

当工艺螺纹的螺旋线与静压螺母螺纹的螺旋线相差半个螺距时，工艺螺纹的三角形纵向截面的牙型半角 $\alpha/2$ 的计算表达式为：

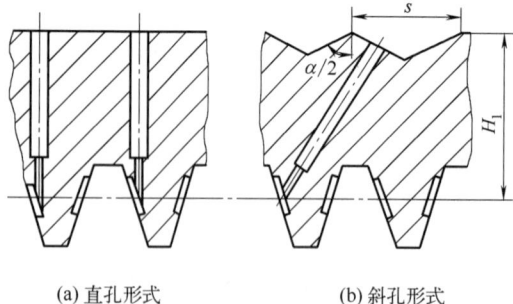

(a) 直孔形式　　(b) 斜孔形式

图 3-3　静压螺母螺旋油腔的进油孔布置方式示意图

$$\frac{\alpha}{2} = \arctan \frac{H_1 - \sqrt{H_1^2 - \frac{3}{2}s^2}}{3s} \tag{3-1}$$

对于连续螺旋油腔结构形式的液体静压螺母，由于每个静压螺旋油腔贯通多圈螺纹，为减少螺旋油腔沿螺旋线方向的压力损失，通常在静压螺母螺纹的同侧的每一圈螺纹上开一个进油孔或圆周角相距 180° 的两个进油孔。这种设计的目的是均匀分布润滑油，确保每个油腔都能有效地得到润滑，同时减少润滑油在油腔内流动时的流动阻力。

（4）液体静压丝杠副的回油方式

静压螺母的齿顶和齿底开有回油孔，静压螺母内的润滑油从静压油腔流出后，流过丝杠螺母螺纹的配合间隙，到达齿顶和齿底；再由齿顶和齿底的回油孔汇集到总的回油孔，流出后，流回油池，如图 3-1 所示。齿顶和齿底开回油孔的方式适用于静压螺母的螺纹圈数较多，或者齿顶和齿底处间隙较小的静压丝杠螺母副。

另一种回油方式是在静压螺母螺纹的齿顶和齿底不开回油孔，从静压螺母的静压油腔流出的润滑油到达齿顶和齿底之后，沿着丝杠与静压螺母螺纹的齿顶和齿底之间所形成的螺旋形的较大的缝隙，将润滑油引导流出静压螺母，进而流回油池。齿顶和齿底不开回油孔的方式适用于静压螺母的螺纹圈数较少，或者在静压螺母与丝杠螺纹的齿顶和齿底之间存在较大缝隙的情况。利用这种螺旋形的缝隙，润滑油可以顺畅地流动并回流到外部油池，从而完成润滑油的循环。

（5）液体静压丝杠副的密封方式

液体静压丝杠副进给运动过程中，从静压螺母流出的润滑油，流到机床的床身上，通常采用机床的床身作为润滑油的油池，之后，从床身流回到油箱，形成供油循环。润滑油可以通过丝杠螺母的配合面之后，从静压螺母的两端部自由流出，流到床身，从而完成润滑过程，不需要额外设置密封用的结构。但是，在一些特殊的应用场合，如果不允许润滑油从螺母的两端部流出时，应考虑使用密封方式来防止润滑油泄漏，常用的密封方式有耐油橡胶或塑料等制成的密封零件。这些密封件通常设计成具有与丝杠轴相同的螺距及牙型半角的螺纹，并放入静压螺母的内部，在静压螺母与丝杠轴装配完成后，密封件与丝杠螺纹之间形成紧密配合。

（6）丝杠螺母配合界面可调的静压螺母结构

通常，静压螺母采用整体设计，这种设计具有结构简单、易于装配的优点，但丝杠螺母间的配合间隙较难调整，为了克服这一问题，可采用如下的可调整间隙的静压螺母结构。

① 拼接式静压螺母结构 图 3-4 所示为拼接式静压螺母结构，静压螺母采用双螺母形式，由两个单面工作的螺母组成，每个静压螺母只有单侧螺旋面上开有静压螺旋油腔，作为工作面，另一螺纹侧面不开静压螺旋油腔，为非工作面；两个静压螺母中，一个静压螺母为固定螺母，另一个为调节螺母；丝杠螺纹与螺母螺纹之间采用较大的初始间隙，丝杠轴与两

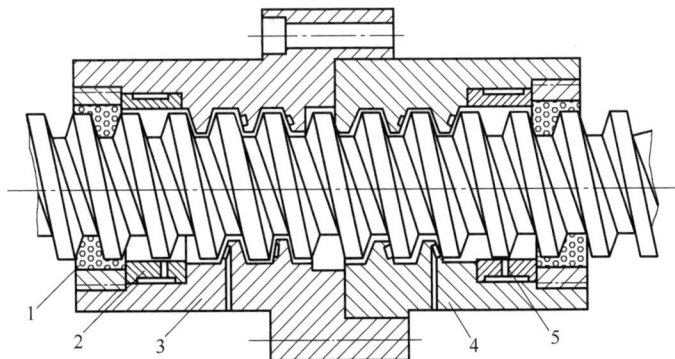

图 3-4 拼接式静压螺母结构

1—密封件；2—径向支承；3—固定螺母；4—调节螺母；5—节流器

静压螺母装配好之后，通过微量转动调节螺母，来调节丝杠螺纹与螺母螺纹的配合间隙，获得理想的螺纹工作面上的静压油膜间隙。

图 3-4 所示的双螺母结构，在静压螺母的两端装配有两个向心静压轴承，起到提供径向支承及定心的作用。向心静压轴承的内径上沿着丝杠螺纹的齿顶螺旋线方向布置，外径与静压螺母的内壁采用过盈配合。

双螺母结构的特点是螺纹间隙可调，可以根据外部载荷工况，灵活调整静压油膜的间隙，改善静压螺母的工作状态；但是，静压螺母的零件数量增多，相比整体螺母结构，装配和维护过程更加复杂，并且静压螺母的螺纹只有单侧的螺旋面是工作面，有效承载面积减小，降低了静压丝杠副的承载能力，要想获得与传统一体式静压螺母结构同样的承载能力，通常需要增加螺母的圈数，或者提高供油压力。螺母的圈数增加一倍或供油压力提高一倍，才能够获得相同的承载能力。

② 镶装式静压螺母结构　如图 3-5 所示的镶装式静压螺母结构，在静压螺母的螺纹螺旋面上不设置油腔，并且，静压螺母与丝杠螺纹之间采用较大的轴向间隙 h_a，在静压螺母螺纹的起始端和末端镶嵌装配有扇形齿块 1，扇形齿块与丝杠螺纹之间的配合间隙为 h_0。轴向间隙 h_a 远大于配合间隙 h_0，因此，丝杠与螺母螺纹之间的轴向间隙 h_a 形成了一个螺旋面形状的静压油腔，扇形齿块 1 则起到封油、提供流体液阻的作用。通过简单地径向调整扇形齿块，就能方便地实现丝杠与静压螺母之间的配合间隙 h_0 的微调，从而优化其工作性能。

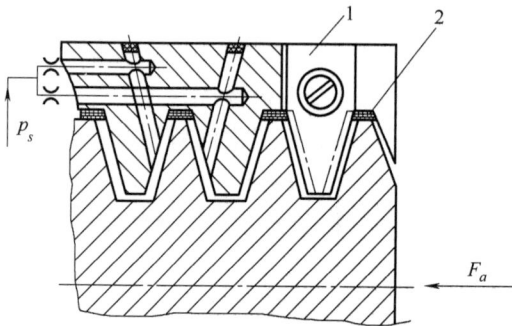

图 3-5　镶装式静压螺母结构
1—扇形齿块；2—密封件

同时，在静压螺母的齿顶和齿底位置需要安装螺旋形的密封件 2，密封件 2 把静压螺母两侧螺旋面上的静压油腔分割开，使得静压螺母在承受外部载荷时，螺旋面两侧的静压油腔能够提供一定的压力差来抵抗外部载荷；并对静压螺母起到定心的作用。镶装式静压螺母结构设计方案使得整个螺纹的螺旋面作为静压支承的承载面，静压丝杠副的有效承载面积显著增大，在相同的承载能力下，减小了油腔宽度（即有效螺纹的牙高），因此，具有高承载能力、高油膜刚度和高阻尼的特点，同时需要的润滑油流量减少，加工得到简化，难度大大降低。与传统的静压螺母设计相比，在静压螺母的螺纹面上不需要开油腔和回油槽，每侧螺纹的螺旋面上仅仅需要一个进油孔，静压螺母齿顶和齿底的密封件可以直接采用塑料喷涂方式固定。这种结构的缺点是在静压丝杠副传动过程中，密封件受到滑动摩擦力，易磨损，需要定期更换，并且增加了传动的摩擦力矩。

（7）节流器的选择及布置

液体静压丝杠副采用的节流方式包括固定节流器和可变节流器，其中，固定节流器包括小孔节流器、毛细管节流器等，可变节流器包括滑阀节流器、单面薄膜节流器、双面薄膜节流器等。对于连续螺旋油腔结构的静压螺母，一般每侧螺纹螺旋面的油腔入口设置一个固定或可变节流器，当对油膜刚度要求较高时，两侧螺纹面上的油腔可采用一个双面薄膜节流器，或每侧螺纹螺旋面的油腔单独采用一个单面薄膜节流器。

断续多油腔的静压螺母结构设计，旨在提高丝杠螺母的定心性能，抵抗外部径向载荷和

翻转力矩的能力，确保静压丝杠副在工作
过程中的稳定性。最佳的节流方案是对于
每个静压油腔安装一个固定或可变节流
器，这样可以精细地对进入静压油腔的润
滑油流量进行补偿，然而，这样的节流布
置方式会导致节流器的数量过多，安装空
间往往受限，成本也会增加。考虑结构上
的限制，往往只能选用小孔节流器或毛细
管类节流器这种固定式节流器。为了减少
节流器的数量，并避免每个油腔都配置一
个节流器，可以在同一轴向截面内的同侧
螺纹面上对各个静压油腔采用同一个节流
器进行流量补偿，如图 3-6 所示的布置方
案，若每圈螺纹面上有三个断续油腔，则
整个断续多油腔静压螺母仅需六个毛细管

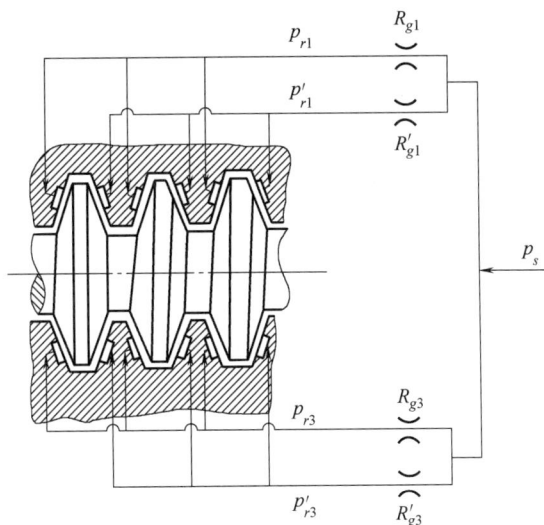

图 3-6　断续多油腔静压螺母的结构原理图

或小孔类的固定节流器或三对双面薄膜节流器，这种结构的主要缺点是它承受径向载荷和颠
覆力矩的能力较差，定心性能也相对较弱。

3.2.2　静压丝杠螺母副的材料

（1）丝杠轴的材料选择

在数控机床等装备上应用的液体静压丝杠副中，丝杠轴的材料和热处理方式的选择一般
按所要求的丝杠螺母的精度等级来决定。

① 丝杠精度小于 7 级，并且工作场合不需要做淬硬处理的，可以采用 45 钢材料，并进
行调质处理。

② 丝杠精度大于等于 7 级，并且工作场合不需要做淬硬处理的，可以选用 T10、T10A
和 T12A 等优质碳素工具钢。

③ 丝杠精度大于 6 级，并且工作场合需要做淬硬处理的，常选用 CrWMn、GCr15 和
9Mn2V 等合金钢。热处理后的硬度为 $54\sim58$HRC。

（2）静压螺母的材料选择

静压螺母常用的材料为锡青铜 ZQSn6-6-3 或者采用钢套镶铜的方案，当静压丝杠副的
公称螺纹直径 $D>150$mm 时，可以采用耐磨铸铁材料。静压螺母也可以采用塑料喷注技术
制造，其基体通常为铸铁，这种方法可以有效降低制造成本，同时提供良好的摩擦性能和润
滑效果。近年来，随着先进制造技术的发展，也开始采用 3D 打印技术进行制造。

3.2.3　液体静压丝杠副供油系统的设计要点

（1）供油系统

液体静压丝杠副的供油系统与液体静压轴承和液体静压导轨等基本类似，因此其供油系
统设计及液压元件的选择，可参照液体静压轴承和液体静压导轨选用的原则进行。液体静压
丝杠副自身具有的一些特点包括：

① 对于要求的液体静压丝杠副的进给速度较低时，可以在供油系统中省掉蓄能器的

安装。

② 对于应用于高精密数控机床和仪器上的液体静压丝杠副，通常用于完成精密的进给运动，因此必须严格控制细长丝杠轴的热变形量，减小热误差，保证进给精度。为此，供油系统中通常会配备润滑油的冷却装置或润滑油的恒温控制装置，以确保在运行过程中润滑油的温度保持稳定，避免因温度波动导致的进给精度的损失。

③ 用于液体静压丝杠副的润滑油必须保持高度清洁，任何杂质都会影响油膜的稳定性，因此润滑油需要经过严格的过滤。

（2）润滑油的牌号

液体静压丝杠副的润滑油一般采用 VG32、VG68；一些轻载高速场合，可以选用 VG22 润滑油；一些超重载场合，可以选用 VG100 润滑油。

3.3 液体静压丝杠副的设计计算

液体静压丝杠副的计算公式的推导方法可以参照液体静压推力轴承。但在推导过程中需要注意以下几点：

① 液体静压丝杠副的外部轴向载荷是由分布在静压螺母内螺纹上的所有静压油腔共同承受的，因此其工作原理类似于多环式液体静压推力轴承。每个静压油腔分担一定的外部载荷，这些载荷的分配需要考虑静压螺母的承载螺纹圈数、每圈螺纹静压油腔的数量和分布特点。

② 液体静压丝杠副的静压螺纹采用了改进的梯形螺纹结构，与传统梯形螺纹相比，具有更高的牙高，以提高静压有效承载面积，进而提高静压丝杠副的承载能力；且静压油腔沿着螺纹的螺旋线呈螺旋形结构，润滑油的流出流量与油腔的几何形状、牙型半角和螺旋升角等都有关系。

③ 连续螺旋油腔静压螺母只能承受轴向载荷，断续多油腔静压螺母既能承受轴向载荷，也能够承受径向载荷和翻转力矩，然而，由于梯形螺纹的牙型半角较小，静压油膜力在径向的分量较小，其承受径向载荷和翻转力矩的能力也往往较弱。因此，液体静压丝杠副经常与静压径向轴承配合使用，将静压径向轴承安装于静压螺母的两端，静压丝杠副只承担轴向载荷，静压径向轴承来承受径向载荷和翻转力矩。所以，在推导计算公式时，重点在于如何合理分配液体静压丝杠各个油腔的负载，确保在实际应用中能够有效承载轴向力而不产生过大的温升或压力波动。

这些要素需要在设计公式中综合考虑，以确保静压丝杠螺母的可靠性、精度以及稳定性。下面以毛细管节流器补偿和双面薄膜节流器补偿的连续螺旋油腔液体静压丝杠副为例，给出设计计算公式。

（1）毛细管节流连续螺旋油腔静压丝杠螺母的设计

① 计算公式

a. 液体静压丝杠副的轴向承载能力计算表达式如下：

$$W = nA_b(p_{r1} - p_{r2}) \tag{3-2}$$

式中　n——静压螺母开有连续螺旋油腔的圈数；

　　　p_{r1}——外部载荷加载侧静压油腔的油腔压力；

　　　p_{r2}——外部载荷加载侧反方向的静压油腔的油腔压力。

b. 静压螺母承载单圈静压螺纹的轴向有效承载面积 A_e 的表达式为

$$A_e = \frac{\pi}{2}\left(\frac{R_4^2-R_3^2}{\ln\dfrac{R_4}{R_3}} - \frac{R_4^2-R_1^2}{\ln\dfrac{R_2}{R_1}}\right) \tag{3-3}$$

式中　R_1——静压螺母螺纹的小径半径；

　　　R_2——静压螺旋油腔的小径半径；

　　　R_3——静压螺旋油腔的大径半径；

　　　R_4——丝杠螺纹的大径半径。

c. 液体静压丝杠副设计状态（空载时），流过单个毛细管节流器的流量 Q_{c0} 为

$$Q_{c0} = \frac{\pi d_c^4(p_s-p_{r0})}{128\eta l_c} \tag{3-4}$$

式中　d_c——毛细管节流器的内径；

　　　l_c——毛细管节流器的长度；

　　　p_s——润滑油的供油压力；

　　　p_{r0}——空载时静压油腔的油腔压力。

d. 液体静压丝杠副设计状态（空载时），从单个静压螺旋油腔流出的流量 Q_0 从每圈静压螺纹单侧螺旋面上的静压螺旋油腔流出的润滑油流量 q_0 为：

$$q_0 = \frac{\pi p_0 h_0^3\cos^4\alpha}{6\mu_1\cos\lambda_s} \times \frac{\ln\dfrac{R_2R_4}{R_1R_3}}{\ln\dfrac{R_2}{R_1}\ln\dfrac{R_4}{R_3}} \tag{3-5}$$

式中　$\dfrac{\alpha}{2}$——静压螺纹的螺牙半角；

　　　λ_s——静压螺纹的螺旋升角；

　　　h_0——丝杠螺母螺纹初始的节流间隙。

当静压螺母上有 n 圈螺纹开有静压螺旋油腔时，则螺纹单侧螺旋面上静压螺旋油腔的润滑油流量为：

$$Q_0 = nq_0 \tag{3-6}$$

e. 液阻比 λ_0 与静压节流比 β_0。根据润滑油的流量连续方程 $Q_{c0}=Q_0$，代入式（3-4）和式（3-6），得到液阻比 λ_0：

$$\lambda_0 = \beta_0-1 = \frac{64nl_ch_0^3\cos^4\alpha}{3d_c^4\cos\lambda_s} \times \frac{\ln\dfrac{R_2R_4}{R_1R_3}}{\ln\dfrac{R_2}{R_1}\ln\dfrac{R_4}{R_3}} \tag{3-7}$$

f. 丝杠轴向位移量 e 可以表达为

$$e = \frac{Wh_0(1+\lambda_0)^2}{6\lambda_0 r_b A_b p_s} \tag{3-8}$$

式中　W——静压螺母承受的外部轴向载荷。

g. 轴向油膜刚度 J_0 可以表达为

$$J_0 = \frac{W}{e} = \frac{6\lambda_0 nA_b p_s}{h_0(1+\lambda)^2} \tag{3-9}$$

或

$$J_0 = \frac{6(\beta_0-1)nA_bp_s}{h_0\beta_0^2} \tag{3-10}$$

h. 最佳液阻比 λ_0 和节流比 β_0。由 $\frac{\mathrm{d}J_0}{\mathrm{d}\lambda_0}=0$，代入式（3-7）和式（3-9），得到最佳液阻比 $\lambda_0=1$，最佳节流比 $\beta_0=2$。

② 设计计算举例 液体静压丝杠副中，丝杠轴的外径 d 为 60mm；最大轴向载荷 W_{max} 为 200kgf。采用毛细管节流方式设计连续螺旋油腔静压丝杠副，要求在 W_{max} 作用下，丝杠轴向位移量 e 小于等于 $3\mu m$。

a. 液体静压丝杠螺母的结构尺寸

• 静压油腔的结构形式：选用连续螺旋油腔的结构形式。

• 静压螺纹的螺距 P：选用改进的梯形螺纹结构，参考国家标准，选取螺距 $P=0.8cm$。

• 液体静压丝杠副静压螺纹的有效工作高度 H：

$$H=(0.8\sim1)P$$

这里选取静压螺纹有效工作高度 $H=0.8cm$。

• 静压螺旋油腔宽度 b：

$$b=\left(\frac{1}{4}\sim\frac{1}{3}\right)H$$

这里选取静压螺旋油腔宽度 $b=\frac{1}{4}H=\frac{1}{4}\times0.8=0.2cm$。

• 油腔封油面宽度 b_1：

$$b_1=\frac{1}{2}(H-b)=\frac{1}{2}\times(0.8-0.2)=0.3cm$$

• 计算有关半径尺寸：

$$R_1=\frac{d}{2}-H=\frac{6}{2}-0.8=2.2cm$$
$$R_2=R_1+b_1=2.2+0.3=2.5cm$$
$$R_3=R_2+b=2.5+0.2=2.7cm$$
$$R_4=\frac{d}{2}=\frac{6}{2}=3cm$$

• 静压螺纹的齿顶和齿底间隙 Z：

$$Z=1.5\sim2mm$$

这里选取 $Z=0.15cm$。

• 牙型半角 α 和螺旋升角 λ_s：参考国家标准，选取牙型半角 $\alpha=15°$。

螺纹形式采用单头螺纹时，螺旋升角 λ_s 表达为：

$$\lambda_s=\arctan\frac{t}{\pi d}=\arctan\frac{0.8}{\pi\times5.2}=\arctan0.04899=2°51'$$

式中 d'——静压螺纹中径，$d'=\frac{d+(d-2H)}{2}=\frac{6+(6-2\times0.8)}{2}=5.2cm$。

• 静压丝杠副的静压油膜的初始间隙 h_0：设计丝杠和静压螺母的螺纹精度等级为 6 级，

设丝杠与螺母的啮合长度小于 10cm，根据国家标准，查得，10cm 长度范围内，6 级精度丝杠允许的螺距累积误差 $\Delta t = 0.0006$ cm，则：

$$h_0 \geqslant 3\Delta t = 3 \times 0.0006 = 0.0018\text{cm}$$

这里取 $h_0 = 0.002$ cm。

- 静压油腔的油腔深度 Z_t：

$$Z_t = (30\sim60)h_0 = (30\sim60) \times 0.002 = 0.06\sim0.12\text{cm}$$

这里取 $Z_t = 0.08$ cm。

b. 每圈静压螺旋油腔的有效承载面积 A_e：

$$A_e = \frac{\pi}{2}\left(\frac{R_4^2 - R_3^2}{\ln\dfrac{R_4}{R_3}} - \frac{R_2^2 - R_1^2}{\ln\dfrac{R_2}{R_1}}\right)$$

$$= \frac{\pi}{2} \times \left(\frac{3^2 - 2.7^2}{\ln\dfrac{3}{2.7}} - \frac{2.5^2 - 2.2^2}{\ln\dfrac{2.5}{2.2}}\right) = 8.25\text{cm}^2$$

c. 润滑油及供油压力 p_s：

- 选用 30 号润滑油，则：动力黏度 η_{50} 为 kg·s/cm^2；运动黏度 ν_{50} 为 0.3cm^2/s。
- 在满足液体静压丝杠副的最大承载能力和足够刚度的前提下，为了降低静压支承系统的温升并改善其静压丝杠副的动态性能，通常取 $p_s \geqslant 10$kgf/cm^2；这里取 $p_s = 15$kgf/cm^2。

d. 液体静压螺母开有静压螺旋油腔的螺纹圈数 n：

由式（3-8），计算得到：

$$n = \frac{W_{\max}h_0(1+\lambda_0)^2}{6\lambda_0 eA_b p_s} = \frac{200 \times 0.02 \times (1+1)^2}{6 \times 1 \times 0.0003 \times 8.25 \times 15} = 7.18$$

e. 毛细管节流器的结构尺寸及其层流条件验算：

表 3-1　注射针管直径 mm

内径 d_c	0.46	0.56	0.71	0.84	1.07
外径	0.8	0.9	1.1	1.2	1.4

- 采用注射针作为毛细管节流器，根据表 3-1，取 $d_c = 1.07$mm $= 0.107$cm。

由公式（3-7），计算得毛细管节流的长度：

$$l_c = \frac{3\lambda_0 d_c^4 \cos\lambda_s}{64 n h_0^3 \cos^4\alpha} \times \frac{\ln\dfrac{R_2}{R_1}\ln\dfrac{R_4}{R_3}}{\ln\dfrac{R_2 R_4}{R_1 R_3}}$$

$$= \frac{3 \times 1 \times (0.107)^4 \times \cos2°51'}{64 \times 8 \times (0.002)^3 \times \cos^4 15°} \times \frac{\ln\dfrac{2.5}{2.2}\ln\dfrac{3}{2.7}}{\ln\dfrac{2.5 \times 3}{2.2 \times 2.7}}$$

$$= 5.6\text{cm}$$

- 毛细管节流器层流条件验算：

雷诺数 Re

$$p_0 = \frac{p_s}{\beta_0} = \frac{15}{2} = 7.5\text{kgf/cm}^2$$

$$Re = \frac{(p_s - p_0)d_e^3}{32\mu_{50}\nu_{50}l_e} = \frac{(15-7.5)\times 0.107^3}{32\times 27\times 10^{-8}\times 0.3\times 5.6}$$

$$= 633 < 2000$$

毛细管层流初始长度 l_{c0}

$$l_{c0} = 0.065 d_c Re = 0.065\times 0.107\times 633 = 4.4\text{cm}$$

则
$$l_c = 5.6 > l_{c0}$$

毛细管节流器的长径比

$$\frac{l_c}{d_e} = \frac{5.6}{0.107} = 52.3 > 20$$

满足层流条件。

f. 验算在最大轴向载荷加载下静压螺母的位移量 e

$$e = \frac{W_{\max}h_0\beta_0^2}{6(\beta_0-1)nA_0p_s} = \frac{200\times 0.002\times 2^2}{6\times(2-1)\times 8\times 8.25\times 15}$$

$$= 0.00027\text{cm}$$

由计算结果可知小于允许值，满足设计要求。

g. 计算轴向油膜刚度 J_0

$$J_0 = \frac{W_{\max}}{e} = \frac{200}{0.00027} = 74\times 10^4\,\text{kgf/cm}$$

$$= 74\text{kgf/}\mu\text{m}$$

h. 计算静压丝杠副的总流量

$$Q = 2Q_{c0} = 2\frac{\pi d_e^4(p_s - p_0)}{128\mu_{50}l_c}$$

$$= \frac{2\pi\times(0.107)^4\times(15-7.5)}{128\times 27\times 10^{-8}\times 5.6} = 32\text{cm}^3\text{/s} = 1.92\text{L/min}$$

(2) 双面薄膜节流螺旋形油腔液体静压丝杠副的设计计算

a. 轴向承载能力 W 同式 (3-2)。

b. 螺旋形油腔的轴向有效承载面积 A_e 同式 (3-3)。

c. 静压丝杠副在设计状态下 (空载时)，流过双面薄膜节流器其中一个节流腔的流量 Q_{m0}

$$Q_{m0} = \frac{\pi h_{m0}^3(p_s - p_{r0})}{6\mu_t \ln\dfrac{r_{m2}}{r_{m1}}} \tag{3-11}$$

d. 静压丝杠副在设计状态下 (空载时)，从单个静压油腔流出的流量 Q_0 同式 (3-5)。

e. 液阻比 λ_0 和节流比 β_0。根据润滑油的流量连续方程 $Q_{m0} = Q_0$，由式 (3-11) 及式 (3-5)，计算得：

$$\lambda_0 = \beta_0 - 1 = n\left(\frac{h_0}{h_{e0}}\right)^3 \times \frac{\cos^4\alpha}{\cos\lambda_s} \times \frac{\ln\dfrac{R_2 R_4}{R_1 R_3}\ln\dfrac{r_{e2}}{r_{e1}}}{\ln\dfrac{R_2}{R_1}\ln\dfrac{R_4}{R_3}} \tag{3-12}$$

f. 静压螺母的轴向位移量 e 无量纲形式为：

$$\varepsilon = \frac{\omega\{(1-K^2\omega^3)^3 + 2\lambda_0[1-3K+K^3\omega^2(3-K)] + \lambda_0^2\}}{6n\lambda_0[1-3K^2\omega^3(1-K)-K^4\omega^4]} \tag{3-13}$$

进而

$$e = \varepsilon h_0 \tag{3-14}$$

g. 轴向油膜刚度 J_0

$$J_0 = \frac{W}{e} \tag{3-15}$$

3.4　液体静压丝杠副的计算实例

（1）主要计算公式

液体静压丝杠副的计算公式与对置油腔静压推力轴承的计算公式基本相同，表 3-2 为毛细管类节流器及双面薄膜节流器的主要计算公式。

表 3-2　毛细管类节流器及双面薄膜节流器的主要计算公式

序号	项目	节流器形式	
		毛细管类节流器	双面薄膜节流器
1	轴向承载能力 W_a	$n\overline{W}p_s A_e$ $\overline{W}$——静压螺母的单圈无量纲承载能力（即载荷系数） n——静压螺母上开有静压螺旋油腔的圈数	
2	静压螺母单圈螺纹的有效承载面积 A_e	$\dfrac{\pi}{2}\times\left(\dfrac{R_4^2-R_3^2}{\ln\dfrac{R_4}{R_3}}-\dfrac{R_2^2-R_1^2}{\ln\dfrac{R_2}{R_1}}\right)$	
3	设计状态最佳节流比 β_0	2	1.6～2
4	液阻比 λ_0	连续油腔 $\dfrac{64i_1 l_c h_0^3 \cos^4\alpha}{3d_e^4\cos\lambda_s}\times\dfrac{\ln\dfrac{R_4 R_2}{R_3 R_1}}{\ln\dfrac{R_2}{R_1}\ln\dfrac{R_4}{R_3}}$ 断续多油腔 $\dfrac{64i_1 l_c h_0^3 \cos^4\alpha}{3id_e^4\cos\lambda_s}\times\dfrac{\ln\dfrac{R_4 R_2}{R_3 R_1}}{\ln\dfrac{R_2}{R_1}\ln\dfrac{R_4}{R_3}}$ i_1——同一节流器控制的螺纹圈数或油腔数 i——每圈螺纹同侧螺旋面上的油腔数量 λ_s——静压螺纹的螺旋升角	连续油腔 $\dfrac{i_1 h_0^3\cos^4\alpha\ln\dfrac{r_{m2}}{r_{m1}}}{h_{m0}^3\cos\lambda_s}\times\dfrac{\ln\dfrac{R_4 R_2}{R_3 R_1}}{\ln\dfrac{R_2}{R_1}\ln\dfrac{R_4}{R_3}}$ 断续多油腔 $\dfrac{i_1 h_0^3\cos^4\alpha\ln\dfrac{r_{m2}}{r_{m1}}}{ih_{m0}^3\cos\lambda_s}\times\dfrac{\ln\dfrac{R_4 R_2}{R_3 R_1}}{\ln\dfrac{R_2}{R_1}\ln\dfrac{R_4}{R_3}}$

序号	项目	节流器形式	
		毛细管类节流器	双面薄膜节流器
5	设计状态的润滑油流量 Q_0	$\dfrac{n\pi p_s h_0^3 \cos^4 \alpha}{3\eta_t \beta \cos\lambda_s} \times \dfrac{\ln\dfrac{R_4 R_2}{R_3 R_1}R_1}{\ln\dfrac{R_2}{R_1}\ln\dfrac{R_4}{R_3}}$	
6	静压丝杠副的轴向刚度 J	$\dfrac{6(\beta-1)n}{\beta^2} \times \dfrac{p_s A_e}{h_0}$	当 $\dfrac{kp_s}{h_{m0}}=\dfrac{\beta^2}{6(\beta-1)}$，$1.6\leqslant\beta\leqslant 2$ 时，$J\to\infty$
7	静压螺母的轴向相对位移 ε	$\dfrac{\beta^2 F_a}{6(\beta-1)n p_s A_e}$	当 $\overline{F}\leqslant 0.3$ 时，$\varepsilon\leqslant 1\%$ 当 $\overline{F}\leqslant 0.5$ 时，$\varepsilon\leqslant 2.6\%$

（2）计算实例

液体静压丝杠副的设计计算。首先，根据静压丝杠副的空间位置等实际应用需求选择合适的节流器类型和静压螺母的结构形式，确保能够满足系统的负载要求和精度要求。接着，根据外部载荷的大小、需要的油膜刚度确定丝杠螺母的尺寸、螺纹规格和油腔尺寸。此外，设计合适的节流器参数和供油系统，确保润滑油流量和供油压力能够与液体静压丝杠副的工作状态相匹配，从而优化润滑效果、减少温升并提高系统的动态性能，确保整个静压丝杠螺母系统在工作过程中达到预期的性能要求。

实施例要求：在高精度螺纹磨床上，采用毛细管节流器或双面薄膜节流器的流量补偿方式，设计连续螺旋油腔静压丝杠副及其节流器参数。

已知丝杠大径 $D=110\text{mm}$；螺距 $P=12.7\text{mm}$（1/2in）。

设计要求：最大轴向静压力 $W_{a\max}=4000\text{N}$；油膜刚度 $J=500\text{N}/\mu\text{m}$。

设计计算步骤如下：

① 牙型半角 α　液体静压丝杠副的牙型半角 α 一般在 $5°\sim 10°$，这里用于高精度螺纹磨床，需要较高的进给精度，选取较小的牙型半角 $\alpha=7.5°$。

② 螺旋升角 λ_s　液体静压丝杠副静压螺纹的螺旋升角的计算表达式为

$$\lambda_s = \arctan\frac{P}{\pi d}$$

计算得，螺旋升角 $\lambda_s=20.18°$。

③ 静压螺纹有效高度 H　液体静压丝杠副的静压螺纹有效高度 H 的范围一般在 $(0.75\sim 1.0)P$，为了获得较高的有效承载面积，提高承载能力，这里选取 $H=10\text{mm}$。

④ 静压油腔宽度 b　静压油腔宽度 b 的范围一般在

$$\left(\frac{1}{3}\sim\frac{1}{4}\right)H$$

计算得，静压油腔宽度 $b=3\text{mm}$。

⑤ 静压油腔径向封油面宽度 a　静压油腔径向封油面宽度 a 的范围一般在

$$\frac{H-b}{2}$$

计算得径向封油面宽度 $a=3.5\text{mm}$。

⑥ 静压油腔的深度 Z_t　静压油腔的深度 Z_t 的范围一般在 $1\sim 2\text{mm}$，这里取 $Z_t=1.2\text{mm}$。

⑦ 静压螺母齿顶和齿底间隙 c　静压螺母齿顶和齿底间隙 c 的范围一般在 $1\sim2\text{mm}$，这里取 $c=1.5\text{mm}$。

⑧ 静压螺母内径半径 R_1　静压螺母内径半径 R_1 表达为

$$R_1 = \frac{d}{2} - H$$

计算得内径半径 $R_1=45\text{mm}$。

⑨ 静压油腔内径半径 R_2　静压油腔内径半径 R_2 表达为

$$R_2 = R_1 + a$$

计算得油腔内径半径 $R_2=48.5\text{mm}$。

⑩ 静压油腔外径半径 R_3　静压油腔外径半径 R_3 表达为

$$R_3 = R_2 + a$$

计算得油腔外径半径 $R_3=51.5\text{mm}$。

⑪ 静压螺纹中径 d'　静压螺纹中径 d' 表达为

$$d = D - H$$

计算得螺纹中径 $d'=100\text{mm}$。

⑫ 每圈螺纹的有效承载面积 A_e　每圈螺纹的有效承载面积 A_e 表达为

$$A_e = \frac{\pi}{2}\left(\frac{R_4^2 - R_3^2}{\ln\dfrac{R_4}{R_3}} - \frac{R_2^2 - R_1^2}{\ln\dfrac{R_2}{R_1}} \right)$$

计算得有效承载面积 $A_e=21.7\text{cm}^2$。

⑬ 初定供油压力 p_s　这里选择供油压力 $1\times10^6\text{Pa}$。当轴向刚度或静压油膜力达不到要求时，需要提高供油压力 p_s。

⑭ 载荷系数 $\overline{F}$　对于毛细管节流器，载荷系数 $\overline{F}\leqslant0.4$；对于双面薄膜节流器，载荷系数 $\overline{F}\leqslant0.6$。

⑮ 最少油腔牙数 $n_{\min}$　液体静压螺母上的最少油腔牙数 $n_{\min}$ 表达为

$$\frac{W_a}{\overline{W}p_sA_e} > 3$$

计算得最少油腔牙数 $n_{\min}=4.6$。

⑯ 静压螺母的总螺纹数 N　液体静压螺母上的总螺纹数 N 表达为

$$N \geqslant n_{\min} + 2$$

计算得总螺纹数 $N=7$。

⑰ 静压螺母的工作长度 L　静压螺母的工作长度 L 表达为

$$L = NP$$

计算得工作长度 $L=8.4\text{cm}$。

⑱ 初始油膜间隙 h_0　静压丝杠副的初始油膜间隙 h_0 需要 $>3\Delta P$，选择初始油膜间隙 $h_0=0.0015\text{cm}$。

⑲ 节流比 β　选择节流比 $\beta=2$。

⑳ 液阻比 λ　液阻比 $\lambda=\beta-1$，计算得 $\lambda=1$。

㉑ 润滑油黏度　选择 20 号润滑油，其动力黏度 $\eta=19.7\times10^{-3}$，运动黏度 $\nu=20\times10^{-6}$。

㉒ 选择使用毛细管节流器补偿时的相关参数计算　静压螺母的轴向刚度 J 表达为

$$J=\frac{6(\beta-1)n}{\beta^2}\times\frac{p_s A_e}{h_0}$$

计算得轴向刚度 $J=1090\text{N}/\mu\text{m}$，$1090\text{N}/\mu\text{m}>500\text{N}/\mu\text{m}$，满足要求。

毛细管节流器直径 d_c 由下式计算

$$\frac{d_c^4}{l_c}=\frac{64i_1 h_0^3\cos^4\alpha}{3\lambda\cos\lambda_s}\times\frac{\ln\dfrac{R_4 R_2}{R_3 R_1}}{\ln\dfrac{R_2}{R_1}\ln\dfrac{R_4}{R_3}}$$

得毛细管节流器的直径 $d_c=0.075\text{cm}$，长度 $l_c=3\text{cm}$。

设计状态时润滑油的流量 Q_0 表达为

$$Q_0=\frac{i_0\pi p_s h_0^3\cos^4\alpha}{3\eta_l\beta\cos\lambda_s}\times\frac{\ln\dfrac{R_4 R_2}{R_3 R_1}}{\ln\dfrac{R_3}{R_1}\ln\dfrac{R_4}{R_3}}$$

计算得流量 $Q_0=13.2\text{cm}^3/\text{s}$。

润滑油的流动速度 u 表达为

$$u=\frac{d_c^2 p_s}{32\eta l_c}\left(1-\frac{1}{\beta}\right)$$

计算得流动速度 $u=14.94\text{m/s}$。

雷诺数 N_R 表达为

$$N_R=\frac{d_c u}{\nu}$$

计算得雷诺数 $N_R=560\leqslant 2000$，处于层流状态，满足要求。

层流起始段长度 l_k 表达为

$$l_k=0.065N_R d_c$$

计算得 $l_k=2.73\text{cm}$，小于毛细管长度 l_c，满足要求。

㉓ 选择使用双面薄膜节流器补偿时的相关参数计算　设计状态薄膜节流器节流间隙 h_{m0} 表达为

$$h_{m0}=h_0\cos\frac{\alpha}{2}\sqrt[3]{\frac{n\cos\alpha\ln\dfrac{r_{m2}}{r_{m1}}}{\lambda\cos\lambda_s}\times\frac{\ln\dfrac{R_4 R_2}{R_3 R_1}}{\ln\dfrac{R_2}{R_1}\ln\dfrac{R_4}{R_3}}}$$

计算得薄膜节流器节流间隙 $h_{m0}=9.7\times10^{-3}\text{cm}$，取值为 $10\times10^{-3}\text{cm}$，其中，$r_{m1}=0.125\text{cm}$，$r_{m2}=0.125\text{cm}$。

节流比 β 表达为

$$\beta=1+\frac{nh_0^3\cos^4\ln\dfrac{r_{m2}}{r_{m1}}}{h_{m0}^3\cos\lambda_s}\times\frac{\ln\dfrac{R_4 R_2}{R_3 R_1}}{\ln\dfrac{R_2}{R_1}\ln\dfrac{R_4}{R_3}}$$

计算得节流比 $\beta=1.92$。

薄膜变形系数 k 表达为

$$k = \frac{h_{m0}\beta^2}{6p_s(\beta-1)}$$

计算得薄膜变形系数 $k = 6.68 \times 10^{-9}\,\mathrm{cm/Pa}$。

薄膜厚度 t_m 表达为

$$t_m = \sqrt[3]{\frac{3(1-\nu^2)(r_{m3}^2 - r_{m1}^2)^2}{16Rk}}$$

按刚度无穷大条件，取薄膜厚度 $t_m = 0.1\,\mathrm{cm}$，$r_{m3} = 0.125\,\mathrm{cm}$。

供油压力 p_s 表达为

$$p_s = \frac{h_{m0}\beta^2}{6k(\beta-1)}$$

计算得供油压力 $p_s = 11 \times 10^5\,\mathrm{Pa}$。

设计状态时润滑油的流量 Q_0 表达为

$$Q_0 = \frac{i\pi p_s h_0^3 \cos^4(\Psi\alpha)}{3\eta_t \beta \cos\lambda_s} \times \frac{\ln\dfrac{R_4 R_2}{R_2 R_1}}{\ln\dfrac{R_2}{R_1}\ln\dfrac{R_3}{R_4}}$$

计算得润滑油的流量 $Q_0 = 15.05\,\mathrm{cm^3/s}$。

薄膜节流器节流缝隙内，润滑油的流动速度 u 表达为

$$u = \frac{h_{m0}^2 p_s\left(1-\dfrac{1}{\beta}\right)}{12 r_{m1}\eta\ln\dfrac{r_{m2}}{r_{m1}}}$$

计算得润滑油的流动速度 $u = 965\,\mathrm{cm/s}$。

雷诺数 Re 表达为

$$Re = \frac{2h_{m0}u}{\nu}$$

计算得雷诺数 $Re = 96.5 \leqslant 2000$，处于层流状态，满足要求。

层流起始段长度 l_k 表达为

$$l_k = 0.02Reh_{m0}$$

计算得层流起始段长度 $l_k = 1.9 \times 10^{-5}\,\mathrm{cm}$，$l_k < (r_{m2} - r_{m1})$，满足条件。

3.5　液体静压丝杠副的校核计算模型及轴扭耦合振动特性

在液体静压丝杠副驱动系统中，丝杠的轴向、扭转振动影响了系统的定位精度。当伺服驱动系统带宽增加时，会引起丝杠的轴向及扭转共振，从而降低加工零件表面质量及精度；同时，丝杠属于变截面细长轴，高速、重载条件下需要校验刚度、强度、临界转速和临界载荷。目前的研究都是采用丝杠内径（最小直径）计算，显然对大导程、高齿高丝杠并不适用。从对德国进口静压丝杠的研究来看，采用内径设计是绝对不能承受如此高载荷的。因

此，提出新型丝杠稳定性校核模型是实现高速、重载的关键问题。通过变截面梁的研究，给出临界转速和压杆稳定的校核计算模型，分析各参数对临界转速与临界载荷的影响，建立丝杠驱动系统的轴扭耦合动力学模型，分析系统的轴向、扭转振动模态。

3.5.1 静压丝杠横截面特征

液体静压丝杠副中，其丝杠属于梯形螺纹丝杠。不论丝杠的轴向、扭转、弯曲振动特性还是丝杠的刚度、强度、临界转速和临界载荷，都需要用到丝杠横截面的相关数据。丝杠横截面形状及相关参数的计算是该部分的基础。

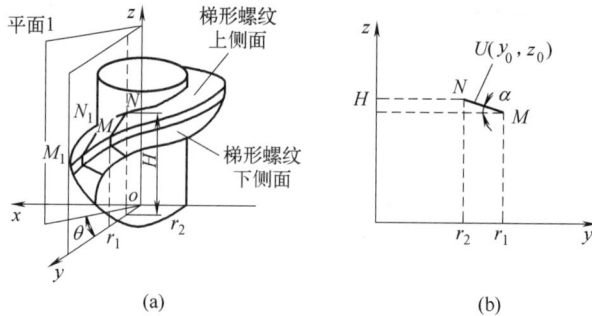

图 3-7 静压丝杠螺旋曲面示意图

如图 3-7 所示，建立空间坐标系 $o\text{-}xyz$，梯形丝杠的轴线与坐标系的 z 轴重合，它的 3 个坐标轴方向的单位矢量分别为 i、j、k，r_1 为丝杠的外径半径，r_2 为丝杠的内径半径，α 为牙型半角，P 为导程。

由梯形螺纹的定义知：梯形螺纹的轴向截图是一个梯形。梯形螺纹的上侧螺旋曲面与 yoz 平面相贯，设相贯线为 MN，直线段 MN 为生成的梯形螺旋曲面的母线。

设 MN 上任意一点坐标为 (y_0, z_0)，则图 3-7 （b）中 MN 的坐标方程可以表示为

$$\begin{cases} y_0 = u\cos\alpha + r_1 \\ z_0 = K - u\sin\alpha \end{cases} \tag{3-16}$$

式中 K——起始位置时，N 点到 xoy 平面的距离；

u——MN 上一点 U 到 N 点的距离。

设旋转角为 θ 时，MN 到达 M_1N_1 位置，可得等升距右旋螺旋曲面的方程式：

$$\begin{cases} x = x_0 u\cos\theta - y_0(u)\sin\theta \\ y = x_0 u\sin\theta + y_0(u)\cos\theta \\ z = z_0 u + p\theta \end{cases} \tag{3-17}$$

式中 θ——MN 从起始位置绕 z 轴转过的角度，顺着 z 轴看去，以顺时针方向转动为正；

p——母线绕 z 轴转过单位角度时，母线上一点沿轴线方向移动的距离，$p = \dfrac{P}{2\pi}$。

将式（3-16）代入式（3-17）即可得到梯形螺旋上侧曲面的方程：

$$\begin{cases} x = -(u\cos\alpha + r)\sin\theta \\ y = (u\cos\alpha + r)\cos\theta \\ z = (H - u\sin\alpha) + p\theta \end{cases} \tag{3-18}$$

梯形螺旋上侧曲面与 xoy 平面的相贯线为其端截形，当 $z = 0$ 时

$$\theta = \frac{H - u\sin\alpha}{p} \tag{3-19}$$

将式（3-19）代入式（3-18）中，得到 x 和 y 的方程就是梯形螺纹端截面上端截形的方程

$$\begin{cases} x = (u\cos\alpha + r_2)\sin\dfrac{K - u\sin\alpha}{p} \\[2mm] y = -(u\cos\alpha + r_2)\cos\dfrac{K - u\sin\alpha}{p} \end{cases} \tag{3-20}$$

ρ 表示端截形相贯线上一点到坐标原点的距离，则：

$$\rho = \sqrt{x^2 + y^2} = u\cos\alpha + r_2 = (H + p\theta)\cot\alpha + r_2 \tag{3-21}$$

ρ 与 θ 成比例变化，其相贯线为阿基米德螺旋线，且两条螺旋线对称，得到梯形螺纹端截形如图 3-8 所示。

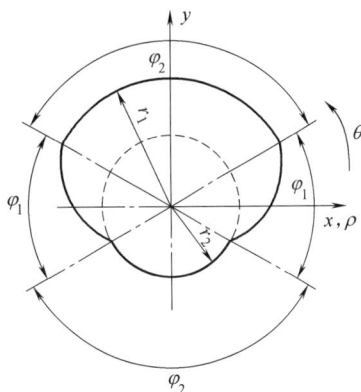

图 3-8　静压丝杠横截面

φ_1 区域的曲线为阿基米德螺旋线，φ_2 区域曲线为齿顶圆和齿底圆的两个圆弧。静压丝杠可以看作由图 3-8 所示横截面沿轴线方向拉伸的同时，附加一个绕轴线的转动而得到。

用极坐标表示的截面轮廓方程为：

$$\rho = \begin{cases} r_2 + \dfrac{P_h}{2\pi\tan\alpha}\Big(\theta + \dfrac{\varphi_1}{2}\Big), & -\dfrac{\varphi_1}{2} < \theta < \dfrac{\varphi_1}{2} \\[3mm] r_1, & \dfrac{\varphi_1}{2} < \theta < \dfrac{\varphi_1}{2} + \varphi_2 \\[3mm] r_1 - \dfrac{P_h}{2\pi\tan\alpha}\Big(\theta - \dfrac{\varphi_1}{2} - \varphi_2\Big), & \dfrac{\varphi_1}{2} + \varphi_2 < \theta < \dfrac{3\varphi_1}{2} + \varphi_2 \\[3mm] r_2, & \dfrac{3\varphi_1}{2} + \varphi_2 < \theta < \dfrac{3\varphi_1}{2} + 2\varphi_2 \end{cases} \tag{3-22}$$

式中　φ_1——阿基米德螺旋线区域包角，$\varphi_1 = (2\pi H\tan\alpha)/P_h$；

φ_2——圆弧区域包角，$\varphi_2 = \pi - (2\pi H\tan\alpha)/P_h$；

H——牙高，$H = r_1 - r_2$。

积分求得面积为：

$$S = \int_A \mathrm{d}A = \pi r_2^2 + \pi r_2 H + \frac{1}{2}\pi H^2 - \frac{\pi H^3}{3P_h}\tan\phi \tag{3-23}$$

积分求得截面的极惯性矩：

$$I_p = \int_A \rho^2\mathrm{d}A = \frac{\pi R^4}{4} + \frac{1}{4}\pi(r_2 + H)^4 + \frac{\pi\tan\phi}{P_h}\left[\frac{r_2}{2}(r_2 + H)^4 - \frac{3}{10}(r_2 + H)^5 - \frac{1}{5}r_2^5 - \frac{H}{2}r_2^4\right] \tag{3-24}$$

静压丝杠不同横截面之间可以相互旋转得到。横截面在旋转的过程中，关于任一轴的截面惯性矩是呈周期性变化的，周期的大小为一个导程。当导程数为整数时，静压丝杠关于任一轴的截面惯性矩是相等的，而在静压丝杠的长度范围内导程数量较多，可以近似看作整数导程。根据截面对任一对相互垂直的轴的惯性矩之和等于它对两轴的极惯性矩，得截面惯性矩为

$$I = I_p/2 \tag{3-25}$$

3.5.2 静压丝杠的等效截面积、等效极惯性矩和等效截面惯性矩

针对静压丝杠的高齿高，采用有限元方法研究了丝杠的轴向变形、扭转变形和弯曲变形的等效直径，得到了等效截面惯性矩，为临界转速和压杆稳定的计算奠定了基础。

由于静压丝杠是由横截面的轴向拉伸，附加横截面绕轴线的旋转得到的，其等效截面积、等效极惯性矩和等效截面惯性矩是由横截面参数和横截面的旋转效应决定的。式（3-17）～式（3-19）表示的是横截面参数部分的表达式，在此基础上，引入 3 个旋转效应系数，以考虑横截面旋转效应的影响。等效截面积、等效极惯性矩和等效截面惯性矩表示为

$$\begin{cases} A^e = f_a A \\ I_p^e = f_p I_p \\ I^e = f_I I \end{cases} \tag{3-26}$$

式中 f_a，f_p，f_I——旋转效应系数。

单位长度（1m）的静压丝杠轴的轴向刚度、扭转刚度和弯曲刚度分别为：

$$\begin{cases} K_a = EA^e = f_a EA \\ K_\varphi = GI_p^e = f_p GI_p \\ K_\omega = EI^e = f_I EI \end{cases} \tag{3-27}$$

表 3-3 静压丝杠参数

组数	丝杠参数			
	丝杠外径 D/mm	丝杠内径 r_0/mm	牙型半角 α/(°)	螺距 P/mm
1	40	27.3	10	7.5,10,12.5,15,17.5,20,22.5,25,27.5,30,32.5
2	52	36	10	7.5,10,12.5,15,17.5,20,22.5,25,27.5,30,32.5
3	65	45	10	7.5,10,12.5,15,17.5,20,22.5,25,27.5,30,32.5,35,37.5,40
4	80	55.5	10	10,12.5,15,17.5,20,22.5,25,27.5,30,32.5,35,37.5,40

下面，采用有限元法计算 K_a、K_φ 和 K_ω。在横截面沿着轴向做拉伸和旋转的联合运动形成静压丝杠时，旋转运动的效果由螺旋升角（或导程）决定，即 f_a、f_p、f_I 与螺旋升角（或导程）密切相关。静压丝杠取表 3-3 所列 4 组参数。

有限元计算过程如下：

（1）丝杠网格划分

采用 Hypermesh 软件对丝杠的圆柱部分和螺纹部分进行网格划分。其中圆柱部分的直径取 0.8～0.9 倍的丝杠底径。圆柱部分采用规则的六面体网格，如图 3-9（a）所示；螺纹部分采用四面体网格，如图 3-9（b）所示；划分完的网格如图 3-9（c）所示。

（2）约束和载荷

将丝杠的一端固定，在丝杠的另一端施加载荷。如图 3-10（a）所示固定端约束 6 个方向的自由度。在加载端分别施加以下 3 种情况的载荷。

① 施加轴向载荷 如图 3-10（b）所示，在丝杠端部圆柱面上施加 3000N 的轴向载荷，此时不会产生附加转矩。根据圣维南定理，这样加载只影响受载部位局部的应力和应变。

(a) 圆柱部分网格

(b) 螺纹部分网格

(c) 整体网格

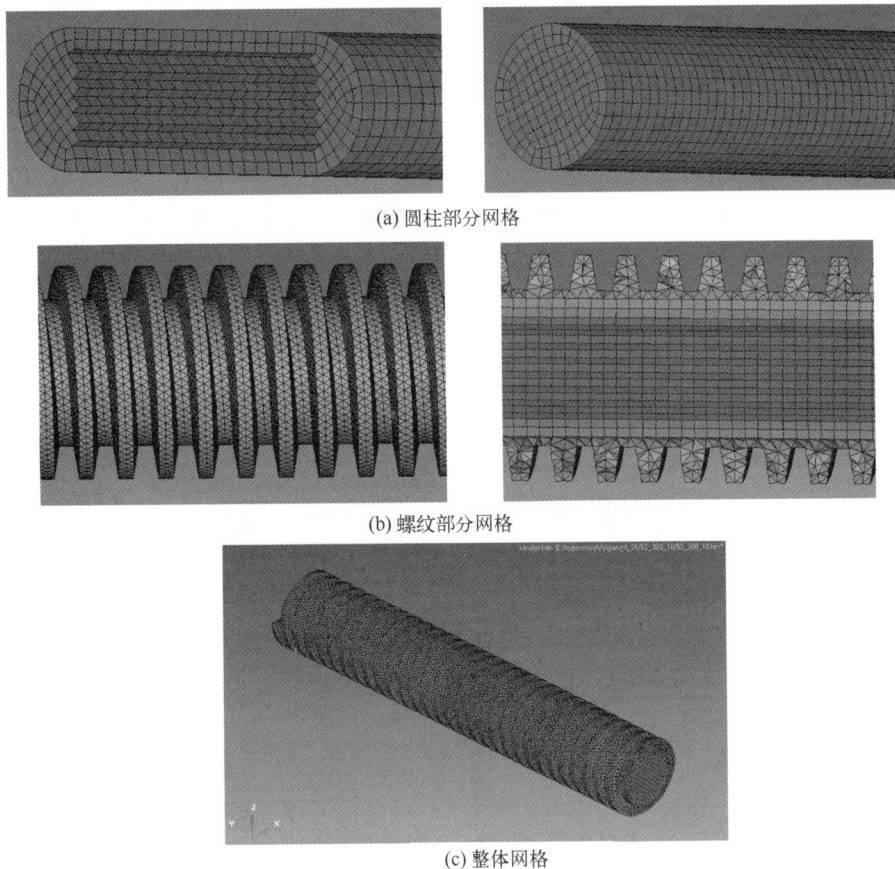

图 3-9　静压丝杠网格示意图

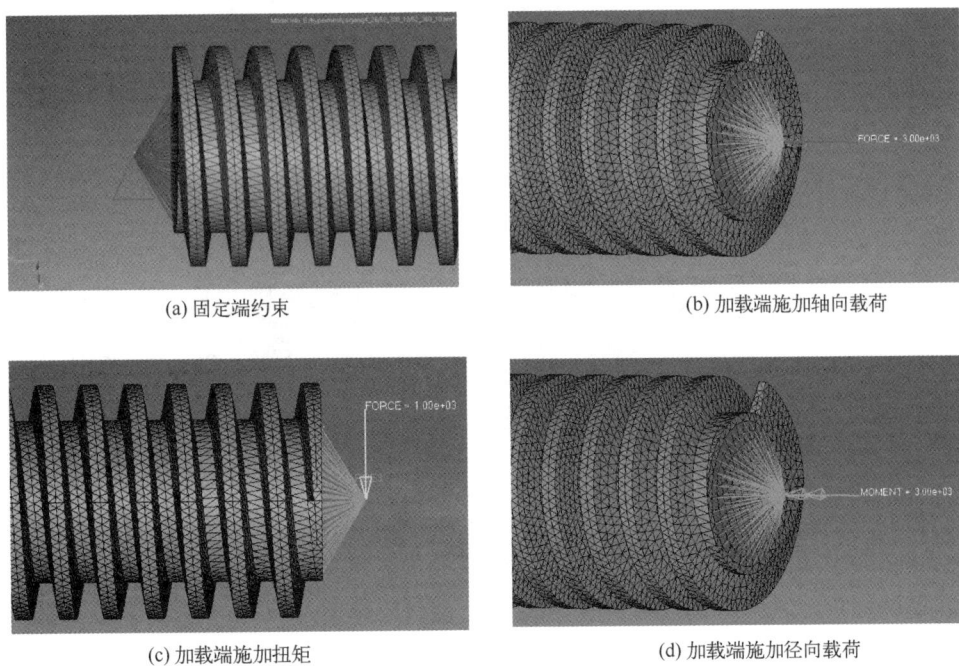

(a) 固定端约束

(b) 加载端施加轴向载荷

(c) 加载端施加扭矩

(d) 加载端施加径向载荷

图 3-10　约束和载荷

② 施加扭矩　同轴向载荷一样，扭矩也施加在圆柱面上，大小为 3000N·mm，如图 3-10（c）所示。

③ 施加径向载荷　如图 3-10（d）所示，通过在丝杠的一端施加 1000N 的径向力，形成弯矩，因为丝杠的另一端被全约束。此时，相当于在悬臂梁的一端施加径向力。

（3）计算结果

以外径 52mm、内径 36mm、牙型半角 10°、螺距 10mm、长度 300mm 的静压丝杠为例，其在 3 种加载方式下的应力、变形图如下。

① 施加轴向载荷时应力、变形图如图 3-11 所示。

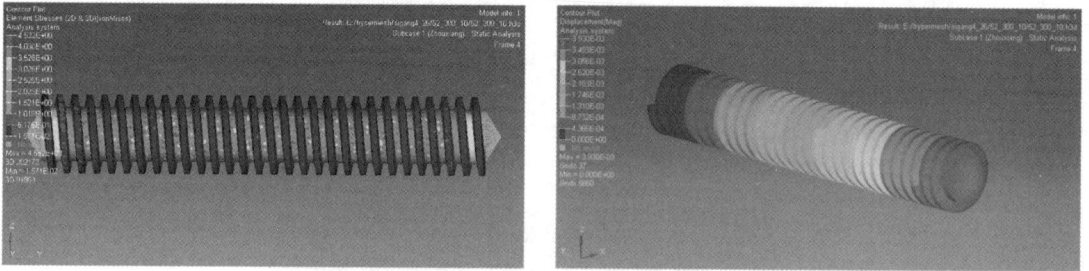

图 3-11　施加轴向载荷 3000N 时的应力、变形图

② 施加扭矩时应力、变形图如图 3-12 所示。

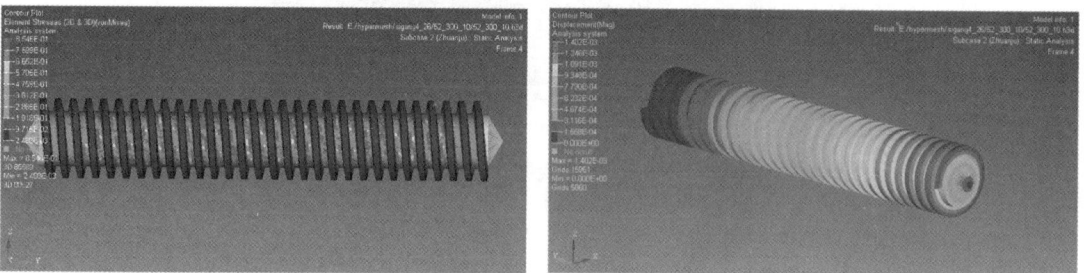

图 3-12　施加扭矩 3000N·mm 时的应力、变形图

③ 施加径向载荷时应力、变形图如图 3-13 所示。

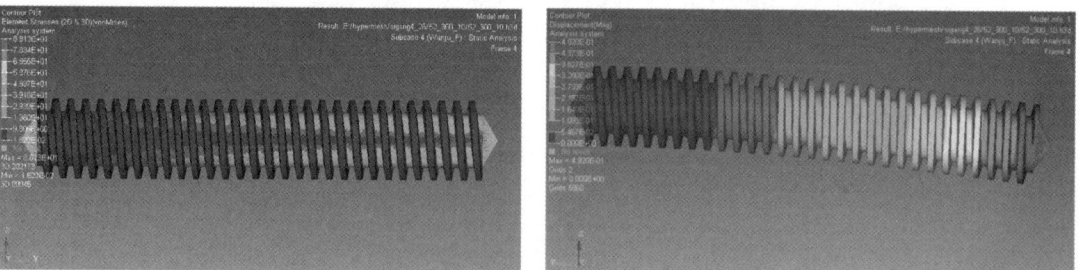

图 3-13　施加径向力 1000N 时的应力、变形图

对于施加轴向载荷和径向载荷的情况，提取轴线上节点的变形量：首先查看轴线上节点的 ID，如图 3-14（a）所示；然后输入节点 ID，查看相应节点的坐标和变形量，并导出 txt 格式的数据。

对于施加扭矩的情况，提取圆柱部分网格外缘处的节点的变形量。

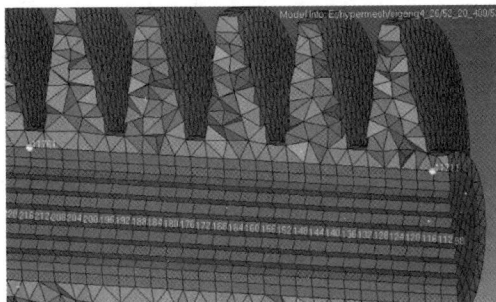

(a) 查看节点ID

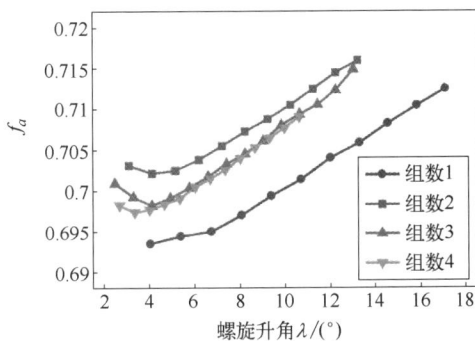

(b) 节点的坐标和变形量

图 3-14 提取节点变形量

根据所施加载荷的大小及相应的变形量即可计算得到轴向刚度 K_a、扭转刚度 K_φ 和弯曲刚度 K_ω。进而，由式（3-27）可计算得到 3 个旋转效应系数 f_a、f_p、f_I。

4 组尺寸的旋转效应系数 f_a、f_p、f_I 与螺旋升角的关系如图 3-15 所示。

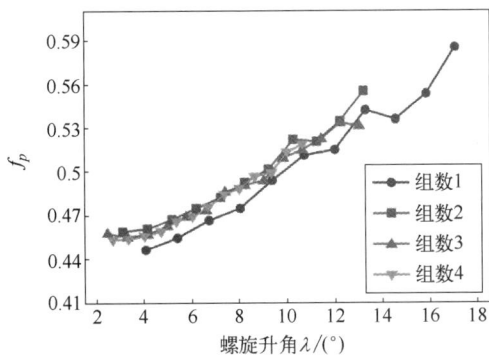

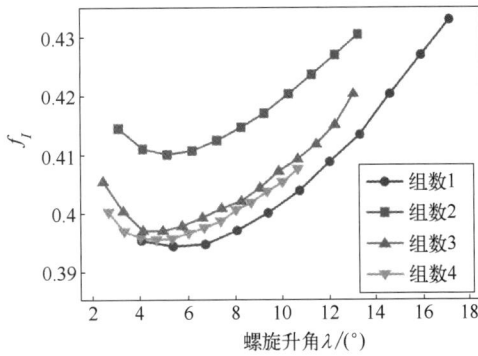

图 3-15 旋转效应系数与螺旋升角的关系

可以看出，4 组尺寸相互之间的曲线可以近似看作沿 y 轴平移了一定距离。这里以第 3 组尺寸（外径 65mm）为基准，其他组数据的曲线近似看作由该曲线平移得到。图 3-15（a）中第 1 组数据（外径 40mm）曲线向上平移 0.008，第 2 组数据（外径 52mm）曲线向上平移 0.002；第 4 组数据（外径 80mm）没有平移；得到的旋转效应系数 f_a 如图 3-16（a）所示。图 3-15（b）中第 1 组数据（外径 40mm）曲线向上平移 0.01，其他组数据没有平移；得到的旋转效应系数 f_p 如图 3-16（b）所示。图 3-15（c）中第 1 组数据（外径 40mm）曲线向上平移 0.005，第 2 组数据（外径 52mm）曲线向上平移 0.0125；第 4 组数据（外径 80mm）曲线向上平移 0.0015；得到的旋转效应系数 f_I 如图 3-16（c）所示。

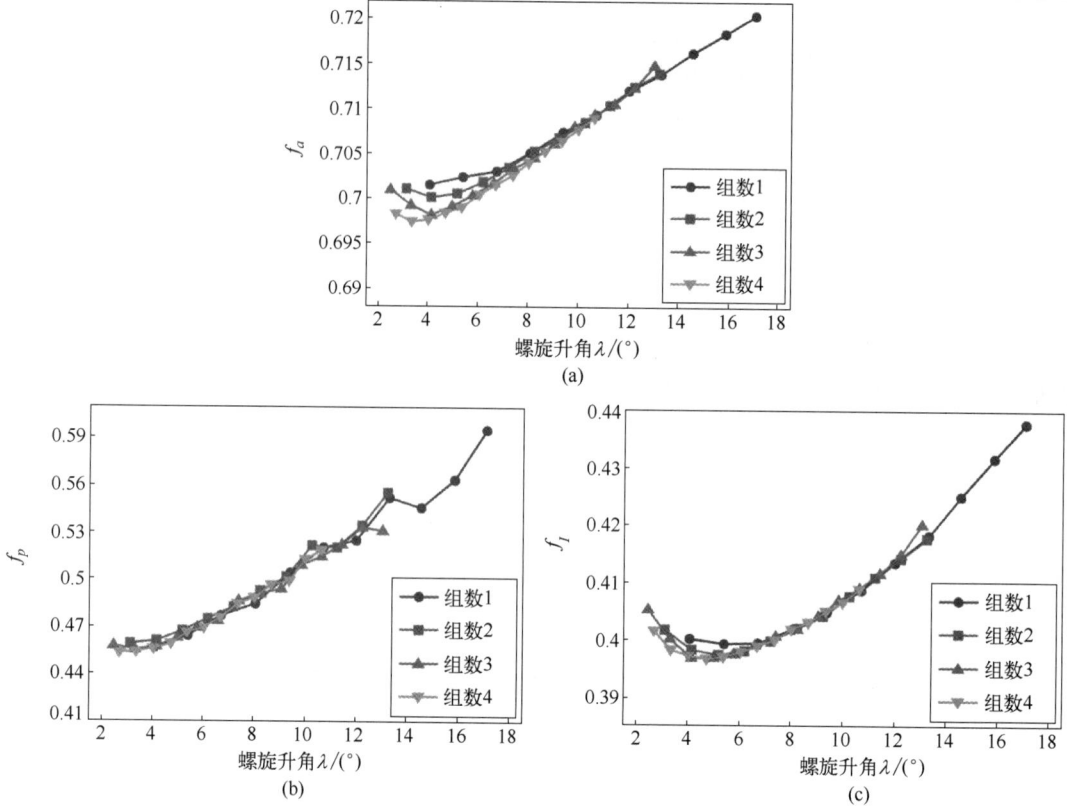

图 3-16　平移后的旋转效应系数

丝杠的结构可以由丝杠外径、丝杠内径、牙型角和螺距四组参数确定。对于改变尺寸的丝杠可以通过修正 f_a、f_p 和 f_I 的平移量得到该尺寸下 f_a、f_p 和 f_I。通过曲线拟合基准丝杠（外径 65mm）的 f_a、f_p 和 f_I，分别得到：

$$f_a(65) = a_1\lambda^3 + a_2\lambda^2 + a_3\lambda + a_4$$

其中，$a_1 = -2.291\times10^{-5}$，$a_2 = 0.0006714$，$a_3 = -0.004328$，$a_4 = 0.7072$。

根据平移大小得：$f_a(40) = f_a(65) - 0.008$，$f_a(52) = f_a(65) + 0.002$，$f_s(80) = f_s(65)$。

$$f_p(65) = a_1\lambda^3 + a_2\lambda^2 + a_3\lambda + a_4$$

其中，$a_1 = -0.0001051$，$a_2 = 0.00279$，$a_3 = -0.01412$，$a_4 = 0.4765$。

根据平移大小得：$f_p(40) = f_p(65) - 0.01$；$f_p(52) = f_p(65)$；$f_p(80) = f_p(65)$。

$$f_I(65) = a_1\lambda^3 + a_2\lambda^2 + a_3\lambda + a_4$$

其中，$a_1 = -3.472 \times 10^{-5}$，$a_2 = 0.001206$，$a_3 = -0.01007$，$a_4 = 0.4222$。

根据平移大小得：$f_I(40) = f_I(65) - 0.005$；$f_I(52) = f_I(65) + 0.0125$；$f_I(80) = f_I(65) - 0.0015$。

求得 f_a、f_p 和 f_I 之后，根据式（3-26）可计算得到 A^e、I_p^e 和 I^e。

3.5.3　静压丝杠的等效直径及校核计算

得到 A^e、I_p^e 和 I^e 之后，进而可以得到静压丝杠的轴向变形等效直径、扭转变形等效直径和弯曲变形等效直径分别为

$$\begin{cases} d_a^e = \sqrt{\dfrac{4A^e}{\pi}} \\[3mm] d_\varphi^e = \sqrt[4]{\dfrac{32I_p^e}{\pi}} \\[3mm] d_\omega^e = \sqrt[4]{\dfrac{64I^e}{\pi}} \end{cases} \tag{3-28}$$

表 3-4 列出了几组典型参数静压丝杠的 d_a^e、d_φ^e 和 d_ω^e 值。

表 3-4　几组典型参数静压丝杠的等效直径 d_a^e、d_φ^e 和 d_ω^e 值　　　　mm

外径 r_o	内径 r_s	牙型半角 $\alpha/(°)$	螺距 P	轴向变形等效直径 d_a^e	扭转变形等效直径 d_φ^e	弯曲变形等效直径 d_ω^e
40	27.3	10	10	28.4625	28.8105	27.6007
			20	28.6419	29.7663	27.8964
			30	28.8384	30.4071	28.4970
52	36	10	10	37.3606	37.6420	36.5736
			20	37.5536	38.4214	36.8028
			30	37.7639	39.2688	37.1200
65	45	10	15	46.6241	47.1544	45.3847
			25	46.8509	47.9821	45.6517
			40	47.2213	49.0225	46.2301
80	55.5	10	15	57.3321	57.7639	55.7578
			25	57.5584	58.5660	56.0015
			40	57.9090	59.9527	56.4514

进而，可以得到轴向刚度、扭转刚度、临界转速、压杆稳定临界力、强度失效临界力等。

对于一端固定、一端支承的静压丝杠支承方式，轴向刚度为

$$K_a = \frac{EA^e}{l}, \quad A^e = \frac{\pi d_a^e}{4} \tag{3-29}$$

式中　l——螺母与丝杠固定端的距离。

对于两端固定的静压丝杠支承方式，轴向刚度为

$$K_a = \frac{EA^e L}{l(L-l)}, \quad A^e = \frac{\pi d_a^e}{4} \tag{3-30}$$

式中 L——丝杠长度。

丝杠扭转刚度为

$$K_\varphi = \frac{GI_p^e}{l}, \quad I_p^e = \frac{\pi (d_a^e)^4}{32} \tag{3-31}$$

丝杠临界转速为

$$N_{cr} = \frac{60\xi_1^2}{2\pi L^2} \sqrt{\frac{E \times 10^3 I_p^e}{\gamma A}}, \quad I_p^e = \frac{\pi (d_a^e)^4}{32} \tag{3-32}$$

式中 ξ_1——与安装有关的系数:固定-支承安装时, $\xi_1 = 3.927$,固定-固定安装时, $\xi_1 = 4.730$;

　　　γ——丝杠密度。

丝杠压杆稳定临界力为

$$F_{cr} = \frac{\xi_2^2 \pi^2 E I_p^e}{L^2}, \quad I_p^e = \frac{\pi (d_a^e)^4}{32} \tag{3-33}$$

式中 ξ_2——与安装有关的系数:固定-支承安装时, $\xi_2 = 2$,固定-固定安装时, $\xi_2 = 4$ 。

丝杠的最大工作压力不能超过材料的许用应力 $[\sigma]$,于是得到强度条件临界力

$$F_N \leqslant A^e[\sigma], \quad A^e = \frac{\pi d_a^e}{4} \tag{3-34}$$

表 3-5 列出了几组典型参数静压丝杠的轴向刚度 K_a 、扭转刚度 K_φ 、临界转速 N_{cr} 、压杆稳定临界力 F_{cr} 、强度失效临界力 F_N 值。其他参数的情况,可代入式(3-30)～式(3-34)计算得到。

表 3-5　几组典型参数静压丝杠 K_a 、 K_φ 、 N_{cr} 、 F_{cr} 、 F_N 值

外径 r_1 /mm	内径 r_2 /mm	牙型半角 α /(°)	螺距 P /mm	丝杠全长 L /mm	轴向刚度 K_a /(N/μm)			扭转刚度 K_φ /(N·m/rad)		临界转速 N_{cr} /(r/min)		压杆稳定临界力 F_{cr} /kN		强度条件临界力 F_N /kN
					固定-支承[中]	固定-支承[远]	固定-固定[中]	[中]	[远]	固定-支承	固定-固定	固定-支承	固定-固定	
40	27.3	10	10	1000	267.23	133.62	534.46	10957.7	5478.8	4247.0	6161.4	118.1	236.2	101.8
				1500	178.15	89.08	356.31	7305.1	3652.6	1887.5	2738.4	52.5	105.0	101.8
				2000	133.62	66.81	267.23	5478.8	2739.4	1061.7	1540.4	29.5	59.0	101.8
			20	1000	270.61	135.30	541.22	12485.7	6242.9	4332.9	6286.1	123.2	246.5	103.1
				1500	180.41	90.20	360.81	8323.8	4161.9	1925.7	2793.8	54.8	109.5	103.1
				2000	135.30	67.65	270.61	6242.9	3121.4	1083.2	1571.5	30.8	61.6	103.1
			30	1000	274.34	137.17	548.67	13596.1	6798.1	4519.5	6556.9	134.2	268.4	104.5
				1500	182.89	91.45	365.78	9064.1	4532.0	2008.7	2914.2	59.6	119.3	104.5
				2000	137.16	68.58	274.34	6798.1	3399.0	1129.9	1639.2	33.5	67.1	104.5
52	36	10	10	1000	460.43	230.22	920.87	31930.5	15965.2	5712.7	8287.8	364.1	728.1	175.4
				1500	306.96	153.48	613.91	21287.0	10643.5	2539.0	3683.5	161.8	323.6	175.4
				2000	230.22	115.11	460.43	15965.2	7982.6	1428.2	2072.0	91.0	182.0	175.4

续表

外径 r_1 /mm	内径 r_2 /mm	牙型半角 α /(°)	螺距 P /mm	丝杠全长 L /mm	轴向刚度 K_a /(N/μm)			扭转刚度 K_φ /(N·m/rad)		临界转速 N_{cr} /(r/min)		压杆稳定临界力 F_{cr} /kN		强度条件临界力 F_N /kN
					固定-支承[中]	固定-支承[远]	固定-固定[中]	[中]	[远]	固定-支承	固定-固定	固定-支承	固定-固定	
52	36	10	20	1000	465.20	232.60	930.41	34658.3	17329.2	5775.8	8379.3	373.3	746.6	177.2
				1500	310.14	155.07	620.27	23105.6	11552.8	2567.0	3724.1	165.9	331.8	177.2
				2000	232.60	116.30	465.20	17329.2	8664.6	1443.9	2094.8	93.3	186.6	177.2
			30	1000	470.43	235.21	940.86	37818.6	18909.3	5872.8	8520.1	386.3	772.6	179.2
				1500	313.62	156.81	627.24	25212.4	12606.2	2610.1	3786.7	171.7	343.4	179.2
				2000	235.21	117.61	470.43	18909.3	9454.6	1468.2	2130.0	96.6	193.2	179.2
65	45	10	15	1500	478.05	239.02	956.09	52421.9	26210.9	3126.2	4535.4	383.7	767.4	273.2
				2000	358.53	179.27	717.07	39316.4	19658.2	1758.5	2551.1	215.8	431.6	273.2
				2500	286.83	143.41	573.65	31453.1	15726.6	1125.4	1632.7	138.1	276.3	273.2
			25	1500	482.71	241.35	965.41	56200.6	28100.3	3159.9	4584.3	392.8	785.6	275.8
				2000	362.03	181.02	724.06	42150.4	21075.2	1777.4	2578.6	220.9	441.9	275.8
				2500	289.62	144.81	579.25	33720.3	16860.2	1137.6	1650.3	141.4	282.8	275.8
			40	1500	490.37	245.18	980.74	61235.8	30617.9	3238.6	4698.5	413.1	826.2	280.2
				2000	367.78	183.89	735.55	45926.9	22963.4	1821.7	2642.9	232.4	464.7	280.2
				2500	294.22	147.11	588.44	36741.5	18370.7	1165.9	1691.5	148.7	297.4	280.2
80	55.5	10	15	1500	722.84	361.42	1445.68	118045.6	59022.8	3833.2	5561.2	874.1	1748.2	413.1
				2000	542.13	271.07	1084.26	88534.2	44267.1	2156.2	3128.2	491.6	983.4	413.1
				2500	433.71	216.85	867.41	70827.3	35413.7	1380.0	2002.0	314.7	629.3	413.1
			25	1500	728.56	364.28	1457.12	124740.0	62370.0	3862.1	5603.0	889.5	1779.0	416.3
				2000	546.42	273.21	1092.84	93555.0	46777.5	2172.4	3151.7	500.4	1000.7	416.3
				2500	437.14	218.57	874.27	74844.0	37422.0	1390.4	2017.6	320.2	640.6	416.3
			40	1500	737.46	368.73	1474.93	136980.5	68490.2	3921.7	5689.5	918.4	1836.8	421.4
				2000	553.10	276.55	1106.19	102735.3	51367.7	2206.0	3200.4	516.6	1033.2	421.4
				2500	442.48	221.24	884.96	82188.3	41094.1	1411.8	2048.2	330.6	661.3	421.4

注：[中] 表示螺母位于丝杠中间位置；[远] 表示螺母位于最远端。

3.5.4 不同参数对丝杠临界转速和临界载荷的影响

图 3-17 和图 3-18 为丝杠临界转速与临界载荷随螺距的变化趋势。其中，丝杠其他参数为：丝杠轴长度为 1000mm，丝杠轴内径 36mm、外径 52mm，梯形螺纹的牙型半角为 15°。

随着螺距的增大，丝杠的临界转速与临界载荷变化趋势一致，均呈现先减小后增大的趋势。其中丝杠的临界转速只有在螺距相当大（>50mm）的情况下，才比内径为直径的圆柱杆大，实际应用中，如此大螺距的丝杠很少使用。也就是说，对于工程实际中的丝杠而言，其临界转速要比以底径为直径的圆柱杆小，现有的简单近似存在重大安全隐患，是不可取的；丝杠的临界载荷虽然比内径为直径的圆柱杆要大，但对于高牙梯形螺纹结构的静压丝杠而言，不能充分发挥其性能。

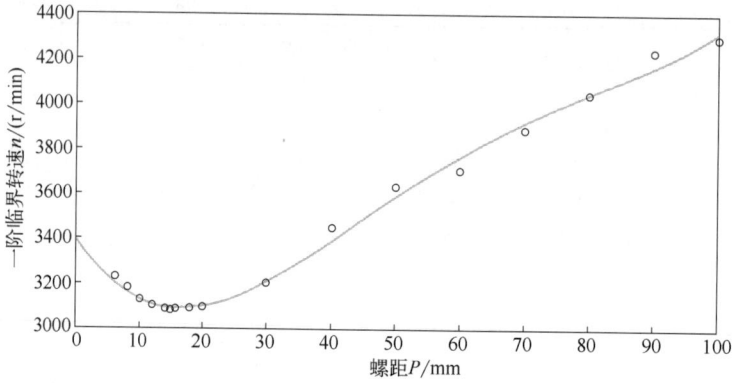

图 3-17　临界转速随螺距的变化

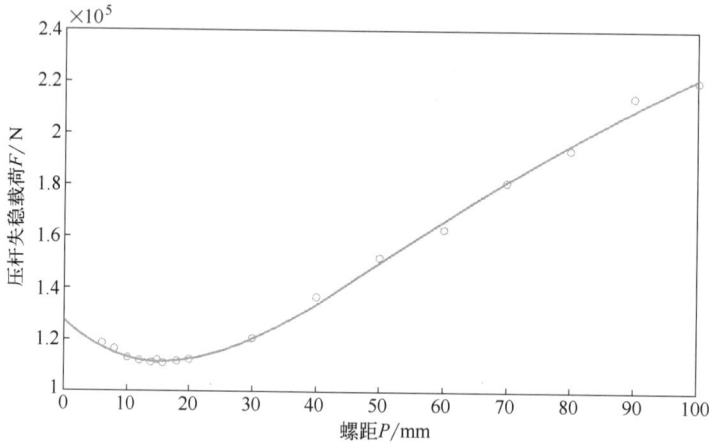

图 3-18　临界载荷随螺距的变化

图 3-19 和图 3-20 为丝杠临界转速与临界载荷随丝杠长度的变化趋势。其中，丝杠的其他参数为：螺距为 10mm，丝杠轴的内径为 36mm、外径为 52mm，牙型半角为 15°。

丝杠的临界转速与临界载荷和长度的二次方成反比。其中图 3-19（b）中之所以有上升段，是因为此时丝杠长度太小，不属于细长轴。

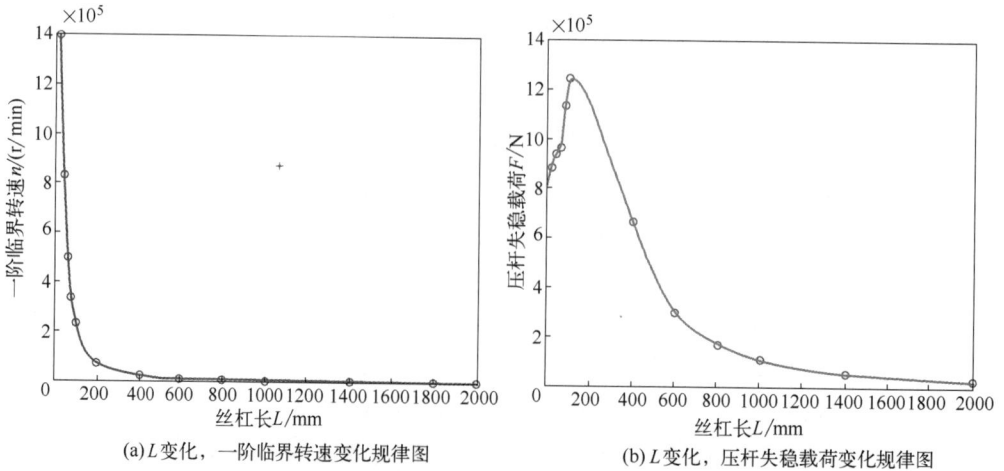

(a)L变化，一阶临界转速变化规律图　　　(b)L变化，压杆失稳载荷变化规律图

图 3-19　临界转速与临界载荷随丝杠长度的变化

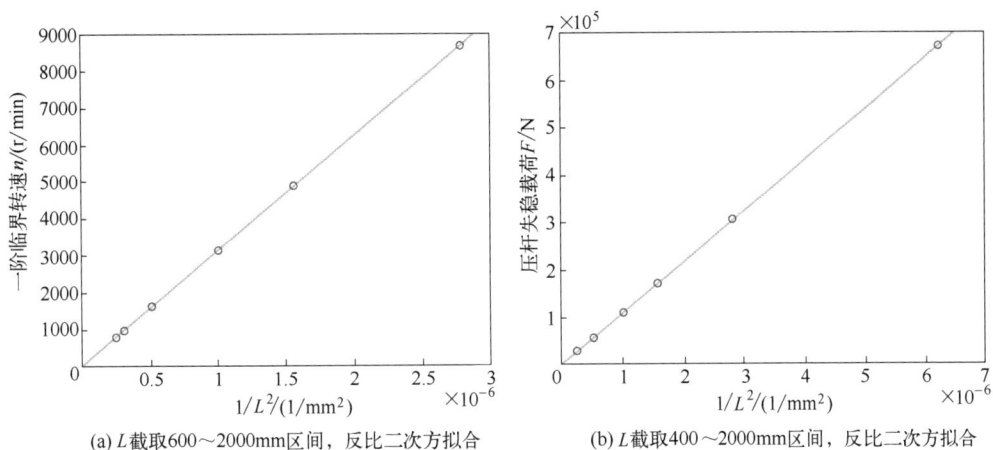

(a) L 截取 $600\sim2000$mm 区间，反比二次方拟合　　(b) L 截取 $400\sim2000$mm 区间，反比二次方拟合

图 3-20　临界转速和临界载荷与 $1/L^2$ 的关系

　　图 3-21 为丝杠临界转速与临界载荷随丝杠内径的变化趋势。丝杠的其他参数为：丝杠轴的长度为 1000mm，螺距为 10mm，梯形螺纹的牙高为 10mm，牙型半角为 15°。

　　丝杠的临界转速与内径成正比，临界载荷与内径的二次方成正比。同时，丝杠内径增大时，其临界转速要想达到以底径为直径的圆柱杆的程度，所要求的螺距也会相应增大。

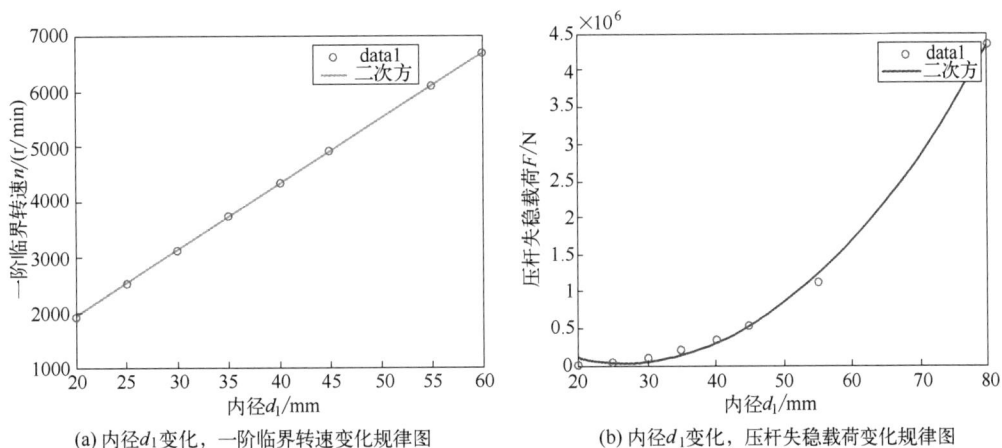

(a) 内径 d_1 变化，一阶临界转速变化规律图　　(b) 内径 d_1 变化，压杆失稳载荷变化规律图

图 3-21　临界转速与临界载荷随丝杠内径的变化

　　图 3-22 为丝杠临界转速与临界载荷随牙（齿）高的变化趋势。丝杠的其他参数为：丝杠轴的长度为 1000mm，螺距为 10mm，内径 36mm，梯形螺纹的牙型半角 15°。

　　从图中可以看出，牙高增大时，丝杠临界转速呈下降趋势。这表示，丝杠一个导程内的螺纹部分，可以在一定程度上近似于圆盘转子；牙高增大时，临界载荷呈上升趋势。牙高对丝杠临界转速与临界载荷的影响相反，因此选择时需要综合考虑。

　　图 3-23 为丝杠临界转速与临界载荷随牙型半角的变化趋势。丝杠其他参数：长度 1000mm、螺距 10mm、内径 36mm、外径 52mm。

　　牙型半角增大时，丝杠临界转速与临界载荷均呈上升趋势。采用大牙型半角有利于提高丝杠临界转速和临界载荷，但会影响静压的承载力，因此应综合考虑。

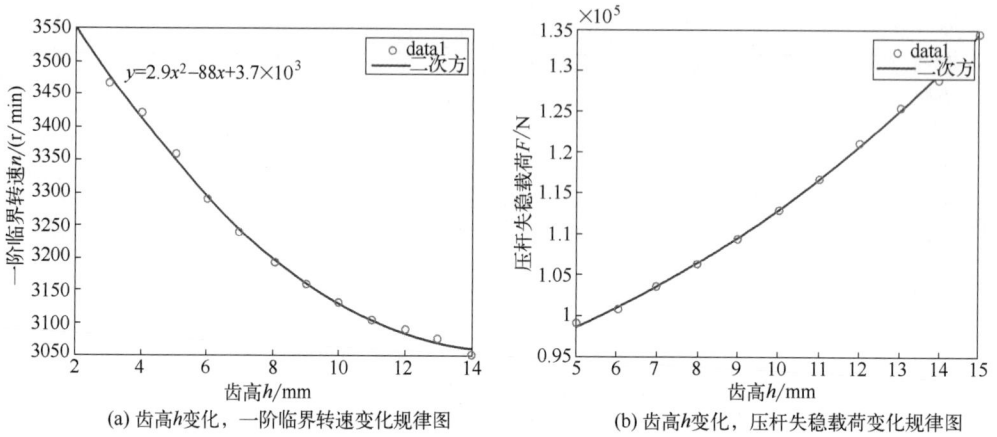

(a) 齿高h变化，一阶临界转速变化规律图   (b) 齿高h变化，压杆失稳载荷变化规律图

图 3-22　临界转速与临界载荷随牙高的变化

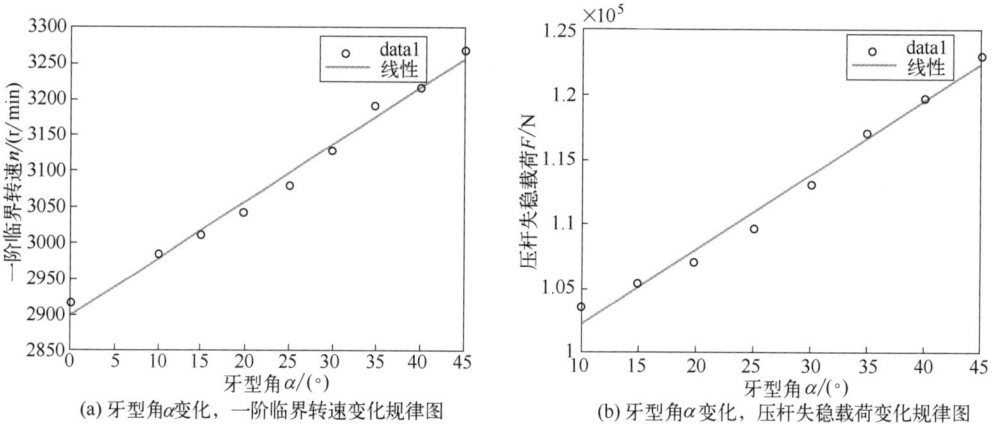

(a) 牙型角α变化，一阶临界转速变化规律图   (b) 牙型角α变化，压杆失稳载荷变化规律图

图 3-23　临界转速与临界载荷随牙型半角的变化

3.5.5　丝杠轴扭耦合振动特性

液体静压丝杠副驱动系统的轴向、扭转振动共同影响丝杠的轴向运动精度，即轴向波动位移的振幅。本节采用一种直接变分——Ritz 级数分解法来建立系统的动力学模型，进而进行轴扭耦合模态分析。Ritz 级数法的本质是利用级数展开式表示位移场的空间依赖性，对于响应而言，其 Ritz 级数的系数为广义坐标，当借助一个有限长级数描述连续系统的位移场时，就固有地减少了系统的自由度。通过功率平衡公式或拉格朗日方程推导出简化系统的运动方程，得到系统运动的物理定律的关系式。

（1）丝杠驱动系统建模

图 3-24 为项目实验部分所对应的静压丝杠驱动系统的轴向和扭转解耦模型的示意图。可求得系统动能 T、势能 V、输入功率 P_{in} 与功耗 P_{dis}：

$$T = \frac{1}{2}\rho S\int_0^L \dot{u}(x,t)^2 \mathrm{d}x + \frac{1}{2}m_c\dot{u}_c(t)^2 + \frac{1}{2}\rho I_p\int_0^L \dot{\theta}(x,t)^2 \mathrm{d}x + \frac{1}{2}J_m\dot{\theta}_m(t)^2$$

$$V = \frac{1}{2}ES\int_0^L \left(\frac{\partial u(x,t)}{\partial x}\right)^2 \mathrm{d}x + \frac{1}{2}k_b u(0,t)^2 + \frac{1}{2}k_n\delta_n^2 + \frac{1}{2}GI_p\int_0^L \left(\frac{\partial \theta(x,t)}{\partial x}\right)^2 \mathrm{d}x$$

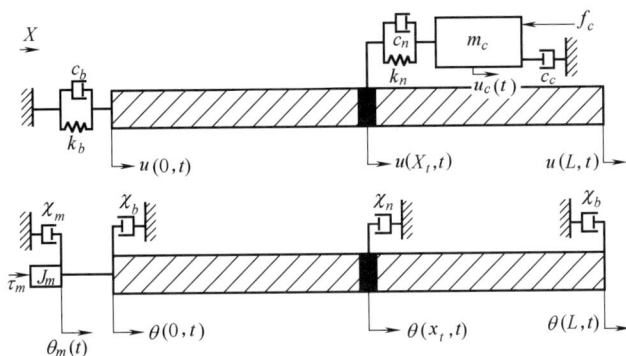

图 3-24　轴向和扭转解耦模型的示意图

$$P_{in} = \tau_m(t)\dot{\theta}_m(t) - f_c\dot{u}_c(t)$$

$$P_{dis} = \gamma ES \int_0^L \left(\frac{\partial \dot{u}(x,t)}{\partial x}\right)^2 dx + c_c \dot{u}_c(t)^2 + c_n \dot{\delta}_n^2 + c_b \dot{u}(0,t)^2 + \frac{1}{2}\gamma GI_p \int_0^L \left(\frac{\partial \dot{\theta}(x,t)}{\partial x}\right)^2 dx$$

$$+ \frac{1}{2}\chi_m \dot{\theta}_m(t)^2 + \frac{1}{2}\chi_b \dot{\theta}(0,t)^2 + \frac{1}{2}\chi_b \dot{\theta}(L,t)^2 + \frac{1}{2}\chi_n \dot{\theta}(x_t,t)^2$$

$$\delta_n = u_c(t) - u(x_t,t) - \theta(x_t,t)P \tag{3-35}$$

式中　$u(x,t)$，$\theta(x,t)$——丝杠在 t 时刻 x 位置处的轴向和扭转位移；

$\theta_m(t)$，$u_c(t)$——电机扭转和工作台轴向位移的广义坐标；

$\tau_m(t)$——电机等效扭转力矩；

f_c——作用于工作台的集中力；

ρ——材料密度；

E，G——丝杠材料的弹性模量和切变模量；

γ——丝杠的结构阻尼损耗因子，与工作状态有关，需要试验确定；

L——丝杠总长；

x_t——工作台当前运行位置；

J_m，m_c——电机等效转动惯量和工作台质量；

k_b，k_n——丝杠两端轴承和丝杠螺母的等效刚度；

c_b，c_c，c_n——丝杠两端轴承、工作台摩擦和丝杠-螺母的等效阻尼；

χ_b，χ_n，χ_m——丝杠两端轴承、丝杠-螺母和电机的等效扭转阻尼。

（2）基于 Ritz 级数的运动方程获取

以上各量都决定于轴向位移 $u(x,t)$ 和扭转位移 $\theta(x,t)$。按 Ritz 级数法可写为：

$$\begin{cases} u(x,t) = \sum_{u=1}^{N_u} \psi_u(x)q_u(t) \\ \theta(x,t) = \sum_{\theta=1}^{N_\theta} \psi_\theta(x)q_\theta(t) \end{cases} \tag{3-36}$$

从数学角度，上式是把连续函数 $u(x,t)/\theta(x,t)$ 映射到一个 N 维空间，空间的方向就是函数 $\psi_u(x)/\psi_\theta(x)$，故将其称为基函数。基函数满足边界条件且线性无关即可，$q_u(t)/q_\theta(t)$ 表示函数在每个基函数方向上的投影，基函数一旦选好，剩下的唯一自变量为 $q_u(t)/$

$q_\theta(t)$，因此 $q_u(t)/q_\theta(t)$ 就是广义坐标。

功率平衡法要求用广义坐标表示机械能和功率，这样将 Ritz 级数分别代入所求表达式，将式（3-36）代入式（3-35）可得到广义坐标表示的动能、势能、输入功率与功耗。

$$T = \frac{1}{2}\rho S \int_0^L \sum_{j=1}^{N_u} \sum_{n=1}^{N_u} \psi_{uj}(x)\psi_{un}(x)\dot{q}_{uj}(t)\dot{q}_{un}(t)\mathrm{d}x + \frac{1}{2}m_c\dot{u}_c(t)^2$$

$$+ \frac{1}{2}\rho I_p \int_0^L \sum_{j=1}^{N_\theta} \sum_{n=1}^{N_\theta} \psi_{\theta j}(x)\psi_{\theta n}(x)\dot{q}_{\theta j}(t)\dot{q}_{\theta n}\mathrm{d}x + \frac{1}{2}J_m\dot{\theta}_m(t)^2$$

$$V = \frac{1}{2}ES \int_0^L \sum_{j=1}^{N_u} \sum_{n=1}^{N_u} \frac{\mathrm{d}\psi_{uj}(x)}{\mathrm{d}x} \times \frac{\mathrm{d}\psi_{un}(x)}{\mathrm{d}x} q_{uj}(t)q_{un}(t)\mathrm{d}x$$

$$+ \frac{1}{2}\sum_{j=1}^{N_u}\sum_{n=1}^{N_u}k_b\psi_{uj}(0)\psi_{un}(0)q_{uj}(t)q_{un}(t)$$

$$+ \frac{1}{2}k_n\left[u_c(t) - \sum_{j=1}^{N_u}\psi_{uj}(x_t)q_{uj}(t) - \sum_{j=1}^{N_\theta}\psi_{\theta j}(x_t)q_{\theta j}(t)\cdot P\right]^2$$

$$+ \frac{1}{2}GI_p \int_0^L \sum_{j=1}^{N_\theta}\sum_{n=1}^{N_\theta} \frac{\mathrm{d}\psi_{\theta j}(x)}{\mathrm{d}x}\times\frac{\mathrm{d}\psi_{\theta n}(x)}{\mathrm{d}x}q_{\theta j}(t)q_{\theta n}(t)\mathrm{d}x$$

$$P_{in} = \tau_m(t)\dot{\theta}_m(t) - f_c\dot{u}_c(t)$$

$$P_{dis} = \gamma ES \int_0^L \sum_{j=1}^{N_u}\sum_{n=1}^{N_u} \frac{\mathrm{d}\psi_{uj}(x)}{\mathrm{d}x}\times\frac{\mathrm{d}\psi_{un}(x)}{\mathrm{d}x}\dot{q}_{uj}(t)\dot{q}_{un}(t)\mathrm{d}x + c_c\dot{u}_c(t)^2$$

$$+ c_n\left[\dot{u}_c(t) - \sum_{j=1}^{N_u}\psi_{uj}(x_t)\dot{q}_{uj}(t) - \sum_{j=1}^{N_\theta}\psi_{\theta j}(x_t)\dot{q}_{\theta j}(t)\cdot P\right]^2$$

$$+ c_b\sum_{j=1}^{N_u}\sum_{n=1}^{N_u}\psi_{uj}(0)\psi_{un}(0)\dot{q}_{uj}(t)\dot{q}_{un}(t)$$

$$+ \frac{1}{2}\gamma GI_p\int_0^L \sum_{j=1}^{N_\theta}\sum_{n=1}^{N_\theta}\frac{\mathrm{d}\psi_{\theta j}(x)}{\mathrm{d}x}\times\frac{\mathrm{d}\psi_{\theta n}(x)}{\mathrm{d}x}\dot{q}_{\theta j}(t)\dot{q}_{\theta n}(t)\mathrm{d}x$$

$$+ \frac{1}{2}\chi_m\dot{\theta}_m(t)^2 + \frac{1}{2}\chi_b\sum_{j=1}^{N_\theta}\sum_{n=1}^{N_\theta}\psi_{\theta j}(0)\psi_{\theta n}(0)\dot{q}_{\theta j}(t)\dot{q}_{\theta n}(t)$$

$$+ \frac{1}{2}\chi_b\sum_{j=1}^{N_\theta}\sum_{n=1}^{N_\theta}\psi_{\theta j}(L)\psi_{\theta n}(L)\dot{q}_{\theta j}(t)\dot{q}_{\theta n}(t) +$$

$$\frac{1}{2}\chi_n\sum_{j=1}^{N_\theta}\sum_{n=1}^{N_\theta}\psi_{\theta j}(x_t)\psi_{\theta n}(x_t)\dot{q}_{\theta j}(t)\dot{q}_{\theta n}(t) \tag{3-37}$$

整个系统对于轴向位移与扭转位移的约束形式为两端自由，可选用基函数 $\cos(\alpha x/L)$，其中 $\alpha = (j-1)\pi$。即：

$$\begin{cases} u(x,t) = \sum_{j_u=1}^{N_u}\cos\left(\alpha_u\dfrac{x}{L}\right)q_{j_u}(t), \alpha_u = (j_u-1)\pi \\[2mm] \theta(x,t) = \sum_{j_\theta=1}^{N_\theta}\cos\left(\alpha_\theta\dfrac{x}{L}\right)q_{j_\theta}(t), \alpha_\theta = (j_\theta-1)\pi \end{cases} \tag{3-38}$$

再代入拉格朗日公式：

$$\frac{\mathrm{d}}{\mathrm{d}t}\left(\frac{\partial T}{\partial \dot{q}_j}\right)-\frac{\partial T}{\partial q_j}+\frac{\partial D}{\partial \dot{q}_j}+\frac{\partial V}{\partial q_j}=Q_j \tag{3-39}$$

式中：

$$D=\frac{1}{2}P_{dis} \tag{3-40}$$

可以得到如下形式的系统运动方程：

$$M\ddot{q}+C\dot{q}+Kq=Q \tag{3-41}$$

式中，M 为质量矩阵；K 为刚度矩阵；C 为阻尼矩阵；Q 为广义力；q 为广义坐标。

（3）采用 N_u/N_θ 项 Ritz 级数时的方程参数

为方便表示，将轴向与扭转位移的 Ritz 级数表示写为矩阵形式：

$$\begin{cases} u(x,t)=\displaystyle\sum_{u=1}^{N_u}\psi_u(x)q_u(t)=\boldsymbol{\psi_u}\boldsymbol{q_u^{\mathrm{T}}} \\ \theta(x,t)=\displaystyle\sum_{\theta=1}^{N_\theta}\psi_\theta(x)q_\theta(t)=\boldsymbol{\psi_\theta}\boldsymbol{q_\theta^{\mathrm{T}}} \end{cases} \tag{3-42}$$

其中，$\boldsymbol{\psi_u}$、$\boldsymbol{\psi_\theta}$ 为级数展开的基函数向量；$\boldsymbol{q_u}$、$\boldsymbol{q_\theta}$ 为对应的广义坐标系。代入式（3-42）可得系统运动方程参数：

$$M=\begin{bmatrix} \rho S\int_0^L \boldsymbol{\psi_u}\boldsymbol{\psi_u^{\mathrm{T}}}\mathrm{d}x & 0 & 0 & 0 \\ 0 & \rho I_p\int_0^L \boldsymbol{\psi_u}\boldsymbol{\psi_u^{\mathrm{T}}}\mathrm{d}x & 0 & 0 \\ 0 & 0 & m_c & 0 \\ 0 & 0 & 0 & J_m \end{bmatrix}$$

$$C=C_1+C_2+C_3$$

$$C_1=\begin{bmatrix} \gamma ES\int_0^L \frac{\partial \boldsymbol{\psi_u}(x)}{\partial x}\times\frac{\partial \boldsymbol{\psi_u^{\mathrm{T}}}(x)}{\partial x}\mathrm{d}x & 0 & 0 & 0 \\ 0 & \frac{1}{2}\gamma GI_p\int_0^L \frac{\partial \boldsymbol{\psi_\theta}(x)}{\partial x}\times\frac{\partial \boldsymbol{\psi_\theta^{\mathrm{T}}}(x)}{\partial x}\mathrm{d}x & 0 & 0 \\ 0 & 0 & c_c+c_n & 0 \\ 0 & 0 & 0 & \frac{1}{2}\chi_m \end{bmatrix}$$

$$C_2=\begin{bmatrix} c_b\boldsymbol{\psi_u}(\boldsymbol{0})\boldsymbol{\psi_u^{\mathrm{T}}}(\boldsymbol{0}) & 0 & 0 & 0 \\ 0 & \frac{1}{2}\chi_b\boldsymbol{\psi_\theta}(\boldsymbol{0})\boldsymbol{\psi_\theta^{\mathrm{T}}}(\boldsymbol{0})+\frac{1}{2}\chi_b\boldsymbol{\psi_\theta}(\boldsymbol{L})\boldsymbol{\psi_\theta^{\mathrm{T}}}(\boldsymbol{L}) & 0 & 0 \\ 0 & 0 & 0 & 0 \\ 0 & 0 & 0 & 0 \end{bmatrix}$$

$$\boldsymbol{C}_3 = \begin{pmatrix} c_n\boldsymbol{\psi}_u(\boldsymbol{x}_t)\boldsymbol{\psi}_u^T(\boldsymbol{x}_t) & P\cdot c_n\boldsymbol{\psi}_u(\boldsymbol{x}_t)\boldsymbol{\psi}_\theta^T(\boldsymbol{x}_t) & -c_n\boldsymbol{\psi}_u(\boldsymbol{x}_t) & 0 \\ P\cdot c_n\boldsymbol{\psi}_\theta(\boldsymbol{x}_t)\boldsymbol{\psi}_u^T(\boldsymbol{x}_t) & \frac{1}{2}\chi_n\boldsymbol{\psi}_\theta(\boldsymbol{x}_t)\boldsymbol{\psi}_\theta^T(\boldsymbol{x}_t)+P^2\cdot c_n\boldsymbol{\psi}_\theta(\boldsymbol{x}_t)\boldsymbol{\psi}_\theta^T(\boldsymbol{x}_t) & -P\cdot c_n\boldsymbol{\psi}_\theta(\boldsymbol{x}_t) & 0 \\ -c_n\boldsymbol{\psi}_u^T(\boldsymbol{x}_t) & -P\cdot c_n\boldsymbol{\psi}_\theta^T(\boldsymbol{x}_t) & m_c & 0 \\ 0 & 0 & 0 & J_m \end{pmatrix}$$

$$\boldsymbol{K} = \boldsymbol{K}_1 + \boldsymbol{K}_2$$

$$\boldsymbol{K}_1 = \begin{pmatrix} ES\int_0^L \frac{\partial \boldsymbol{\psi}_u(\boldsymbol{x})}{\partial x}\times\frac{\partial \boldsymbol{\psi}_u^T(\boldsymbol{x})}{\partial x}\mathrm{d}x + k_b\boldsymbol{\psi}_u(0)\boldsymbol{\psi}_u^T(0) & 0 & 0 & 0 \\ 0 & GI_p\int_0^L \frac{\partial \boldsymbol{\psi}_\theta(\boldsymbol{x})}{\partial x}\times\frac{\partial \boldsymbol{\psi}_\theta^T(\boldsymbol{x})}{\partial x}\mathrm{d}x & 0 & 0 \\ 0 & 0 & k_n & 0 \\ 0 & 0 & 0 & 0 \end{pmatrix}$$

$$\boldsymbol{K}_2 = \begin{pmatrix} k_n\boldsymbol{\psi}_u(\boldsymbol{x}_t)\boldsymbol{\psi}_u^T(\boldsymbol{x}_t) & P\cdot k_n\boldsymbol{\psi}_u(\boldsymbol{x}_t)\boldsymbol{\psi}_\theta^T(\boldsymbol{x}_t) & -k_n\boldsymbol{\psi}_u(\boldsymbol{x}_t) & 0 \\ P\cdot k_n\boldsymbol{\psi}_\theta(\boldsymbol{x}_t)\boldsymbol{\psi}_u^T(\boldsymbol{x}_t) & P^2\cdot k_n\boldsymbol{\psi}_\theta(\boldsymbol{x}_t)\boldsymbol{\psi}_\theta^T(\boldsymbol{x}_t) & -P\cdot k_n\boldsymbol{\psi}_\theta(\boldsymbol{x}_t) & 0 \\ -k_n\boldsymbol{\psi}_u^T(\boldsymbol{x}_t) & -P\cdot k_n\boldsymbol{\psi}_\theta^T(\boldsymbol{x}_t) & 0 & 0 \\ 0 & 0 & 0 & 0 \end{pmatrix}$$

$$\boldsymbol{Q} = (0 \quad \cdots \quad 0 \quad f_c - \tau_m)^T$$

$$\boldsymbol{q} = (q_{u1}\cdots q_{uN_u} \quad q_{\theta 1}\cdots q_{\theta N_u} \quad u_c \quad \theta_m)^T \tag{3-43}$$

（4）轴向、扭转振动特性的数值计算

表 3-6 所示为断续油腔液体静压丝杠副的结构参数与运行参数，表 3-7 为系统其他部件参数及求得的丝杠副的阻尼和刚度。

表 3-6　实验流量（cm³/s）与实验流量下的 k_2

$p_s = 0.6\mathrm{MPa}$					
p_s	5.95	6.02	6.09	6.14	6.14
p_t	4.90	4.89	4.91	4.89	4.89
p_r	4.04	3.67	3.30	2.90	2.48
Q	1.31	1.43	1.50	1.54	1.56
k_2	0.174	0.167	0.163	0.1765	0.169
$p_s = 1.1\mathrm{MPa}$					
p_s	11.00	11.10	11.06	11.08	11.04
p_t	9.82	9.81	9.77	9.83	9.82
p_r	8.47	7.07	5.65	4.14	2.66
Q	1.49	1.63	1.64	1.60	1.57
k_2	0.183	0.187	0.196	0.209	0.232
$p_s = 1.6\mathrm{MPa}$					
p_s	16.04	16.07	16.04	16.01	15.96
p_t	14.72	14.76	14.74	14.73	14.68
p_r	12.09	10.87	10.19	9.53	8.19
Q	1.66	1.66	1.63	1.61	1.56
k_2	0.202	0.201	0.205	0.209	0.234

表 3-7　系统参数

参数	数值
设计轴向间隙(h_{a0})	0.02mm/0.06mm
工作台质量(m_c)	60kg
导轨轴向阻尼(C_c)	6.59N·s/m
材料的弹性模量(E)	$2.1\times10^{11}\mathrm{N/m^2}$
材料的切变模量(G)	$7.9\times10^{10}\mathrm{N/m^2}$
丝杠横截面积(S)	$2.5212\times10^{-3}\ \mathrm{m^2}$
丝杠极惯性矩(I_p)	$1.0727\times10^{-6}\ \mathrm{m^4}$
间隙为 0.02mm 时丝杠副轴向阻尼(C_n)	$2.69\times10^{6}\mathrm{N·s/m}$
间隙为 0.02mm 时丝杠副轴向刚度(K_n)	$4\times10^{8}\mathrm{N/m}$
间隙为 0.06mm 时丝杠副轴向阻尼(C_n)	$1.08\times10^{5}\mathrm{N·s/m}$
间隙为 0.06mm 时丝杠副轴向刚度(K_n)	$1.28\times10^{8}\mathrm{N/m}$
某进口相近直径滚珠丝杠轴向阻尼(C_n)	$4.3\times10^{3}\mathrm{N·s/m}$
某进口相近直径滚珠丝杠轴向刚度(K_n)	$7\times10^{7}\mathrm{N/m}$
圆锥轴承扭转阻尼(χ_{b1})	$1.3\times10^{-2}\mathrm{N·m·s/rad}$
径向轴承扭转阻尼(χ_{b2})	$4.6\times10^{-2}\mathrm{N·m·s/rad}$
间隙为 0.02mm 时丝杠副扭转阻尼(χ_n)	$1.3\times10^{-3}\mathrm{N·m·s/rad}$
间隙为 0.06mm 时丝杠副扭转阻尼(χ_n)	$4.9\times10^{-5}\mathrm{N·m·s/rad}$
电机等效转动惯量(J_m)	$1.5\times10^{-2}\mathrm{kg·m^2}$
丝杠密度(ρ)	$7.85\times10^{3}\mathrm{kg/m^3}$

可以通过调整静压丝杠螺母副初始间隙，改变丝杠副轴向阻尼与刚度，调整系统阻尼比，使丝杠驱动系统按不同使用需求处于过阻尼或欠阻尼状态。表 3-7 所选初始间隙中，$h_{a0}=0.02$mm 时，静压丝杠系统为过阻尼系统；$h_{a0}=0.06$mm 时，所选滚珠丝杠为欠阻尼系统。当静压丝杠间隙过大时，系统的轴向承载能力、刚度等下降严重，也会使系统维持不住压力，因此正常状况下，即便静压丝杠系统为欠阻尼状态，其阻尼比也要远高于滚珠丝杠。

图 3-25 所示为表 3-7 中所选 3 种丝杠驱动系统施加外部干扰载荷时，工作台的轴向波动位移。外部干扰载荷可以表达为：

$$f_c=\begin{cases}5\mathrm{kN} & 0<t<1\\ 5+5\sin(40\pi t)\mathrm{kN} & t>1\end{cases} \tag{3-44}$$

可以看到，施加外界干扰后，过阻尼静压丝杠系统平滑地过渡到相应外载下的运动路径，无超调，系统响应速度相比较慢；外部正弦载荷作用下，工作台的响应为谐波波动，其周期与外部所施加谐波干扰载荷的周期相同，波动振幅很小。

加大初始间隙使系统变为欠阻尼后，由于轴向刚度的减小，波动位移有一定增加，此外系统有一定超调与波动，此时系统阻尼比仍较大，系统能够快速过渡到平稳状态；外部谐波干扰载荷作用下，工作台先有短时间的振荡，随后快速变为谐波波动。滚珠丝杠由于轴向刚度远小于静压丝杠，受外部干扰载荷之后，位移的变化相当明显，系统有明显超调，而后振荡衰减，受阶跃载荷或谐波载荷后很长时间才能趋于平稳。

图 3-26、图 3-27 所示为过、欠阻尼丝杠驱动系统施加不同频率外部干扰载荷时，工作台的轴向波动位移。外部干扰载荷可以表达为：

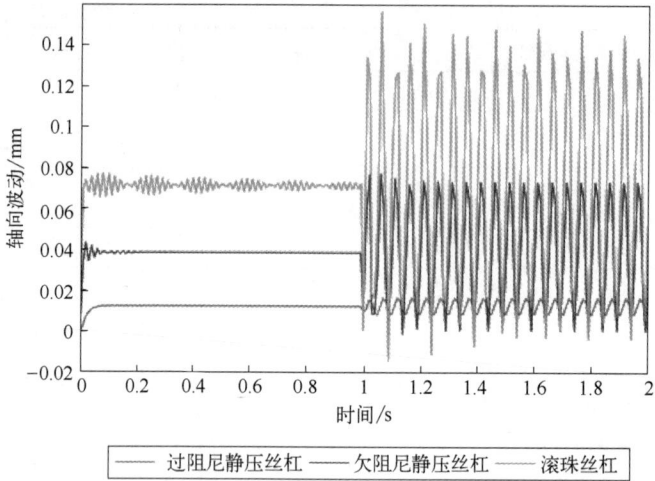

图 3-25 不同阻尼比时系统在外界干扰载荷下轴向波动位移

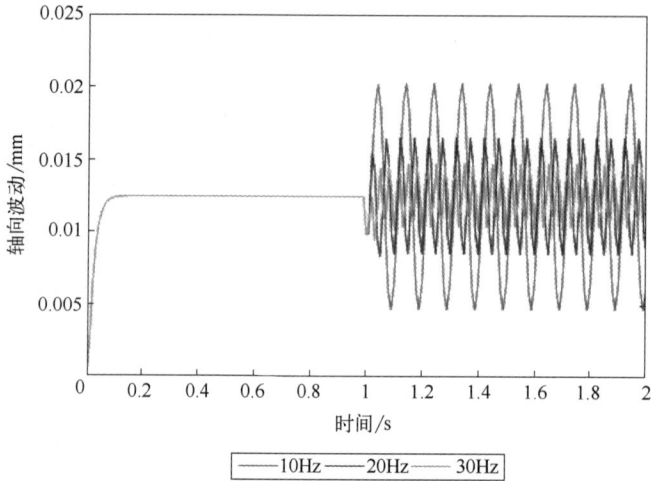

图 3-26 过阻尼时不同干扰频率下轴向波动位移

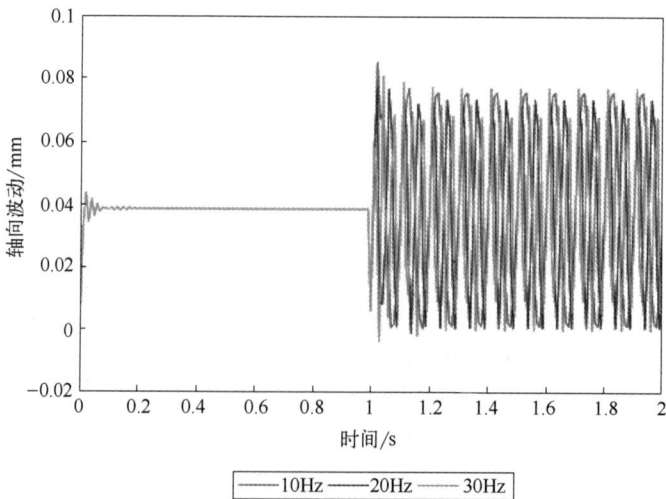

图 3-27 欠阻尼时不同干扰频率下轴向波动位移

$$f_c = \begin{cases} 5\text{kN} & 0<t<1 \\ 5+5\sin(20/40/60\pi t)\text{kN} & t>1 \end{cases} \tag{3-45}$$

当改变外部谐波干扰频率时，欠阻尼静压丝杠系统的表现也有别于过阻尼状态。当系统为过阻尼时，随着外部干扰载荷频率的增加，波动位移明显变小，这证明过阻尼情况下静压丝杠系统对高频干扰有明显的抵抗作用；欠阻尼时，随着干扰频率的增加，系统波动位移量减小不明显，且阻尼比越小，变动越少。

其他参数对过、欠阻尼丝杠驱动系统轴向波动位移的影响类似。工作台质量、位置对轴向位移都无明显影响；丝杠导程只通过改变扭转与轴向位移的转化比例产生影响；外部干扰载荷越大，波动位移越大，且振幅成正比。

图 3-28 所示为 3 种丝杠驱动系统施加外部干扰载荷时，工作台由扭转振动所引起的轴向位移变化。外部干扰载荷为 $5\sin(20\pi t)\text{kN}$，电机上对应输出的扭矩为 $5\sin(20\pi t)\text{N·m}$。

可以看到，三种情况下扭转振动的振幅基本相同，三种情况下扭转阻尼大小对振幅无影响。由微分运动方程可以看出扭转阻尼无影响的原因。扭转阻尼对轴扭耦合的影响仅为阻尼矩阵中 $\frac{1}{2}\gamma GI_p x + \frac{1}{2}\chi_b + \frac{1}{2}\chi_n + P^2 c_n$ 项，扭转阻尼相对于 $P^2 c_n$ 足够小，扭转阻尼对轴扭耦合振动的影响可以忽略不计。

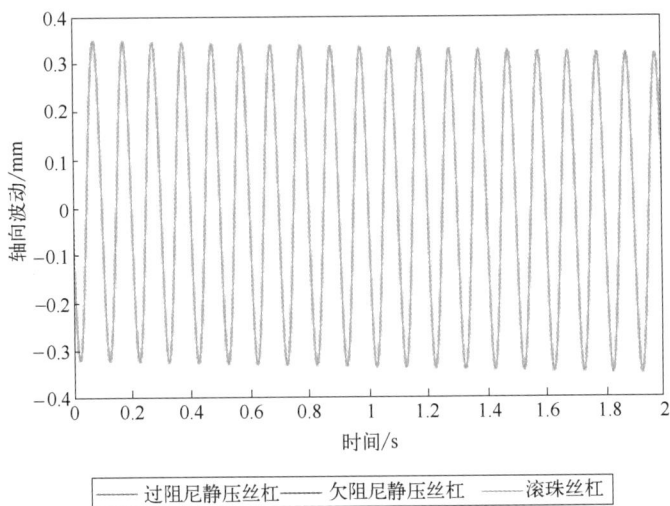

图 3-28　不同阻尼比系统在外界干扰载荷下的扭转振动对轴向位移的影响

图 3-29 所示为 $h_{a0} = 0.02\text{mm}$ 时，即系统过阻尼时不同频率外部载荷下工作台的扭转振动引起的轴向位移变化。外部干扰载荷为 $5\sin(20/40/60\pi t)\text{kN}$，电机上对应输出的扭矩为 $5\sin(20/40/60\pi t)\text{N·m}$。

虽然扭转阻尼的影响可以忽略，但因为轴扭振动存在耦合，受轴向阻尼的影响，当外载荷频率增大时，扭转振动的振幅会变小。轴向欠阻尼时，因为系统响应速度快，只有当频率相当大时扭转振幅才会变小。

与轴向振动类似，工作台质量、位置对扭转振动都无明显影响；外部干扰载荷越大，波动越大，且振幅成正比。

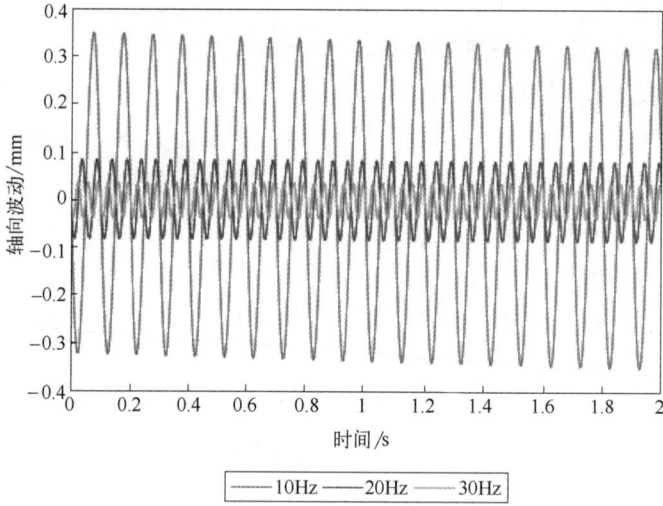

图 3-29　轴向过阻尼时外部载荷频率对扭转分量的影响

3.6　液体静压蜗杆齿条副

3.6.1　工作原理

在重型、大型数控机床的移动部件中，往往需要兼具重载和大行程的使用要求，常常应用液体静压蜗杆齿条副传动实现进给运动。液体静压蜗杆齿条副将静压技术应用于蜗杆齿条副，带来一系列显著的优势，包括传动在极低的摩擦系数下进行，无磨损、具有较高的传动效率、无反向传动间隙，静压实现更大的承载能力以及更优异的高阻尼、抗振性能。

液体静压蜗杆齿条副的工作原理如图 3-30 所示，其与静压丝杠都在配合螺纹上实现静压支承。

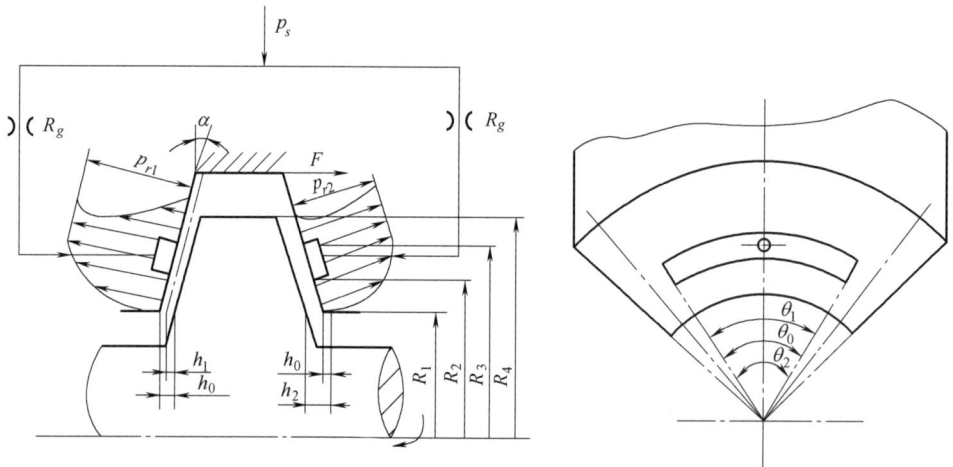

图 3-30　液体静压蜗杆齿条副的工作原理

在静压蜗杆齿条副中，齿条固定于数控机床的床身上，蜗杆作回转运动的同时，也通过与齿条螺纹的螺旋配合，沿着齿条做往复直线运动，实现进给工作台的往复移动进给。静压蜗杆齿条副工作时，随着蜗杆的转动与移动，承载静压油腔在不断变化，不断有静压油腔进入承载区域，需要供给高压润滑油；同时不断有静压油腔离开承载区域，需要切断高压润滑油的供给。因此，静压蜗杆齿条副需要解决不同静压油腔之间的供油切换问题，确保啮合区内的静压油腔能够得到压力油的供应，建立起静压油膜。同时，蜗杆的进油孔需要在进入啮合区之前预先充油并排气，以确保润滑系统的正常工作和减少磨损，保证进给系统的动态特性。

静压蜗杆齿条副有多种配油方式，常见的配油方式包括：径向配油、轴向配油和齿条两侧面配油等。这里以轴向配油的静压蜗杆齿条副为例进行说明，如图 3-31 所示，其静压螺旋油腔分别设置于齿条的螺纹两螺旋面上，呈对置分布。通过分布于蜗杆两端的滚动轴承实现对蜗杆的径向支承作用，提供径向力和轴向力。压力油流经左右两侧对称分布的进油口后，分别注入蜗杆轴架两端的扇形油室。在蜗杆与齿条的啮合区内，液压油通过径向油孔进入蜗杆轴内部设置的输油通道，分配将润滑油通至齿条两侧的静压螺旋油腔，从静压螺旋油腔流出的润滑油，流过蜗杆与齿条的配合间隙，流出，润滑油汇集后流回油池，形成供油循环。

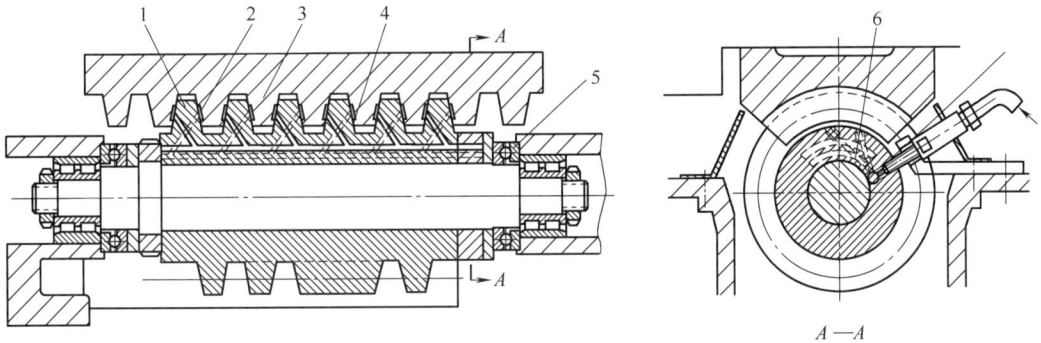

图 3-31　轴向配油静压蜗杆齿条

1—蜗杆；2—油腔；3—齿条；4—封油面；5—推力轴承；6—油孔

结构参数可按下述要求选择：

为了减小液体静压蜗杆齿条副传动过程中，蜗杆的径向跳动，以及提高传动精度，蜗杆常采用两端的高刚度轴承支承，螺纹半角 α 一般选用 $7.5°$ 或 $6°$。

啮合区张角 θ_1 一般选择 $120°$。

蜗杆的螺纹牙数常取 10 牙左右。

为提高静压蜗杆齿条副的承载能力，并保证其密封效果，减少润滑油的供给流量，螺纹的齿高一般取 $H=(0.8\sim1.0)S$，S 为蜗杆导程。

3.6.2　主要计算公式

液体静压蜗杆齿条的设计计算公式与液体静压丝杠副的相似，两者的区别是啮合区是一段圆弧。

静压蜗杆齿条每牙的有效承载面积

$$A_e=\frac{\theta_0}{4}\left(\frac{R_4^2-R_3^2}{\ln\frac{R_4}{R_3}}-\frac{R_2^2-R_1^2}{\ln\frac{R_2}{R_1}}\right)\tag{3-46}$$

式中 $\theta_0 = \dfrac{\theta_1+\theta_2}{2}\bar{\theta}$——静压油腔的计算张角；

$\bar{\theta}$——有效承载面积系数，当静压油腔开在齿条上 $\bar{\theta}=1$，当静压油腔开在

蜗杆上 $\bar{\theta}=\dfrac{n_z-1}{n_z}$；

n_z——在同一螺纹的螺旋面上，蜗杆与齿条啮合区域内最多的油腔数。

静压蜗杆齿条副的轴向承载能力的表达式为

$$F_a = (p_{r1}-p_{r2})zA_e = (\overline{F}_1-\overline{F}_2)zA_e p_s \tag{3-47}$$

式中 z——同一节流器控制的带有油腔的齿数。

静压蜗杆齿条副传动时的摩擦力矩为

$$M = \frac{\pi\eta_t n_s z\theta_0}{h_0\cos\lambda_s\cos^2\alpha}\times\frac{R_4^4-R_3^4+R_2^4-R_1^4}{1-\varepsilon^2} \tag{3-48}$$

其摩擦系数为

$$f = \frac{2M\cos\lambda_s\cos\alpha}{F_{\text{轴}}(R_1+R_4)} \tag{3-49}$$

传动效率为

$$\eta = \frac{\tan\lambda_s}{\tan(\lambda_s+\rho')} \qquad \rho' = \frac{f}{\cos\alpha} \tag{3-50}$$

空载时，润滑油流经每个螺纹螺旋齿面的流量为

$$Q_0 = \frac{\theta_0 h_0^3\cos^4\alpha}{12\eta_t\cos\lambda_s}\left(\frac{1}{\ln\dfrac{R_4}{R_3}}+\frac{1}{\ln\dfrac{R_2}{R_1}}\right)p_{r0} \tag{3-51}$$

啮合区总流量为

$$\sum Q_0 = 2zQ_0 \tag{3-52}$$

节流比按照 $\beta = \dfrac{R_{g0}}{R_{h0}}+1$ 计算，式中，R_{g0} 和 R_{h0} 取决于该节流器控制的带有油腔的齿数 z 及啮合区内最多的油腔数 n_z。若节流器分布在每排齿的轴向进油道中，它控制同一齿侧的多个油腔，则

$$\beta = \frac{zn_z R_{g0}}{R_{h0}}+1 \tag{3-53}$$

3.7 本章小结

本章系统阐述了液体静压丝杠副的设计计算方法。

首先，对比分析了滑动丝杠副、滚动丝杠副和液体静压丝杠副等丝杠螺母传动形式的优缺点；然后介绍了液体静压螺母的结构形式，进而介绍了液体静压螺母两端的径向支承结构、进油孔布置方式、回油方式、密封方式、节流器的选择及布置、供油系统、材料的选择

等关键技术要点。

其次，分别以毛细管节流器补偿和双面薄膜节流器补偿的连续螺旋油腔静压丝杠螺母为例，给出了静压丝杠副的有效承载面积、油腔流量、油腔压力、承载能力、刚度等的计算公式；并以计算实例的方式，详细阐述了设计计算过程。

再次，分析了液体静压丝杠副的校核计算模型及轴扭耦合振动特性；给出了静压丝杠副的丝杠轴横截面特征表达的一系列方程，包括等效截面积、等效极惯性矩和等效截面惯性矩等；进而给出了静压丝杠的等效直径及轴向刚度、扭转刚度、临界转速、压杆稳定临界力、强度条件临界力等的校核计算方法；分析了不同参数对丝杠临界转速和临界载荷的影响。

最后，介绍了液体静压蜗杆齿条副的工作原理和主要计算公式。

第4章

液体静压螺母的新型结构形式
与新型节流器

4.1 液体静压丝杠副相关的新型结构形式

　　液体静压丝杠副虽然具有高承载能力、高刚度、高阻尼、接近无摩擦运动和高抗振性等优越特性，但是，目前的应用却并不广泛，尤其是在传统机床或一般的传动场合。其发展应用的滞后很大程度上是由于静压螺母的结构复杂，制造难度大，特别是位于静压螺母内螺纹上的螺旋油腔，由于静压螺母的螺纹是内螺纹，又有一定长度，一般的车削、铣削或磨削等加工工艺很难制造出内螺纹上的螺旋形的静压油腔，螺母内螺纹具有一定深度，因此成形车刀无法顺利进行进刀和退刀，五轴机床等的铣刀也无法顺利伸进螺母内部进行静压油腔的加工，导致静压螺旋油腔难以加工的技术难题。为此，本章给出了一系列的静压螺母新型结构形式，以期简化静压螺母的结构、避免内螺纹上螺旋形油腔的加工或改善静压丝杠副的传动性能。

4.1.1 多孔介质静压螺母

4.1.1.1 多孔介质静压螺母结构和制造方法

　　本节提供一种多孔介质静压螺母及其制造方法，改进静压螺母的流体静压润滑结构，使得静压螺母的流体静压润滑结构易于实现，降低静压螺母的制造成本，避免传统静压螺母由于具有一定深度，五轴机床等的铣刀无法顺利伸进螺母内部进行静压油腔加工的技术难题。

　　多孔介质静压螺母的具体结构为：

　　如图 4-1 所示，包括丝杠 1、静压螺母 2 和螺母外套筒 3；其中，静压螺母 2 的结构如图 4-2～图 4-5 所示，静压螺母 2 呈圆柱状，其内部开有梯形内螺纹 24，每圈梯形内螺纹 24 上开有 16 个沿圆周方向均布的圆形孔 21，每个圆形孔 21 内部都插有贯穿整个梯形内螺纹 24 的具有一定渗透性的多孔介质棒 23，并

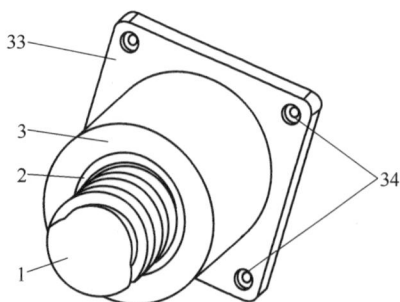

图 4-1　多孔介质静压螺母的结构示意图

1—丝杠；2—静压螺母；3—螺母外套筒；
33—法兰；34—螺纹安装孔

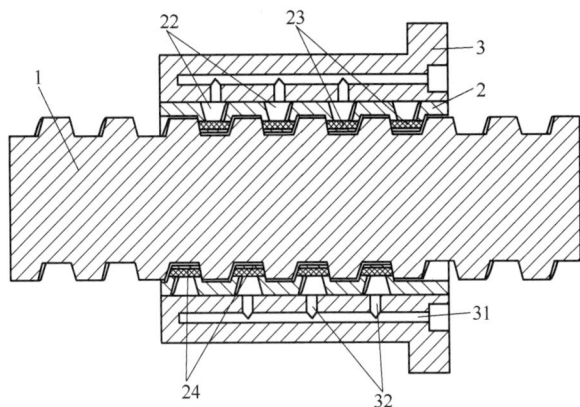

图 4-2　多孔介质静压螺母的纵向截面视图

1—丝杠；2—静压螺母；22—螺旋腔室；23—多孔介质棒；
24—梯形内螺纹；3—螺母外套筒；
31—第一流体入孔；32—第二流体入孔

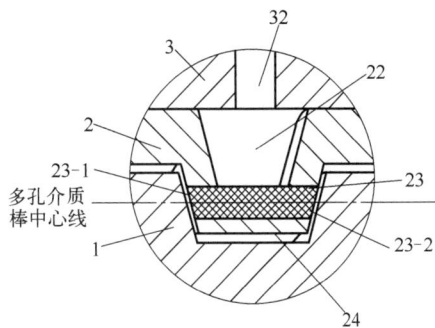

图 4-3　静压螺母与丝杠螺纹配合区域
的局部截面视图

1—丝杠；2—静压螺母；22—螺旋腔室；
23—多孔介质棒；24—梯形内螺纹；
23-1—第一节流间隙；23-2—第二节流间隙；
3—螺母外套筒；32—第二流体入孔

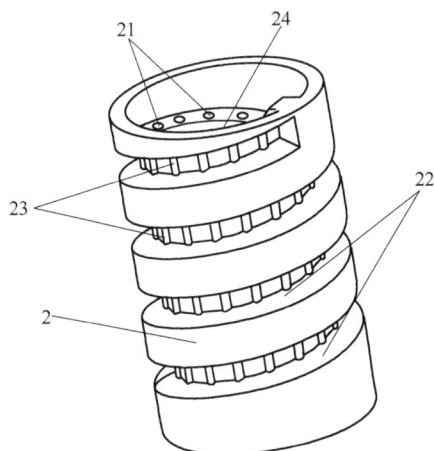

图 4-4　静压螺母的结构示意图

2—静压螺母；21—圆形孔；22—螺旋腔室；
23—多孔介质棒；24—梯形内螺纹

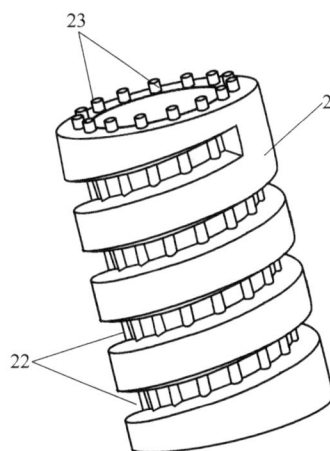

图 4-5　多孔介质静压螺母的制造步骤③的
静压螺母结构示意图

2—静压螺母；22—螺旋腔室；23—多孔介质棒

使得多孔介质棒 23 的中心线恰好位于丝杠螺母螺纹配合区域的中间位置；静压螺母 2 外部开有与梯形内螺纹 24 齿顶位置相对应、螺距相同的螺旋腔室 22，并使得螺旋腔室 22 能够连通所有的多孔介质棒 23；静压螺母 2 的外圆柱上套有螺母外套筒 3，螺旋腔室 22 两端不完全贯穿静压螺母 2，静压螺母 2 与螺母外套筒 3 配合之后，使得螺旋腔室 22 成为封闭腔室。

此多孔介质静压螺母采用过盈配合使得多孔介质棒 23 在圆形孔 21 内完全固定；或者在螺旋腔室 22 内采用焊接技术使得多孔介质棒 23 与梯形内螺纹 24 完全焊接固定。螺母外套筒 3 的轴向设置有 4 个沿圆周方向均布的第一流体入孔 31，第一流体入孔 31 与螺旋腔室 22 之间设置有多个第二流体入孔 32。螺母外套筒 3 的一端进一步设置有法兰 33，法兰 33 上进一步设置有 4 个螺纹安装孔 34 用于静压螺母与螺母座的安装。在丝杠 1、静压螺母 2 和螺母外套筒 3 装配后，梯形内螺纹 24 和多孔介质棒 23 与丝杠螺纹之间形成第一节流间隙 23-1 和第二节流间隙 23-2，实现了静压丝杠副的润滑。

本节所介绍的多孔介质静压螺母的流体介质既可以为润滑油等液体介质，也可以为气体介质。流体介质的流动路径为：由第一流体入孔 31 通过多个第二流体入孔 32，进入螺旋腔室 22，进而通过螺旋腔室 22 流到所有的圆形孔 21 中的多孔介质棒 23；受到多孔介质棒 23 产生的节流、阻尼和渗透作用，流体介质进而通过多孔介质棒 23 分别向两侧渗透，到达第一节流间隙 23-1 和第二节流间隙 23-2，实现静压支承作用。

多孔介质静压螺母的制造方法包括以下步骤：

① 采用圆柱体棒料，加工圆柱体的外圆柱面，并从头至尾打穿圆柱体，加工沿圆周方向均布的多个圆形孔 21。

② 用成形车削或铣削等方式在圆柱体外部加工出螺旋腔室 22，并使得螺旋腔室 22 与所有的圆形孔 21 连通。

③ 在每个圆形孔 21 的内部都插入具有渗透性的多孔介质棒 23，并使得多孔介质棒 23 能够贯穿连通整个螺旋腔室 22。

④ 在螺旋腔室 22 内通过焊接技术使得多孔介质棒 23 完全焊接固定在圆形孔 21 内；或采用过盈配合使得多孔介质棒 23 过盈配合于圆形孔 21 内。

⑤ 对静压螺母 2 的梯形内螺纹 24 进行粗加工—半精加工—精加工，实现对静压螺母 2 和多孔介质棒 23 的多余材料的切除，形成梯形内螺纹 24，使得多孔介质棒 23 的中心线恰好位于丝杠螺母螺纹配合区域的中间位置，并使得梯形内螺纹 24 与多孔介质棒 23 共同构成的螺旋面光滑、无缝隙。

⑥ 加工螺母外套筒 3，包括：在螺母外套筒 3 的一端加工出多个沿圆周方向均布的第一流体入孔 31，并在每个第一流体入孔 31 上加工出多个第二流体入孔 32；在螺母外套筒 3 的一端加工出法兰 33 和螺纹安装孔 34，并进行去毛刺、最终热处理等常规加工工艺。

⑦ 在螺旋腔室 22 外侧安装上与静压螺母 2 相互配合的螺母外套筒 3，使得静压螺母 2 外侧与螺母外套筒 3 内圆柱面紧密配合、无缝隙。

4.1.1.2 多孔介质静压螺母的优点

本节所描述多孔介质静压螺母具有以下优点：①从头至尾打穿圆柱体，得到多个圆形孔，并在圆形孔内插入具有一定渗透性的多孔介质棒，代替静压油腔，不需要加工静压螺母内的位于螺纹内螺旋面上的静压油腔，改进了静压螺母的流体静压润滑结构，使得静压螺母的流体静压润滑结构易于实现，降低了静压螺母的制造成本，避免了传统静压螺母由于具有一定深度，五轴机床等的铣刀无法顺利伸进螺母内部进行静压油腔加工的技术难题；②在静压螺母外部开有与梯形内螺纹齿顶位置相对应、螺距相同的螺旋腔室，并使得螺旋腔室能够连通所有的多孔介质棒，静压螺母与螺母外套筒配合之后，使得螺旋腔室成为封闭腔室，用于为静压螺母供给静压支承所需要的流体介质，结构紧凑，易于实现，供油或供气充分；③本节所介绍的多孔介质静压螺母的流体介质可以为润滑油等液体介质，也可以为气体介质，进而可以实现液体静压丝杠副传动或气体静压丝杠副传动。

4.1.2 焊接式静压螺母

4.1.2.1 焊接式静压螺母结构和制造方法

本节描述的是一种焊接式静压螺母及其制造方法，使得静压螺母螺旋面上的断续螺旋油腔易于加工，在降低静压螺母的制造成本的同时，不损失其承载能力、油膜刚度、动刚度和阻尼。

焊接式静压螺母的具体结构为：

如图 4-6 所示，包括静压螺母 1 和丝杠 2。其中，静压螺母 1 的结构如图 4-7～图 4-9 所示，静压螺母 1 由 4 个第一扇形块 11 和 4 个第二扇形块 12 沿圆周方向依次首尾焊接构成；第一扇形块 11 和第二扇形块 12 之间焊接部位采用 V 形焊缝 13 焊接，以保证足够的焊接深度，使第一扇形块 11 和第二扇形块 12 之间无虚焊；第一扇形块 11 的包角大于第二扇形块 12 的包角；第一扇形块 11 的内圆柱侧设置有第一梯形螺纹 14，第二扇形块 12 的内圆柱侧设置有第二梯形螺纹 17；多个依次相接的第一梯形螺纹 14 和第二梯形螺纹 17 构成了静压螺母 1 的内螺纹；第一梯形螺纹 14 的两对置的螺旋面上分别开有第一螺旋油腔 15 和第二螺旋油腔 16，第一螺旋油腔 15 和第二螺旋油腔 16 呈轴向对置布置；第二梯形螺纹 17 上不开螺旋油腔，通过第二梯形螺纹 17 将螺旋油腔断开，实现了静压螺母 1 的断续油腔结构。

第一扇形块 11 的外圆柱侧设置有 2 个集油槽 18，集油槽 18 与第一螺旋油腔 15 和第二

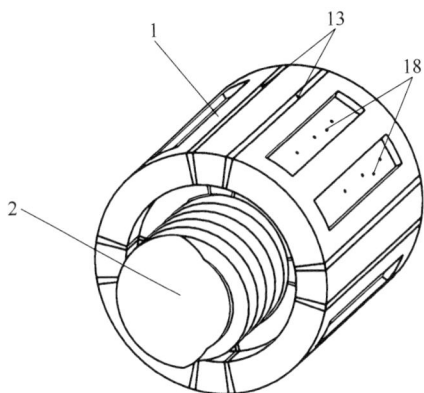

图 4-6　焊接式静压螺母的结构示意图

1—静压螺母；13—V 形焊缝；18—集油槽；2—丝杠

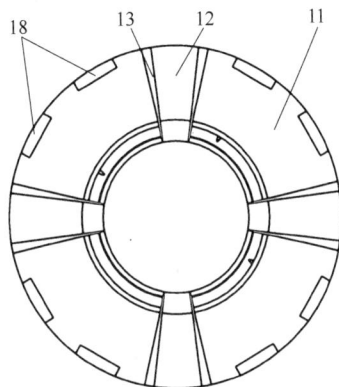

图 4-7　焊接式静压螺母的轴向视图

11—第一扇形块；12—第二扇形块；
13—V 形焊缝；18—集油槽

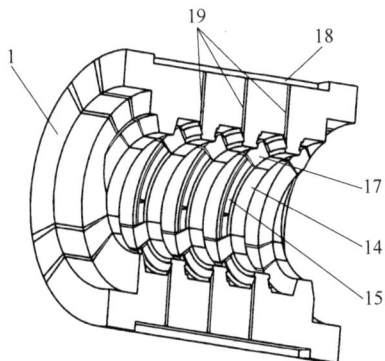

图 4-8　焊接式静压螺母的纵向截面轴侧视图

1—静压螺母；14—第一梯形螺纹；15—第一螺旋油腔；
17—第二梯形螺纹；18—集油槽；19—进油孔

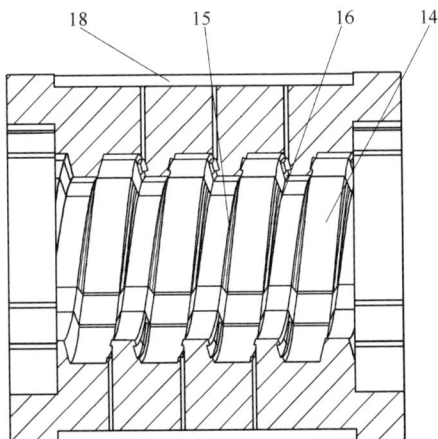

图 4-9　焊接式静压螺母的纵向截面视图

14—第一梯形螺纹；15—第一螺旋油腔；
16—第二螺旋油腔；18—集油槽

螺旋油腔 16 之间设置有多个进油孔 19。静压螺母 1 与螺母座装配后，在集油槽 18 内形成封闭的腔室。润滑油流动路径为：润滑油由设置在螺母座或静压螺母 1 上的进油孔 19 流入集油槽 18，进而通过多个进油孔 19 流到第一螺旋油腔 15 和第二螺旋油腔 16，然后，流过静压螺母 1 与丝杠 2 的梯形螺纹配合间隙，流出静压螺母 1，流回油箱，形成润滑油循环油路。

焊接式静压螺母的制造方法包括以下步骤：

① 采用棒料，加工非焊接拼接的整体式静压螺母的外圆柱面和内螺纹。

② 在整体式静压螺母的两对置的螺旋面上，分别从头至尾整体车削加工出完整的第一螺旋油腔和第二螺旋油腔。

③ 用线切割技术将静压螺母轴向切成 4 段相同的扇形，形成 4 个第一扇形块 11。

④ 在 4 个第一扇形块 11 的两两之间，焊接上 4 个第二扇形块 12，焊接时预先加工 V 形焊缝 13，以便能够焊透。

⑤ 重新车削或磨削静压螺母的外圆柱面。

⑥ 重新对静压螺母的内螺纹进行粗加工—半精加工—精加工，使得第一梯形螺纹 14 和第二梯形螺纹 17 之间光滑连接、无缝隙，通过第二梯形螺纹 17 将螺旋油腔断开，实现了静压螺母的断续油腔结构。

4.1.2.2　焊接式静压螺母的优点

本节所描述的焊接式静压螺母，采用焊接拼接的方式构成，在焊接拼接前先从头至尾整体加工出完整的螺旋油腔，使得静压螺母上的螺旋油腔可以通过成形车削来完成，进一步通过焊接拼接的方式将螺旋油腔断开，形成断续螺旋油腔的结构。由此，解决了车削加工断续螺旋油腔时，无法进刀和退刀的技术难题。

4.1.3　连续油腔静压螺母

4.1.3.1　连续油腔静压螺母结构和制造方法

图 4-10 所示为静压螺母螺纹的一个侧面连续油腔展开图，本节描述的是一种连续油腔静压螺母及其制造方法，使得静压螺母螺纹螺旋面上的静压油腔易于加工，在降低静压螺母制造成本的同时，避免了车削加工时切入点难以进刀、切出点难以退刀的技术难题。

连续油腔静压螺母的具体结构为：

如图 4-11 所示，包括静压螺母 1 和丝杠 2。其中，静压螺母 1 的结构如图 4-11～图 4-15 所示，静压螺母 1 呈圆柱状，其内部开有梯形螺纹 11，梯形螺纹 11 的两侧螺旋面上开有对置布置的第一螺旋油腔 12 和第二螺旋油腔 13；梯形螺纹 11 的两端部 1/2 圈范围内，分别采用焊接方式填充焊接填充物 14，焊接填充物 14 从梯形螺纹 11 内部贯通螺纹两螺旋面；通过焊接填充物 14 将第一螺旋油腔 12 和第二螺旋油腔 13 的两端封闭；在静压螺母 1 和丝杠 2 装配后，在第一螺旋油腔 12 和第二螺旋油腔 13 的端部起到封油的作用，使得出油油路中形成一定液阻，以保证在第一螺旋油腔 12 和第二螺旋油腔 13 建立起油腔压力，实现静压螺母 1 的连续油腔结构。

静压螺母 1 的外圆柱面上设置有 2 个工艺平面 15，每个工艺平面 15 上进一步设置有 2 个集油槽 16，集油槽 16 与第一螺旋油腔 12 和第二螺旋油腔 13 之间设置有多个进油孔 17；在静压螺母 1 和丝杠 2 装配后，第一螺旋油腔 12 所在螺旋面与丝杠螺纹之间形成第一节流间隙 12-2，第二螺旋油腔 13 所在螺旋面与丝杠螺纹之间形成第二节流间隙 13-2，实现静压丝杠副的润滑；润滑油的流动路径为：泵站输送的润滑油由集油槽 16 通过多个进油孔 17，分别进入第一螺旋油腔 12 和第二螺旋油腔 13，再经过第一节流间隙 12-2 和第二节流间隙 13-2，流到丝杠螺母配合螺纹的齿顶和齿底，进入流出静压螺母，由回油管道流回泵站，形成供油循环。

静压螺母 1 的一端进一步设置有法兰 18，法兰 18 上进一步设置有螺纹安装孔 19 用于静压螺母 1 与螺母座的安装。

连续油腔静压螺母的连续油腔制造方法包括以下步骤：

① 采用棒料，加工静压螺母 1 的外圆柱面和内部梯形螺纹 11。

② 在静压螺母内部梯形螺纹 11 的两对置的螺旋面上，分别从头至尾整体车削加工出完整的第一螺旋油腔 12 和第二螺旋油腔 13。

③ 用铣刀将静压螺母 1 两端梯形螺纹 11 的非完整螺纹部分切除，使静压螺母 1 的梯形螺纹 11 拥有足够的强度。

④ 在梯形螺纹 11 的两端部，用铣刀将 1/2 圈范围内的第一螺旋油腔 12 和第二螺旋油腔 13 轴向铣削透，即使得 1/2 圈螺纹范围内的第一螺旋油腔 12 和第二螺旋油腔 13 轴向完全贯通，形成 1/2 圈轴向贯通螺旋油腔 20。

⑤ 在静压螺母 1 两端的贯通螺旋油腔 20 内分别焊接上足够的焊接填充物 14，使得焊接填充物 14 填满整个贯通螺旋油腔 20，并能凸出于梯形螺纹 11 的两螺旋面。

⑥ 重新对静压螺母 1 的内螺纹进行粗加工—半精加工—精加工，使得焊接填充物 14 与梯形螺纹 11 的两螺旋面之间光滑连接、无缝隙；这样第一螺旋油腔 12 和第二螺旋油腔 13 两侧封闭 1/2 圈螺纹作为端部封油面，实现了静压螺母的连续油腔结构。

作为上述步骤的一种改进，步骤⑤还可以为：将第一螺旋金属件和第二螺旋金属件分别焊接在静压螺母 1 两端的贯通螺旋油腔 20 内，其中，第一螺旋金属件和第二螺旋金属件以及焊料共同作为焊接填充物 14。

4.1.3.2　焊接式静压螺母的优点

本节所描述的连续油腔静压螺母，螺母采用焊接填充的方式，在焊接填充前先从头至尾整体加工出完整的连续螺旋油腔；使得静压螺母上的连续螺旋油腔可以通过成形车削来完成，进一步通过焊接填充的方式将连续螺旋油腔的两端封闭，形成连续螺旋油腔的结构。由此，避免了传统连续油腔静压螺母始、末段螺纹的不加工区域——端部封油面，也就避免了车削加工时切入点难以进刀、切出点难以退刀的技术难题。采用铣刀将静压螺母梯形螺纹两端部对置的螺旋油腔轴向铣削透，之后在两侧焊接上充足的焊接填充物，进而形成静压螺母的连续油腔，简化了加工工艺、降低了加工成本，并能保证螺纹的传动精度。

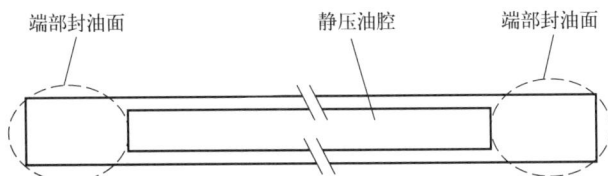

图 4-10　静压螺母螺纹的一个侧面连续油腔展开图

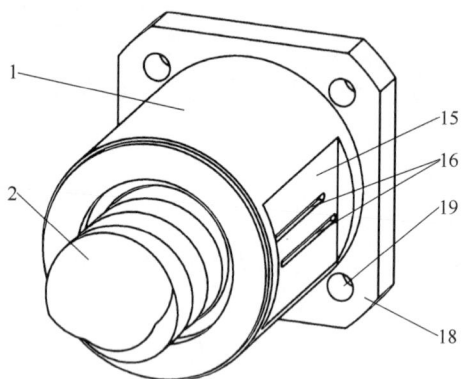

图 4-11　连续油腔静压螺母的结构示意图

1—静压螺母；15—工艺平面；16—集油槽；
18—法兰；19—螺纹安装孔；2—丝杠

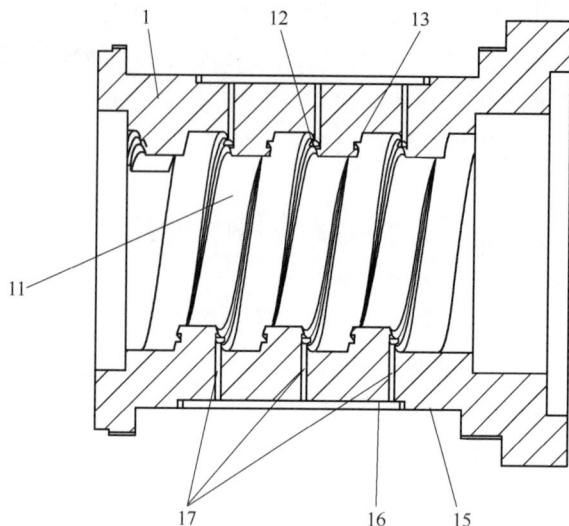

图 4-12　连续油腔静压螺母的纵向截面视图

1—静压螺母；11—梯形螺纹；12—第一螺旋油腔；13—第二螺旋
油腔；15—工艺平面；16—集油槽；17—进油孔

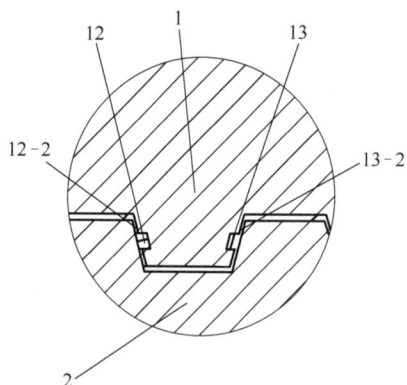

图 4-13　静压螺母与丝杠螺纹配合区域的局部视图

1—静压螺母；12—第一螺旋油腔；12-2—第一节流间隙；
13—第二螺旋油腔；13-2—第二节流间隙；2—丝杠

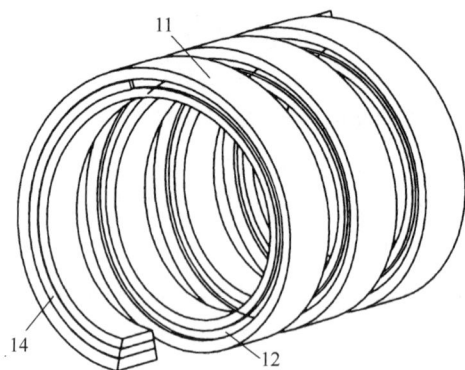

图 4-14　静压螺母内部的带连续螺旋油腔的
梯形螺纹结构图

11—梯形螺纹；12—第一螺旋油腔；14—焊接填充物

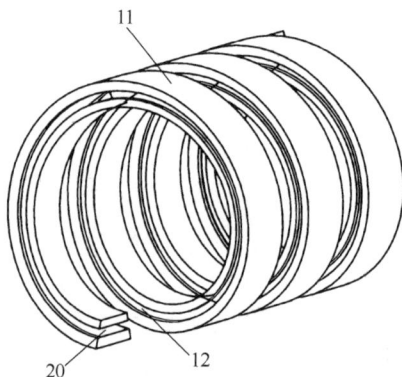

图 4-15　静压螺母连续油腔制造步骤④的梯形螺纹结构示意图

11—梯形螺纹；12—第一螺旋油腔；20—贯通螺旋油腔

4.1.4　螺纹组合静压螺母

4.1.4.1　螺纹组合静压螺母结构和制造方法

本节描述的是一种螺纹组合静压螺母及其制造方法，其改进了静压螺母的流体静压润滑结构，使得静压螺母的流体静压润滑结构易于实现，降低了静压螺母的制造成本。

螺纹组合静压螺母的具体结构为：

如图 4-16～图 4-18 所示，包括丝杠 1、螺母内套筒 2 和螺母外套筒 3。其中，螺母内套筒 2 的结构如图 4-19 和图 4-20 所示，螺母内套筒 2 呈圆柱状，其内部开有梯形内螺纹 21，每圈梯形内螺纹 21 上开有 4 个沿圆周方向均布且包角为 60° 的断续的扇形油腔 22，扇形油腔 22 从梯形内螺纹 21 内部轴向贯通两螺旋面，并使得扇形油腔 22 的中心线恰好位于丝杠螺母螺纹配合区域的中间位置，螺母内套筒 2 外部开有与梯形内螺纹 21 齿顶位置相对应、螺距相同的螺旋腔室 23，使得螺旋腔室 23 能够连通所有的扇形油腔 22。

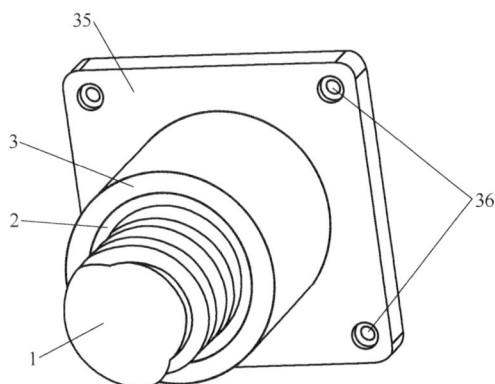

图 4-16　螺纹组合静压螺母的结构示意图
1—丝杠；2—螺母内套筒；3—螺母外套筒；
35—法兰；36—螺纹安装孔

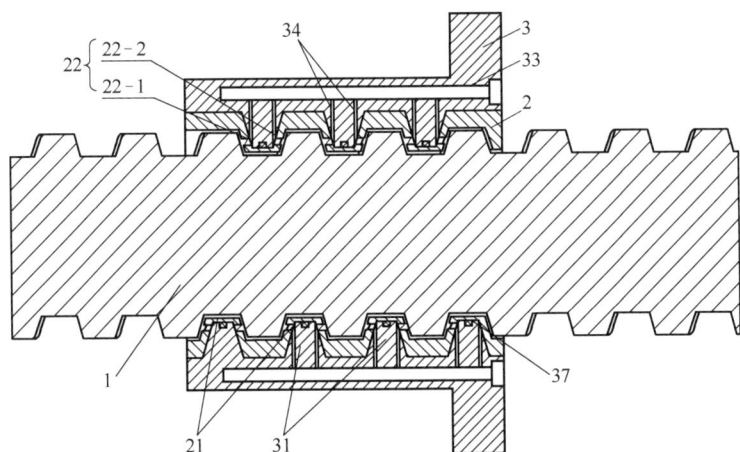

图 4-17　螺纹组合静压螺母的纵向截面视图
1—丝杠；2—螺母内套筒；21—梯形内螺纹；22-1—第一扇形油腔；22-2—第二扇形油腔；
3—螺母外套筒；31—套筒螺纹；33—第一流体入孔；34—第二流体入孔；37—橡胶密封圈

螺母外套筒 3 的结构如图 4-21 所示，其内部开有与螺旋油腔 23 相互配合的套筒螺纹 31，套筒螺纹 31 的齿顶开有螺旋密封槽 32，螺旋密封槽 32 内部安装有橡胶密封圈 37，且橡胶密封圈 37 和螺旋密封槽 32 的间隙设计恰当，使得橡胶密封圈 37 具有良好的密封作用和使用寿命。

螺母外套筒 3 与螺母内套筒 2 通过螺纹配合后，套筒螺纹 31 将扇形油腔 22 分割成轴向对置的第一扇形油腔 22-1 和第二扇形油腔 22-2，并通过橡胶密封圈 37 将第一扇形油腔 22-1 和第二扇形油腔 22-2 完全隔开，保证第一扇形油腔 22-1 和第二扇形油腔 22-2 能够根据外部负载形成不同的压力，由两扇形油腔的压力差抵抗外部负载，实现静压承载。

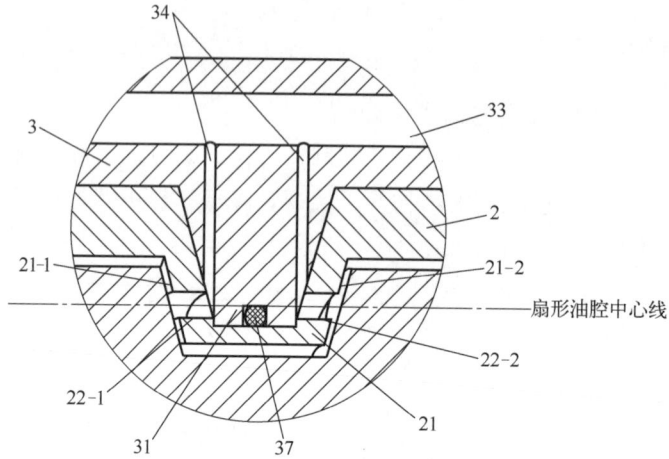

图 4-18 螺母内套筒与丝杠螺纹配合区域的局部截面视图

2—螺母内套筒；21—梯形内螺纹；21-1—第一节流间隙；21-2—第二节流间隙；22-1—第一扇形油腔；
22-2—第二扇形油腔；3—螺母外套筒；31—套筒螺纹；33—第一流体入孔；34—第二流体入孔；37—橡胶密封圈

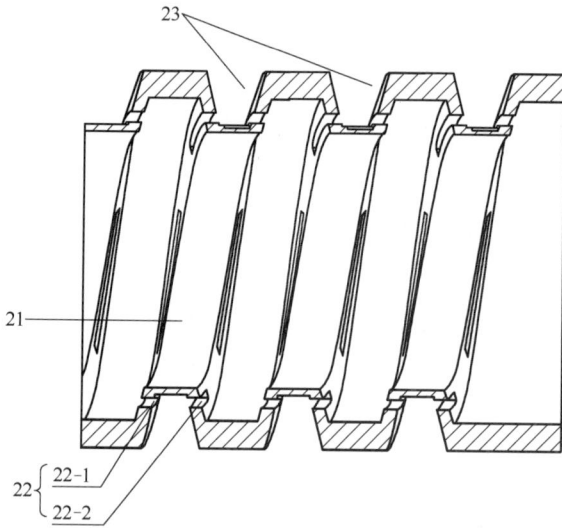

图 4-19 螺母内套筒的纵向截面视图

21—梯形内螺纹；23—螺旋腔室；
22-1—第一扇形油腔；22-2—第二扇形油腔

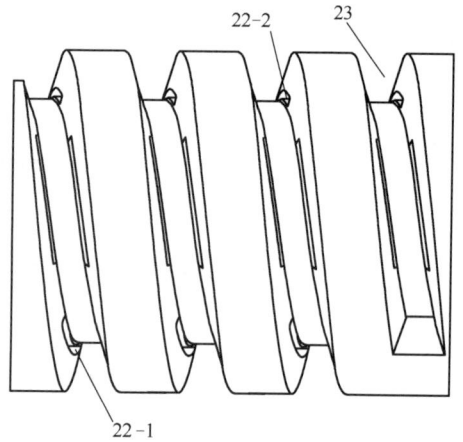

图 4-20 螺母内套筒的结构示意图

23—螺旋腔室；22-1—第一扇形油腔；
22-2—第二扇形油腔

在螺母内套筒 2 和丝杠 1 配合后，螺纹的螺旋面间形成第一节流间隙 21-1 和第二节流间隙 21-2，实现了静压丝杠副的润滑。螺母外套筒 3 内部沿轴向设置有 4 个圆周方向均布的第一流体入孔 33，第一流体入孔 33 与套筒螺纹 31 的螺旋面之间设置有多个径向的第二流体入孔 34，第二流体入孔 34 将润滑油通向第一扇形油腔 22-1 和第二扇形油腔 22-2。螺母外套筒 3 的一端进一步设置有法兰 35，法兰 35 上进一步设置有 4 个螺纹安装孔 36 用于静压螺母与螺母座的安装。

此外，螺纹组合静压螺母的流体介质既可以为润滑油等液体介质，也可以为气体介质。流体介质的流动路径为：由第一流体入孔 33 通过多个第二流体入孔 34 进入到第一扇形油腔 22-1 和第二扇形油腔 22-2，进而分别流到第一节流间隙 21-1 和第二节流间隙 21-2，实现静压支承作用，再由螺纹齿顶和齿底的间隙流出静压螺母。

螺纹组合静压螺母承受外部载荷时，导致第一节流间隙 21-1 和第二节流间隙 21-2 一个减小，另一个增大。以第一节流间隙 21-1 减小、第二节流间隙 21-2 增大为例，第一节流间隙 21-1 减小，导致第一节流间隙 21-1 的流阻增大，进而导致第一扇形油腔 22-1 内压力增大；第二节流间隙 21-2 增大，导致第二节流间隙 21-2 的流阻减小，进而导致第二扇形油腔 22-2 内压力减小，第一扇形油腔 22-1 与第二扇形油腔 22-2 之间的压力差抵抗外部负载，实现静压承载。

螺纹组合静压螺母的制造方法包括以下步骤：

① 采用圆柱体棒料，加工圆柱体的外圆柱面，并粗加工—半精加工—精加工出螺母内套筒 2 的梯形内螺纹 21。

② 采用线切割、深孔钻或铣削等方式，从头至尾轴向打穿整个梯形内螺纹 21，加工出 4 个沿圆周方向均布且包角为 60° 的扇形油腔 22。

③ 采用成形车削、铣削或磨削等方式在螺母内套筒 2 外部加工出螺旋腔室 23，并使得螺旋腔室 23 能够与所有的扇形油腔 22 连通。

④ 加工螺母外套筒 3，包括：粗加工—半精加工—精加工出与螺旋腔室 23 相互配合的套筒螺纹 31，并在套筒螺纹 31 顶部加工出螺旋密封槽 32；螺母外套筒 3 的一端加工出多个沿圆周方向均布的第一流体入孔 33，并在每个第一流体入孔 33 上加工出多个第二流体入孔 34；在螺母外套筒 3 的一端加工出法兰 35 和螺纹安装孔 36，并进行去毛刺、最终热处理等常规加工工艺。

⑤ 装配螺母外套筒 3 与螺母内套筒 2，通过螺纹配合后，套筒螺纹 31 将扇形油腔 22 分割成轴向对置的第一扇形油腔 22-1 和第二扇形油腔 22-2，并通过橡胶密封圈 37 将第一扇形油腔 22-1 和第二扇形油腔 22-2 完全隔开。

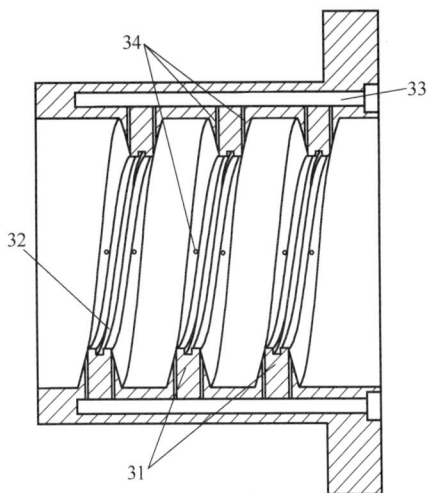

图 4-21　螺母外套筒的纵向截面视图

31—套筒螺纹；32—螺旋密封槽；
33—第一流体入孔；34—第二流体入孔

4.1.4.2　螺纹组合静压螺母的优点

本节介绍的螺纹组合静压螺母，采用线切割、深孔钻或铣削等方式，从头至尾轴向打穿整个梯形内螺纹，得到多个沿圆周方向均布且包角为 60° 的断续的扇形油腔，使得静压螺母的流体静压润滑结构易于实现，降低了静压螺母的制造成本，避免了传统静压螺母由于具有一定深度，五轴机床等的铣刀无法顺利伸进螺母内部进行静压油腔加工的技术难题。在螺母内套筒外部开有与梯形内螺纹齿顶位置相对应、螺距相同的螺旋腔室，在螺母外套筒内部开有与螺旋腔室相配合的套筒螺纹，螺母内套筒和螺母外套筒配合之后，橡胶密封圈将第一扇形油腔和第二扇形油腔完全隔开，保证第一扇形油腔和第二扇形油腔能够根据外部负载形成不同的压力，由两扇形油腔的压力差抵抗外部负载，实现静压承载。螺纹组合静压螺母的流体介质可以为润滑油等液体介质，也可以为气体介质，进而可以实现液体静压丝杠副传动或气体静压丝杠副传动，使得静压螺母的流体静压润滑结构易于实现，对于静压丝杠的推广应用及高端数控机床的高速化、高精密化发展具有重要意义。

4.1.5　螺纹组装静压螺母

4.1.5.1　螺纹组装静压螺母结构

本节描述的是一种螺纹组装静压螺母，使得静压螺母螺旋面上的螺旋形长槽（静压油腔）易于加工，降低静压螺母的制造难度和成本。

螺纹组装静压螺母具体结构：

如图 4-22～图 4-29 所示，包括套筒 1、内嵌静压单元 2、第一端盖 3、第二端盖 4 和丝杠 5；内嵌静压单元 2 呈圆柱形，内部开有静压螺纹 201，静压螺纹 201 两侧螺旋面上分别开有贯穿整个螺纹的第一静压油腔 202 和第二静压油腔 203；内嵌静压单元 2 的外圆柱面上开有第一外螺旋槽 204 和第二外螺旋槽 205，其中，第一外螺旋槽 204 的位置与内部第一静压油腔 202 对齐，第二外螺旋槽 205 的位置与内部第二静压油腔 203 对齐；内嵌静压单元 2 的两端分别开有第一螺旋形端面 206 和第二螺旋形端面 207，并分别形成第一配合平面 208 和第二配合平面 209。

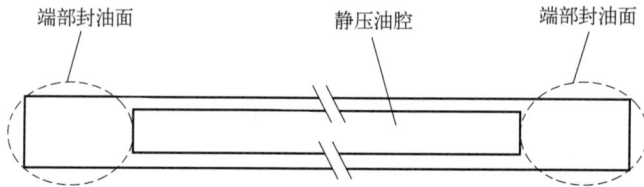

图 4-22　静压螺母螺纹的一个侧面连续油腔展开图

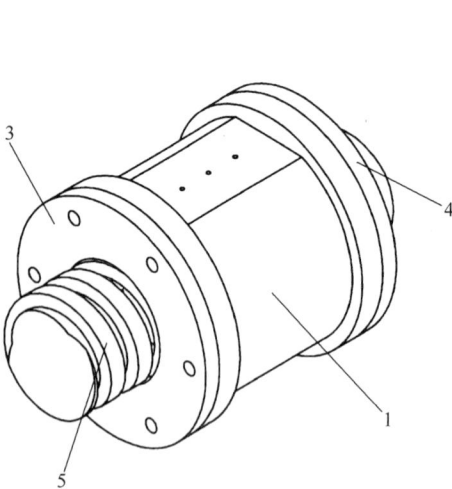

图 4-23　螺纹组装静压螺母的结构示意图

1—套筒；3—第一端盖；4—第二端盖；5—丝杠

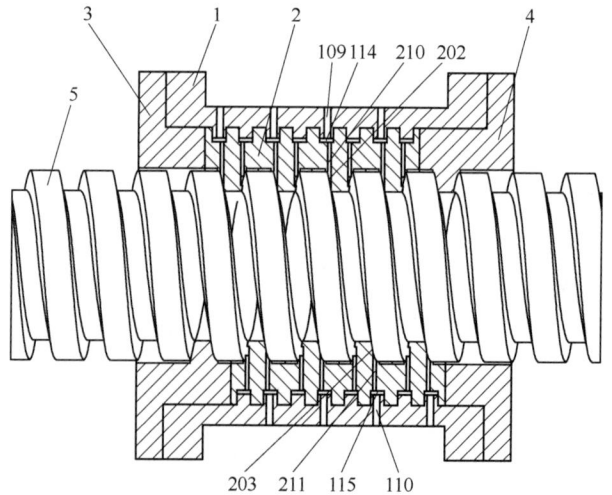

图 4-24　螺纹组装静压螺母的剖视图

1—套筒；109—第一进油孔；110—第二进油孔；114—第一螺旋供油槽；115—第二螺旋供油槽；2—内嵌静压单元；202—第一静压油腔；203—第二静压油腔；210—第三进油孔；211—第四进油孔；3—第一端盖；4—第二端盖；5—丝杠

套筒 1 内部设置有第一内螺纹 101 和第二内螺纹 102，分别与内嵌静压单元 2 上的第一外螺旋槽 204 和第二外螺旋槽 205 相配合；第一内螺纹 101 和第二内螺纹 102 的端部分别形成第三配合平面 103、第四配合平面 104、第五配合平面 105 和第六配合平面 106。

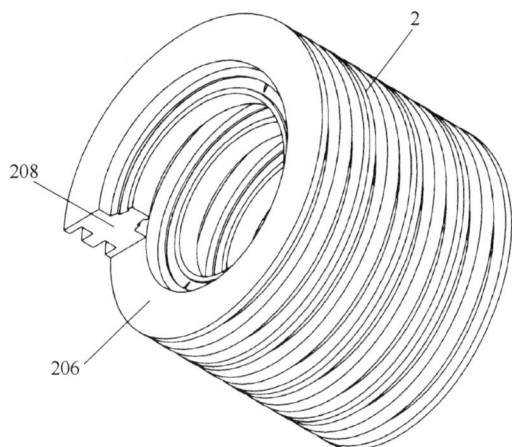

图 4-25　内嵌静压单元的结构示意图
2—内嵌静压单元；206—第一螺旋形端面；
208—第一配合平面

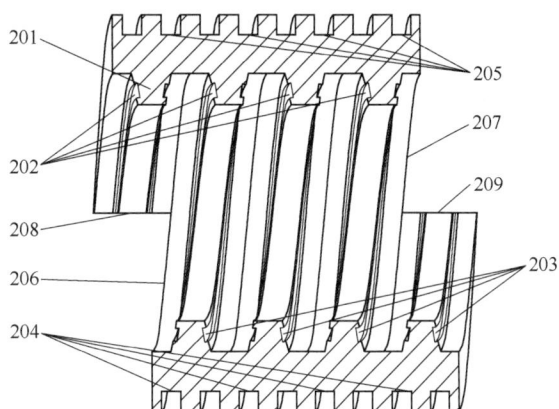

图 4-26　内嵌静压单元的剖视图
201—静压螺纹；202—第一静压油腔；203—第二静压油腔；
204—第一外螺旋槽；205—第二外螺旋槽；
206—第一螺旋形端面；207—第二螺旋形端面；
208—第一配合平面；209—第二配合平面

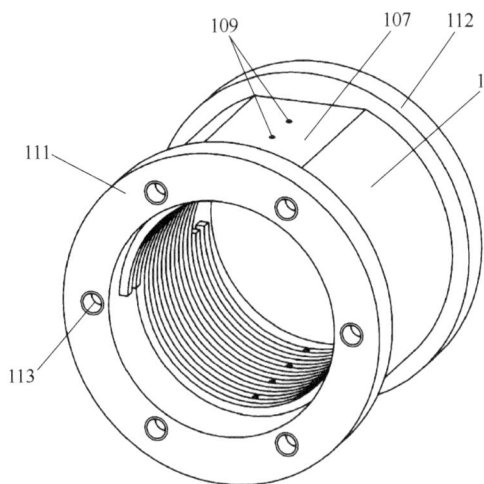

图 4-27　套筒的结构示意图
1—套筒；107—第一平面；109—第一进油孔；
111—第二法兰；112—第三法兰；113—螺纹孔

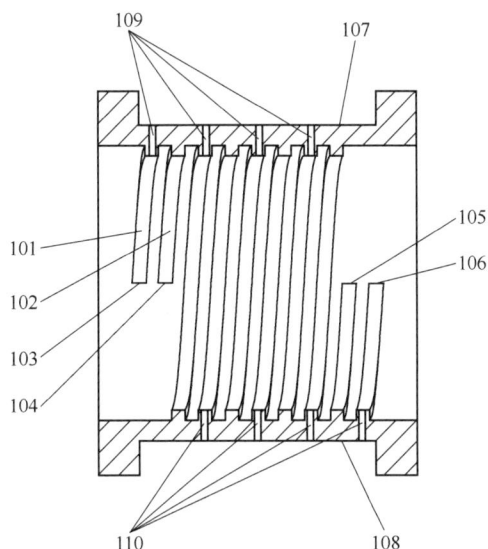

图 4-28　套筒的剖视图
101—第一内螺纹；102—第二内螺纹；103—第三
配合平面；104—第四配合平面；105—第五配合平面；
106—第六配合平面；107—第一平面；108—第二平面；
109—第一进油孔；110—第二进油孔

第一端盖 3 与第二端盖 4 的结构相同，第一端盖 3 一端设置有第一法兰 301，第一法兰 301 连接挡圈 302；挡圈 302 呈圆柱形，其内部开有第一静压油腔 202 和第二静压油腔 203 的封油螺纹 303；挡圈 302 的端部开有第三螺旋形端面 304，并形成第七配合平面 305。

通过第一外螺旋槽 204 与第一内螺纹 101 螺纹配合、第二外螺旋槽 205 与第二内螺纹 102 螺纹配合，将内嵌静压单元 2 装配进套筒 1 中；套筒 1 两端进一步分别连接第一端盖 3

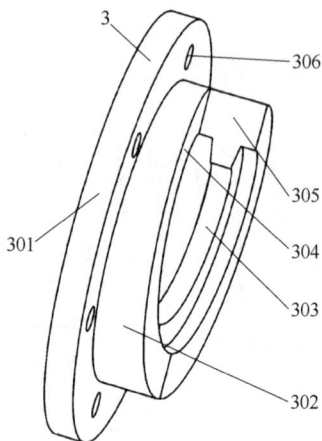

图 4-29　端盖的结构示意图

3—第一端盖；301—第一法兰；302—挡圈；
303—封油螺纹；304—第三螺旋形端面；
305—第七配合平面；306—螺纹通孔

和第二端盖 4，内嵌静压单元 2 端部的第一螺旋形端面 206 与第一端盖 3 上的第三螺旋形端面 304 相紧密接触配合；内嵌静压单元 2 端部的第一配合平面 208 与第一端盖 3 上的第七配合平面 305 相紧密接触配合，以保证封油螺纹 303 与静压螺纹 201 紧密贴合，起到封油的作用；第二端盖 4 装配的配合方式与第一端盖 3 相同。

通过调整螺纹的齿高，第一外螺旋槽 204 与第一内螺纹 101 螺纹配合后，在第一外螺旋槽 204 底部形成第一螺旋供油槽 114；第二外螺旋槽 205 与第二内螺纹 102 螺纹配合后，在第二外螺旋槽 205 底部形成第二螺旋供油槽 115，用于为静压油腔供油。

套筒 1 内螺纹上的第三配合平面 103、第四配合平面 104 都与第一端盖 3 上的第七配合平面 305 形成紧密接触配合，以使第一螺旋供油槽 114 和第二螺旋供油槽 115 两端封闭。

套筒 1 的外圆柱面上设置有第一平面 107 和第二平面 108，第一平面 107 上设置有多个第一进油孔 109，第二平面 108 上设置有多个第二进油孔 110；第一进油孔 109 通到第一螺旋供油槽 114，第二进油孔 110 通到第二螺旋供油槽 115；内嵌静压单元 2 上开有连通第一螺旋供油槽 114 与第一静压油腔 202 的多个第三进油孔 210，连通第二螺旋供油槽 115 与第二静压油腔 203 的多个第四进油孔 211。

套筒 1 的两端分别设置有第二法兰 111 和第三法兰 112，第二法兰 111 和第三法兰 112 上开有螺纹孔 113；第一端盖 3 和第二端盖 4 的法兰上开有螺纹通孔 306，套筒 1 与第一端盖 3 和第二端盖 4 通过法兰螺纹连接。

螺纹组装静压螺母的润滑油流动路径：一路润滑油由分布在第一平面 107 上的多个第一进油孔 109 流到第一螺旋供油槽 114，再由多个第三进油孔 210 流到第一静压油腔 202；另一路润滑油由分布在第二平面 108 上的多个第二进油孔 110 流到第二螺旋供油槽 115，再由多个第四进油孔 211 流到第二静压油腔 203。

4.1.5.2　螺纹组装静压螺母的优点

本节描述的螺纹组装静压螺母，第一静压油腔 202 和第二静压油腔 203 完全贯穿整个静压螺纹 201，避免了传统静压螺母始、末段螺纹的不加工区域——端部封油面，也就避免了车削加工时切入点难以进刀、切出点难以退刀的技术难题；完全贯穿的螺旋状静压油腔，非常方便采用成形车削加工，大大降低了静压螺母中静压油腔的加工难度，降低了制造成本。

4.1.6　拼接式静压螺母

4.1.6.1　拼接式静压螺母结构

本节描述的是一种拼接式静压螺母结构，使得静压螺母螺旋面上的断续静压油腔易于加工，降低静压螺母的制造成本。

拼接式静压螺母具体结构：

如图 4-30～图 4-36 所示，包括套筒 1、端盖 2、丝杠 3、单圈静压单元 4 和垫片 5；其中，单圈静压单元 4 由单圈螺纹 401 及其外部呈柱状的螺纹壳体 402 构成，螺纹壳体 402 的两端分别开有第一台阶 403 和第二台阶 404，并分别形成半圆形的第一配合面 405、第二配合面 406、第三配合面 407 和第四配合面 408，用于保证多个单圈静压单元 4 轴向拼接时的轴向定位精度；单圈螺纹 401 仅包含 1 圈螺纹，单圈螺纹 401 的两侧螺旋面上分别开有 4 个第一静压油腔 409 和 4 个第二静压油腔 410，第一静压油腔 409 与第二静压油腔 410 呈轴向对置。

套筒 1 为中空式结构，内部开有圆柱腔 102，其一端设置有第一挡圈 103，第一挡圈 103 中间进一步开有丝杠通孔 104，在丝杠螺母配合时，使丝杠穿过；第一挡圈 103 在圆柱腔 102 侧进一步开有

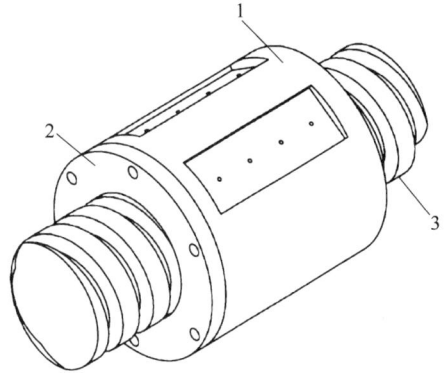

图 4-30　拼接式静压螺母的结构示意图
1—套筒；2—端盖；3—丝杠

第三台阶 105，以形成半圆形的第五配合面 106 和第六配合面 107，用于保证单圈静压单元 4 与套筒 1 之间的轴向定位精度。

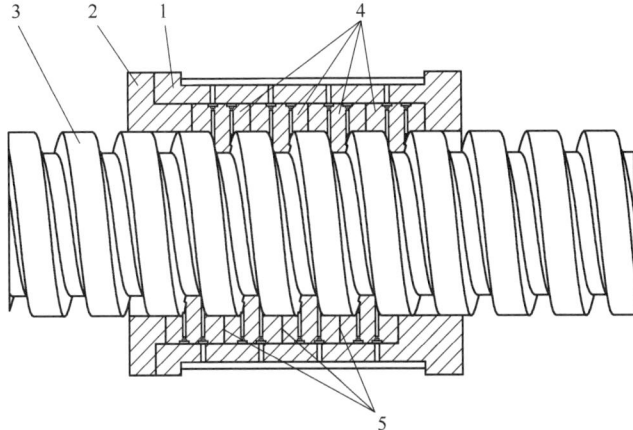

图 4-31　拼接式静压螺母的剖视图
1—套筒；2—端盖；3—丝杠；4—单圈静压单元；5—垫片

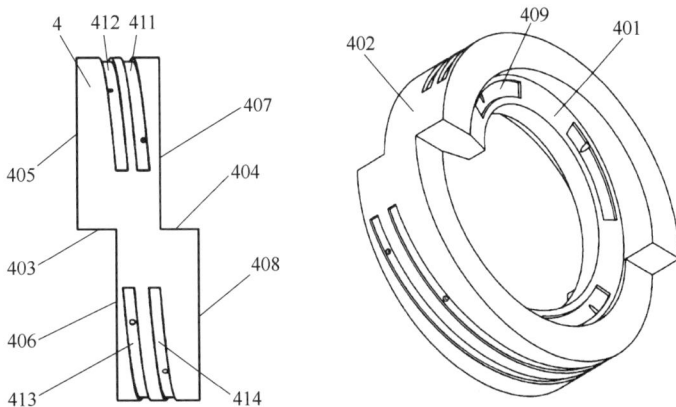

图 4-32　单圈静压单元的结构示意图
4—单圈静压单元；401—单圈螺纹；402—螺纹壳体；403—第一台阶；404—第二台阶；405—第一配合面；
406—第二配合面；407—第三配合面；408—第四配合面；409—第一静压油腔；411—第一螺旋槽；
412—第二螺旋槽；413—第三螺旋槽；414—第四螺旋槽

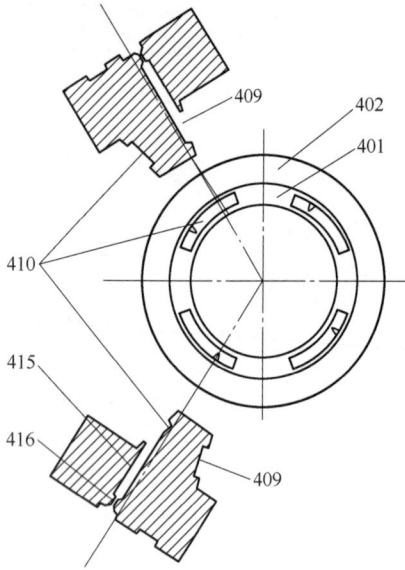

图 4-33　单圈静压单元的剖视图

401—单圈螺纹；402—螺纹壳体；
409—第一静压油腔；410—第二静压油腔；
415—第二进油孔；416—小孔节流器

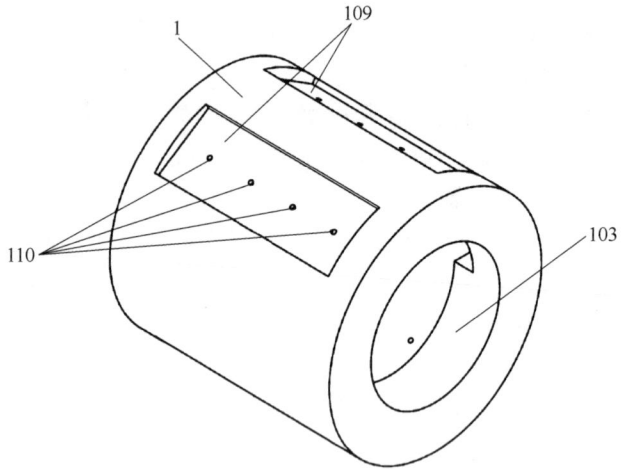

图 4-34　套筒的结构示意图

1—套筒；103—第一挡圈；109—平面；110—第一进油孔

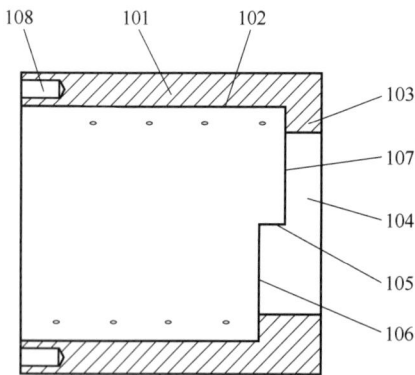

图 4-35　套筒的剖视图

101—外圆柱体；102—圆柱腔；103—第一挡圈；
104—丝杠通孔；105—第三台阶；106—第五配合面；
107—第六配合面；108—第一螺纹孔

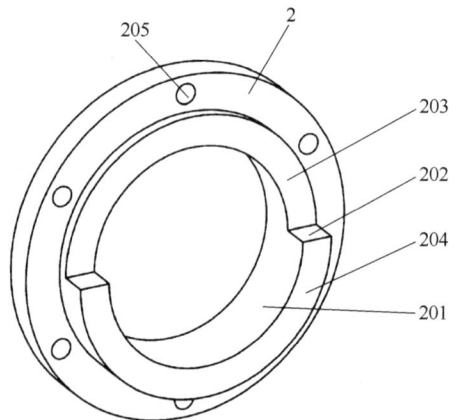

图 4-36　端盖的结构示意图

2—端盖；201—第二挡圈；202—第四台阶；
203—第七配合面；204—第八配合面；205—第二螺纹孔

　　端盖 2 一端设置有第二挡圈 201，第二挡圈 201 上进一步设置有第四台阶 202，以形成半圆形的第七配合面 203 和第八配合面 204，用于保证单圈静压单元 4 与端盖 2 之间的轴向定位精度。

　　通过将 4 个单圈静压单元 4 轴向拼接入套筒 1 中，用端盖 2 将 4 个单圈静压单元 4 压紧实现拼接；单圈静压单元 4 与套筒 1 之间通过第三配合面 407、第四配合面 408 与第五配合面 106、第六配合面 107 之间的紧密接触保证轴向定位精度；单圈静压单元 4 两两之间通过第一配合面 405、第二配合面 406、第三配合面 407 和第四配合面 408 之间的紧密接触保证轴向定位精度；单圈静压单元 4 与端盖 2 之间通过第一配合面 405、第二配合面 406 与第七配合面 203、第八配合面 204 之间的紧密接触保证轴向定位精度。

螺纹壳体 402 的外圆柱面上进一步开有包角小于 180° 的第一螺旋槽 411、第二螺旋槽 412、第三螺旋槽 413 和第四螺旋槽 414；其中，第一螺旋槽 411 和第四螺旋槽 414 的位置与内部 4 个第一静压油腔 409 的位置相对应；第二螺旋槽 412 和第三螺旋槽 413 的位置与内部 4 个第二静压油腔 410 的位置相对应；第一螺旋槽 411、第二螺旋槽 412、第三螺旋槽 413 和第四螺旋槽 414 与第一静压油腔 409 和第二静压油腔 410 之间开有多个第二进油孔 415，每个第二进油孔 415 内都设置有小孔节流器 416。套筒 1 的外圆柱体 101 上设置 4 个平面 109；每个平面 109 上开有多个第一进油孔 110，分别通到第一螺旋槽 411、第二螺旋槽 412、第三螺旋槽 413 和第四螺旋槽 414。套筒 1 的一端设置有多个第一螺纹孔 108，端盖 2 上设置有多个第二螺纹孔 205，套筒 1 与端盖 2 之间通过螺纹连接。套筒 1 的外圆柱体 101 与单圈静压单元 4 的螺纹壳体 402 之间采用间隙配合或过渡配合。所拼接的多个单圈静压单元 4 的两两配合面之间设置有垫片 5，通过调整垫片 5 的厚度，可以调整所拼接的单圈静压单元 4 之间的螺纹间距，以更好地与丝杠螺纹相配合。

拼接式静压螺母的润滑油流动路径为：润滑油由分布在平面 109 上的多个第一进油孔 110 流到第一螺旋槽 411、第二螺旋槽 412、第三螺旋槽 413 和第四螺旋槽 414，再由第一螺旋槽 411、第二螺旋槽 412、第三螺旋槽 413 和第四螺旋槽 414，流经多个第二进油孔 415 和小孔节流器 416，进入分布于螺纹两侧的第一静压油腔 409 和第二静压油腔 410。

4.1.6.2　拼接式静压螺母的优点

拼接式静压螺母，静压油腔开在单圈螺纹上，即静压油腔裸露在外面，非常便于加工和保证加工精度，降低了静压螺母的制造成本，同时，避免了传统静压螺母由于具有一定深度，五轴机床等的铣刀无法顺利伸进螺母内部进行静压油腔加工的难题。

4.1.7　梯度渗透多孔介质静压螺母

4.1.7.1　梯度渗透多孔介质静压螺母结构

本节描述的是一种梯度渗透多孔介质静压螺母，改进了静压螺母的流体静压润滑结构，使得静压螺母的流体静压润滑结构易于实现。

梯度渗透多孔介质静压螺母具体结构：

如图 4-37～图 4-41 所示，包括丝杠 1 和静压螺母 2；其中，静压螺母 2 由螺母外套筒 22 嵌套螺母内套筒 21 构成，螺母内套筒 21 呈圆柱状，其内部开有梯形内螺纹 211；螺母内套筒 21 外部开有与梯形内螺纹 211 齿顶位置相对应、螺距相同的螺旋腔室 212；螺母内套筒 21 采用对润滑油或气体等流体介质具有一定渗透性的多孔介质材料制造，其中，梯形内螺纹 211 的螺旋面部分采用具有较大渗透性的大孔多孔介质 213，梯形内螺纹 211 的齿顶和齿底部分采用具有较小渗透性的小孔多孔介质 214；如此形成梯度

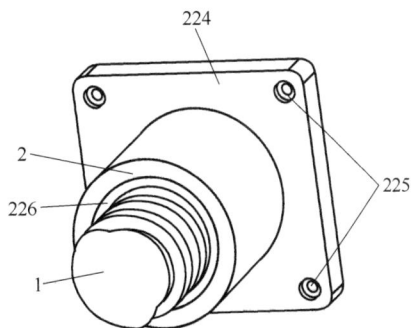

图 4-37　梯度渗透多孔介质静压螺母的结构示意图

1—丝杠；2—静压螺母；224—法兰；
225—螺纹安装孔；226—密封圈

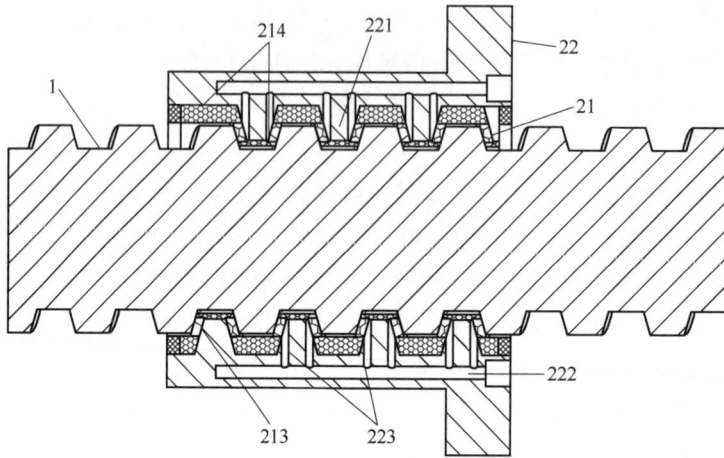

图 4-38 梯度渗透多孔介质静压螺母的纵向截面视图

1—丝杠；21—螺母内套筒；22—螺母外套筒；213—大孔多孔介质；214—小孔多孔介质；

221—套筒螺纹；222—第一流体入孔；223—第二流体入孔；21-1—第一节流间隙；21-2—第二节流间隙

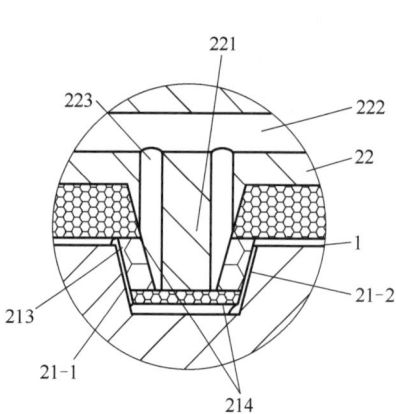

图 4-39 静压螺母与丝杠螺纹配合区域的局部截面视图

1—丝杠；22—螺母外套筒；213—大孔多孔介质；

214—小孔多孔介质；221—套筒螺纹；222—第一流

体入孔；21-1—第一节流间隙；21-2—第二节流间隙

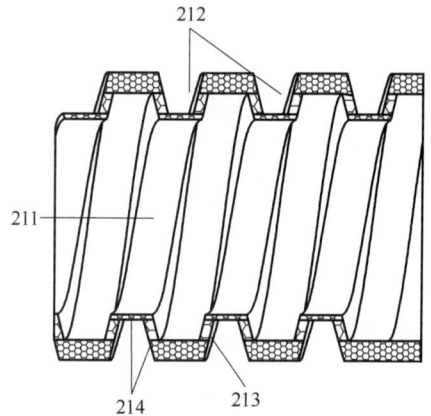

图 4-40 螺母内套筒的纵向截面视图

211—梯形内螺纹；212—螺旋腔室；

213—大孔多孔介质；214—小孔多孔介质

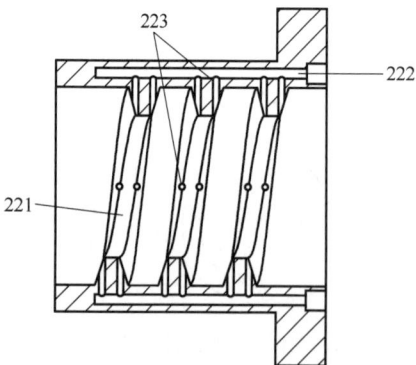

图 4-41 螺母外套筒的纵向截面视图

221—套筒螺纹；222—第一流体入孔；

223—第二流体入孔

渗透，实现静压丝杠副更好的静压支承效果；螺母外套筒 22 的内部开有与螺旋油腔 212 相互配合的套筒螺纹 221，螺母内套筒 21 与螺母外套筒 22 通过螺纹配合后，形成静压螺母结构。

在螺母内套筒 21 和丝杠 1 配合后，螺纹的两螺旋面间形成第一节流间隙 21-1 和第二节流间隙 21-2，实现了静压丝杠副的润滑，螺母外套筒 22 内部沿轴向设置有 4 个圆周方向均布的第一流体入孔 222，第一流体入孔 222 与套筒螺纹 221 的螺旋面之间设置有多个径向的第二流体入孔 223，使得第二流体入孔 223 能够将流体介质通过套筒螺纹 221 通向螺母内套筒 21 螺旋面上的大孔多孔介质 213。螺母外套筒 22 的一端设置有法兰 224，法兰 224 上进一步设置有 4 个螺纹安装孔 225，用于静压螺母与螺母座的安装。

在丝杠 1、螺母内套筒 21 和螺母外套筒 22 配合后，在其两端安装有密封圈 226，防止流体介质从静压螺母两端泄漏，从而保证静压丝杠副的正常运行。本梯度渗透多孔介质静压螺母的流体介质既可以为润滑油等液体介质，也可以为气体介质；流体介质的流动路径为：由第一流体入孔 222 通过多个第二流体入孔 223 进入到螺母内套筒 21 螺旋面上的大孔多孔介质 213，受到多孔介质产生的节流、阻尼和渗透作用，流体介质进而分别流到第一节流间隙 21-1 和第二节流间隙 21-2，大孔多孔介质 213 具有较大的流体渗透性，较小的流体阻力，流体流量大，使得丝杠螺母的螺旋面缝隙内形成较大的流体压力，起到主要支撑作用，主要承受轴向载荷；同时，流体介质会渗透到齿顶和齿底部位的小孔多孔介质 214，由齿顶和齿底进入静压螺母 2 与丝杠 1 的配合区域，小孔多孔介质 214 具有较小的流体渗透性，较大的流体阻力，流体流量小，在齿顶齿底缝隙内形成一定的流体压力，起到调心作用，并能承受一定的径向载荷和翻转力矩。

4.1.7.2　梯度渗透多孔介质静压螺母的优点

本节所介绍的梯度渗透多孔介质静压螺母，其螺母内套筒采用对润滑油或气体等流体介质具有一定渗透性的多孔介质材料制造，不需要加工静压螺母内的位于螺纹内螺旋面上的静压油腔，使得静压螺母的流体静压润滑结构易于实现，降低了静压螺母的制造成本，避免了传统静压螺母由于具有一定深度，五轴机床等的铣刀无法顺利伸进螺母内部进行静压油腔加工的技术难题。螺母内套筒螺旋面处采用较大孔隙结构多孔介质，具有较大的流体渗透性，较小的流体阻力，流体流量大；而齿顶和齿底部采用较小孔隙结构多孔介质，具有较小的流体渗透性，较大的流体阻力，流体流量小，这样使得丝杠螺母的螺旋面缝隙内形成较大的流体压力，起到抵抗外部轴向负载的作用，齿顶齿底缝隙内形成较小的流体压力，起到调心作用，提高了静压螺母与丝杠配合时的对中性，并能承受一定的径向载荷和翻转力矩。本实施例的梯度渗透多孔介质静压螺母的流体介质可以为润滑油等液体介质，也可以为气体介质，进而可以实现液体静压丝杠副传动或气体静压丝杠副传动。

4.1.8　内置式单面薄膜节流静压丝杠副

4.1.8.1　内置式单面薄膜节流静压丝杠副的结构

本节描述的是一种既能简化供油管路，又能提高可变节流反馈灵敏度、改善节流性能，还能调节丝杠、螺母螺纹配合面间节流间隙的内置式单面薄膜节流静压丝杠副。

这种内置式单面薄膜节流静压丝杠副的结构如图 4-42～图 4-47 所示，包括丝杠 1，还包括与丝杠 1 配合的螺母 2，螺母 2 包括相互配合的内套筒 21 和外套筒 22 以及多个薄膜 23。

内套筒 21 与丝杠 1 配合的内螺旋面分为左右两侧，其中一侧为工作面（图 4-42 中，左侧螺母的右侧内螺旋面为工作面，右侧螺母的左侧内螺旋面为工作面），另一侧为非工作面（图 4-42 中，左侧螺母的左侧内螺旋面为非工作面，右侧螺母的右侧内螺旋面为非工作面），在工作面上有三圈螺纹开有与丝杠 1 螺纹面相对应的静压油腔 211，其中每圈螺纹开有四个静压油腔 211，最好沿周向均匀布置。这里，每圈静压油腔 211 的数量可以是三个，或者五个、六个。

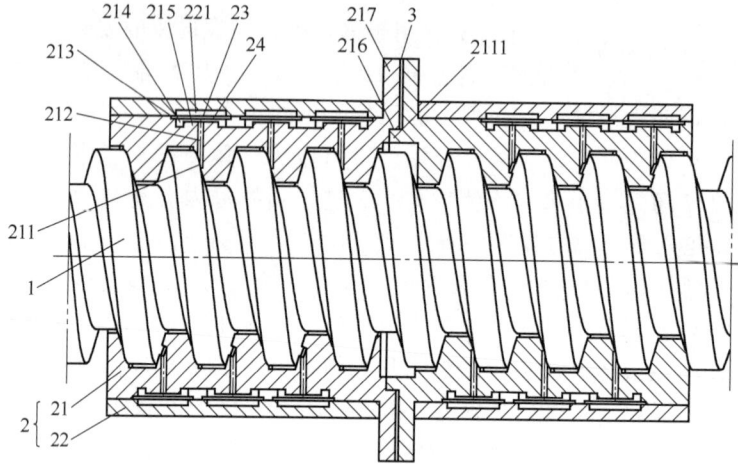

图 4-42　内置式单面薄膜节流静压丝杠副的结构示意图

1—丝杠；2—螺母；21—内套筒；211—静压油腔；212—供油小孔；213—薄膜槽；

214—凹槽 A；215—凸台；216—环形槽；217—法兰结构；2111—环形凸台；

22—外套筒；221—凹槽 B；23—薄膜；24—节流间隙；3—垫片

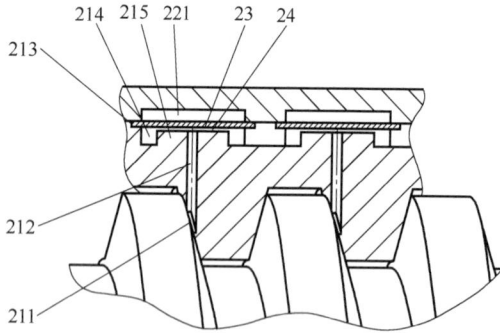

图 4-43　单面薄膜节流器的结构示意图

211—静压油腔；212—供油小孔；213—薄膜槽；

214—凹槽 A；215—凸台；221—凹槽 B；

23—薄膜；24—节流间隙

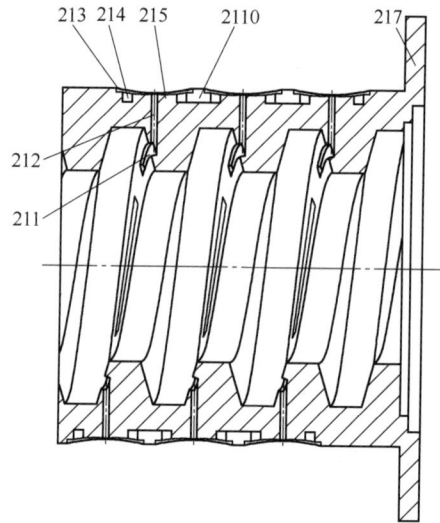

图 4-44　静压螺母内套筒的剖视图

211—静压油腔；212—供油小孔；213—薄膜槽；

214—凹槽 A；215—凸台；

217—法兰结构；2110—分供油槽

　　与每个静压油腔 211 的空间位置相对应，在内套筒 21 的外圆柱面上设有多个内置式单面薄膜节流器，分别为每个静压油腔 211 进行压差反馈节流，具体如下：与每个静压油腔 211 的空间位置相对应，内套筒 21 的外圆柱面上设有凹槽 A214，凹槽 A214 内设有凸台 215，这里，凹槽 A214 可以选用环形的，其与凸台 215 形成环形槽。凸台 215 上设置连通静压油腔 211 的供油小孔 212，凹槽 A214 的顶端设有薄膜槽 213，薄膜槽 213 与薄膜 23 具有相同的尺寸参数，使薄膜 23 恰好可装入薄膜槽 213 中，当薄膜 23 安装在薄膜槽 213 中时，薄膜 23

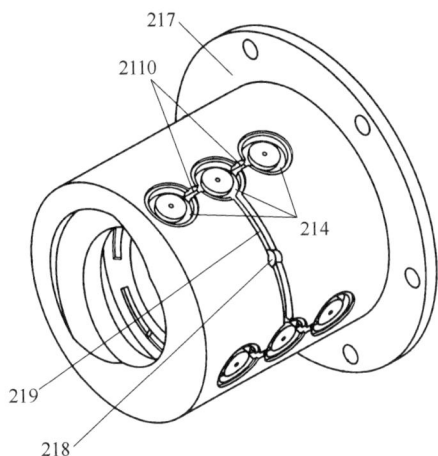

图 4-45　静压螺母内套筒的结构示意图

214—凹槽 A；217—法兰结构；218—供油孔；

219—主供油槽；2110—分供油槽

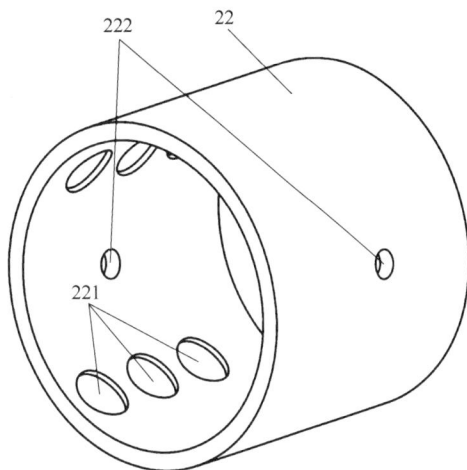

图 4-46　静压螺母外套筒的结构示意图

22—外套筒；221—凹槽 B；222—供油通道

与凸台 215 之间形成节流间隙 24。润滑油流过节流间隙 24，通过供油小孔 212 流到静压油腔 211，建立起丝杠 1、螺母 2 配合面之间的静压油膜。

外套筒 22 的内圆柱面上开有与凹槽 A214 一一对应的凹槽 B221，凹槽 A214 与凹槽 B221 通过薄膜 23 的边界将薄膜 23 固定住。该凹槽 B221 可类似于凹槽 A214，选用圆形腔。通过外套筒 22 上设置的供油通道 222 为凹槽 A214 供油。薄膜槽 213 的下表面、凸台 215 的上表面、外套筒 22 上凹槽 B221 的上底面和薄膜 23 的上下两表面的固定边缘均具有与各自所在圆柱面相等的曲率半径，以提高安装效率。

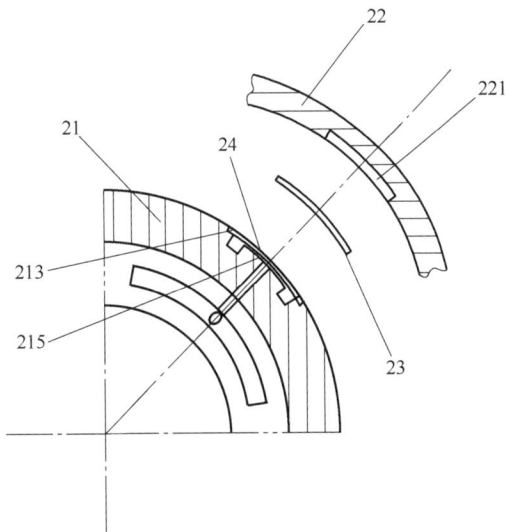

内套筒 21 的外圆柱面上还设有主供油槽 219，主供油槽 219 上设有与供油通道 222 位置相对应的供油孔 218，主供油槽 219 连通数个凹槽 A214，图 4-45 中，主供油槽 219 的两端均连接一个凹槽 A214，内套筒 21 和外套筒 22 装配后，供油通道 222 与供油孔 218 相对应，以起到连通油路的作用，避免了润滑油直接向凹槽 A214 灌入的情况，降低对薄膜 23 的冲击。

由于凹槽 A214 的数量较多，其分布可能较密集，设计太多的主供油槽 219 会降低整个内套筒 21 的结构强度，故在此设计了分供油槽 2110，其既可以连接两个相邻轴向凹槽 A214，也可以连接两个相邻周向凹槽 A214，或者根据实际情况将上述两种方式自由组合。

图 4-47　静压螺母内套筒、薄膜和静压螺母外套筒的局部爆炸图

21—内套筒；213—薄膜槽；215—凸台；22—外套筒；221—凹槽 B；23—薄膜；24—节流间隙

113

另外，也可以设计两个螺母 2，形成内置式单面薄膜节流双螺母静压丝杠副，两螺母 2 通过法兰结构 217 连接，其中一法兰结构 217 的端部设有环形槽 216，另一个法兰结构 217 的端部设有环形凸台 2111，环形槽 216 与环形凸台 2111 相配合，起引导作用。法兰结构 217 上均布有螺孔，两螺母通过螺栓连接，形成双螺母结构。除了环形槽 216 与环形凸台 2111 之外，两螺母 2 的其余结构完全相同。

装配时，两螺母 2 之间夹有垫片 3，通过调节垫片 3 的厚度，可以起到调节丝杠、螺母螺纹配合面间节流间隙的作用。

内置式单面薄膜节流静压丝杠副工作时，通过向供油孔 222 通入润滑油，润滑油可流通到凹槽 A214，之后，润滑油流过节流间隙 24，通过供油小孔 212 流到静压油腔 211，建立起丝杠、螺母配合面之间的静压油膜。

静压丝杠副承载时，静压油腔 211 的油腔压力变化，导致薄膜下侧压力分布变化。凹槽 A214 内的压力始终等于供油压力，压力始终不变。薄膜 23 的变形量根据静压油腔 211 压力变化，供油小孔 212 中的压力就等于静压油腔 211 的压力，供油小孔 212 位于薄膜下侧，压力变化，导致薄膜 23 变形量变化。当静压油腔 211 的油腔压力增大时，薄膜 23 变形使得供给静压油腔 211 的流量增大；当静压油腔 211 的油腔压力减小时，薄膜 23 变形使得供给静压油腔 211 的流量减小，从而实现压力反馈主动补偿，提高静压丝杠副的承载能力和刚度。

4.1.8.2 内置式单面薄膜节流静压丝杠副的优点

内置式单面薄膜节流静压丝杠副具有以下优点：与多个油腔共用一个节流器的传统静压螺母相比，这种内置式薄膜节流静压螺母，每个静压油腔对应一个内置式单面薄膜节流器，实现了各个油腔的独立工作，避免各油腔间隙不一致所导致节流性能不佳的缺陷；在螺母内部内置单面薄膜节流器，避免了复杂的供油管路，减小了敏感油路的长度，改善了节流性能；与滑阀节流静压螺母相比，因流量和薄膜间隙的三次方成正比，而仅与滑阀节流长度的一次方成反比，再加上滑阀要靠平衡弹簧变形来平衡受力，不如薄膜自身变形反应直接，固反应灵敏度薄膜节流比滑阀节流高得多；通过调整垫片的厚度，可以调节丝杠、螺母螺纹配合面间的节流间隙，从而获得所需的节流间隙。

4.1.9 内置式双面薄膜节流静压丝杠副

4.1.9.1 内置式双面薄膜节流静压丝杠副的结构

本节介绍一种既能简化供油管路，又能提高可变节流反馈灵敏度、改善节流性能的内置式双面薄膜节流静压丝杠副。

这种内置式双面薄膜节流静压丝杠副的结构如图 4-48～图 4-53 所示，包括丝杠 1，还包括与丝杠 1 配合的螺母 2，螺母 2 包括相互配合的内套筒 21 和外套筒 22 以及多个薄膜 23。

内套筒 21 的外圆柱面与外套筒 22 的内圆柱面之间采用过盈装配，内套筒 21 与丝杠 1 配合的内螺旋面上开有多对静压油腔 A216 和静压油腔 B217，具体的，内套筒 21 与丝杠 1 配合的内螺旋面上有三圈螺纹开有静压油腔 A216 和静压油腔 B217，其中每圈内套筒 21 螺旋面上的静压油腔 A216 和静压油腔 B217 的数量是四个并且成对设置在同一丝杠 1 螺纹面的两侧，即丝杠 1 螺纹面的两侧分别对应静压油腔 A216 和静压油腔 B217，这里，每圈指的

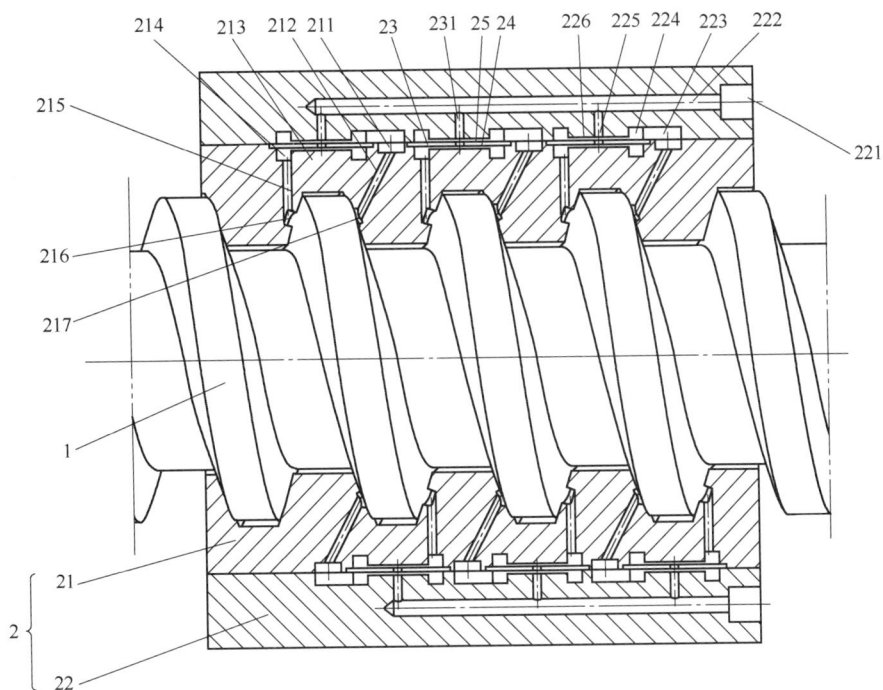

图 4-48　内置式双面薄膜节流静压丝杠副的结构示意图

1—丝杠；2—螺母；21—内套筒；211—圆形小槽；212—供油孔 B；213—凸台 A；214—凹槽 A；215—供油孔 A；
216—静压油腔 A；217—静压油腔 B；22—外套筒；221—供油孔；222—主供油通道；223—短槽；224—凹槽 B；
225—分供油通道；226—凸台 B；23—薄膜；231—过油孔；24—节流间隙 A；25—节流间隙 B

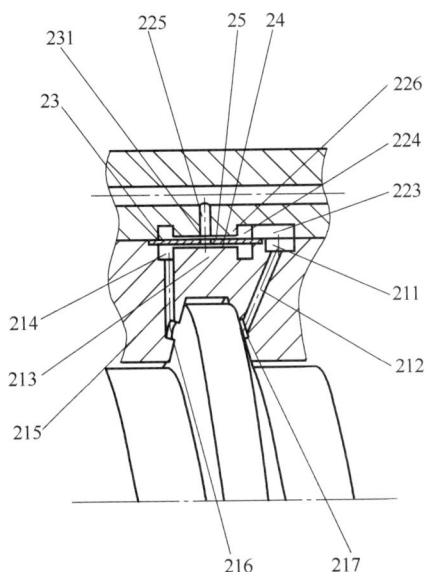

图 4-49　双面薄膜节流器局部结构示意图

211—圆形小槽；212—供油孔 B；213—凸台 A；
214—凹槽 A；215—供油孔 A；216—静压油腔 A；
217—静压油腔 B；223—短槽；224—凹槽 B；
225—分供油通道；226—凸台 B；23—薄膜；
231—过油孔；24—节流间隙 A；25—节流间隙 B

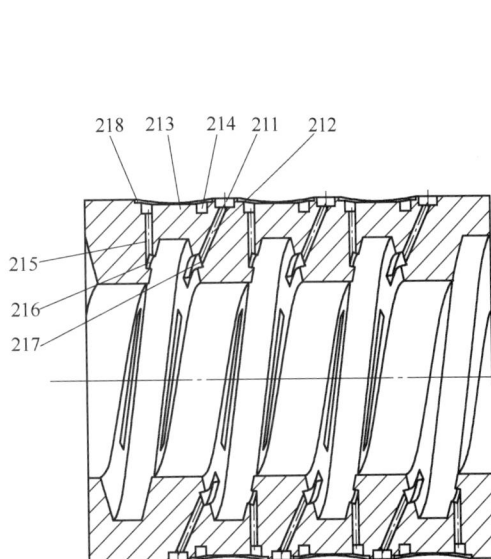

图 4-50　静压螺母内套筒结构示意图

211—圆形小槽；212—供油孔 B；213—凸台 A；
214—凹槽 A；215—供油孔 A；216—静压油腔 A；
217—静压油腔 B；218—薄膜槽

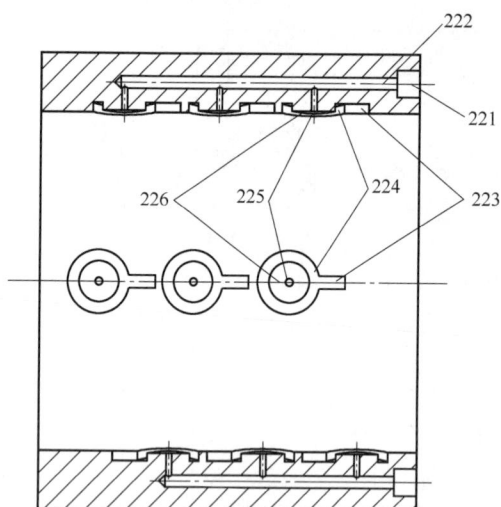

图 4-51　静压螺母外套筒结构示意图

221—供油孔；222—主供油通道；223—短槽；
224—凹槽 B；225—分供油通道；226—凸台 B

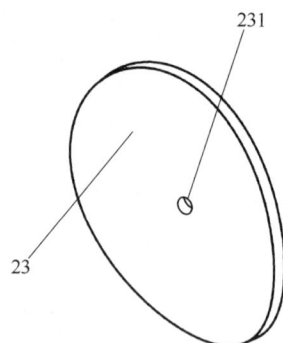

图 4-52　薄膜结构示意图

23—薄膜；231—过油孔

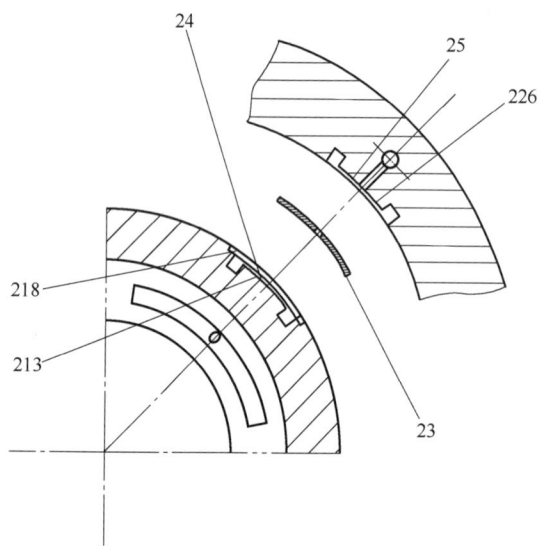

图 4-53　静压螺母内套筒、薄膜和静
压螺母外套筒局部爆炸图

213—凸台 A；218—薄膜槽；226—凸台 B；
23—薄膜；24—节流间隙 A；25—节流间隙 B

是开有多对静压油腔 A216 和静压油腔 B217 的内套筒 21 的内螺旋面，指的不全是内套筒 21 的内螺旋面，还可以有部分内套筒 21 的内螺旋面没有设置静压油腔 A216 和静压油腔 B217。

在内套筒 21 和外套筒 22 的配合界面上构建内置式双面薄膜节流器，分别为每对静压油腔进行压差反馈节流。

内套筒 21 的外圆柱面上设有凹槽 A214，凹槽 A214 和静压油腔 A216 通过设置在内套筒 21 内的供油孔 A215 连通；静压油腔 B217 与凹槽 A214 不贯通。如图 4-51 所示，外套筒 22 的内圆柱面上开有与凹槽 A214 一一对应且与凹槽 A214 共同固定薄膜 23 的凹槽 B224。静压油腔 B217 依次通过供油孔 B212 和短槽 223 与凹槽 B224 连接。凹槽 B224 通过主供油通道 222 与供油装置连接，主供油通道 222 的外侧设置供油孔 221。如图 4-52 所示，薄膜 23 的中心开有过油孔 231。上述设计形成了两条通道，其一是：供油装置、主供油通道 222、过油孔 231、凹槽 A214、供油孔 A215、静压油腔 A216；其二是：供油装置、主供油通道 222、凹槽 B224、短槽 223、供油孔 B212、静压油腔 B217。

凹槽 A214 内设有凸台 A213，凹槽 B224 设有凸台 B226，凸台 B226 上设置连通主供油通道 222 的分供油通道 225；在装配过程中，当薄膜 23 安装在凹槽 A214 和凹槽 B224 之间时，薄膜 23 的内表面与凸台 A213 之间形成节流间隙 A24，薄膜 23 的外表面与凸台 B226 之间形成节流间隙 B25。为防止节流器的阻塞，节流间隙 A24 应大于 0.05mm。

为方便安装薄膜 23，可在凹槽 A214 外端设置薄膜槽 218，或者在凹槽 B224 的外端设有固定薄膜 23 的薄膜槽 218，亦或是凹槽 A214 和凹槽 B224 的外端共同设置。薄膜槽 218 与薄膜 23 具有相同的尺寸参数，使薄膜 23 恰好可装入薄膜槽 218 中。并且，薄膜 23 上、下表面的固定边缘，凸台 A213 的上表面，凸台 B226 的下表面均具有与各自所在圆柱面相等的曲率半径，以提高安装效率。

外套筒 22 通过短槽 223 与凹槽 B224 连通，为了便于内套筒 21 内供油孔 B212 与短槽 223 有较好的配合连接，可在其配合处设置圆形小槽 211。

在此静压丝杠副承载时，静压油腔 A216 与静压油腔 B217 的油腔压力不相等，使薄膜 23 上侧的凹槽 B224 与下侧的凹槽 A214 之间产生压力差，导致薄膜 23 变形。薄膜 23 变形使得油腔压力增大侧流量增大，而油腔压力减小侧流量减小，效果是进一步提高静压油腔 A216 与静压油腔 B217 的油腔压力差，从而实现压差反馈主动补偿，提高静压丝杠副的承载能力和刚度。

每对静压油腔对应一个内置式双面薄膜节流器。由分供油通道 225 供给的润滑油分成两路：一路润滑油流过节流间隙 B25，流到外套筒 22 上的凹槽 B224，进而流到短槽 223，流到内套筒 21 上的圆形小槽 211，进而流过供油孔 B212，流到静压油腔 B217；另一路润滑油由分供油通道 225 流过薄膜 23 上的过油孔 231，进而流过节流间隙 A24，流到环形槽 A214，进而流过供油孔 A215，流到静压油腔 A216。

4.1.9.2　内置式双面薄膜节流静压丝杠副的优点

内置式双面薄膜节流静压丝杠副具有以下优点：与多个油腔共用一个节流器的传统静压螺母相比，此内置式双面薄膜节流静压螺母，每对静压油腔对应一个内置式双面薄膜节流器，实现了各对对置油腔独立工作，避免各油腔间隙不一致所导致节流性能不佳的缺陷；在螺母内部内置双面薄膜节流器，避免了复杂的供油管路，减小了敏感油路的长度，改善了节流性能。

4.1.10　内置式预压可调单面薄膜节流静压丝杠副

静压螺母的油腔形式分为连续油腔形式和断续多油腔形式。目前，多采用断续多油腔形式，即在螺母每圈螺纹螺旋面上开有 3～4 个均布的静压油腔。断续多油腔形式中节流器的布置有两种方式：其一，为了减少节流器的数量，可将同一轴向截面的同侧螺纹螺旋面上的多个静压油腔连接到同一个节流器，多个油腔共用一个节流器，而在静压丝杠副中，螺纹的螺距误差和装配误差会导致各油腔间隙不一致，导致节流性能不佳；其二，每个油腔有单独的外置节流器，这样供油管路复杂。

4.1.10.1　内置式预压可调单面薄膜节流静压丝杠副的主要结构

本节描述的是一种既能简化供油管路，又能提高可变节流反馈灵敏度、改善节流性能，还具有预压可调功能，适应不同的螺距误差和装配误差，适应工况变动要求的内置式预压可调单面薄膜节流静压丝杠副。

　　这种内置式预压可调单面薄膜节流静压丝杠副的结构如图 4-54～图 4-60 所示，包括丝杠 1，还包括与丝杠 1 配合的螺母，螺母包括内套筒 21、外套筒 22、薄膜 23、调整装置 24

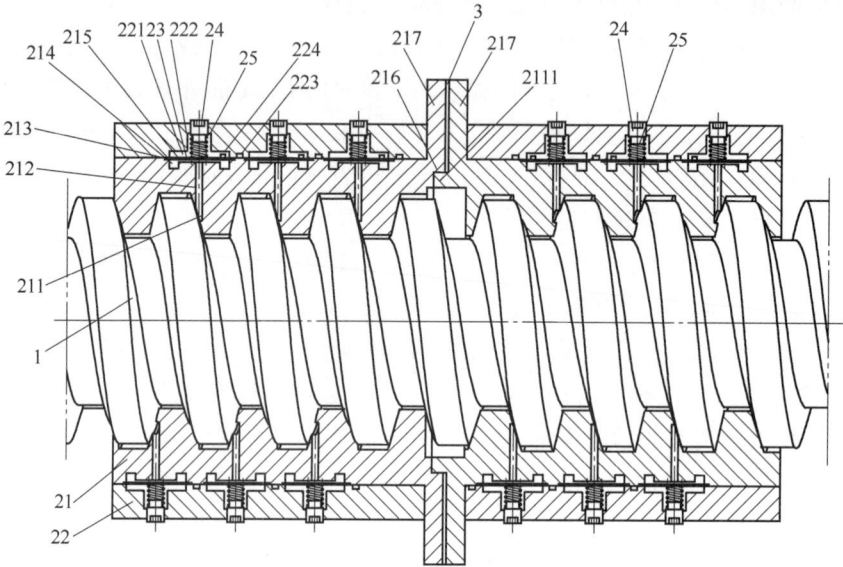

图 4-54　内置式预压可调单面薄膜节流静压丝杠副的结构示意图

1—丝杠；21—内套筒；211—静压油腔；212—供油小孔；213—薄膜槽；214—凹槽 A；215—凸台；
216—环形槽；217—法兰结构；2111—环形凸台；22—外套筒；221—凹槽 B；222—凹槽 C；
223—节流槽 A；224—连接槽；23—薄膜；24—调整装置；25—弹簧；3—垫片

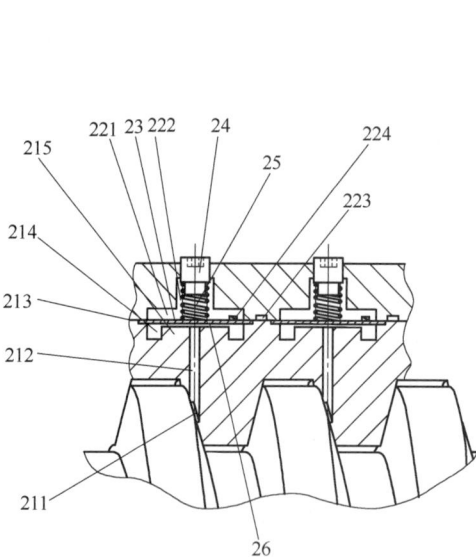

图 4-55　预压可调单面薄膜节流器的结构示意图

211—静压油腔；212—供油小孔；213—薄膜槽；
214—凹槽 A；215—凸台；221—凹槽 B；222—凹槽 C；
223—节流槽 A；224—连接槽；23—薄膜；
24—调整装置；25—弹簧；26—节流间隙

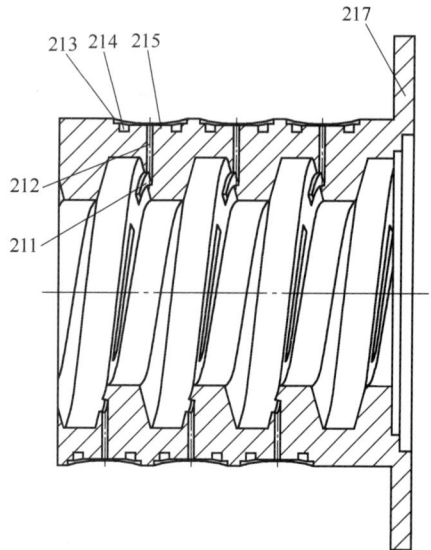

图 4-56　静压螺母内套筒的剖视图

211—静压油腔；212—供油小孔；213—薄膜槽；
214—凹槽 A；215—凸台；217—法兰结构

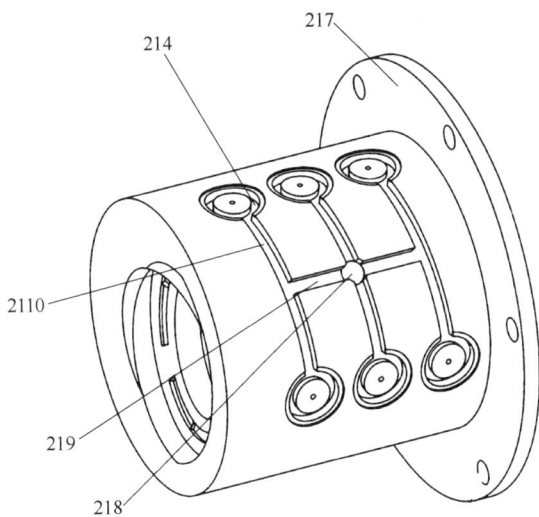

图 4-57　静压螺母内套筒的结构示意图

214—凹槽 A；217—法兰结构；218—供油孔；

219—主供油槽；2110—分供油槽

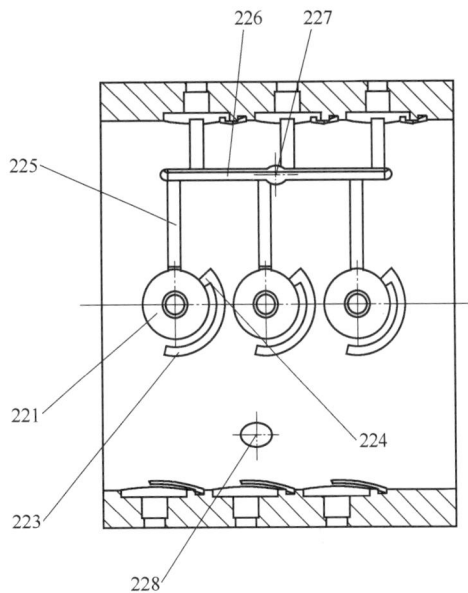

图 4-58　静压螺母外套筒的剖视图

221—凹槽 B；223—节流槽 A；224—连接槽；

225—节流槽 B；226—出油槽；

227—出油孔；228—供油通道

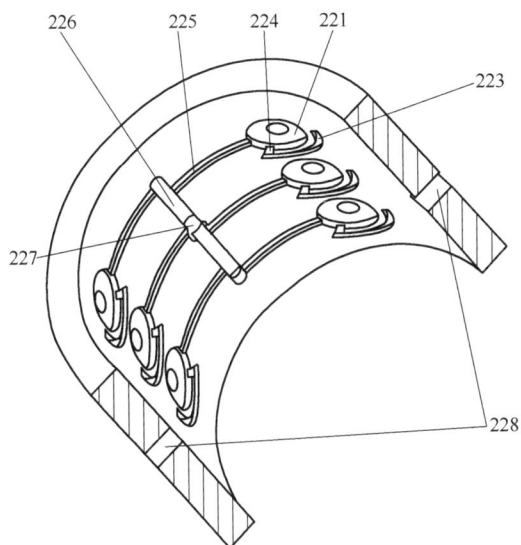

图 4-59　静压螺母外套筒的结构示意图

221—凹槽 B；223—节流槽 A；224—连接槽；

225—节流槽 B；226—出油槽；

227—出油孔；228—供油通道

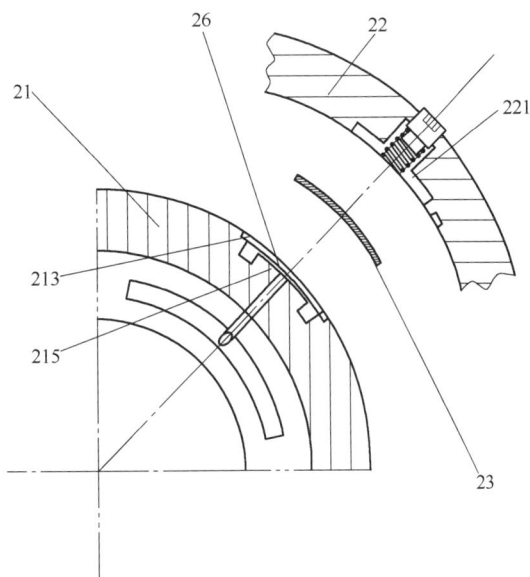

图 4-60　静压螺母内套筒、薄膜和静压螺母

外套筒的局部爆炸图

21—内套筒；213—薄膜槽；215—凸台；22—外套筒；

221—凹槽 B；23—薄膜；26—节流间隙

和弹簧 25，其中，内套筒 21 和外套筒 22 相互配合安装，调整装置 24 和弹簧 25 设置在外套筒 22 上，薄膜 23 通过内套筒 21 和外套筒 22 固定。下面将分别重点叙述内套筒 21 和外套筒 22，再以两者之间的结构关系结合着具体实施情况来描述。

内套筒 21 与丝杠 1 配合的内螺旋面分为左右两侧，其中一侧为工作面（左侧螺母的右侧内螺旋面为工作面，右侧螺母的左侧内螺旋面为工作面），另一侧为非工作面（左侧螺母的左侧内螺旋面为非工作面，右侧螺母的右侧内螺旋面为非工作面），在工作面上有三圈螺纹开有与丝杠 1 螺纹面相对应的静压油腔 211，其中每圈螺纹开有四个静压油腔 211，最好沿周向均匀布置。这里，每圈静压油腔 211 的数量可以是三个，或者五个、六个。

与每个静压油腔 211 的空间位置相对应，在内套筒 21 的外圆柱面上设有多个内置式单面薄膜节流器，分别为每个静压油腔 211 进行压差反馈节流，具体如下：与每个静压油腔 211 的空间位置相对应，内套筒 21 的外圆柱面上设有与静压油腔 211 相通的凹槽 A214，并在外套筒 22 上设有为凹槽 A214 供油的供油通道 228。

外套筒 22 的内圆柱面上开有凹槽 C222，弹簧 25 设置在凹槽 C222 内，以起到引导弹簧的作用。调整装置 24 的控制端设置在外套筒 22 的外面，深入端设置在凹槽 C222 内，该调整装置 24 可以选用螺钉或者螺栓。

弹簧 25 的一端与薄膜 23 接触，另一端固定在调整装置 24 的深入端上，此时薄膜 23 设置在凹槽 A214 和凹槽 C222 之间。在外界输送油液压力一定时，通过调整装置 24 来控制薄膜 23 的形变。

当内套筒 21 和外套筒 22 装配后，供油通道 228 与供油孔 218 相对应。内套筒 21 的外圆柱面上还设有与供油孔 218 连通的主供油槽 219，主供油槽 219 连通数个凹槽 A214，以起到连通油路的作用，避免了润滑油直接向凹槽 A214 灌入的情况，降低对薄膜 23 的冲击。由于凹槽 A214 的数量较多，其分布可能较密集，设计太多的主供油槽 219 会降低整个内套筒 21 的结构强度，故在此设计了分供油槽 2110，其既可以连接两个相邻轴向凹槽 A214，也可以连接两个相邻周向凹槽 A214，或者根据实际情况将上述两种方式自由组合。

外套筒 22 的内圆柱面上设有节流槽 A223，节流槽 A223 为矩形环状沟槽，其形状也可以根据实际情况进行设计。节流槽 A223 的一端与分供油槽 2110 相连通，另一端通过连接槽 224 与凹槽 C222 连通。此处，为了油路的流通顺畅以及薄膜 23 稳定安装在内套筒 21 和外套筒 22 之间，在凹槽 C222 的外侧设置了凹槽 B221，该凹槽 B221 与凹槽 C222 形成了阶梯孔。外套筒 22 的内圆柱面上设有连通数个凹槽 B221 的节流槽 B225，出油槽 226 将节流槽 B225 连通起来，外套筒 22 上设有出油孔 227，通过节流槽 B225 连通出油槽 226 的出油孔 227。此处，外套筒 22 的凹槽 B221、凹槽 C222、节流槽 A223、连接槽 224、节流槽 B225、出油槽 226、出油孔 227，除了节流槽 A223 与内套筒 21 的分供油槽 2110 连通外，其他的均不相通。

凹槽 A214 内设有凸台 215，这里，凹槽 A214 可以选用环形的，其与凸台 215 形成环形槽。凸台 215 上设置连通静压油腔 211 的供油小孔 212，凹槽 A214 的顶端设有薄膜槽 213，薄膜槽 213 与薄膜 23 具有相同的尺寸参数，使薄膜 23 恰好可装入薄膜槽 213 中，当薄膜 23 安装在薄膜槽中 213 时，薄膜 23 与凸台 215 之间形成节流间隙 26。润滑油流过节流间隙 26，通过供油小孔 212 流到静压油腔 211，建立起丝杠 1 和螺母配合面之间的静压油膜。

凹槽 A214 与凹槽 B221 通过薄膜 23 的边界将薄膜 23 固定住。并且，薄膜槽 213 的下表面、凸台 215 的上表面、外套筒 22 上凹槽 B221 的上底面和薄膜 23 的上下两表面的固定边缘均具有与各自所在圆柱面相等的曲率半径，以提高安装效率。

也可以设计两个螺母，如图 4-54 所示，两螺母通过法兰结构 217 连接，其中一法兰结构 217 的端部设有环形槽 216，另一个法兰结构 217 的端部设有环形凸台 2111，环形槽 216 与环形凸台 2111 相配合，起引导作用。法兰结构 217 上均布有螺孔，两螺母通过螺栓连接，形成双螺母结构。除了环形槽 216 与环形凸台 2111 之外，两螺母的其余结构完全相同。

装配时，两螺母之间夹有垫片 3，通过调节垫片 3 的厚度，可以起到调节丝杠、螺母螺纹配合面间节流间隙的作用。

静压丝杠副工作时，润滑油由供油通道 228 注入，通过与供油通道 228 相连的供油孔 218，流到主供油槽 219，再流到分供油槽 2110。在分供油槽 2110 中的润滑油分为两路：一路为工作油路，润滑油由分供油槽 2110 流到凹槽 A214，再流过节流间隙 26，通过供油小孔 212 流到静压油腔 211，建立起丝杠、螺母配合面之间的静压油膜；一路为预压油路，润滑油由分供油槽 2110 流到节流槽 A223，再通过连接槽 224 流到凹槽 B221，使得凹槽 B221 中充满预压油，再流过节流槽 B225，流到出油槽 226，通过出油孔 227 流出静压螺母。

静压丝杠副承载时，静压油腔 211 的油腔压力变化，导致薄膜 23 下侧压力分布变化，进而使得薄膜 23 的变形量发生变化。当静压油腔 211 的油腔压力增大时，薄膜 23 变形使得供给静压油腔 211 的流量增大；当静压油腔 211 的油腔压力减小时，薄膜 23 变形使得供给静压油腔 211 的流量减小，从而实现压力反馈主动补偿，提高静压丝杠副的承载能力和刚度。

通过调整装置 24 可以调节节流间隙 26 的初始节流间隙，即实现对节流比的调节，以适应不同的螺距误差和装配误差，及适应工况的变动要求。

静压丝杠副凹槽 B221 中的预压油压力由节流槽 A223 和节流槽 B225 的液阻比决定，通过调节节流槽 A223 与节流槽 B225 的液阻比，可以得到不同的预压压力。对薄膜 23 采用压力油预压，可以消除工作时薄膜 23 的振动，使薄膜 23 变形变化平稳，更好实现压力反馈主动补偿。

4.1.10.2　内置式预压可调单面薄膜节流静压丝杠副的优点

内置式预压可调单面薄膜节流静压丝杠副具有以下优点：与多个油腔共用一个节流器的传统静压螺母相比，内置式薄膜节流静压螺母，每个静压油腔对应一个内置式预压可调单面薄膜节流器，实现了各个油腔的独立工作，避免各油腔间隙不一致所导致节流性能不佳的缺陷；在螺母内部内置单面薄膜节流器，减小了敏感油路的长度，提高了节流动态特性；通过调整装置可以调节单面薄膜节流器的节流间隙初始值，即实现对节流比的调节，以适应不同的螺距误差和装配误差，及适应工况的变动要求；通过对薄膜采用压力油预压，可以消除工作时薄膜的振动，使薄膜变形变化平稳，更好实现压力反馈主动补偿。

4.1.11　静压支承宏微双驱动进给系统

传统数控机床的进给系统主要采用滚珠丝杠螺母副、静压导轨等高传动效率的单驱动传动装置和运动部件来实现工作机床的精度定位。但是由于系统复杂动力学特性、摩擦、爬行、反向间隙等非线性因素的影响，采用滚珠丝杠螺母副单驱动传动方式，很难实现高的进给精度。而数控机床向高速、高精度、高承载方向发展，要求进给系统兼具大行程、高精度、重载的特性。而目前的宏微双驱动系统，承载能力往往达不到数控机床对承载能力的要求。

4.1.11.1　静压支承宏微双驱动进给系统的结构

本节描述了一种静压支承宏微双驱动进给系统，其兼具大行程、高精度、重载的特性，以满足数控机床向高速、高精度、高承载方向发展对进给系统的要求。

这种静压支承宏微双驱动进给系统如图 4-61～图 4-67 所示，包括伺服电机 1、丝杠螺母组件 2、静压支承组件 3、工作台 4、宏位移检测单元 5、微位移检测单元 6 和控制系统 7；其中，静压支承组件 3 包括芯轴单元 31、外套单元 32、油垫单元 33，芯轴单元 31 包括芯轴连接板 311、芯轴 312，外套单元 32 包括外套连接板 321、外套壁 322、外套腔 323，油垫单元 33 包括柱状体 331 和油垫连接板 332。

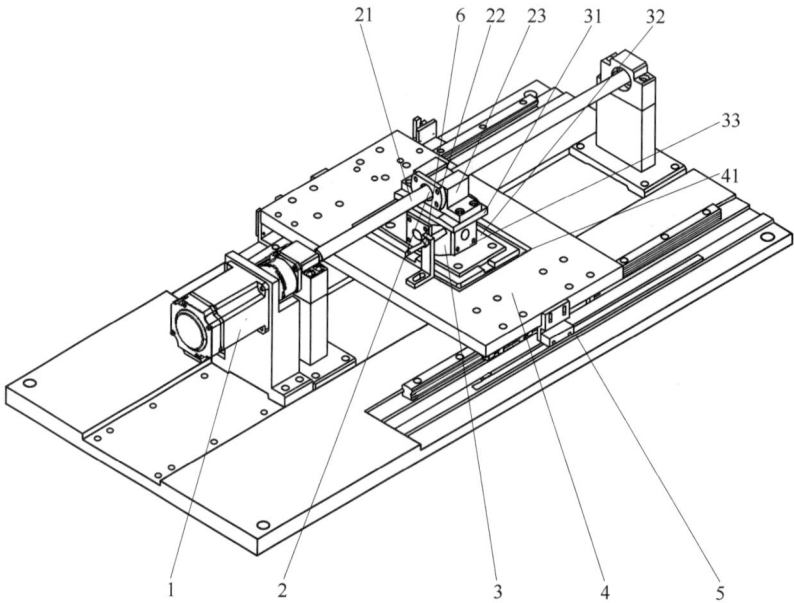

图 4-61　静压支承宏微双驱动进给系统的结构示意图

1—伺服电机；2—丝杠螺母组件；21—丝杠；22—螺母；23—螺母座；3—静压支承组件；31—芯轴单元；
32—外套单元；33—油垫单元；4—工作台；41—回油槽；5—宏位移检测单元；6—微位移检测单元

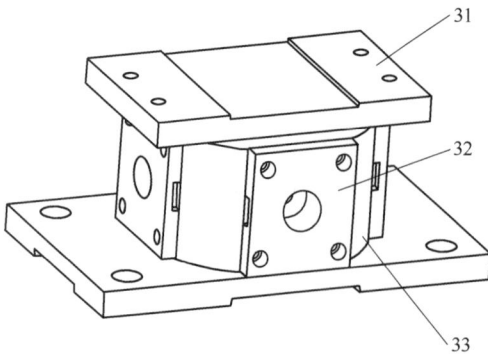

图 4-62　静压支承组件的结构示意图

31—芯轴单元；32—外套单元；33—油垫单元

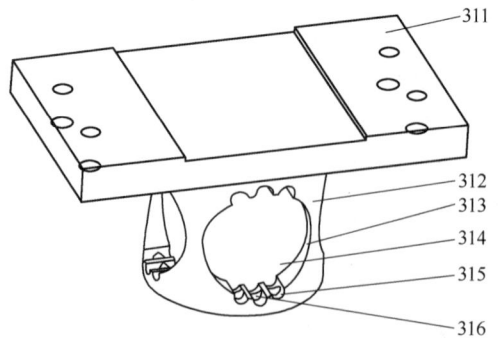

图 4-63　静压支承组件芯轴单元示意图

311—芯轴连接板；312—芯轴；313—圆形腔；
314—圆形腔底面；315—半圆孔；316—第一回油孔

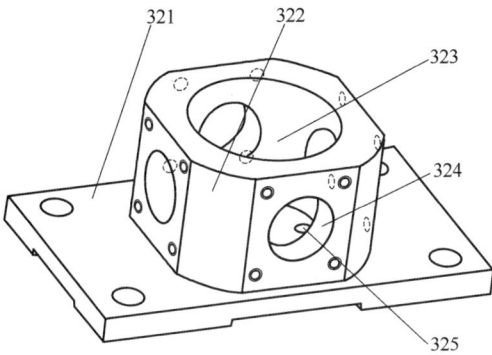

图 4-64　静压支承组件外套单元示意图

321—外套连接板；322—外套壁；
323—外套腔；324—通孔；325—第二回油孔

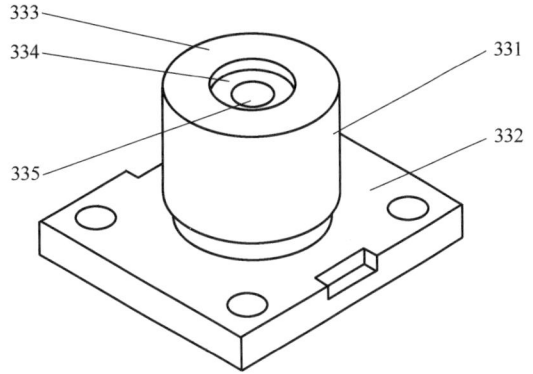

图 4-65　静压支承组件油垫单元示意图

331—柱状体；332—油垫连接板；333—柱状体端面；
334—静压油腔；335—进油通道

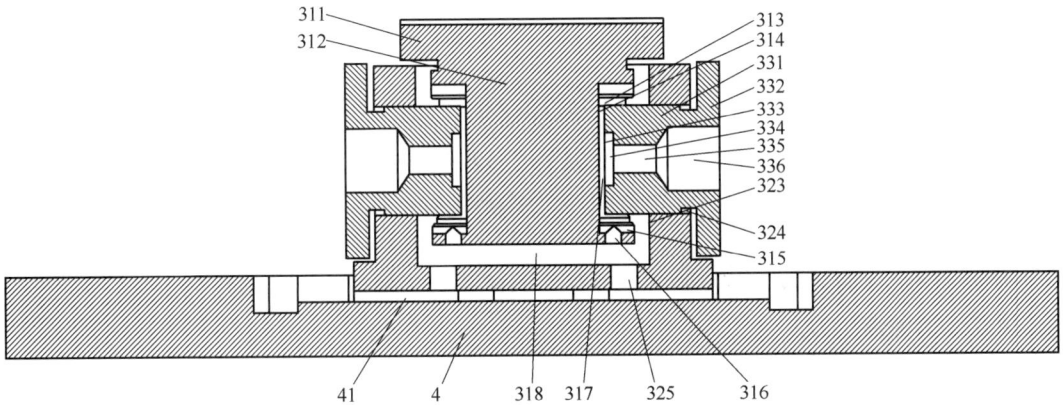

图 4-66　静压支承组件的剖面图

311—芯轴连接板；312—芯轴；313—圆形腔；314—圆形腔底面；315—半圆孔；316—第一回油孔；
317—油垫间隙；318—回油腔；331—柱状体；332—油垫连接板；333—柱状体端面；334—静压油腔；
335—进油通道；336—进油孔；4—工作台；41—回油槽

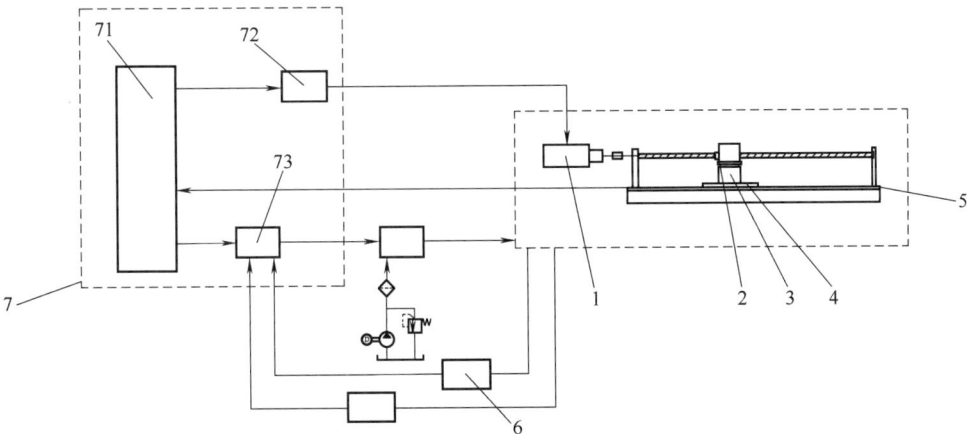

图 4-67　静压支承宏微双驱动进给系统的实现方法原理图

1—伺服电机；2—丝杠螺母组件；3—静压支承组件；4—工作台；5—宏位移检测单元；
6—微位移检测单元；7—控制系统；71—控制器；72—伺服电机驱动器；73—电液驱动器

芯轴 312 外圆柱面上沿圆周方向均匀设置 4 个圆形腔 313，外套壁 322 上沿圆周方向均匀设置 4 个通孔 324；芯轴 312 装配进外套腔 323 内，4 个圆形腔 313 与 4 个通孔 324 的位置相对应；4 个油垫单元 33 的柱状体 331 穿过通孔 324 装配进圆形腔 313；柱状体 331 的端面 333 与圆形腔 313 的底面 314 之间形成油垫间隙 317；端面 333 上进一步设置静压油腔 334，静压油腔 334 内部充满压力油，压力油起到静压支承的作用，通过控制 4 个油垫单元 33 的静压油腔 334 的压力大小，可以控制 4 个油垫间隙 317 的大小，起到了微调芯轴单元 31 与外套单元 32 之间相对位置的作用，也就是微运动。

芯轴 312 与外套腔 323 之间留有较大间隙，以保证在微运动的行程范围内两者不接触；柱状体 331 与圆形腔 313 之间为间隙配合，保证两者之间可以自由移动。

丝杠螺母组件 2 包括丝杠 21、螺母 22 和螺母座 23；芯轴连接板 311 位于芯轴 312 的端部，外套连接板 321 位于外套壁 322 的端部，油垫连接板 332 位于柱状体 331 的端部；螺母 22 与螺母座 23 通过螺栓连接，螺母座 23 与芯轴连接板 311 通过螺栓连接，油垫连接板 332 与外套壁 322 通过螺栓连接。

可以通过在油垫连接板 332 与外套壁 322 之间加装垫片的方式，来调节油垫间隙 317 的初始值，也就是调节微运动的行程。

油垫单元 33 内设有进油通道 335，连接静压油腔 334 与进油孔 336；芯轴 312 上的圆形腔 313 外围设置多个半圆孔 315，半圆孔 315 进一步连接第一回油孔 316；外套腔 323 底部设置第二回油孔 325；芯轴 312 与外套腔 323 装配之后，外套腔 323 底部形成回油腔 318；工作台 4 上设置有回油槽 41。

通过电液伺服阀或者主动控制节流器来控制流入静压油腔 334 的液压油流量，来控制静压油腔 334 的油液压力。

伺服电机 1 通过联轴器连接丝杠 21，带动丝杠 21 转动，丝杠 21 进而带动螺母 22 平动。

宏位移检测单元 5 位于床身上，用来检测工作台 4 的位移，作为宏运动的反馈信号；微位移检测单元 6 位于工作台 4 上，用来检测芯轴单元 31 与外套单元 32 之间的相对位移量，作为微运动的反馈信号。

控制系统 7 包括控制器 71、伺服电机驱动器 72、电液驱动器 73。

液压油的油路为：高压液压油经过电液伺服阀或者主动控制节流器，由进油孔 336 进入静压油腔 334，再经过油垫间隙 317，并依次流过多个半圆孔 315 和第一回油孔 316，流到回油腔 318，再从回油腔 318 经过第二回油孔 325，流到回油槽 41，再由回油管路流回油箱。其中，油垫间隙 317 提供节流液阻，以形成静压油腔 334 内的油液工作压力；油路中，油垫间隙 317 之后的油液的压力接近常压。

宏运动的实现方式为：通过伺服电机 1 带动丝杠 21 转动，丝杠 21 带动螺母 22 平动，进而经过螺母座 23 和静压支承组件 3，将运动传递到工作台 4，实现工作台 4 的宏观、大行程运动；微运动的实现方式为：通过主动控制进入 4 个静压油腔 334 的液压油的流量，来控制 4 个静压油腔 334 的油液压力，进而控制静压支承的作用力，通过作用力的大小变化来调节油垫间隙 317 的大小，起到了微调芯轴单元 31 与外套单元 32 之间相对位置的作用，也就是微运动。微运动可以补偿宏运动的运动误差，达到更高的运动精度。

宏位移检测单元 5 和微位移检测单元 6 反馈位移信号到控制器 71，控制器 71 经过计算分别向伺服电机驱动器 72、电液驱动器 73 发出运动指令，由伺服电机驱动器 72 控制伺服电机 1 转动，经过丝杠螺母组件 2 的传动，带动工作台 4 运动，宏位移检测单元 5 进一步检测工作台 4 的位移量，形成宏运动的闭环控制；由电液驱动器 73 控制电液伺服阀或者主动控制节流器，来调节流入静压油腔 334 的液压油流量，进而改变静压油腔 334 的油液压力，进而控制静压支承的作用力，通过作用力的大小变化来调节油垫间隙 317 的大小，微调芯轴单元 31 与外套单元 32 之间的相对位移，微位移检测单元 6 进一步检测此相对位移量，形成微运动的闭环控制。

4.1.11.2　静压支承宏微双驱动进给系统的优点

静压支承宏微双驱动进给系统具有以下优点：①这种静压支承宏微双驱动进给系统，通过静压支承实现滚珠丝杠副与工作台的连接，在数控机床高传动效率、高精度的基础上进一步实现工作台微量进给的位移调控，通过对静压支承工作时油液压力的调节，控制油垫间隙从而精确实现工作台的微运动控制；②这种静压支承宏微双驱动进给系统，其兼具大行程、高精度、重载的特性，以满足数控机床向高速、高精度、高承载方向发展对进给系统的要求；③可以通过在油垫连接板与外套壁之间加装垫片的方式，来调节油垫间隙的初始值，也就是调节微运动的行程，以满足不同工况的需求。

4.1.12　螺母驱动型静压丝杠副

目前静压丝杠副都是采用丝杠驱动，通过电机带动丝杠旋转，实现静压螺母沿丝杠轴线方向的进给运动，属于丝杠驱动型静压丝杠副。目前，高速数控机床的进给速度已经朝着 120m/min，甚至更高的进给速度发展。在丝杠驱动型静压丝杠副中，丝杠的旋转速度受到细长的丝杠轴临界转速的限制，严重束缚了进给速度的提高，此外，在大型、重型数控机床中，丝杠自身的重量较螺母大得多，丝杠旋转惯性力很大，导致发热、变形和能耗严重。

4.1.12.1　螺母驱动型静压丝杠副的结构

本节描述的是一种螺母驱动型静压丝杠副，避免静压丝杠副中丝杠轴临界转速对进给速度的限制，实现静压螺母的静压轴向支承和静压径向支承，实现螺母驱动型静压丝杠副的合理供油，简化供油通道。

螺母驱动型静压丝杠副的具体结构为：

如图 4-68～图 4-74 所示，包括相互配合的丝杠 1 和静压螺母 2，静压复合轴承 3 有两个，分别安装于静压螺母 2 的前后两端，两个静压复合轴承 3 实现静压螺母 2 的静压轴向支承、静压径向支承，并起到为静压螺母 2 供油的作用。下面将分别叙述主要部件静压螺母 2 和静压复合轴承 3，最后再以各部件之间的连接关系来描述。

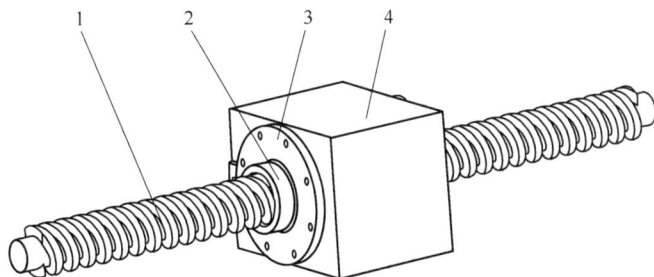

图 4-68　螺母驱动型静压丝杠副的结构示意图
1—丝杠；2—静压螺母；3—静压复合轴承；4—螺母座

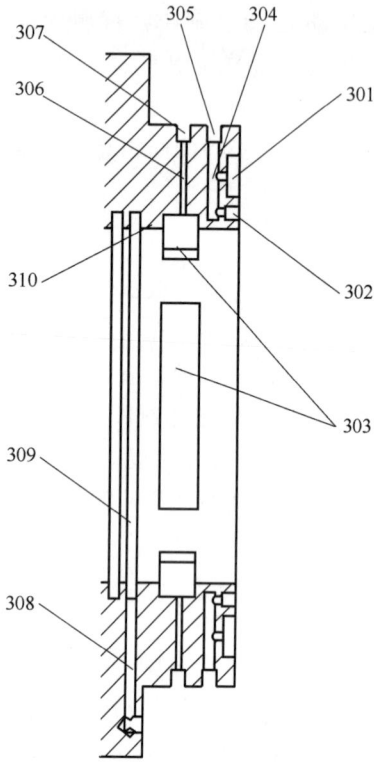

图 4-69　静压复合轴承的剖视图

301—环形油腔；302—环形供油槽 A；303—径向油腔；
304—供油孔；305—供油槽 B；306—节流器；
307—供油槽 C；308—出油孔 D；
309—环形回油槽；310—封油面 A

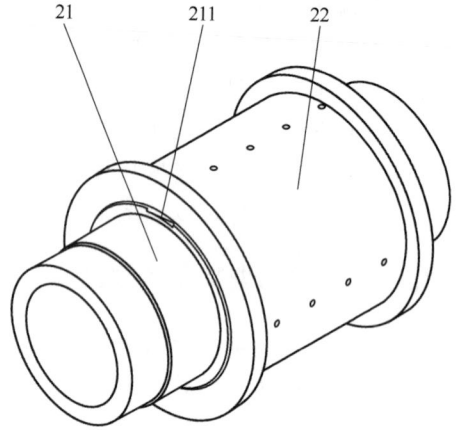

图 4-70　静压螺母的结构示意图

21—内套筒；211—油膜供油槽；22—外套筒

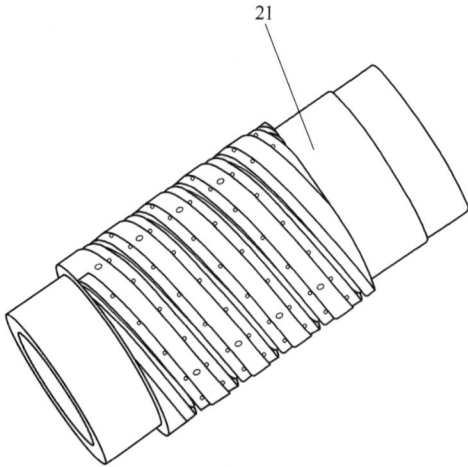

图 4-71　内套筒的结构示意图

21—内套筒

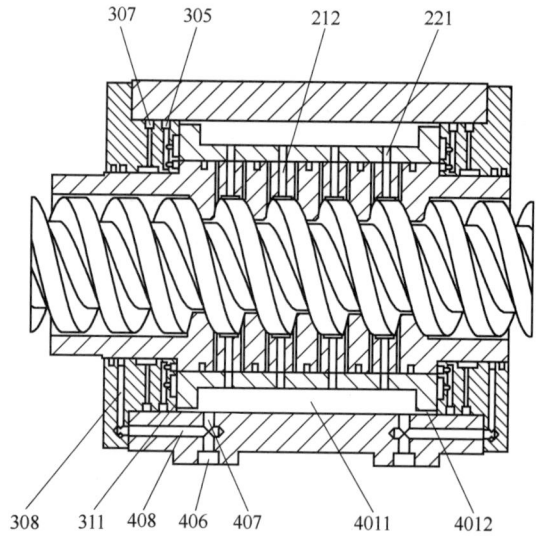

图 4-72　静压螺母、静压复合轴承和螺母座
的装配结构示意图

212—出油孔 A；221—出油孔 B；305—供油槽 B；
307—供油槽 C；308—出油孔 D；311—封油面 B；
4011—环形腔室；4012—环形缝隙；406—出
油孔 C；407—出油通道 A；408—出油通道 B

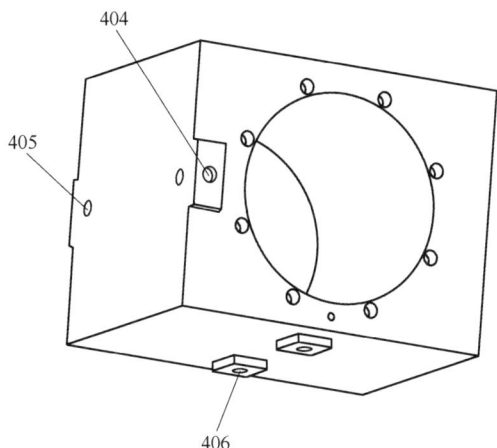

图 4-73　螺母座的结构示意图
404—供油孔 A；405—供油孔 B；406—出油孔 C

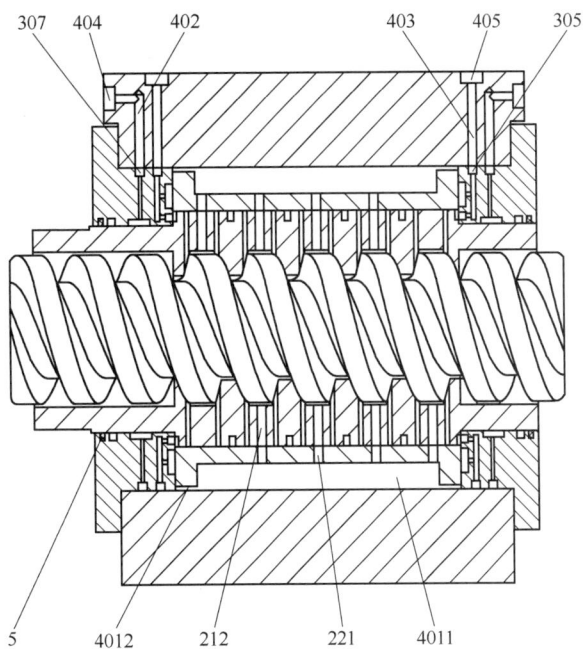

图 4-74　静压螺母、静压复合轴承和螺母座的装配剖视图
212—出油孔 A；221—出油孔 B；305—供油槽 B；
307—供油槽 C；4011—环形腔室；4012—环形缝隙；
402—供油通道 A；403—供油通道 B；
404—供油孔 A；405—供油孔 B；5—密封圈

　　在轴向，静压复合轴承 3 开有环形油腔 301 和环形供油槽 A302，环形油腔 301 设置在静压复合轴承 3 的轴向端部并与静压螺母 2 相接，其用于实现静压螺母 2 的轴向支承，承受轴向载荷；环形供油槽 A302 设置在静压复合轴承 3 的轴向端部并且也和静压螺母 2 相接，其起到为静压螺母 2 供油的作用，润滑油由环形供油槽 A302 流到静压螺母的油膜供油槽 211，实现供油。为实现环形油腔 301 和环形供油槽 A302 的供油，设计了供油孔 304，该供油孔 304 可以一一对应一个环形油腔 301 或一个环形供油槽 A302，亦或是像图示的一个供油孔 304 对应一个环形油腔 301 和一个环形供油槽 A302。此处，环形油腔 301 至少有如下两种结构，其一，环形油腔 301 为一个环形的腔体；其二，环形油腔 301 为多个扇形腔体，多个扇形腔体间隔排列成一个环形。

　　在供油孔 304 的外侧设置供油槽 B305，以便于注油。此处，环形油腔 301 和环形供油槽 A302 位于静压复合轴承 3 的同侧，其相对的上、下位置可以根据实际情况进行设计，最好根据图中所示的，环形油腔 301 位于环形供油槽 A302 的外侧。

　　在径向，径向油腔 303 设置在静压复合轴承 3 的径向并且与丝杠 1 配合使用，其用于实现静压螺母 2 的径向支承，承受径向载荷。为实现径向油腔 303 的供油，在静压复合轴承 3 的圆周方向设计了节流器 306，其与径向油腔 303 一一对应设置，并在节流器 306 的外侧设置供油槽 C307，该供油槽 C307 可设置成环形的，以便于注油。该节流器 306 可以是毛细管节流器，也可以是小孔节流器。在静压复合轴承 3 的端部设置环形回油槽 309，利用环形回油槽 309 回收从径向油腔 303 流出的润滑油。

　　上述环形油腔 301 和径向油腔 303 的数量可以根据实际情况进行设计，图中，环形油腔

301 由四个扇形腔体等间隔排列形成。

静压复合轴承 3 有两条油路：其一，润滑油由供油槽 B305 经过沿圆周方向均匀分布的四个供油孔 304 流到环形油腔 301 和环形供油槽 A302；其二，润滑油由供油槽 C307 流过节流器 306，流到径向油腔 303，从径向油腔 303 流出的润滑油经其一侧的封油面 A310 流到环形回油槽 309，再通过环形回油槽 309 和出油孔 D308 流出，这里，由于径向油腔 303 的另一侧有静压螺母 2 的封堵作用，故不存在润滑油流出。图示的径向油腔 303 数量是四个，其至少为三个，通过其等间隔的排列设置，能够使静压螺母 2 径向受力平衡。

静压螺母 2 包括内套筒 21 和外套筒 22，内套筒 21 和外套筒 22 装配后形成螺旋状的油膜供油槽 211。可以在内套筒 21 的外侧或者外套筒 22 的内侧设置槽体，亦或是两者共同加工槽体，然后装配形成。润滑油由油膜供油槽 211 供应到丝杠 1 和静压螺母 2 螺纹配合面，形成静压油膜。

本结构还设计了螺母座 4，螺母座 4 与静压螺母 2 装配后形成环形腔室 4011，静压螺母 2 的内腔依次通过内套筒 21 齿底处的出油孔 A212、外套筒 22 上与出油孔 A212 相对的出油孔 B221 后与环形腔室 4011 贯通，即静压螺母 2 中的润滑油经过出油孔 A212、出油孔 B221 后流到环形腔室 4011。环形腔室 4011 的两端设有与静压复合轴承 3 相接的环形缝隙 4012，即静压复合轴承 3 轴向部分的润滑油经封油面 B311 流出后，经过环形缝隙 4012 流到环形腔室 4011 内。

螺母座 4 与静压复合轴承 3 连接，螺母座 4 上设有为供油槽 C307 供油的供油通道 A402 和为供油槽 B305 供油的供油通道 B403，供油通道 A402 的外侧设置供油孔 A404，供油通道 B403 的外侧设置供油孔 B405。

环形回油槽 309 依次通过设置在静压复合轴承 3 内的出油孔 D308、设置在螺母座 4 内的出油通道 B408 与出油通道 A407 连接，螺母座 4 上开有两个出油孔 C406，出油孔 C406 通过设置在螺母座 4 内的出油通道 A407 与环形腔室 4011 连通。各路润滑油汇集之后从出油孔 C406 流出，其中，环形腔室 4011 中的润滑油由出油通道 A407 流到出油孔 C406；静压复合轴承 3 径向部分的润滑油由出油孔 D308 流出后经出油通道 B408 流到出油孔 C406。上述出油孔 C406 也可以设计一个或者多个。

通过上述设计，螺母驱动型静压丝杠副的整体供油由螺母座 4 上的两个供油孔 A404 和两个供油孔 B405 实现，整体回油由螺母座 4 上的两个出油孔 C406 实现。

在静压复合轴承 3 的内侧端部开有环形封油槽，环形封油槽内装有密封圈 5，用于封油。

采用导轨等传统方式限制螺母座 4 的旋转自由度，保证螺母座在沿轴向移动的同时，不转动；静压螺母 2 在轴向和径向由静压复合轴承 3 支承，静压复合轴承 3 与螺母座 4 固连；螺母座 4 可沿轴向移动，而不能转动，静压螺母 2 既可沿轴向移动，又可转动。

此外，螺母驱动型静压丝杠副工作时，通过同步带、齿轮传动或采用空心伺服电机和静压螺母 2 直连，带动静压螺母 2 转动，在丝杠螺母螺旋副的作用下，静压螺母 2 转动的同时，带动螺母座沿轴向完成进给运动。

4.1.12.2　螺母驱动型静压丝杠副的优点

通过静压螺母转动加移动的方式实现进给运动，丝杠轴可固定不动，避免静压丝杠副中丝杠轴临界转速对进给速度的限制；实现螺母驱动型静压丝杠副的合理供油，简化供油通道，避免油管与静压螺母的直接连接，进而避免螺母旋转时油管交缠在一起的问题；避免静压螺母和两个静压复合轴承的单独供油，实现静压螺母和两个静压复合轴承的整体供油，简化供油通道；实现静压螺母轴向和径向的静压支承，传动链中存在静压螺母内的螺旋油膜和静压复合轴承内的推力油膜及径向油膜，三重油膜可进一步提高静压丝杠副的优越性能，如对加工误差的均化效果和对振动的抑制效果等。

4.1.13 静压缓冲滚珠丝杠副

滚珠丝杠副是由丝杠、螺母和滚珠链组成的螺旋传动装置，主要用于将旋转电机的旋转运动转换为工作台的往复直线移动。滚珠丝杠副具有高精度、高效率、高刚度、运行稳定等特点，被广泛应用于各行各业，尤其是在数控机床、半导体、医疗和航天等产业得到了广泛应用。

滚珠的循环反向系统是滚珠丝杠副的薄弱环节。因为滚珠在丝杠螺旋滚道中承受负载，而在循环反向滚道中不承受载荷，而且在入口和出口处存在曲率突变，所以滚珠进入或离开反向系统时，其运动状态都会发生很大的变化。当滚珠进入循环反向系统时，滚珠与导珠管发生碰撞产生振动和噪声，同时也使滚珠丝杠副的动力学性能发生改变。滚珠与导珠管之间的频繁碰撞往往会导致滚珠循环系统的疲劳失效。滚珠循环反向系统是影响滚珠丝杠副柔顺性的关键因素。

因此，改进滚珠丝杠副的循环反向系统，在滚珠进、出导珠管的入口和出口位置加入缓冲装置，减小滚珠在进、出导珠管时的碰撞、振动和噪声，有助于提高滚珠丝杠副的柔顺性、运动平稳性、运动精度和使用寿命，降低传动噪声。

4.1.13.1 静压缓冲滚珠丝杠副的结构

本节提供一种静压缓冲滚珠丝杠副，在滚珠进、出导珠管的入口和出口位置加入静压缓冲，利用静压腔的阻尼作用，缓冲滚珠在进、出导珠管时的碰撞，从而降低振动和噪声，提高运动柔顺性、运动平稳性、运动精度和使用寿命。

这种静压缓冲滚珠丝杠副的结构如图 4-75～图 4-80 所示；包括螺母本体 1、静压导珠管 2、滚珠 3、挡板 4、密封挡块 5 和丝杠 6；其中，丝杠 6 上设置有第一螺旋滚道 601；螺母本体 1 呈圆柱状，其内部设置有与第一螺旋滚道 601 相配合的第二螺旋滚道 101，多个滚珠 3 安装于由第一螺旋滚道 601 和第二螺旋滚道 101 配合构成的螺旋滚道中；螺母本体 1 的外圆柱面上设置有安装平面 102，安装平面 102 上与滚珠进、出螺旋滚道的位置相对齐，分别设置两个静压腔 103，静压腔 103 底部设置有装管腔 104，静压腔 103 顶部由挡板 4 盖紧，形成封闭腔室。

静压导珠管 2 呈 U 形，包括位于安装平面 102 之上的第一直管 201，第一直管 201 两端分别通过第一弯管 202 和第二弯管 203 连接第二直管 204 和第三直管 205；第二直管 204 和第三直管 205 进一步通过焊接等方

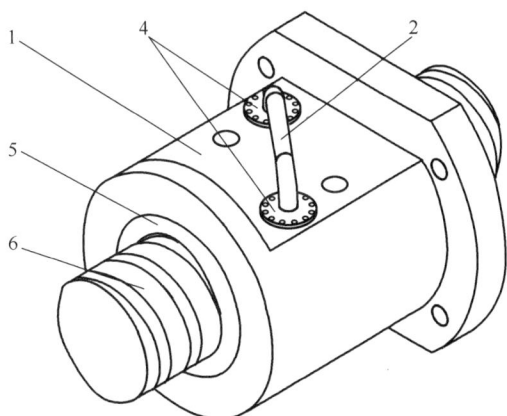

图 4-75 静压缓冲滚珠丝杠副的结构示意图
1—螺母本体；2—静压导珠管；4—挡板；
5—密封挡块；6—丝杠；401—螺纹通孔

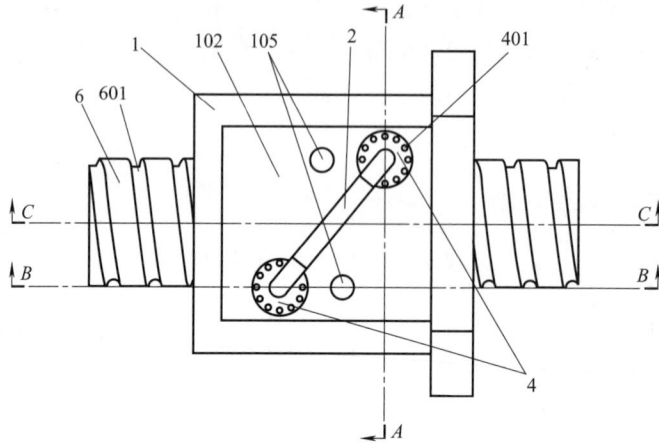

图 4-76　静压缓冲滚珠丝杠副的俯视图

1—螺母本体；2—静压导珠管；4—挡板；6—丝杠；102—安装平面；
105—进油孔；401—螺纹通孔；601—第一螺旋滚道

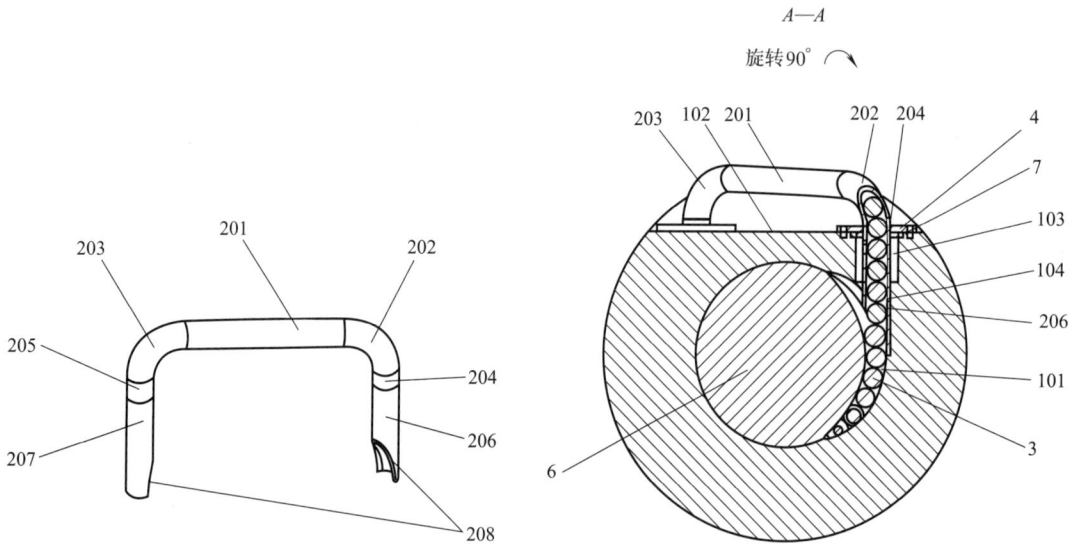

图 4-77　静压导珠管的结构示意图

201—第一直管；202—第一弯管；203—第二弯管；
204—第二直管；205—第三直管；206—第一
多孔直管；207—第二多孔直管；208—圆弧

图 4-78　静压缓冲滚珠丝杠副的剖视图 $A—A$

3—滚珠；4—挡板；7—密封圈；101—第二螺旋滚道；
102—安装平面；103—静压腔；104—装管腔；201—第
一直管；202—第一弯管；203—第二弯管；
204—第二直管；206—第一多孔直管

式分别连接第一多孔直管 206 和第二多孔直管 207；第一多孔直管 206 和第二多孔直管 207 为多孔质材料，其端部进一步设置圆弧 208，以便于滚珠进、出静压导珠管 2；静压导珠管 2 与螺母本体 1 装配时，将静压导珠管 2 插入装管腔 104 内。

静压腔 103 内充满具有一定压力 P_1 的润滑油，润滑油流过第一多孔直管 206 和第二多孔直管 207 到达静压导珠管 2 内，第一多孔直管 206 和第二多孔直管 207 起到节流和均匀进油的作用，第一多孔直管 206 和第二多孔直管 207 节流之后在静压导珠管 2 内的润滑油压为 P_2（$P_2 < P_1$），之后在滚珠滚动作用的带动下，润滑油被带到丝杠与螺母之间的螺旋滚道，

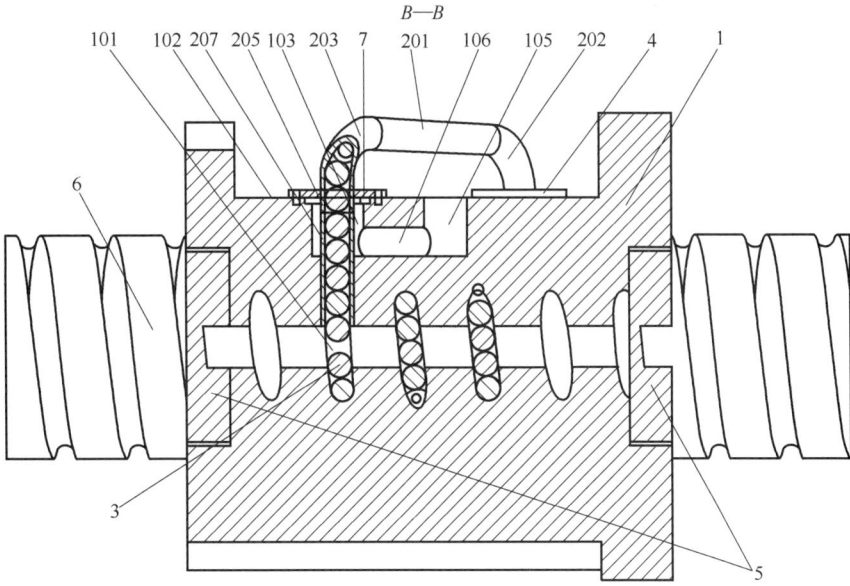

图 4-79　静压缓冲滚珠丝杠副的剖视图 *B—B*

1—螺母本体；3—滚珠；4—挡板；5—密封挡块；6—丝杠；7—密封圈；101—第二螺旋滚道；102—安装平面；103—静压腔；105—进油孔；106—进油通道；201—第一直管；202—第一弯管；203—第二弯管；205—第三直管；207—第二多孔直管

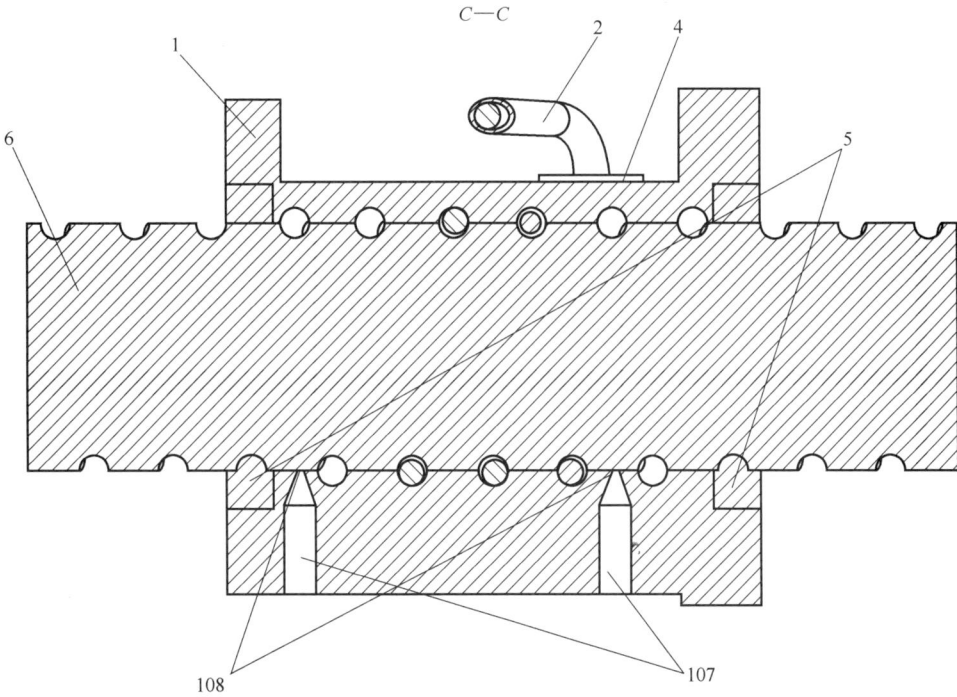

图 4-80　静压缓冲滚珠丝杠副的剖视图 *C—C*

1—螺母本体；2—静压导珠管；4—挡板；5—密封挡块；6—丝杠；107—出油孔；108—小孔节流器

同时对位于静压导珠管 2 和螺旋滚道中的滚珠 3 起到润滑的作用。

螺母本体 1 两端与丝杠配合处进一步设置有两个密封挡块 5，以防止润滑油从螺母两端泄漏；螺母本体 1 下端开有两个分别位于两个密封挡块 5 内侧的出油孔 107，出油孔 107 内进一步设置有小孔节流器 108；小孔节流器 108 起到节流的作用，使得在丝杠与螺母之间的螺旋滚道中形成背压 P_3（P_3 略小于 P_2），具有压力 P_3 的润滑油可以压入滚珠之间和滚珠与螺旋滚道之间的接触区域，从而实现强制润滑，增加润滑油的润滑作用和冷却作用。

螺母本体 1 的安装平面 102 上设置有两个进油孔 105，两个进油孔 105 由进油通道 106 分别通向两个静压腔 103；外部供油系统的供油管连接到进油孔 105，通过进油孔 105 为静压缓冲滚珠丝杠副供油。

挡板 4 上设置有螺纹通孔 401，挡板 4 通过螺纹安装于螺母本体 1 的安装平面 102 上；挡板 4 与安装平面 102 之间设置有密封圈 7，起到封油的作用。

静压缓冲滚珠丝杠副装配后，第一多孔直管 206 和第二多孔直管 207 的位置位于挡板 4 以下，以保证挡板 4 的封油作用，避免润滑油从安装平面 102 溢出。

第一多孔直管 206 和第二多孔直管 207 的安装位置尽量与螺旋滚道相切，以提高滚珠 3 进、出静压导珠管 2 的柔顺性。

螺母本体 1 下端的出油孔 107 不与第二螺旋滚道 101 相通，以避免滚珠滚过出油孔 107 时发生碰撞和振动。

小孔节流器 108，还可以用毛细管节流器、环形节流器、滑阀式节流器或薄膜节流器等其他形式的节流器代替。

静压缓冲滚珠丝杠副的润滑油流动路径为：液压泵站将外置油箱中的润滑油恒压或恒流量抽入两个进油孔 105，再经过进油通道 106 分别通到两个静压腔 103，充满静压腔 103 并在腔内形成油压 P_1；静压腔 103 中润滑油流过第一多孔直管 206 和第二多孔直管 207，经过节流和均布之后到达静压导珠管 2，油压降低为 P_2；之后在滚珠滚动作用的带动下，润滑油被带到丝杠与螺母之间的螺旋滚道，螺旋滚道中的油压略有下降，为 P_3；之后，由位于螺母本体 1 下端的两个出油孔 107 流出，出油孔 107 连接回油管道，由出油孔 107 流出的润滑油通过回油管道流回油箱；油箱中的润滑油再由液压泵站抽入进油孔 105，如此，形成供油循环。

针对滚珠进入循环反向系统时，滚珠与导珠管发生碰撞产生振动和噪声的技术难题，静压缓冲滚珠丝杠副有两处静压缓冲相互串联起作用，一处为封闭静压腔 103 内具有压力 P_1 的润滑油对静压导珠管 2 的静压阻尼缓冲减震作用；另一处为第一多孔直管 206 和第二多孔直管 207 内壁具有压力 P_2 的润滑油对滚珠的静压阻尼缓冲减震作用；两处静压缓冲相互串联起作用，进一步增大了缓冲阻尼，缓冲滚珠在进、出导珠管时的碰撞，从而降低振动和噪声，提高运动柔顺性、运动平稳性、运动精度和使用寿命。

4.1.13.2　静压缓冲滚珠丝杠副的优点

静压缓冲滚珠丝杠副具有以下优点：①针对滚珠进入循环反向系统时，滚珠与导珠管发生碰撞产生振动和噪声的技术难题，这个静压缓冲滚珠丝杠副有两处静压缓冲相互串联起作用，一处为封闭静压腔内具有压力 P_1 的润滑油对静压导珠管的静压阻尼缓冲减震作用；另一处为第一多孔直管和第二多孔直管内壁具有压力 P_2 的润滑油对滚珠的静压阻尼缓冲减震作用；两处静压缓冲相互串联起作用，进一步增大了缓冲阻尼，缓冲滚珠在进、出导珠管时的碰撞，从而降低振动和噪声，提高运动柔顺性、运动平稳性、运动精度和使用寿命。②传统滚珠丝杠副的润滑往往采用自动间隔给油，每隔一段时间向滚珠丝杠副注入微量润滑油，滚珠在螺旋滚道中的润滑为常压环境，常压环境下，很多滚珠得不到充分润滑，造成滚珠与螺旋滚道的直接接触摩擦和发热。这种静压缓冲滚珠丝杠副，通过在出油孔处设置节流器，使得在丝杠与螺母之间的螺旋滚道中形成背压 P_3，滚珠在螺旋滚道中的润滑为带压环境，具有压力 P_3 的润滑油可以压入滚珠之间和滚珠与螺旋滚道之间的接触区域，从而实现强制润滑，增加润滑油的润滑作用和冷却作用。

4.2　新型的节流器形式

4.2.1　常闭式主动控制锥面节流器

节流器是静压轴承或混合轴承系统中不可或缺的重要部件，节流器利用液阻形成压力差，控制或调节各油腔的压力和流量，其节流性能对静压设备的承载能力、静/动刚度和精度等具有显著影响。

常见的节流器可以分为固定式节流器、可变式节流器和主动控制节流器三种。固定式节流器主要有毛细管式节流器、小孔式节流器、缝隙式节流器等，固定式节流器工作时，节流液阻保持不变，承载能力和刚度往往小于可变式节流器。固定节流器节流方式简单，但必须在主轴发生偏移时才能够发挥作用，因此采用该类型节流器存在油膜刚度低、稳定性差、回转精度低等问题。可变式节流器主要有薄膜反馈式节流器和滑阀反馈式节流器等，可变式节流器的液阻可根据静压设备的载荷变化自动反馈调节，保证静压主轴平稳运转。但是，薄膜节流器的薄膜太薄时容易发生翘曲变形，薄膜太厚时节流器的动态响应时间长，抗干扰能力较弱。滑阀反馈节流器的滑阀惯性较大，在调节过程中存在超调问题，稳定性较差。这些问题从很大程度上限制了静压设备在高速、高精度、重载领域的应用。主动控制节流器是在可变节流器上加控制系统，通过改变主动控制节流器的参数来调节静压设备的动力参数（如刚度、阻尼等），能够有效地抑制振动和改善系统的稳定性，并输出位置的变化信息，实现静压设备的运行状态检测，获得更高的支承精度和刚度。

本节内容通过压电陶瓷精确控制节流间隙，实现压力和流量的精确主动控制。但是，节流器为常开式结构，在压电陶瓷不工作时，节流缝隙最大，流量最大，导致能量的过度浪费。如果想长时间减小流量，压电陶瓷必须在工作状态，提供输出推力，保证薄膜变形，减小节流缝隙，这导致压电陶瓷长时间工作，影响其使用寿命。

因此，改进节流器的结构，消除不稳定性，改善节流性能，延长使用寿命，减少能量的浪费，对于静压设备的推广应用及高速化、高精密化发展具有重要意义。

4.2.1.1　常闭式主动控制锥面节流器的结构

常闭式主动控制锥面节流器，采用常闭式设计，在压电陶瓷为非工作状态时，节流缝隙为 0，流量为 0，减少能量的浪费，减小了压电陶瓷的工作时长，提高了使用寿命。

常闭式主动控制锥面节流器的结构如图 4-81、图 4-82 所示，主要包括阀体 1、滑动锥 2、弹性件 3、上壳体 4、压电陶瓷 5 和端盖 6，阀体 1 为中空式结构，其内设有工作腔 11，工作腔 11 呈圆柱状，工作腔 11 下部设置有锥形孔 15；滑动锥 2 上端部设置有挡环 24，下端部设置有锥形凸台 21，且锥形凸台 21 与锥形孔 15 的锥角相等，在锥形凸台 21 与锥形孔 15 相配合后，锥形凸台 21 与锥形孔 15 之间形成锥面节流 17；滑动锥 2 沿自身轴线方向可双向移动，滑动锥 2 在工作腔 11 内设置有导向凸台 22，起到导向作用，保证滑动锥 2 的稳

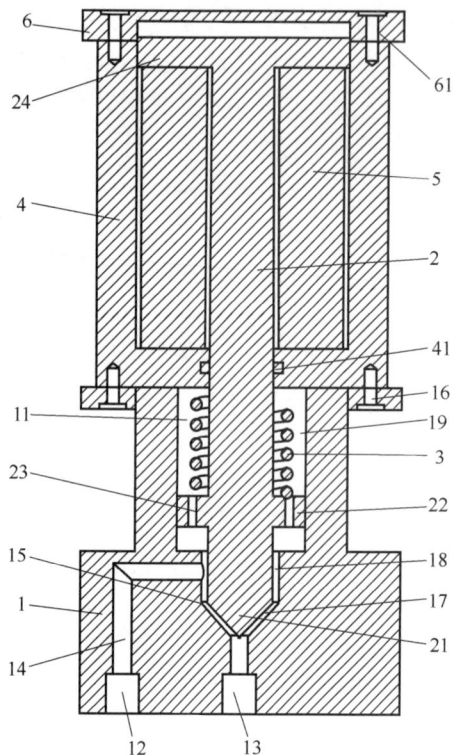

图 4-81 常闭式主动控制锥面节流器的
压电陶瓷工作状态的剖视图

1—阀体；2—滑动锥；3—弹性件；4—上壳体；5—压
电陶瓷；6—端盖；11—工作腔；12—进油孔；13—出
油孔；14—第一通道；15—锥形孔；16—第一螺纹安装孔；
17—锥面节流；18—环形油腔；19—环形预压油腔；
21—锥形凸台；22—导向凸台；23—通孔；24—挡环；
41—密封圈；61—第二螺纹安装孔

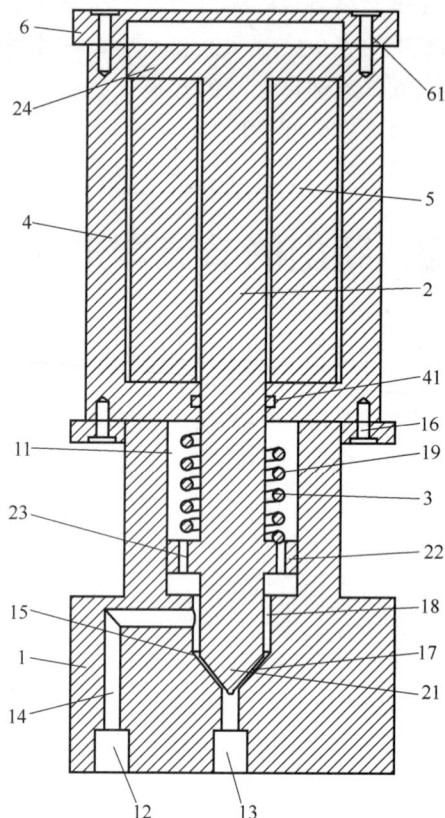

图 4-82 常闭式主动控制锥面节流器的
压电陶瓷非工作状态的剖视图

1—阀体；2—滑动锥；3—弹性件；4—上壳体；5—压
电陶瓷；6—端盖；11—工作腔；12—进油孔；13—出
油孔；14—第一通道；15—锥形孔；16—第一螺纹安装孔；
17—锥面节流；18—环形油腔；19—环形预压油腔；
21—锥形凸台；22—导向凸台；23—通孔；24—挡环；
41—密封圈；61—第二螺纹安装孔

定性；导向凸台 22 上进一步设置有 4 个沿圆周方向均布的通孔 23，在导向凸台 22 下端，滑动锥 2 与工作腔 11 之间形成环形油腔 18，在导向凸台 22 上端，滑动锥 2 与工作腔 11 之间形成环形预压油腔 19，环形油腔 18 与环形预压油腔 19 通过通孔 23 相连通。

弹性件 3 设置在环形预压油腔 19 内，其一端与滑动锥 2 相连，另一端与上壳体 4 相连，该弹性件 3 可以选用弹簧，也可以选用其它的弹性材料。

阀体 1 上部设置有 6 个沿圆周方向均布的第一螺纹安装孔 16，实现阀体 1 和上壳体 4 的紧密连接、无缝隙，端盖 6 上部设置有 6 个沿圆周方向均布的第二螺纹安装孔 61，实现端盖 6 和上壳体 4 的紧密连接，减小零件的振动和磨损，从而延长节流器的使用寿命。

上壳体 4 内部设置有压电陶瓷 5，压电陶瓷 5 呈中空式柱状结构，滑动锥 2 从压电陶瓷 5 的中空腔穿过；压电陶瓷 5 的一端连接滑动锥 2 的挡环 24，另一端连接上壳体 4，上壳体 4 和压电陶瓷 5 采用间隙配合，滑动锥 2 和压电陶瓷 5 采用间隙配合。

阀体 1 的底部设置有进油孔 12 和出油孔 13，进油孔 12 通过第一通道 14 与工作腔 11 连通，出油孔 13 与锥形孔 15 的底部相连接，出油孔 13 连接到静压轴承、静压导轨、静压转台、静压丝杠等静压设备的静压腔。

环形油腔 18 与第一通道 14 相连通，使得从进油孔 12 进入的润滑油能够迅速分散到滑动锥 2 的周向，提高润滑油在阀体 1 中工作腔 11 的流动性。

在滑动锥 2 与上壳体 4 之间设置有密封圈 41，从而阻止润滑油从环形预压油腔 19 流通到压电陶瓷 5。

4.2.1.2　常闭式主动控制锥面节流器的优点

常闭式主动控制锥面节流器具有以下优点：①采用常闭式结构，在压电陶瓷为非工作状态时，节流缝隙最大，流量最大，导致能量过度浪费；②采用常闭式设计，在压电陶瓷为非工作状态时，节流缝隙为 0，流量为 0，减小了压电陶瓷的工作时长，提高了其使用寿命；③通过环形预压腔中的压力油对滑动锥进行预压，可以抑制工作时滑动锥的振动，使滑动锥移动平稳，改善滑动锥节流稳定性，提高了在高速工况或高频振动扰动下，液压静压支承部件对高频振动扰动、高频压力波动、薄膜振动的阻尼抑制作用；④将润滑油引入弹簧部分，对弹簧运动部分进行润滑，进一步提高了滑动锥运动的平稳性。

4.2.2　可控单双路输出滑阀节流器

电液伺服阀主要应用于控制液压缸或液压马达，现在的电液伺服阀技术可以实现真正意义的主动调节。但是由于静压设备与液压缸或液压马达的工作原理不同，电液伺服阀主要为液压缸或液压马达设计，当电液伺服阀应用于静压设备时，往往有所违背电液伺服阀的设计初衷。例如，现有的电液伺服阀的油孔 A 和油孔 B 只能其一为输出，若油孔 A 输出润滑油，则油孔 B 必然为润滑油的入口，反之亦然。但是对于静压设备来说，润滑油不能从油腔向伺服阀方向流动，也就是电液伺服阀只能有润滑油输出，不能有润滑油输入。此外，电液伺服阀上都设置有润滑油流回油箱的回油孔 T，在静压设备中，润滑油是由静压油腔流出后流回油箱，也就是说电液伺服阀上的回油孔 T 在静压设备中也是起不到回油作用的。

通过主动的节流设备对静压设备油腔压力的主动控制，可以实现多种益处，如实现静压设备中油膜静刚度无穷大；提高静压油膜的动态特性；实现轴心轨迹的主动控制；实现振动抑制等。

4.2.2.1　可控单双路输出滑阀节流器的结构

本节描述的是一种可控单双路输出滑阀节流器，用于主动控制静压设备的油腔压力，相较于传动可变节流器，实现真正意义的油腔压力主动调节。

这种可控单双路输出滑阀节流器的结构如图 4-83～图 4-86 所示，主要包括阀套 1 和阀芯 2；其中，阀套 1 为中空式结构，其内设有工作腔 11，工作腔 11 为圆柱形通孔，该工作腔 11 内设置阀芯 2；阀芯 2 为两端对称的柱状结构，其中间位置为中心细环 21，中心细环 21 两端分别设置节流凸肩 A22 和节流凸肩 B23；中心细环 21 与节流凸肩 A22 之间形成阀芯节流边 A28，中心细环 21 与节流凸肩 B23 之间形成阀芯节流边 B29；工作腔 11 内与节流凸肩 A22 和节流凸肩 B23 相对应的位置上分别开有环形腔 A12 和环形腔 B13；阀套 1 内壁与环形腔 A12 之间形成阀套节流边 A14；阀套 1 内壁与环形腔 B13 之间形成阀套节流边 B15；阀芯节流边 A28 与阀套节流边 A14 之间的缝隙构成节流孔 A31，阀芯节流边 B29 与阀套节流边 B15 之间的缝隙构成节流孔 B32；通过主动控制阀芯 2 相对阀套 1 的位移，可以实现对

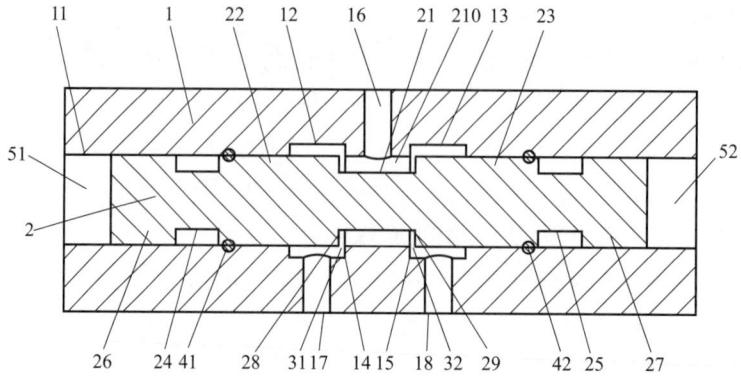

图 4-83　可控单双路输出滑阀节流器的阀芯在中位时的结构示意图

1—阀套；11—阀芯腔；12—环形腔 A；13—环形腔 B；14—阀套节流边 A；15—阀套节流边 B；16—进油孔；
17—出油孔 A；18—出油孔 B；2—阀芯；21—中心细环；210—进油腔；22—节流凸肩 A；23—节流凸肩 B；
24—过段圆环 A；25—过段圆环 B；26—导向凸肩 A；27—导向凸肩 B；28—阀芯节流边 A；29—阀芯节流边 B；
31—节流孔 A；32—节流孔 B；41—密封圈 A；42—密封圈 B；51—控制腔 A；52—控制腔 B；
6—静压径向轴承；61—轴承进油孔 A；62—轴承进油孔 B；63—油腔 A；64—油腔 B

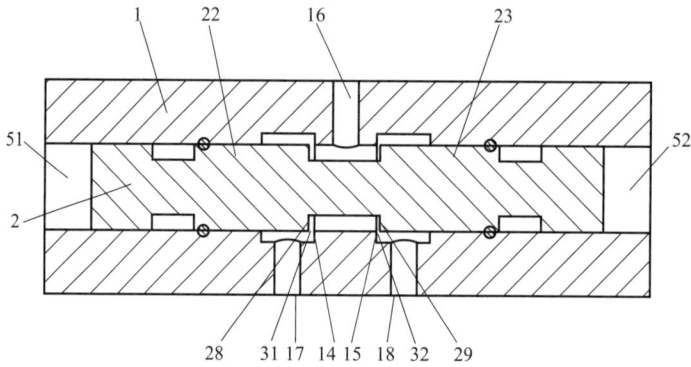

图 4-84　可控单双路输出滑阀节流器的阀芯左偏双路输出时的结构示意图

1—阀套；14—阀套节流边 A；15—阀套节流边 B；16—进油孔；17—出油孔 A；18—出油孔 B；
2—阀芯；22—节流凸肩 A；23—节流凸肩 B；28—阀芯节流边 A；29—阀芯节流边 B；
31—节流孔 A；32—节流孔 B；51—控制腔 A；52—控制腔 B

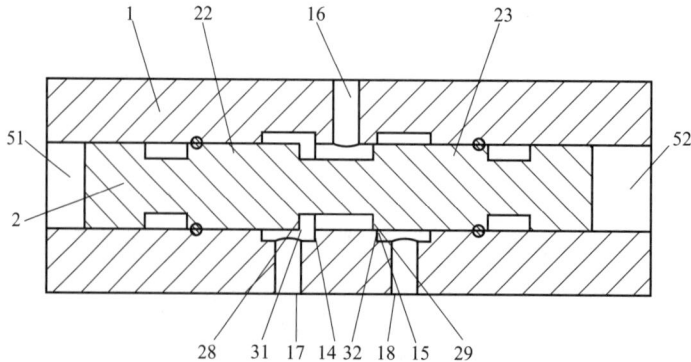

图 4-85　可控单双路输出滑阀节流器的阀芯左偏单路输出时的结构示意图

1—阀套；14—阀套节流边 A；15—阀套节流边 B；16—进油孔；17—出油孔 A；18—出油孔 B；
2—阀芯；22—节流凸肩 A；23—节流凸肩 B；28—阀芯节流边 A；29—阀芯节流边 B；
31—节流孔 A；32—节流孔 B；51—控制腔 A；52—控制腔 B

节流孔 A31 大小和节流孔 B32 大小的差动调
节；当阀芯 2 的位移小于阀芯在中位时节流
孔 A31 和节流孔 B32 的初始间隙时，节流孔
A31 和节流孔 B32 同时有压力油输出，为双
路输出模式；当阀芯 2 的位移大于或等于阀
芯在中位时节流孔 A31 或节流孔 B32 的初始
间隙时，节流孔 A31 和节流孔 B32 只有其一
有压力油输出，为单路输出模式。

中心细环 21 与工作腔 11 内壁之间形成
进油腔 210，节流凸肩 A22 和节流凸肩 B23
与工作腔 11 内壁之间为间隙配合，保证阀芯
2 能够自由移动，同时对润滑油起到一定密
封作用。

阀套 1 内进一步设置分别与进油腔 210、
环形腔 A12 和环形腔 B13 相连通的进油孔
16、出油孔 A17 和出油孔 B18。

节流凸肩 A22 向一端依次设置过段圆环
A24 和导向凸肩 A26，节流凸肩 B23 向另一
端依次设置过段圆环 B25 和导向凸肩 B27；
导向凸肩 A26 和导向凸肩 B27 与工作腔 11
内壁之间为间隙配合，保证阀芯 2 能够自由
移动，起到导向作用，防止阀芯 2 在阀套 1
内发生偏斜。

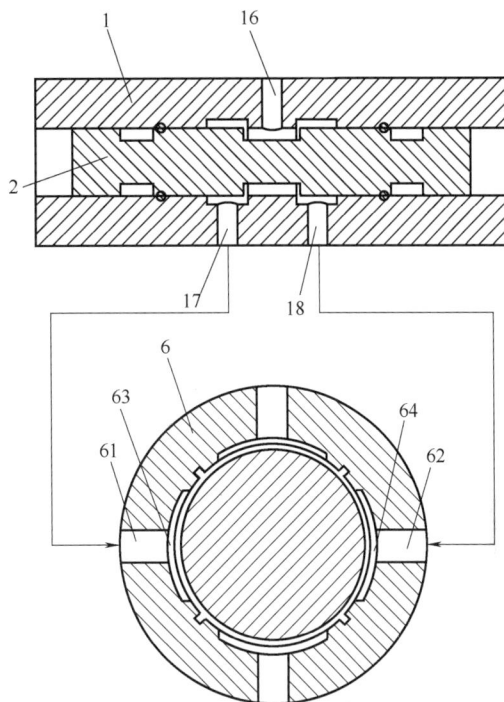

**图 4-86　可控单双路输出滑阀节流器应用于
静压径向轴承时的结构示意图**

1—阀套；2—阀芯；16—进油孔；17—出油孔 A；
6—静压径向轴承；61—轴承进油孔 A；62—轴
承进油孔 B；63—油腔 A；64—油腔 B

节流凸肩 A22 和节流凸肩 B23 与工作腔 11 内壁之间分别设置密封圈 A41 和密封圈
B42；密封圈 A41 和密封圈 B42 起到密封润滑油的作用。

阀芯 2 的总长度小于工作腔 11 的总长度，在阀芯 2 的两端部分别形成控制腔 A51 和控
制腔 B52；控制腔 A51 和控制腔 B52 可以连接前一级先导阀，前一级先导阀输出的油液分
别进入控制腔 A51 和控制腔 B52，通过主动控制前一级先导阀的输出油液压力实现对控制
腔 A51 和控制腔 B52 压力差的控制，进而实现对阀芯 2 位移的主动控制；控制腔 A51 和控
制腔 B52 内阀芯 2 也可以一端连接压电陶瓷或磁致伸缩材料，另一端连接弹簧，通过主动
控制压电陶瓷或磁致伸缩材料的伸长或缩短，以及弹簧的反向作用力，实现对阀芯 2 位移的
主动控制。

此可控单双路输出滑阀节流器可以应用于具有对置油腔结构的静压径向轴承、静压推力
轴承、静压导轨、静压转台、静压丝杠等。出油孔 A17 通过轴承进油孔 A61 与油腔 A63 相
连通，出油孔 B18 通过轴承进油孔 B62 与油腔 B64 相连通。润滑油的油路为：润滑油由进
油孔 16 注入，进入进油腔 210，之后经过节流孔 A31 和节流孔 B32，分别由出油孔 A17 和
出油孔 B18 进入静压径向轴承 6 的油腔 A63 和油腔 B64。其中，节流孔 A31 和节流孔 B32
的节流缝隙的大小决定了出油孔 A17 和出油孔 B18 输出流量的大小，节流缝隙越大，输出
流量越大，反之，输出流量越小。通过对阀芯 2 相对阀套 1 位移的主动控制，即可实现对节
流孔 A31 和节流孔 B32 节流缝隙大小的差动调节。

当阀芯 2 的位移小于阀芯在中位时节流孔 A31 和节流孔 B32 的初始间隙时，节流孔 A31 和节流孔 B32 同时有压力油输出，为双路输出模式。由于结构上的对称性，随着阀芯 2 相对阀套 1 位移，节流孔 A31 和节流孔 B32 的节流缝隙一个增大，则另一个必然减小，也就使得出油孔 A17 和出油孔 B18 输出的流量一个增大，另一个减小，进一步使得相互对置的油腔 A63 和油腔 B64 内的油腔压力一个增大，另一个减小。由于静压径向轴承对轴颈的作用力等于油腔压力乘以有效承载面积，这里两个油腔的有效承载面积相等，即静压径向轴承对轴颈会产生作用力，推动轴颈主动移动或者主动抵抗外部负载。双路输出模式时，静压径向轴承的两个对置的油腔内都处于工作状态，都具有一定的压力油，相当于两个串联作用的刚度和阻尼，这时轴颈主动移动或者主动抵抗外部负载的灵敏度较高，但是由于两个对置的油腔对轴颈提供的作用力方向相反，不可避免相互抵消一部分，导致静压径向轴承能够提供的对轴颈的作用力受限。

当阀芯 2 的位移大于或等于阀芯在中位时节流孔 A31 或节流孔 B32 的初始间隙时，节流孔 A31 和节流孔 B32 只有其一有压力油输出，为单路输出模式。节流孔 B32 被节流凸肩 B23 完全堵死，会导致出油孔 B18 无润滑油输出。这种情况下，无润滑油进入静压径向轴承 6 的油腔 B64，即油腔 B64 内压力等于 0，处于非工作状态，只有油腔 A63 处于工作状态。相对双路输出模式，单路输出模式时阀芯 2 的位移较大，节流孔 A31 的节流缝隙较大，出油孔 A17 输出油液的流量也较大，因此在油腔 A63 中将产生更大的油腔压力。同时由于对置方向无油腔 B64 的反向作用力，将显著增大静压径向轴承能够提供的对轴颈的作用力。而相对双路输出模式，单路输出模式时，轴颈主动移动或者主动抵抗外部负载的灵敏度较低。

通过控制阀芯 2 的位移，可以实现可控单双路输出滑阀节流器在双路输出模式和单路输出模式之间自由切换。优选的，当静压径向轴承 6 正常工作时，设置为双路输出模式；当遇到极端工况，需要提供足够大的对轴颈的作用力时，切换为单路输出模式；当极端工况解除时，恢复为双路输出模式。

4.2.2.2 常闭式主动控制锥面节流器的优点

常闭式主动控制锥面节流器具有以下优点：①可控单双路输出滑阀节流器可以分双路输出模式和单路输出模式两种工作模式。双路输出模式时，静压设备的两个对置油腔都处于工作状态，相当于两个串联作用的刚度和阻尼，这时静压油膜主动控制的灵敏度较高，缺点是由于两对置油腔提供的作用力方向相反，不可避免相互抵消一部分，导致对置油腔能够输出的油膜总作用力受限；单路输出模式将显著增大对置油腔能够输出的油膜总作用力，而相对双路输出模式，单路输出模式时，轴颈主动移动或者主动抵抗外部负载的灵敏度较低。通过控制阀芯的位移，可以实现可控单双路输出滑阀节流器在双路输出模式和单路输出模式之间自由切换。②相较于滑阀节流、单面/双面薄膜节流、内表面反馈节流等传统可变节流器，节流液阻只能根据油腔压力被动调节，此可控单双路输出滑阀节流器的节流液阻可以由前一级先导阀或压电陶瓷、磁致伸缩等智能材料主动控制，进而实现真正意义的主动控制油腔压力。③相较于电液伺服阀主要为控制液压缸或液压马达而设计，此可控单双路输出滑阀节流器克服了电液伺服阀应用于静压设备时的障碍，如电液伺服阀的油孔 A 和油孔 B 只能其一为输出的问题，电液伺服阀上的回油孔 T 在静压设备中起不到回油作用的问题。④可控单双路输出滑阀节流器应用于静压设备的油腔压力主动控制，可以实现静压设备的诸多益处，如实现静压设备中油膜静刚度的无穷大；提高静压油膜的动态特性；实现轴心轨迹的主动控制；实现振动抑制等。

4.2.3　预压可调滑阀节流器

4.2.3.1　预压可调滑阀节流器的结构

本节描述的是一种预压可调滑阀节流器，其既具有润滑油"预压"的作用，以抑制滑阀的振动，使滑阀移动平稳，改善滑阀节流稳定性；又具有节流比"可调"的效果，以适应不同的加工和装配误差，及适应工况变动的要求。

这种预压可调滑阀节流器的结构如图 4-87～图 4-89 所示，主要包括外套筒 1、滑阀 2、调节组件 3 和弹性件 4，外套筒 1 为中空式结构，其内设有工作腔，该工作腔内设置滑阀 2、调节组件 3 和弹性件 4，且该工作腔与进油孔 11 连通。在外套筒 1 的前端设有与工作腔贯通的工作用出油孔 A14。外套筒 1 的后端设有与工作腔贯通的预压用出油孔 B16。滑阀 2 的前端与锥形孔 13 配合，通过两者的间隙来调节出油孔 A14 的出油量。调节组件 3 通过弹性件 4 控制滑阀 2 在工作腔内的位置；滑阀 2 和调节组件 3 均设置在外套筒 1 内，在滑阀 2 和调节组件 3 之间形成一个预压腔 6，弹性件 4 正好放置在预压腔 6 内。外套筒 1 和滑阀 2 采用间隙配合，调节组件 3 和外套筒 1 采用间隙配合，在外套筒 1 和滑阀 2 之间形成连通进油孔 11 和预压腔 6 的节流间隙 A1-23，在调节组件 3 和外套筒 1 之间形成连通出油孔 B16 和预压腔 6 的节流间隙 B1-32。

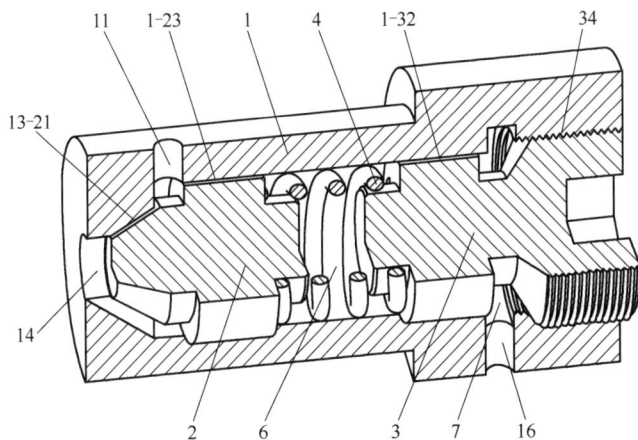

图 4-87　预压可调滑阀节流器的结构示意图

1—外套筒；11—进油孔；12—内凸台；13—锥形孔；14—出油孔 A；15—环形槽；16—出油孔 B；2—滑阀；
21—锥形凸台；22—圆柱形凸台；23—圆柱面 A；24—导向凸台 A；3—调节组件；31—导向凸台 B；
32—圆柱面 B；33—环形油槽；34—螺纹圆柱面；4—弹性件；5—环形供油腔；6—预压腔；
1-23—节流间隙 A；1-32—节流间隙 B；13-21—锥形节流间隙

出油孔 A14 与锥形孔 13 的出口相通，在滑阀 2 的前端设有与锥形孔 13 相对应的锥形凸台 21，该锥形凸台 21 位于圆柱形凸台 22 的前方。若锥形孔 13 的锥角小于锥形凸台 21 的锥角，从润滑油进入到流出，锥形节流间隙 13-21 逐渐增大，可以防止节流间隙阻塞；若锥形孔 13 的锥角等于锥形凸台 21 的锥角，从润滑油进入到流出，锥形节流间隙 13-21 间隙一

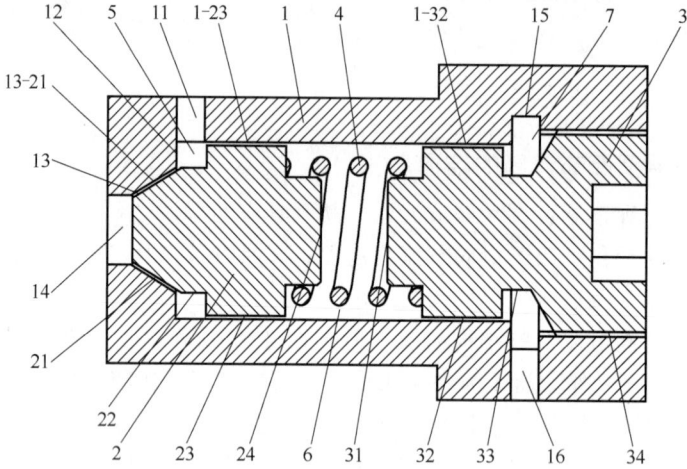

图 4-88　预压可调滑阀节流器的剖视图

1—外套筒；11—进油孔；12—内凸台；13—锥形孔；14—出油孔 A；15—环形槽；16—出油孔 B；2—滑阀；
21—锥形凸台；22—圆柱形凸台；23—圆柱面 A；24—导向凸台 A；3—调节组件；31—导向凸台 B；
32—圆柱面 B；33—环形油槽；34—螺纹圆柱面；4—弹性件；5—环形供油腔；6—预压腔；
1-23—节流间隙 A；1-32—节流间隙 B；13-21—锥形节流间隙

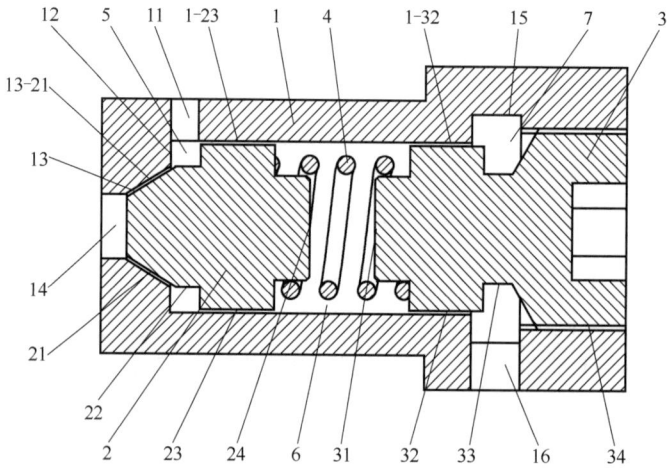

图 4-89　预压可调滑阀节流器的剖视图

1—外套筒；11—进油孔；12—内凸台；13—锥形孔；14—出油孔 A；15—环形槽；16—出油孔 B；2—滑阀；
21—锥形凸台；22—圆柱形凸台；23—圆柱面 A；24—导向凸台 A；3—调节组件；31—导向凸台 B；
32—圆柱面 B；33—环形油槽；34—螺纹圆柱面；4—弹性件；5—环形供油腔；6—预压腔；
1-23—节流间隙 A；1-32—节流间隙 B；13-21—锥形节流间隙

致，提高调节组件 3 的控制。上述两种调整出油量的方法也可以组合使用。

　　滑阀 2 沿自身轴线方向可双向移动，滑阀 2 的后端设有导向凸台 A24，调节组件 3 的前端设有导向凸台 B31，弹性件 4 的两端分别设置在导向凸台 A24 和导向凸台 B31 上，起到引导弹性件 4 的作用，保证弹性件 4 的稳定性，该弹性件 4 可以选用弹簧，也可以选用其它的弹性材料。

滑阀 2 设有与进油孔 11 相对应的圆柱形凸台 22，其与工作腔形成环形供油腔 5，环形供油腔 5 与进油孔 11 相通，该圆柱形凸台 22 的设计，使得从进油孔 11 进入的润滑油能够迅速分散到滑阀 2 的周向，提高润滑油在外套筒 1 中工作腔的流动性。

导向凸台 B31 后面设有圆柱面 B32，该圆柱面 B32 与外套筒 1 的工作腔形成节流间隙 B1-32；调节组件 3 的后端设有螺纹圆柱面 34，在外套筒 1 工作腔的相应位置设计螺纹，通过旋转调节组件 3 来调整弹性件 4 的形变，进而起到调整节流比的作用。在圆柱面 B32 与螺纹圆柱面 34 之间开有环形油槽 33；外套筒 1 设有与环形油槽 33 相对应的环形槽 15，出油孔 B16 设置在环形槽 15 内，该设计类似于环形供油腔 5 的作用。

节流间隙 B1-32 所对应的节流长度为定值，也就是说，预压腔 6 内的预压压力为定值，图中安装好的节流器中，环形槽 15 轴向宽度较小，圆柱面 B32 在移动过程中未到达环形槽 15 内，整个圆柱面 B32 一直与外套筒 1 工作腔接触，此时，旋转调节组件 3 调节节流比时，节流间隙 B1-32 的液阻不变，预压腔 6 内的预压压力为定值。节流间隙 B1-32 所对应的节流长度为变值时，图中安装好的节流器中，环形槽 15 轴向宽度较大，圆柱面 B32 在移动过程中保持在环形槽 15 内，圆柱面 B32 与外套筒 1 工作腔接触的面积逐渐变化，旋转调节组件 3 调节节流比时，节流间隙 B1-32 的液阻变化，同时实现了预压腔 6 内的预压压力的调节。

润滑油由进油孔 11 注入，进入环形供油腔 5 之后，润滑油分为两路：一路为工作油路，润滑油流过锥形节流间隙 13-21，在锥形节流间隙 13-21 中形成工作节流液阻，然后流到出油孔 A14，由出油孔 A14 流出的润滑油流到静压设备的静压油腔；一路为预压油路，润滑油流过环形节流间隙 A1-23，在环形节流间隙 A1-23 中形成预压节流液阻 A，流到预压腔 6 之后，流过环形节流间隙 B1-32，在环形节流间隙 B1-32 中形成预压节流液阻 B，流到环形回油腔 7，再由出油孔 B16 流出。

预压腔 6 中润滑油的预压压力由环形节流间隙 A1-23 与环形节流间隙 B1-32 的液阻比决定，通过调节环形节流间隙 A1-23 与环形节流间隙 B1-32 的液阻比，可以得到不同的预压压力。对滑阀 2 采用压力油预压，可以抑制滑阀 2 的振动，使滑阀移动平稳，改善滑阀节流的稳定性。

通过旋转调节组件 3，可以调节弹性件 4 的初始压缩量，进而调节锥形节流间隙 13-21 的初始值，即实现对节流比的调节，以适应静压设备不同的加工和装配误差，及适应工况变动的要求。

静压设备中静压油腔的油腔压力变化，导致出油孔 A14 的出油压力变化，进而改变弹性件 4 的变形量，进而改变锥形节流间隙 13-21 的大小。当油腔压力增大时，锥形节流间隙 13-21 增大，使得供给静压油腔的流量增大；当油腔压力减小时，锥形节流间隙 13-21 减小，使得供给静压油腔的流量减小，从而实现压力反馈主动补偿，提高静压设备的承载能力和刚度。

4.2.3.2　预压可调滑阀节流器的优点

预压可调滑阀节流器的优点包括：通过对滑阀采用压力油预压，可以抑制工作时滑阀的振动，使滑阀移动平稳，改善滑阀节流稳定性；通过旋转调节组件，可以调节锥形节流间隙的初始值，即实现对节流比的调节，以适应静压设备不同的加工和装配误差，及适应工况变动的要求；在工作过程中，可根据负载大小微调调节组件，从而得到理想的节流比，使节流器工作在与负载相适应的最佳工作状态；此外，预压可调滑阀节流器结构紧凑小巧，可嵌入静压设备体内安装，有助于简化供油油路，减小"敏感油路（由节流器到静压油腔的这段油路）"的长度，提高节流动态特性。

4.3 本章小结

本章围绕液体静压螺母的新型结构形式与新型节流器的创新设计展开，系统介绍了多种技术方案及其结构特点，主要内容总结如下：

（1）液体静压丝杠副的新型结构形式

本章提出了 13 种创新结构形式，包括多孔介质静压螺母、焊接式静压螺母、连续轴腔静压螺母、螺纹组合静压螺母、螺母组装静压螺母、拼接式静压螺母、梯度渗透多孔介质静压螺母等，重点解决的是静压螺母的内螺纹上的螺旋形静压油腔制造困难的技术难题；还包括内置式单面薄膜节流静压丝杠副、内置式双面薄膜节流静压丝杠副、内置式预压可调单面薄膜节流静压丝杠副、静压支承宏微双驱动进给系统、螺母驱动型静压丝杠副、静压缓冲滚珠丝杠副等，重点在于提高静压丝杠副的静动态特性、高速运动特性和抗干扰特性等。

（2）新型的节流器形式

本章提出了 3 种新型节流器及配套结构，包括常闭式主动控制锥面节流器、可控单双路输出滑阀节流器和预压可调滑阀节流器等，为液体静压系统的静动态特性的性能提升、可靠性增强及复杂工况适应提供了解决方案。

第**5**章

螺距误差作用下液体静压丝杠副的油膜特性数学模型及静动态特性分析

5.1 螺距误差作用下液体静压丝杠副的油膜特性数学模型

目前可以查到的关于液体静压丝杠副油腔压力、流量、承载能力、刚度等的计算公式都是基于最基本的静压设计。而螺距误差会导致螺纹间油膜间隙的波动，在一定的丝杠转速下，流体膜会产生动压效应，这就需要利用雷诺方程来数值求解压力和扰动压力分布，进而得到油膜的静动态特性。

在静压/动静压轴承、静压导轨等传统静压/动静压设备中，流体膜呈规则的形状，例如，在普通径向轴承中呈圆柱形；在椭圆轴承、多叶轴承中呈椭圆柱形；在推力轴承中呈环形或扇形；在静压导轨中呈平面矩形；在球轴承中呈球状。对应相应的油膜形状都可以找到适用的雷诺方程形式。而在液体静压丝杠副中，油膜呈螺旋面形状，并无现成的雷诺方程形式可用。并且，螺纹螺旋面为阿基米德螺旋面，属于不可展螺旋面。

本章基于螺旋面的等效平面，推导了适用于液体静压丝杠副螺旋型油膜的雷诺方程；给出了流量、轴向承载能力、轴向动刚度、轴向阻尼等的计算公式；并给出了油膜静动态特性的数值计算方法。为之后各章节对液体静压丝杠副的性能分析奠定基础。

5.1.1 液体静压丝杠副的结构

图 5-1 为典型的断续油腔液体静压丝杠副结构示意图。在实际应用中，静压丝杠副常水平安装，为了便于模型的建立及表达，图中竖直放置静压丝杠副。螺母螺纹每圈开有 4 对轴向对置的螺旋油腔，螺纹的齿顶和齿底开有回油孔。润滑油经过节流器后，由进油口进入螺旋油腔，流过螺旋封油面到达齿顶和齿底，再由回油孔流出静压螺母，流回油池。坐标系 $o\text{-}xyz$ 位于螺母上，oz 轴沿着螺母中心轴方向；ox 轴沿径向穿过螺母螺纹下侧螺旋面的起始点；角度坐标 θ 以 ox 轴为起始边，取逆时针方向为正。对于右旋螺纹，当丝杠沿着 θ 方向以角速度 ω 转动时，螺母将沿着轴向向下运动，如图 5-1 所示。反之，当丝杠沿着 θ 反方向以角速度 ω 转动时，螺母将沿着轴向向上运动。

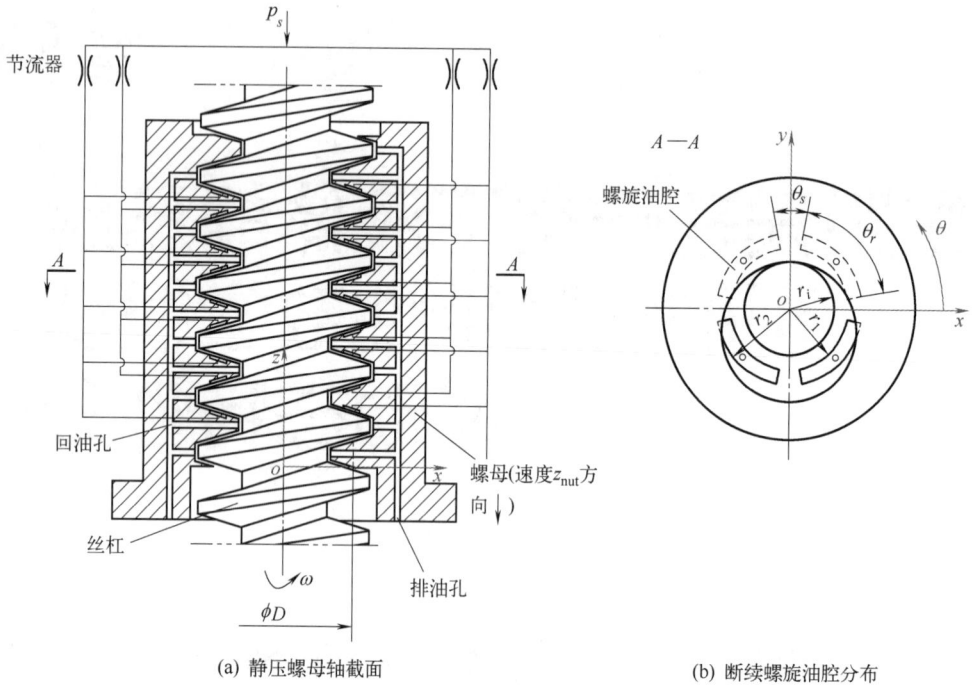

图 5-1　断续油腔液体静压丝杠副结构示意图

5.1.2　液体静压丝杠副油膜特性控制方程的推导

5.1.2.1　基于等效平面的螺旋型油膜广义雷诺方程

（1）螺旋面的等效平面

根据文献［51］所述原理，每圈螺纹的螺旋面都可以近似展开为一个等效的扇形平面，如图 5-2 所示。等效扇形平面与螺纹螺旋面的几何关系如下

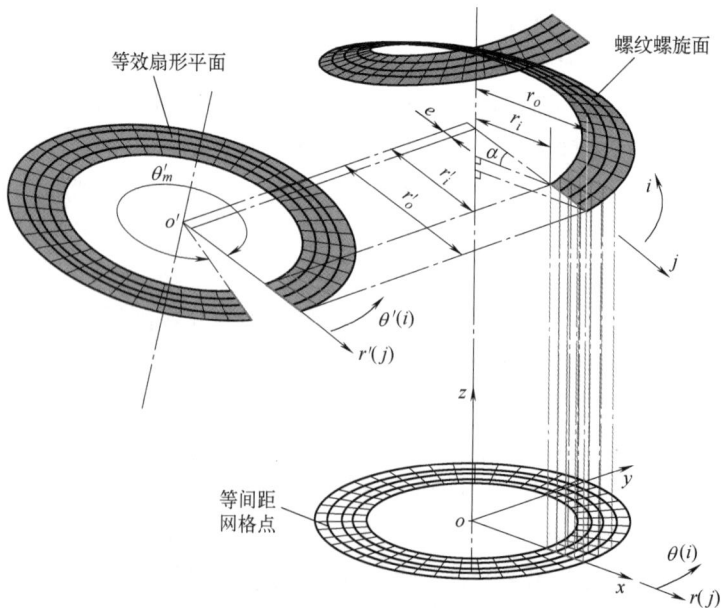

图 5-2　螺纹螺旋面的等效平面及网格划分

$$\theta'_m = 2\pi K, r'_i = r_i K_i, r'_o = r_o K_o, r' = r + e \tag{5-1}$$

式中 r_i——螺母内径半径；

$\quad r_o$——丝杠外径半径；

$\quad '$——位于等效扇形平面的参数，下同。

K、K_i、K_o、e 由下式计算

$$\begin{cases} K = \dfrac{\cos\alpha}{(1 - r_i/r_o)} \left[\sec\lambda_o - (r_i^2/r_o^2 + \tan^2\lambda_o)^{1/2} \right] \\[2mm] K_i = \dfrac{1}{K\cos\lambda_i} \\[2mm] K_o = \dfrac{1}{K\cos\lambda_o} \\[2mm] e = \dfrac{r_o}{\cos\alpha} \left(\dfrac{r_o - r_i}{r_o - r_i\cos\lambda_o/\cos\lambda_i} - 1 \right) \end{cases} \tag{5-2}$$

式中 α——轴截面内的螺纹牙型半角；

$\quad \lambda_i$——螺母内径处螺旋升角；

$\quad \lambda_o$——丝杠外径处螺旋升角。

（2）广义雷诺方程的推导

适用于静压丝杠副螺旋型油膜的雷诺方程推导是基于螺纹螺旋面与其等效平面的几何对应关系及网格点的一一对应关系，如图 5-3 所示。坐标 $o'\text{-}r'\theta'z'$ 位于等效扇形平面上。基于润滑理论的一般性假设，$o'\text{-}r'\theta'z'$ 坐标系下的 Navier-Stokes 方程可以简化为

$$\frac{\partial p'}{r'\partial\theta'} = \eta \frac{\partial^2 v_{\theta'}}{\partial z'^2} \tag{5-3}$$

$$\frac{\partial p'}{\partial r'} = \eta \frac{\partial^2 v_{r'}}{\partial z'^2} + \rho \frac{v_{\theta'}^2}{r_c}\cos\alpha \tag{5-4}$$

式中 $v_{\theta'}$——θ' 方向的速度，其值等于螺纹螺旋面上对应的网格点沿螺旋线的切线 τ 方向的速度 v_τ；

$\quad v_{r'}$——r' 方向的速度，其值等于螺纹螺旋面上对应的网格点沿螺纹牙型 ζ 方向的速度 v_ζ；

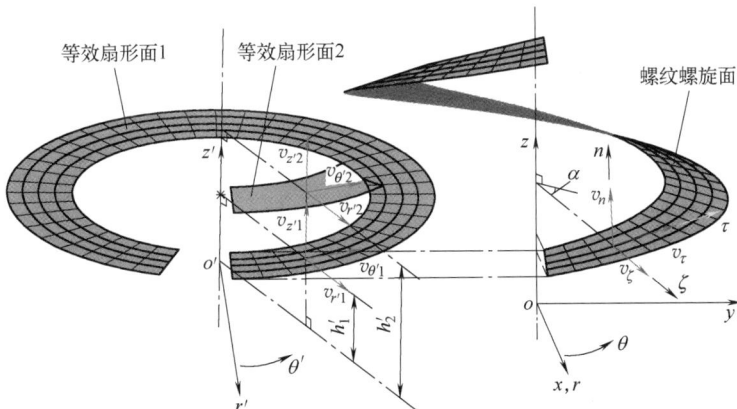

图 5-3 螺纹螺旋面与其等效平面的对应关系

$\rho\dfrac{v_{\theta'}^2}{r_c}\cos\alpha$——丝杠旋转导致的润滑油惯性项；

ρ——润滑油密度；

r_c——任意半径 r 处螺旋线的曲率半径，$r_c=(4\pi^2 r^2+P^2)/(4\pi^2 r)$；

P——螺距。

将式（5-3）对 z' 积分两次，并代入界面无滑移边界条件：当 $z'=h_1'$ 时，$v_{\theta'}=v_{\theta'1}$；当 $z'=h_2'$ 时，$v_{\theta'}=v_{\theta'2}$，可得

$$v_{\theta'}=\frac{1}{2\eta}\times\frac{\partial p'}{r'\partial\theta'}z'^2+\left[\frac{v_{\theta'2}-v_{\theta'1}}{h_2'-h_1'}-\frac{1}{2\eta}\times\frac{\partial p'}{r'\partial\theta'}(h_1'+h_2')\right]z'+$$

$$v_{\theta'1}+\frac{1}{2\eta}\times\frac{\partial p'}{r'\partial\theta'}h_1'h_2'-\frac{v_{\theta'2}-v_{\theta'1}}{h_2'-h_1'}h_1' \tag{5-5}$$

式中 h_1'——等效扇形面 1 距坐标平面 $o'r'\theta'$ 的距离；

h_2'——等效扇形面 2 距坐标平面 $o'r'\theta'$ 的距离。

类似地，将式（5-5）代入式（5-4），之后对 z' 积分两次，并代入界面无滑移边界条件：当 $z'=h_1'$ 时，$v_{r'}=v_{r'1}=0$；当 $z'=h_2'$ 时，$v_{r'}=v_{r'2}=0$，可得到 $v_{r'}$。

对于等效扇形面 1 与等效扇形面 2 之间贯穿整个膜厚方向的柱状空间，润滑油的质量守恒原理可以表示为

$$\frac{\partial(\rho q_{\theta'})}{r'\partial\theta'}+\frac{\partial(\rho r' q_{r'})}{r'\partial r'}+\frac{\partial(\rho h')}{\partial t}=0 \tag{5-6}$$

式中 h'——油膜厚度，$h'=h_2'-h_1'$；

$q_{\theta'}$——θ' 方向单位宽度的流量；

$q_{r'}$——r' 方向单位宽度的流量。

$q_{\theta'}$ 和 $q_{r'}$ 可由下式计算

$$\begin{cases} q_{\theta'}=\displaystyle\int_{h_1'}^{h_2'}v_{\theta'}\,\mathrm{d}z'=-\frac{h'^3}{12\eta}\times\frac{\partial p'}{r'\partial\theta'}+\frac{h'}{2}(v_{\theta'1}+v_{\theta'2}) \\[2mm] q_{r'}=\displaystyle\int_{h_1'}^{h_2'}v_{r'}\,\mathrm{d}z'=-\frac{h'^3}{12\eta}\times\frac{\partial p'}{\partial r'}+\frac{\rho h'^3\cos\alpha}{\eta r_c}\left(\frac{3}{120}v_{\theta'1}^2+\frac{4}{120}v_{\theta'1}v_{\theta'2}+\frac{3}{120}v_{\theta'2}^2\right) \end{cases} \tag{5-7}$$

对于不可压缩润滑问题，润滑油的密度 ρ 等于常数，因此式（5-6）可以简化为

$$\frac{\partial q_{\theta'}}{r'\partial\theta'}+\frac{\partial(r' q_{r'})}{r'\partial r'}+\frac{\partial h'}{\partial t}=0 \tag{5-8}$$

将式（5-7）代入式（5-8），可得雷诺方程为

$$\frac{\partial}{\partial r'}\left(r'h'^3\frac{\partial p'}{\partial r'}\right)+\frac{1}{r'}\times\frac{\partial}{\partial\theta'}\left(h'^3\frac{\partial p'}{\partial\theta'}\right)=$$

$$12\rho\cos\alpha\frac{\partial}{\partial r'}\left[\frac{r'h'^3}{r_c}\left(\frac{3}{120}v_{\theta'1}^2+\frac{4}{120}v_{\theta'1}v_{\theta'2}+\frac{3}{120}v_{\theta'2}^2\right)\right]+6\eta(v_{\theta'1}+v_{\theta'2})\frac{\partial h'}{\partial\theta'}+12\eta r'\frac{\partial h'}{\partial t} \tag{5-9}$$

式中，$\dfrac{\partial h'}{\partial t}$ 项可以表示为

$$\frac{\partial h'}{\partial t}=v_{z'2}-v_{z'1}-v_{\theta'2}\frac{\partial h_2'}{r'\partial\theta'}+v_{\theta'1}\frac{\partial h_1'}{r'\partial\theta'} \tag{5-10}$$

式中　　$v_{z'}$——z'方向的速度，其值等于螺纹螺旋面上对应的网格点沿螺旋面的法线 n 方向的速度 v_n。

将式（5-10）代入式（5-9），且注意到 $h'=h'_2-h'_1$，式（5-9）给出的雷诺方程转化为

$$\frac{\partial}{\partial r'}\left(r'h'^3\frac{\partial p'}{\partial r'}\right)+\frac{1}{r'}\times\frac{\partial}{\partial \theta'}\left(h'^3\frac{\partial p'}{\partial \theta'}\right)=$$

$$12\rho\cos\alpha\frac{\partial}{\partial r'}\left[\frac{r'h'^3}{r_c}\left(\frac{3}{120}v_{\theta'1}^2+\frac{4}{120}v_{\theta'1}v_{\theta'2}+\frac{3}{120}v_{\theta'2}^2\right)\right]+6\eta(v_{\theta'1}-v_{\theta'2})\left(\frac{\partial h'_2}{\partial \theta'}+\frac{\partial h'_1}{\partial \theta'}\right)$$

$$+12\eta r'(v_{z'2}-v_{z'1}) \tag{5-11}$$

5.1.2.2　液体静压丝杠副中雷诺方程的具体形式

当同时考虑丝杠和螺母的螺距误差或只考虑丝杠的螺距误差时，随着丝杠的转动，静压螺母移动过程中油膜厚度不断变化，导致了静压螺母行进过程中的时变特性。而只考虑螺母的螺距误差时，随着丝杠的转动，在恒定负载、转速下，静压螺母上的油膜厚度保持不变，进而静压螺母行进过程中静动态特性保持不变。这里给出只考虑螺母螺距误差时的油膜间隙模型和雷诺方程，同时考虑丝杠和螺母螺距误差的情况在此基础上修正即可。

（1）含螺母螺距误差的油膜间隙模型

图 5-4 所示为只考虑螺母螺距误差时，在有效直径 D 处的螺纹展开图。从中可以看出，螺母螺纹上螺旋油腔和封油面的分布情况，螺母共含 6 圈螺纹，中间的 4 圈螺纹开有螺旋油腔，螺纹两端的剩余部分用作封油。由于端部存在半圈的不完全螺纹，为使螺母螺纹两螺旋面上的螺旋油腔轴向对称，螺纹两端的封油面长度不相等，对应角度分别为 $5\pi/2$ 和 $3\pi/2$。$f_{n,T}(\theta)$ 和 $f_{n,B}(\theta)$ 分别表示螺母螺纹上、下侧表面的螺距误差。可以看出，当存在螺距误差时，在螺旋方向上会形成波动的油膜间隙。当丝杠沿着 θ 方向转动时，螺母螺纹将沿着轴向向下运动。

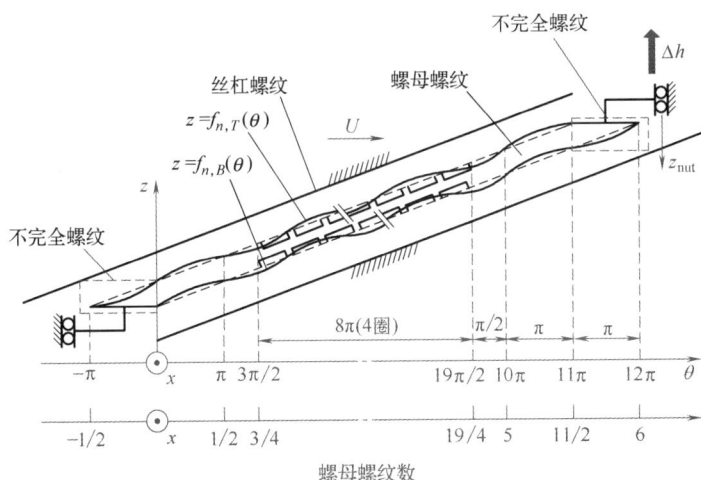

图 5-4　只考虑螺母螺距误差时有效直径 D 处螺纹展开图

随着丝杠的转动，螺母螺纹上侧油膜的两表面距等效后坐标平面 $o'r'\theta'$ 的距离分别为

$$\begin{cases} h'_{T,1}=(f_{n,T}(\theta)-z_{\text{nut}})\cos\lambda_r\cos\alpha_r \\ h'_{T,2}=\left(h_{a0}-\frac{\theta_{ra}}{2\pi}P\right)\cos\lambda_r\cos\alpha_r \end{cases} \tag{5-12}$$

式中　z_{nut}——丝杠沿着 θ 方向转动时，螺母沿 oz 轴负方向的轴向位移量；

　　　h_{a0}——设计轴向间隙；

　　　θ_{ra}——丝杠转过的角度；

　　　λ_r——任意半径 r 处的螺旋升角，$\lambda_r = \arctan[P/(2\pi r)]$；

　　　α_r——与螺纹脊垂直截面内的螺纹牙型半角，$\alpha_r = \arctan(\tan\alpha\cos\lambda_r)$。

α 与 α_r 的几何表示如图 5-5 所示。截面 $A—A$ 位于包含 oz 轴的平面，即轴截面，此截面内的牙型半角为 α。截面 $B—B$ 与螺纹脊垂直，此截面内的牙型半角为 α_r。图中，$h_{a,T}$、$h_{a,B}$ 分别表示螺母螺纹上、下侧的轴向油膜厚度。

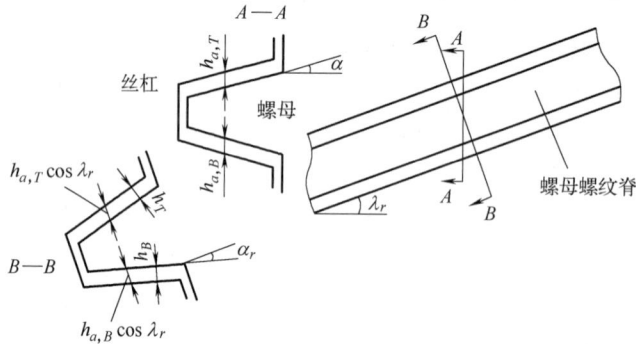

图 5-5　螺纹脊的截面图

螺母的轴向位移量 z_{nut} 可以看作螺母理想位移量 $z_{i,nut}$ 与螺母轴向波动位移量 Δh 的矢量和，即

$$z_{nut} = z_{i,nut} - \Delta h \tag{5-13}$$

这里，螺母理想位移量 $z_{i,nut}$ 表示丝杠螺母螺纹理想、无误差时，由丝杠螺母副的传动比，根据丝杠的旋转角度 θ_{ra} 所求得的螺母轴向位移量，其值为

$$z_{i,nut} = \frac{\theta_{ra}}{2\pi}P \tag{5-14}$$

螺母轴向波动位移 Δh 表示螺母的实际位置沿 oz 轴正方向偏离理想位置（位移 $z_{i,nut}$ 的位置）的位移量。

将式（5-13）、式（5-14）代入式（5-12）得

$$\begin{cases} h'_{T,1} = \left(f_{n,T}(\theta) - \dfrac{\theta_{ra}}{2\pi}P + \Delta h\right)\cos\lambda_r\cos\alpha_r \\[3mm] h'_{T,2} = \left(h_{a0} - \dfrac{\theta_{ra}}{2\pi}P\right)\cos\lambda_r\cos\alpha_r \end{cases} \tag{5-15}$$

可见，$h'_{T,2}$ 不随 θ' 变化，即

$$\frac{\partial h'_{T,2}}{\partial \theta'} = 0 \tag{5-16}$$

由油膜厚度 $h'_T = h'_{T,2} - h'_{T,1}$，得

$$h'_T = (h_{a0} - f_{n,T}(\theta) - \Delta h)\cos\lambda_r\cos\alpha_r \tag{5-17}$$

$$\frac{\partial h'_{T,1}}{\partial \theta'} = -\frac{\partial h'_T}{\partial \theta'} \tag{5-18}$$

类似地，当丝杠沿着 θ 方向转动时，螺母螺纹下侧油膜的两表面距等效后坐标平面 $o'r'$

θ' 的距离分别为

$$\begin{cases} h'_{B,1} = -\dfrac{\theta_{ra}}{2\pi} P\cos\lambda_r \cos\alpha_r \\ h'_{B,2} = (h_{a0} + f_{n,B}(\theta) - z_{\text{nut}})\cos\lambda_r \cos\alpha_r \end{cases} \tag{5-19}$$

可见，$h'_{B,1}$ 不随 θ' 变化，即

$$\frac{\partial h'_{B,1}}{\partial \theta'} = 0 \tag{5-20}$$

由油膜厚度 $h'_B = h'_{B,2} - h'_{B,1}$，及式（5-13）、式（5-14）得

$$h'_B = (h_{a0} + f_{n,B}(\theta) + \Delta h)\cos\lambda_r \cos\alpha_r \tag{5-21}$$

$$\frac{\partial h'_{B,2}}{\partial \theta'} = \frac{\partial h'_B}{\partial \theta'} \tag{5-22}$$

（2）油膜速度边界

根据几何关系进行速度分解，可得螺母螺纹上侧油膜的速度边界值为

$$\begin{cases} v_{\theta'1} = v_{\tau1} = -r\omega\tan\lambda_r \sin\lambda_r \\ v_{\theta'2} = v_{\tau2} = r\omega\cos\lambda_r \\ v_{z'1} = v_{n1} = -\dot{z}_{\text{nut}}\cos\lambda_r \cos\alpha_r \\ v_{z'2} = v_{n2} = -\dfrac{P}{2\pi}\omega\cos\lambda_r \cos\alpha_r \end{cases} \tag{5-23}$$

式中　ω——丝杠旋转速度；

$\dot{z}_{\text{nut}}$——螺母沿 oz 轴负方向的轴向下降速度。

螺母螺纹下侧油膜的速度边界值为

$$\begin{cases} v_{\theta'1} = v_{\tau1} = r\omega\cos\lambda_r \\ v_{\theta'2} = v_{\tau2} = -r\omega\tan\lambda_r \sin\lambda_r \\ v_{z'1} = v_{n1} = -\dfrac{P}{2\pi}\omega\cos\lambda_r \cos\alpha_r \\ v_{z'2} = v_{n2} = -\dot{z}_{\text{nut}}\cos\lambda_r \cos\alpha_r \end{cases} \tag{5-24}$$

（3）液体静压丝杠副中雷诺方程的瞬态形式

将式（5-16）～式（5-18）、式（5-20）～式（5-24）代入式（5-11），得到静压丝杠副中雷诺方程的瞬态形式为

$$\frac{\partial}{\partial r'}\left(r'h'^3_{T/B}\frac{\partial p'}{\partial r'}\right) + \frac{1}{r'}\times\frac{\partial}{\partial\theta'}\left(h'^3_{T/B}\frac{\partial p'}{\partial\theta'}\right) =$$

$$12\rho\omega^2\cos\alpha\frac{\partial}{\partial r'}\left(\frac{r'r^2 h'^3_{T/B}\Delta_r}{r_c}\right) + 6\eta\frac{r\omega}{\cos\lambda_r}\times\frac{\partial h'_{T/B}}{\partial\theta'} \mp 12\eta r'\left(\frac{P}{2\pi}\omega - \dot{z}_{\text{nut}}\right)\cos\lambda_r \cos\alpha_r \tag{5-25}$$

式中，$\Delta_r = (1.5 - 5\sin^2\lambda_r + 5\sin^4\lambda_r)/(60\cos^2\lambda_r)$；带有符号"$\mp$"的项表示：对于螺母螺纹上侧的油膜取减号，对于螺母螺纹下侧的油膜取加号，下文相同；下文中带有符号"$\pm$"的项表示：对于螺母螺纹上侧的油膜取加号，对于螺母螺纹下侧的油膜取减号；下标 T/B 表示 T 或 B，下文相同。螺纹螺旋面上半径 r 与其等效平面上对应半径 r' 之间根据网格点的一一对应关系相对应。

在式（5-25）中，引入无量纲参数 $\overline{r'} = r'/r_o$，$\overline{r} = r/r_o$，$\overline{r_c} = r_c/r_o$，$\overline{p'} = p'/p_s$，$\overline{h'} = h'/h_{a0}$，$\overline{\omega} = \eta r_o^2\omega/(p_s h_{a0}^2)$，$\overline{\dot{z}}_{\text{nut}} = \eta r_o^2\dot{z}_{\text{nut}}/(p_s h_{a0}^3)$，$\Lambda = 12\rho r_o^2\omega^2\cos\alpha/p_s$，得无量纲形式

的瞬态雷诺方程为

$$\frac{\partial}{\partial \overline{r}'}\left(\overline{r}'\,\overline{h}'^{3}_{T/B}\frac{\partial \overline{p}'}{\partial \overline{r}'}\right)+\frac{1}{\overline{r}'}\times\frac{\partial}{\partial \theta'}\left(\overline{h}'^{3}_{T/B}\frac{\partial \overline{p}'}{\partial \theta'}\right)=$$

$$\Lambda\frac{\partial}{\partial \overline{r}'}\left(\frac{\overline{r}'\overline{r}^{2}\overline{h}'^{3}_{T/B}\Delta_{r}}{r_{c}}\right)+6\frac{\overline{r}\,\overline{\omega}}{\cos\lambda}\times\frac{\partial \overline{h}'_{T/B}}{\partial \theta'}\mp12\overline{r}'\left(\frac{P}{2\pi h_{a0}}\overline{\omega}-\overline{\dot{z}}_{\text{nut}}\right)\cos\lambda_{r}\cos\alpha_{r} \qquad (5\text{-}26)$$

（4）液体静压丝杠副中雷诺方程的稳态及扰动形式

采用小扰动理论来推导雷诺方程的稳态及扰动形式。在式（5-15）、式（5-19）中引入螺母轴向位移扰动 Δz，并取无量纲参数 $\Delta \overline{z}=\Delta z/h_{a0}$，$\overline{h}'=\overline{h}'/h_{a0}$，得螺母螺纹上、下侧油膜的两表面距等效后坐标平面 $o'r'\theta'$ 的距离分别为

$$\begin{cases}\overline{h}'_{T,1}=\overline{h}'_{s,T,1}+\Delta \overline{z}\cos\lambda_{r}\cos\alpha_{r}\\ \overline{h}'_{T,2}=\overline{h}'_{s,T,2}\end{cases} \qquad (5\text{-}27)$$

$$\begin{cases}\overline{h}'_{B,1}=\overline{h}'_{s,B,1}\\ \overline{h}'_{B,2}=\overline{h}'_{s,B,2}+\Delta \overline{z}\cos\lambda_{r}\cos\alpha_{r}\end{cases} \qquad (5\text{-}28)$$

式中，$\overline{h}'_{s,T,1}$、$\overline{h}'_{s,T,2}$、$\overline{h}'_{s,B,1}$、$\overline{h}'_{s,B,2}$ 表示螺母处于稳态时，螺母螺纹上、下侧油膜的两表面距等效后坐标平面 $o'r'\theta'$ 的距离，可以表达为

$$\begin{cases}\overline{h}'_{s,T,1}=\left(\overline{f}_{n,T}(\theta)-\frac{\theta_{ra}}{2\pi h_{a0}}P+\Delta\overline{h}\right)\cos\lambda_{r}\cos\alpha_{r}\\ \overline{h}'_{s,T,2}=\left(1-\frac{\theta_{ra}}{2\pi h_{a0}}P\right)\cos\lambda_{r}\cos\alpha_{r}\end{cases} \qquad (5\text{-}29)$$

$$\begin{cases}\overline{h}'_{s,B,1}=\left(-\frac{\theta_{ra}}{2\pi h_{a0}}P\right)\cos\lambda_{r}\cos\alpha_{r}\\ \overline{h}'_{s,B,2}=\left(1+\overline{f}_{n,B}(\theta)-\frac{\theta_{ra}}{2\pi h_{a0}}P+\Delta\overline{h}\right)\cos\lambda_{r}\cos\alpha_{r}\end{cases} \qquad (5\text{-}30)$$

螺母处于稳态时，螺母螺纹上、下侧的法向间隙可以表达为

$$\overline{h}'_{s,T}=\overline{h}'_{s,T,2}-\overline{h}'_{s,T,1}=(1-\overline{f}_{n,T}(\theta)-\Delta\overline{h})\cos\lambda_{r}\cos\alpha_{r} \qquad (5\text{-}31)$$

$$\overline{h}'_{s,B}=\overline{h}'_{s,B,2}-\overline{h}'_{s,B,1}=(1+\overline{f}_{n,B}(\theta)+\Delta\overline{h})\cos\lambda_{r}\cos\alpha_{r} \qquad (5\text{-}32)$$

引入螺母轴向速度扰动 $\Delta \dot{z}$，并取无量纲参数 $\Delta \overline{\dot{z}}=\eta r_{o}^{2}\Delta \dot{z}/(p_{s}h_{a0}^{3})$，螺母轴向移动的速度 $\overline{\dot{z}}_{\text{nut}}$ 可以看作稳定移动速度 $\overline{\dot{z}}_{s,\text{nut}}$ 与扰动速度 $\Delta\overline{\dot{z}}$ 的矢量和，即

$$\overline{\dot{z}}_{\text{nut}}=\overline{\dot{z}}_{s,\text{nut}}-\Delta\overline{\dot{z}} \qquad (5\text{-}33)$$

这里，螺母轴向的稳定移动速度 $\overline{\dot{z}}_{s,\text{nut}}$ 表示由丝杠螺母副的传动比。根据丝杠旋转速度 ω 所求得的螺母轴向移动速度，其值为

$$\overline{\dot{z}}_{s,\text{nut}}=\frac{P}{2\pi h_{a0}}\overline{\omega} \qquad (5\text{-}34)$$

忽略二阶及二阶以上小项，螺母螺纹上、下侧的油膜压力可分别表达为

$$\overline{p}'=\overline{p}'_{0}+\Delta\overline{p}'=\begin{cases}\overline{p}'_{T,0}+\left.\dfrac{\partial \overline{p}'_{T}}{\partial \overline{z}}\right|_{0}\Delta\overline{z}+\left.\dfrac{\partial \overline{p}'_{T}}{\partial \overline{\dot{z}}}\right|_{0}\Delta\overline{\dot{z}}\\[3mm]\overline{p}'_{B,0}+\left.\dfrac{\partial \overline{p}'_{B}}{\partial \overline{z}}\right|_{0}\Delta\overline{z}+\left.\dfrac{\partial \overline{p}'_{B}}{\partial \overline{\dot{z}}}\right|_{0}\Delta\overline{\dot{z}}\end{cases} \qquad (5\text{-}35)$$

式中　$\overline{p'}_{T,0}$——螺母螺纹上侧油膜的稳态压力；

$\overline{p'}_{B,0}$——螺母螺纹下侧油膜的稳态压力。

将式（5-27）～式（5-35）代入式（5-26），分离变量并忽略二阶及二阶以上小项，得稳态及扰动形式的雷诺方程为

$$\text{Reynolds}\begin{vmatrix} \overline{p'}_{T/B,0} \\ \overline{p'}_{\overline{z},T/B} \\ \overline{p'}_{\overline{\dot{z}},T/B} \end{vmatrix} =$$

$$\begin{cases} \Lambda \dfrac{\partial}{\partial \overline{r'}}\left(\dfrac{\overline{r'}\,\overline{r}^2\,\overline{h'}_{s,T/B}^3\Delta_r}{\overline{r_c}}\right) + 6\dfrac{\overline{r}\,\overline{\omega}}{\cos\lambda_r}\times\dfrac{\partial \overline{h'}_{T/B}}{\partial \theta'} \\[3mm] \pm 3\cos\lambda_r\cos\alpha_r\left[\begin{array}{l} \dfrac{6\overline{r}\,\overline{\omega}}{\overline{h'}_{s,T/B}\cos\lambda_r}\times\dfrac{\partial \overline{h'}_{T/B}}{\partial \theta'} - \overline{r'}\,\overline{h'}_{sk}\dfrac{\partial \overline{h'}_{s,T/B}}{\partial \overline{r'}}\times\dfrac{\partial \overline{p'}_{T/B,0}}{\partial \overline{r'}} \\[3mm] -\dfrac{\overline{h'}_{s,T/B}}{\overline{r'}}\times\dfrac{\partial \overline{h'}_{s,T/B}}{\partial \theta'}\times\dfrac{\partial \overline{p'}_{T/B,0}}{\partial \theta'} + \dfrac{\Lambda}{\overline{h'}_{s,T/B}}\times\dfrac{\partial}{\partial \overline{r'}}\left(\dfrac{\overline{r'}\,\overline{r}^2\,\overline{h'}_{s,T/B}^3\Delta_r}{\overline{r_c}}\right) \end{array}\right] \\[3mm] \pm 3\overline{r'}\,\overline{h'}_{s,T/B}^2\dfrac{\partial(\cos\lambda_r\cos\alpha_r)}{\partial \overline{r'}}\times\dfrac{\partial \overline{p'}_{T/B,0}}{\partial \overline{r'}} \mp \Lambda\dfrac{\partial}{\partial \overline{r'}}\left(3\overline{h'}_{s,T/B}^2\cos\lambda_r\cos\alpha_r\dfrac{\overline{r'}\,\overline{r}^2\Delta_r}{\overline{r_c}}\right) \\[3mm] \mp 12\overline{r'}\cos\lambda_r\cos\alpha_r \end{cases} \tag{5-36}$$

式中　$\overline{p'}_{\overline{z},T/B}$——螺母轴向位移扰动所引起的扰动压力，$\overline{p'}_{\overline{z},T/B}=\partial\,\overline{p'}_{T/B}/\partial\,\overline{z}$；

$\overline{p'}_{\overline{\dot{z}},T/B}$——螺母轴向速度扰动所引起的扰动压力，$\overline{p'}_{\overline{\dot{z}},T/B}=\partial\,\overline{p'}_{T/B}/\partial\,\overline{\dot{z}}$。

Reynolds()——运算算子，表示表达式：

$$\text{Reynolds}()=\left[\dfrac{\partial}{\partial \overline{r'}}\left(\overline{r'}\,\overline{h'}_{s,T/B}^3\dfrac{\partial()}{\partial \overline{r'}}\right)+\dfrac{1}{\overline{r'}}\times\dfrac{\partial}{\partial \theta'}\left(\overline{h'}_{s,T/B}^3\dfrac{\partial()}{\partial \theta'}\right)\right] \tag{5-37}$$

5.1.2.3　流量连续方程的建立

节流方式对静压设备的静动态特性具有显著影响。文献［32］指出液体静压丝杠副常采用毛细管节流器和双面薄膜节流器。本文将对这两种节流器补偿下的静压丝杠副的性能进行研究，其中，毛细管节流器作为固定补偿的一个例子，双面薄膜节流器作为可变补偿的一个例子。

为了减小节流器的数量，同一轴向截面的同侧螺纹螺旋面上的多个螺旋油腔连接到同一个毛细管节流器出口或同一个双面薄膜节流器出口。图 5-6 所示为相互连通的螺旋油腔分布，T1～T4 和 B1～B4 表示 8 组相互连通的油腔，相互连通的油腔具有相同的油腔压力，共有 8 条独立的油路需要连接到节流器（编号 1～8），共需要 8 个毛细管节流器或 4 个双面薄膜节流器。当采用双面薄膜节流器时，螺母螺纹上下螺旋面上呈轴向对置的油腔（T1 与 B1；T2 与 B2；T3 与 B3；T4 与 B4）连接到同一个双面薄膜节流器的两个出口。

（1）流过节流器的流量

当采用毛细管节流器时，连接 Ti 或 Bi（$i=1$，…，4）油腔的毛细管节流器的流量为

$$Q_{c,Ti/Bi}=\dfrac{\pi d_c^4}{128\eta l_c}(p_s-p'_{r,Ti/Bi}) \tag{5-38}$$

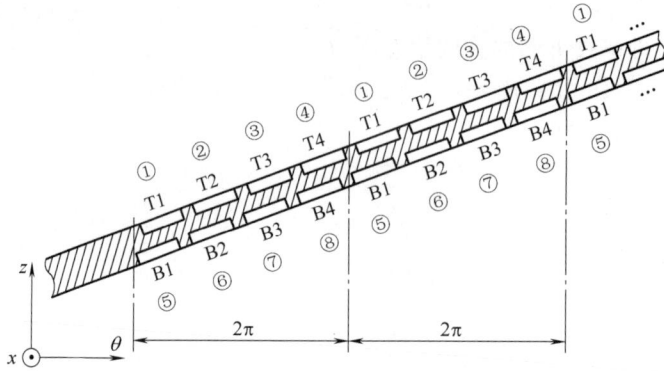

图 5-6　有效直径 D 处螺纹展开图-相互连通的油腔分布

取无量纲参数 $\overline{Q}=Q\eta/(p_s h_{a0}^3)$ 和毛细管节流器设计参数 $\overline{C}_{sc}=\pi d_c^4/(128h_{a0}^3 l_c)$，得式（5-38）的无量纲形式为

$$\overline{Q}_{c,Ti/Bi}=\overline{C}_{sc}(1-\overline{p}'_{r,Ti/Bi}) \tag{5-39}$$

双面薄膜节流器结构如图 5-7 所示，半径 r_{m2} 处压力为供油压力 p_s，半径 r_{m1} 处压力为油腔压力 $p'_{r,Ti/Bi}$，流过 r_{m1}、r_{m2} 间圆形平行间隙的流量为

$$Q_{m,Ti/Bi}=\frac{\pi h_{m,Ti/Bi}^3 (p_s-p'_{r,Ti/Bi})}{6\eta\ln\dfrac{r_{m2}}{r_{m1}}} \tag{5-40}$$

式中，h_m 表示节流间隙。假设薄膜向下动，连接 Ti、Bi 螺旋油腔的节流间隙分别为

$$\begin{cases} h_{m,Ti}=h_{m0}+\Delta h_m \\ h_{m,Bi}=h_{m0}-\Delta h_m \end{cases} \tag{5-41}$$

式中　h_{m0}——薄膜节流器设计间隙；

$\quad\quad\Delta h_m$——薄膜位移量。

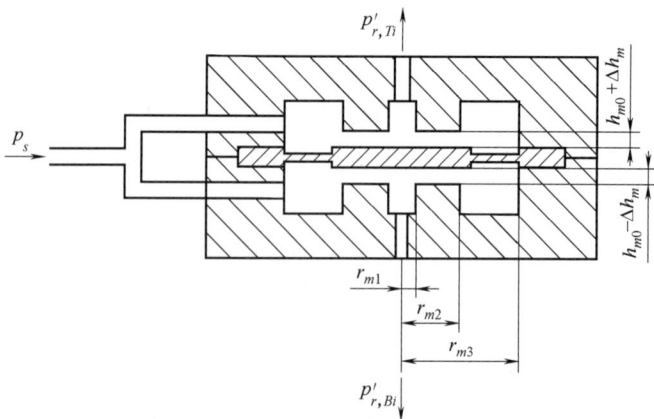

图 5-7　双面薄膜节流器结构

作用在薄膜上的合力为

$$W_m=A_m(p'_{r,Ti}-p'_{r,Bi}) \tag{5-42}$$

式中，A_m 为薄膜有效面积，其值为

$$A_m = \frac{\pi(r_{m2}^2 - r_{m1}^2)}{2\ln(r_{m2}/r_{m1})} \tag{5-43}$$

薄膜受力平衡表达式为

$$W_m = K_m \Delta h_m \tag{5-44}$$

式中，K_m 为薄膜刚度，其值为[98]

$$K_m = \frac{4\pi E t_m^3 (s^2 - 1)}{3(1 - \upsilon^2) r_{m2}^2 [(s^2-1)^2 - 4s^2(\ln s)^2]}, s = r_{m3}/r_{m2} \tag{5-45}$$

式中　t_m——薄膜厚度；

　　　E——薄膜弹性模量；

　　　υ——薄膜泊松比。

将式（5-41）、式（5-45）、式（5-44）代入式（5-40），并无量纲化，得流过连接 Ti、Bi 螺旋油腔的双面薄膜节流器的流量为

$$\begin{cases} \overline{Q}_{m,Ti} = \overline{C}_{sm} [1 - \overline{C}_m (\overline{p'}_{r,Bi} - \overline{p'}_{r,Ti})]^3 (1 - \overline{p'}_{r,Ti}) \\ \overline{Q}_{m,Bi} = \overline{C}_{sm} [1 - \overline{C}_m (\overline{p'}_{r,Ti} - \overline{p'}_{r,Bi})]^3 (1 - \overline{p'}_{r,Bi}) \end{cases} \tag{5-46}$$

式中　$\overline{C}_{sm}$——薄膜节流器设计参数，$\overline{C}_{sm} = \dfrac{\pi}{6\ln(r_{m2}/r_{m1})} \left(\dfrac{h_{m0}}{h_{a0}}\right)^3$；

　　　$\overline{C}_m$——薄膜补偿系数，$\overline{C}_m = A_m p_s / (K_m h_{m0})$。

忽略二阶及二阶以上小项，包含扰动项的油腔压力可以表示为

$$\overline{p'}_{r,Ti/Bi} = \overline{p'}_{r,Ti/Bi,0} + \Delta \overline{p'}_{r,Ti/Bi} = \overline{p'}_{r,Ti/Bi,0} + \frac{\partial \overline{p'}_{r,Ti/Bi}}{\partial \overline{z}}\bigg|_0 \Delta \overline{z} + \frac{\partial \overline{p'}_{r,Ti/Bi}}{\partial \dot{\overline{z}}}\bigg|_0 \Delta \dot{\overline{z}} \tag{5-47}$$

将式（5-47）代入式（5-39）、式（5-46），忽略二阶及二阶以上小项，得到流过节流器流量的稳态和扰动形式分别为

$$\begin{cases} \overline{Q}_{c,Ti/Bi,0} = \overline{C}_{sc}(1 - \overline{p'}_{r,Ti/Bi,0}) \\ \overline{Q}_{m,Ti,0} = \overline{C}_{sm}[1 - \overline{C}_m(\overline{p'}_{r,Bi,0} - \overline{p'}_{r,Ti,0})]^3 (1 - \overline{p'}_{r,Ti,0}) \\ \overline{Q}_{m,Bi,0} = \overline{C}_{sm}[1 - \overline{C}_m(\overline{p'}_{r,Ti,0} - \overline{p'}_{r,Bi,0})]^3 (1 - \overline{p'}_{r,Bi,0}) \end{cases} \tag{5-48}$$

$$\begin{cases} \dfrac{\partial \overline{Q}_{c,Ti/Bi}}{\partial \overline{z}} = -\overline{C}_{sc} \dfrac{\partial \overline{p'}_{r,Ti/Bi}}{\partial \overline{z}} \\[2mm] \dfrac{\partial \overline{Q}_{m,Ti}}{\partial \overline{z}} = -3\overline{C}_{sm}\overline{C}_m [1 - \overline{C}_m(\overline{p'}_{r,Bi,0} - \overline{p'}_{r,Ti,0})]^2 \left(\dfrac{\partial \overline{p'}_{r,Bi}}{\partial \overline{z}} - \dfrac{\partial \overline{p'}_{r,Ti}}{\partial \overline{z}}\right)(1 - \overline{p'}_{r,Ti,0}) \\[2mm] \qquad\qquad - \overline{C}_{sm}[1 - \overline{C}_m(\overline{p'}_{r,Bi,0} - \overline{p'}_{r,Ti,0})]^3 \dfrac{\partial \overline{p'}_{r,Ti}}{\partial \overline{z}} \\[2mm] \dfrac{\partial \overline{Q}_{m,Bi}}{\partial \overline{z}} = -3\overline{C}_m\overline{C}_{sm}[1 - \overline{C}_m(\overline{p'}_{r,Ti,0} - \overline{p'}_{r,Bi,0})]^2 \left(\dfrac{\partial \overline{p'}_{r,Ti}}{\partial \overline{z}} - \dfrac{\partial \overline{p'}_{r,Bi}}{\partial \overline{z}}\right)(1 - \overline{p'}_{r,Bi,0}) \\[2mm] \qquad\qquad - \overline{C}_{sm}[1 - \overline{C}_m(\overline{p'}_{r,Ti,0} - \overline{p'}_{r,Bi,0})]^3 \dfrac{\partial \overline{p'}_{r,Bi}}{\partial \overline{z}} \end{cases}$$

$$\tag{5-49}$$

$$\begin{cases}
\dfrac{\partial \overline{Q}_{c,Ti/Bi}}{\partial \overline{\dot{z}}} = -\overline{C}_{sc}\,\dfrac{\partial \overline{p}'_{r,Ti/Bi}}{\partial \overline{\dot{z}}} \\[4mm]
\dfrac{\partial \overline{Q}_{m,Ti}}{\partial \overline{\dot{z}}} = -3\overline{C}_{sm}\overline{C}_m\left[1-\overline{C}_m\left(\overline{p}'_{r,Bi,0}-\overline{p}'_{r,Ti,0}\right)\right]^2\left(\dfrac{\partial \overline{p}'_{r,Bi}}{\partial \overline{\dot{z}}}-\dfrac{\partial \overline{p}'_{r,Ti}}{\partial \overline{\dot{z}}}\right)\left(1-\overline{p}'_{r,Ti,0}\right) \\[4mm]
\qquad\quad -\overline{C}_{sm}\left[1-\overline{C}_m\left(\overline{p}'_{r,Bi,0}-\overline{p}'_{r,Ti,0}\right)\right]^3\dfrac{\partial \overline{p}'_{r,Ti}}{\partial \overline{\dot{z}}} \\[4mm]
\dfrac{\partial \overline{Q}_{m,Bi}}{\partial \overline{\dot{z}}} = -3\overline{C}_m\overline{C}_{sm}\left[1-\overline{C}_m\left(\overline{p}'_{r,Ti,0}-\overline{p}'_{r,Bi,0}\right)\right]^2\left(\dfrac{\partial \overline{p}'_{r,Ti}}{\partial \overline{\dot{z}}}-\dfrac{\partial \overline{p}'_{r,Bi}}{\partial \overline{\dot{z}}}\right)\left(1-\overline{p}'_{r,Bi,0}\right) \\[4mm]
\qquad\quad -\overline{C}_{sm}\left[1-\overline{C}_m\left(\overline{p}'_{r,Ti,0}-\overline{p}'_{r,Bi,0}\right)\right]^3\dfrac{\partial \overline{p}'_{r,Bi}}{\partial \overline{\dot{z}}}
\end{cases} \tag{5-50}$$

（2）流过油腔边界的流量

图 5-8 表示从第 j 个螺旋油腔的 4 个边界流出的流量，当丝杠沿着 θ 方向转动时，可分别表达为

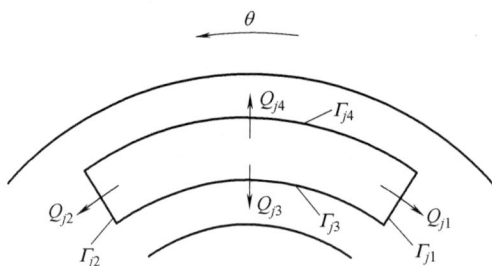

图 5-8　从第 j 个螺旋油腔流出的流量

$$\begin{cases}
\overline{Q}_{j1} = \displaystyle\int_{\Gamma_{j1}}\left(\dfrac{\overline{h}'^3}{12\overline{r}'}\times\dfrac{\partial \overline{p}'}{\partial \theta'}\bigg|_{\Gamma_{j1}}-\dfrac{1}{2}\overline{r}\,\overline{\omega}\,\dfrac{\cos(2\lambda_r)}{\cos\lambda_r}\overline{h}'\right)\mathrm{d}\overline{r}' \\[4mm]
\overline{Q}_{j2} = \displaystyle\int_{\Gamma_{j2}}\left(-\dfrac{\overline{h}'^3}{12\overline{r}'}\times\dfrac{\partial \overline{p}'}{\partial \theta'}\bigg|_{\Gamma_{j2}}+\dfrac{1}{2}\overline{r}\,\overline{\omega}\,\dfrac{\cos(2\lambda_r)}{\cos\lambda_r}\overline{h}'\right)\mathrm{d}\overline{r}' \\[4mm]
\overline{Q}_{j3} = \displaystyle\int_{\Gamma_{j3}}\dfrac{\overline{h}'^3}{12}\left(\overline{r}'\dfrac{\partial \overline{p}'}{\partial \overline{r}'}\bigg|_{\Gamma_{j3}}-\Lambda\dfrac{\overline{r}'\overline{r}^2\Delta_r}{\overline{r}_c}\right)\mathrm{d}\theta' \\[4mm]
\overline{Q}_{j4} = \displaystyle\int_{\Gamma_{j4}}\dfrac{\overline{h}'^3}{12}\left(-\overline{r}'\dfrac{\partial \overline{p}'}{\partial \overline{r}'}\bigg|_{\Gamma_{j4}}+\Lambda\dfrac{\overline{r}'\overline{r}^2\Delta_r}{\overline{r}_c}\right)\mathrm{d}\theta'
\end{cases} \tag{5-51}$$

将式（5-57）、式（5-58）、式（5-31）、式（5-35）代入式（5-51），得到油腔边界流量的稳态和扰动形式分别为

$$\overline{Q}_{j,0} = \overline{Q}_{j1,0}+\overline{Q}_{j2,0}+\overline{Q}_{j3,0}+\overline{Q}_{j4,0} =$$

$$\int_{\Gamma_{j1}}\left(\dfrac{\overline{h}'^3_{s,T/B}}{12\overline{r}'}\times\dfrac{\partial \overline{p}'_{T/B,0}}{\partial \theta'}\bigg|_{\Gamma_{j1}}-\dfrac{1}{2}\overline{r}\,\overline{\omega}\,\dfrac{\cos(2\lambda_r)}{\cos\lambda_r}\overline{h}'_{s,T/B}\right)\mathrm{d}\overline{r}'$$

$$+\int_{\Gamma_{j2}}\left(-\dfrac{\overline{h}'^3_{s,T/B}}{12\overline{r}'}\times\dfrac{\partial \overline{p}'_{T/B,0}}{\partial \theta'}\bigg|_{\Gamma_{j2}}+\dfrac{1}{2}\overline{r}\,\overline{\omega}\,\dfrac{\cos(2\lambda_r)}{\cos\lambda_r}\overline{h}'_{s,T/B}\right)\mathrm{d}\overline{r}'$$

$$+\int_{\Gamma_{j3}}\frac{\overline{h'}_{s,T/B}^{3}}{12}\left(\overline{r'}\frac{\partial\overline{p'}_{T/B,0}}{\partial\overline{r'}}\bigg|_{\Gamma_{j3}}-\Lambda\frac{\overline{r'}\overline{r}^{2}\Delta_{r}}{\overline{r_{c}}}\right)\mathrm{d}\theta'$$

$$+\int_{\Gamma_{j4}}\frac{\overline{h'}_{s,T/B}^{3}}{12}\left(-\overline{r'}\frac{\partial\overline{p'}_{T/B,0}}{\partial\overline{r'}}\bigg|_{\Gamma_{j4}}+\Lambda\frac{\overline{r'}\overline{r}^{2}\Delta_{r}}{\overline{r_{c}}}\right)\mathrm{d}\theta' \tag{5-52}$$

$$\frac{\partial\overline{Q}_{j}}{\partial\overline{z}}=\frac{\partial\overline{Q}_{j1}}{\partial\overline{z}}+\frac{\partial\overline{Q}_{j2}}{\partial\overline{z}}+\frac{\partial\overline{Q}_{j3}}{\partial\overline{z}}+\frac{\partial\overline{Q}_{j4}}{\partial\overline{z}}=$$

$$\int_{\Gamma_{j1}}\left(\frac{\overline{h'}_{s,T/B}^{3}}{12\overline{r'}}\times\frac{\partial\overline{p'}_{\overline{z},T/B}}{\partial\theta'}\bigg|_{\Gamma_{j1}}\mp\cos\lambda_{r}\cos\alpha_{r}\frac{\overline{h'}_{s,T/B}^{2}}{4\overline{r'}}\times\frac{\partial\overline{p'}_{T/B,0}}{\partial\theta'}\bigg|_{\Gamma_{j1}}\pm\frac{1}{2}\overline{r}\,\overline{\omega}\cos(2\lambda_{r})\cos\alpha_{r}\right)\mathrm{d}\overline{r'}$$

$$+\int_{\Gamma_{j2}}\left(-\frac{\overline{h'}_{s,T/B}^{3}}{12\overline{r'}}\times\frac{\partial\overline{p'}_{\overline{z},T/B}}{\partial\theta'}\bigg|_{\Gamma_{j2}}\pm\cos\lambda_{r}\cos\alpha_{r}\frac{\overline{h'}_{s,T/B}^{2}}{4\overline{r'}}\times\frac{\partial\overline{p'}_{T/B,0}}{\partial\theta'}\bigg|_{\Gamma_{j2}}\mp\frac{1}{2}\overline{r}\,\overline{\omega}\cos(2\lambda_{r})\cos\alpha_{r}\right)\mathrm{d}\overline{r'}$$

$$+\int_{\Gamma_{j3}}\left[\frac{\overline{h'}_{s,T/B}^{3}}{12}\overline{r'}\times\frac{\partial\overline{p'}_{\overline{z},T/B}}{\partial\overline{r'}}\bigg|_{\Gamma_{j3}}\mp\cos\lambda_{r}\cos\alpha_{r}\frac{\overline{h'}_{s,T/B}^{2}}{4}\left(\overline{r'}\frac{\partial\overline{p'}_{T/B,0}}{\partial\overline{r'}}\bigg|_{\Gamma_{j3}}-\Lambda\frac{\overline{r'}\overline{r}^{2}\Delta_{r}}{\overline{r_{c}}}\right)\right]\mathrm{d}\theta'$$

$$+\int_{\Gamma_{j4}}\left[-\frac{\overline{h'}_{s,T/B}^{3}}{12}\overline{r'}\times\frac{\partial\overline{p'}_{\overline{z},T/B}}{\partial\overline{r'}}\bigg|_{\Gamma_{j4}}\pm\cos\lambda_{r}\cos\alpha_{r}\frac{\overline{h'}_{s,T/B}^{2}}{4}\left(\overline{r'}\frac{\partial\overline{p'}_{T/B,0}}{\partial\overline{r'}}\bigg|_{\Gamma_{j4}}-\Lambda\frac{\overline{r'}\overline{r}^{2}\Delta_{r}}{\overline{r_{c}}}\right)\right]\mathrm{d}\theta' \tag{5-53}$$

$$\frac{\partial\overline{Q}_{j}}{\partial\dot{\overline{z}}}=\frac{\partial\overline{Q}_{j1}}{\partial\dot{\overline{z}}}+\frac{\partial\overline{Q}_{j2}}{\partial\dot{\overline{z}}}+\frac{\partial\overline{Q}_{j3}}{\partial\dot{\overline{z}}}+\frac{\partial\overline{Q}_{j4}}{\partial\dot{\overline{z}}}=$$

$$\int_{\Gamma_{j1}}\left(\frac{\overline{h'}_{s,T/B}^{3}}{12\overline{r'}}\times\frac{\partial\overline{p'}_{\dot{\overline{z}},T/B}}{\partial\theta'}\bigg|_{\Gamma_{j1}}\right)\mathrm{d}\overline{r'}+\int_{\Gamma_{j2}}\left(-\frac{\overline{h'}_{s,T/B}^{3}}{12\overline{r'}}\times\frac{\partial\overline{p'}_{\dot{\overline{z}},T/B}}{\partial\theta'}\bigg|_{\Gamma_{j2}}\right)\mathrm{d}\overline{r'}$$

$$+\int_{\Gamma_{j3}}\left(\frac{\overline{h'}_{s,T/B}^{3}}{12}\overline{r'}\times\frac{\partial\overline{p'}_{\dot{\overline{z}},T/B}}{\partial\overline{r'}}\bigg|_{\Gamma_{j3}}\right)\mathrm{d}\theta'+\int_{\Gamma_{j4}}\left(-\frac{\overline{h'}_{s,T/B}^{3}}{12}\overline{r'}\times\frac{\partial\overline{p'}_{\dot{\overline{z}},T/B}}{\partial\overline{r'}}\bigg|_{\Gamma_{j4}}\right)\mathrm{d}\theta' \tag{5-54}$$

（3）流量连续方程

根据流量连续性，从毛细管节流器或薄膜节流器一个出口流出的流量等于从其连接的多个螺旋油腔边界流出流量的和，稳态和扰动形式的流量连续方程分别为

$$\begin{cases}\overline{Q}_{c,Ti/Bi,0}\text{ 或 }\overline{Q}_{m,Ti,0}\text{ 或 }\overline{Q}_{m,Bi,0}=\sum_{j}\overline{Q}_{j,0}\\\dfrac{\partial\overline{Q}_{c,Ti/Bi}}{\partial\overline{z}}\text{ 或 }\dfrac{\partial\overline{Q}_{m,Ti}}{\partial\overline{z}}\text{ 或 }\dfrac{\partial\overline{Q}_{m,Bi}}{\partial\overline{z}}=\sum_{j}\dfrac{\partial\overline{Q}_{j}}{\partial\overline{z}}\\\dfrac{\partial\overline{Q}_{c,Ti/Bi}}{\partial\dot{\overline{z}}}\text{ 或 }\dfrac{\partial\overline{Q}_{m,Ti}}{\partial\dot{\overline{z}}}\text{ 或 }\dfrac{\partial\overline{Q}_{m,Bi}}{\partial\dot{\overline{z}}}=\sum_{j}\dfrac{\partial\overline{Q}_{j}}{\partial\dot{\overline{z}}}\end{cases} \tag{5-55}$$

5.1.2.4　边界条件

初始计算压力分布时，假设整个螺母螺旋面上充满润滑油，边界条件为

① 螺旋面外部边界的压力等于 0；

② 螺旋油腔内的压力等于油腔压力；

③ 满足流量连续方程式（5-55）；

④ 在空穴区域满足雷诺边界条件，即

$$\overline{p'}=\frac{\partial\overline{p'}}{\partial\theta'}=0 \tag{5-56}$$

⑤ 空穴区域的扰动压力等于 0。

5.1.2.5　轴向承载能力

在进给系统中，径向载荷和翻转力矩主要由导轨承受，而丝杠主要承受轴向载荷。因此，液体静压丝杠副的轴向性能是被主要关注的。

当丝杠沿着 θ 方向转动时，静压螺母向下运动，所受外部载荷应与其运动方向相反，向上。此时，螺母螺纹上侧的油膜压力合成大于下侧的油膜压力合成，来抵抗外部载荷。轴向承载能力为

$$W_a = \int_0^{\theta'_m N} \int_{r'_i}^{r'_o} (p'_{T,0} - p'_{B,0}) r' \cos\lambda \cos\alpha' \mathrm{d}\theta' \mathrm{d}r' \tag{5-57}$$

引入无量纲参数 $\overline{r'_i} = r'_i/r_i$，$\overline{r'_o} = r'_o/r_o$，$\overline{W_a} = W_a/(p_s r_o^2)$，得无量纲形式为

$$\overline{W_a} = \int_0^{\theta'_m N} \int_{\overline{r'_i}}^{\overline{r'_o}} (\overline{p'}_{T,0} - \overline{p'}_{B,0}) \overline{r'} \cos\lambda \cos\alpha' \mathrm{d}\theta' \mathrm{d}\overline{r'} \tag{5-58}$$

5.1.2.6　轴向动刚度系数与阻尼系数

轴向动刚度与阻尼分别为

$$\begin{cases} S_a = \int_0^{\theta'_m N} \int_{r'_i}^{r'_o} (p'_{z,T} - p'_{z,B}) r' \cos\lambda \cos\alpha' \mathrm{d}\theta' \mathrm{d}r' \\ C_a = \int_0^{\theta'_m N} \int_{r'_i}^{r'_o} (p'_{\dot{z},T} - p'_{\dot{z},B}) r' \cos\lambda \cos\alpha' \mathrm{d}\theta' \mathrm{d}r' \end{cases} \tag{5-59}$$

引入无量纲参数 $\overline{p'}_{\overline{z},T/B} = p'_{z,T/B} h_{a0}/p_s$，$\overline{p'}_{\dot{z},T/B} = p'_{\dot{z},T/B} h_{a0}^3/(\eta r_o^2)$，$\overline{S_a} = S_a(h_{a0}/p_s r_o^2)$，$\overline{C_a} = C_a(h_{a0}^3/\eta r_o^4)$ 得轴向刚度系数与阻尼系数分别为

$$\begin{cases} \overline{S_a} = \int_0^{\theta'_m N} \int_{\overline{r'_i}}^{\overline{r'_o}} (\overline{p'}_{\overline{z},T} - \overline{p'}_{\overline{z},B}) \overline{r'} \cos\lambda \cos\alpha' \mathrm{d}\theta' \mathrm{d}\overline{r'} \\ \overline{C_a} = \int_0^{\theta'_m N} \int_{\overline{r'_i}}^{\overline{r'_o}} (\overline{p'}_{\dot{z},T} - \overline{p'}_{\dot{z},B}) \overline{r'} \cos\lambda \cos\alpha' \mathrm{d}\theta' \mathrm{d}\overline{r'} \end{cases} \tag{5-60}$$

5.1.3　油膜静动态特性的数值计算

5.1.3.1　网格划分与雷诺方程离散

本文采用有限差分法计算压力分布和扰动压力分布，进而得到静态特性和动态特性。如图 5-2 所示，流场区域被划分为许多等间距的网格，螺旋面与其等效扇形平面上的网格点存在一一对应关系。圆周方向（θ、θ' 方向）的网格节点号用 i 表示，每圈螺纹划分 180 个等间距网格，每圈螺纹的网格点首尾相连，共划分 $180N$ 个网格（N 为螺母螺纹圈数）。径向（r、r' 方向）的网格节点号用 j 表示，共划分 60 个等间距网格。已通过计算验证，随着网格数的继续增大，静动态特性的结果基本不变。

采用中心差分法可对各种情况下的雷诺方程进行离散，以式（5-36）中的稳态式为例，其离散后的差分方程为

$$A_{(i,j)} \overline{p'}_{T/B,0(i,j+1)} + B_{(i,j)} \overline{p'}_{T/B,0(i,j-1)} + C_{(i,j)} \overline{p'}_{T/B,0(i+1,j)} + D_{(i,j)} \overline{p'}_{T/B,0(i-1,j)} - E_{(i,j)} \overline{p'}_{T/B,0(i,j)} = F_{(i,j)} \tag{5-61}$$

式中，$A_{(i,j)} = \left(\dfrac{\Delta\theta'}{\Delta\overline{r'}}\right)^2 \overline{r'}_{(i,j+1/2)} \overline{h'}^3_{T/B(i,j+1/2)}$，$B_{(i,j)} = \left(\dfrac{\Delta\theta'}{\Delta\overline{r'}}\right)^2 \overline{r'}_{(i,j-1/2)} \overline{h'}^3_{T/B(i,j-1/2)}$，

$$C_{(i,j)} = \frac{1}{\overline{r}'_{(i,j)}} \overline{h}'^3_{T/B(i+1/2,j)}, \quad D_{(i,j)} = \frac{1}{\overline{r}'_{(i,j)}} \overline{h}'^3_{T/B(i-1/2,j)}, \quad E_{(i,j)} = A_{(i,j)} + B_{(i,j)} + C_{(i,j)} + D_{(i,j)},$$

$$F_{(i,j)} = \Lambda \frac{(\Delta\theta')^2}{\Delta r'}\left(\frac{\overline{r}'_{(i,j+1/2)}\overline{r}^2_{(i,j+1/2)}\overline{h}'^3_{T/B(i,j+1/2)}\Delta_{r(i,j+1/2)}}{\overline{r}_{c(i,j+1/2)}} - \frac{\overline{r}'_{(i,j-1/2)}\overline{r}^2_{(i,j-1/2)}\overline{h}'^3_{T/B(i,j-1/2)}\Delta_{r(i,j-1/2)}}{\overline{r}_{c(i,j-1/2)}}\right)$$

$$+ 6\frac{\overline{r}_{(i,j)}\overline{\omega}}{\cos\lambda_{r(i,j)}}(\overline{h}'_{T/B(i+1/2,j)} - \overline{h}'_{T/B(i-1/2,j)})\Delta\theta'$$

5.1.3.2　计算参数

（1）断续油腔液体静压丝杠副结构参数与运行参数

表 5-1 所示为断续油腔液体静压丝杠副的结构参数与运行参数。其中，节流器设计参数 95.7 对应的设计压力比 γ 为 0.5，即无螺距误差时，空载状态的油腔压力等于供油压力的一半；润滑油对应 VG22 号润滑油；丝杠的转速分别取 0、1000r/min、2000r/min 和 3000r/min。后面的计算分析中，需做调整的参数，将提前说明。

表 5-1　断续油腔液体静压丝杠副结构参数与运行参数

结构参数与运行参数	数值
螺母内径半径（r_i）	23.5mm
油腔内径半径（r_1）	26.5mm
油腔外径半径（r_2）	29.5mm
丝杠外径半径（r_o）	32.5mm
有效直径（D）	56mm
螺母螺纹总圈数（N）	6
开有螺旋油腔的螺母螺纹圈数（n）	4
牙型半角（α）	10°
螺距（P）	25mm
设计轴向间隙（h_{a0}）	0.02mm
θ 方向螺旋油腔包角（θ_r）	70°
供油压力（p_s）	5MPa
润滑油动力黏度（η）	0.0193Pa·s
润滑油密度（ρ）	875kg/m³
毛细管节流器设计参数（$\overline{C}_{sc}$）	95.7
薄膜节流器设计参数（$\overline{C}_{sm}$）	95.7
薄膜补偿系数（$\overline{C}_m$）	0.5
丝杠旋转速度（ω）	0,1000r/min,2000r/min,3000r/min

（2）螺母螺距误差

Fukada 等[38,39]加工了三种不同几何配置的梯形丝杠和五种与其配合的螺母。丝杠采用 Cr-Mo 钢材料，经渗碳和热处理后达到表面硬度 800HV，螺纹经磨削后研磨制成。螺母采用青铜铸件 BC6 材料，螺纹经车削后研磨制成。经测量发现，丝杠的螺距误差显著小于螺母的螺距误差，且螺母螺距误差的主要成分是周期为 2π 的周期螺距误差。因此，Fukada 等对流体动力润滑下滑动丝杠副摩擦特性的研究中，只考虑了螺母螺纹上周期为 2π 的周期螺距误差。

参考文献[38，39]的测量结果，考虑螺母螺纹的螺距累积误差和周期为 2π 的周期螺距误差，并假设螺母螺纹两侧的螺距误差相同，螺母螺纹上、下侧的螺距误差可以表示为

$$f_{n,T}(\theta) = f_{n,B}(\theta) = a_n + b_n\theta + E_n\sin(\theta + \varphi_n) \tag{5-62}$$

式中，线性项表示螺距累积误差，周期项表示周期为 2π 的周期螺距误差。将螺母螺距

误差分以下 4 种情况进行计算分析。

情况 1：螺母螺纹没有螺距误差；

情况 2：螺母螺纹只有振幅为 $2\mu m$ 的周期螺距误差；

情况 3：螺母螺纹只有振幅为 $4\mu m$ 的周期螺距误差；

情况 4：螺母螺纹含有 $6\mu m$ 的螺距累积误差和振幅为 $4\mu m$ 的周期螺距误差。

图 5-9 所示为当螺母无量纲轴向波动位移 $\Delta\bar{h}$ 等于 0.5 时，4 种螺距误差情况下，中径处，螺母螺纹上、下侧法向间隙（$\bar{h}'_{s,T}$、$\bar{h}'_{s,B}$）的波动情况。其中，在中间 4 圈开螺旋油腔的螺纹上，虚线位置表示各个螺旋油腔的中间位置。

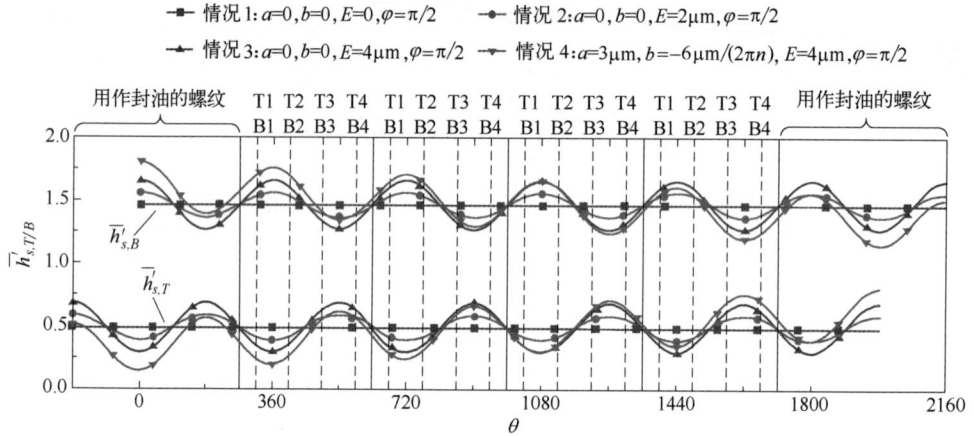

图 5-9　螺母螺纹上、下侧法向间隙

5.1.3.3　计算流程

静动态特性的计算流程图如图 5-10 所示。稳态压力与扰动压力的收敛准则为

$$\frac{\sum\sum|[(\overline{p'}_{T/B})_{i,j}]_I-[(\overline{p'}_{T/B})_{i,j}]_{I-1}|}{\sum\sum|[(\overline{p'}_{T/B})_{i,j}]_I|}<10^{-5} \tag{5-63}$$

$$\frac{\sum\sum|[(\overline{p'}_{\bar{z},T/B})_{i,j}]_I-[(\overline{p'}_{\bar{z},T/B})_{i,j}]_{I-1}|}{\sum\sum|[(\overline{p'}_{\bar{z},T/B})_{i,j}]_I|}<10^{-5} \tag{5-64}$$

$$\frac{\sum\sum|[(\overline{p'}_{\bar{z},T/B})_{i,j}]_I-[(\overline{p'}_{\bar{z},T/B})_{i,j}]_{I-1}|}{\sum\sum|[(\overline{p'}_{\bar{z},T/B})_{i,j}]_I|}<10^{-5} \tag{5-65}$$

根据给出的边界条件，计算得到初始的压力分布。考虑到螺母螺纹两端封油面的乏油现象，这里给出修正的边界条件，用于确定最后的压力及扰动压力分布。作为一个例子，图 5-11 所示为螺母螺纹只有振幅为 $4\mu m$ 的周期螺距误差（情况 3），螺母无量纲波动位移 $\Delta\bar{h}$ 为 0.6，丝杠转速为 0 和 2000r/min 时，用修正的边界条件计算得到的螺母螺纹上、下侧油膜压力分布。为了便于描述，图中标号 A、B、C、D 分别表示螺母两端封油面的边界。A、D 分别位于螺纹螺旋面的起始和终止位置，B、C 分别位于端部螺旋油腔的边界。螺纹两端的封油面分别称为"封油面 AB"和"封油面 CD"。

（1）丝杠转速为 0 时边界条件的修正

当丝杠转速为 0 时，剪切流 q_s 等于 0，封油面上只有压力诱导的流量 q_p。如图 5-11 （a）和（b）所示，封油面 AB 和 CD 上的压力沿着螺旋方向快速减小到 0（位置 B、C 处）。

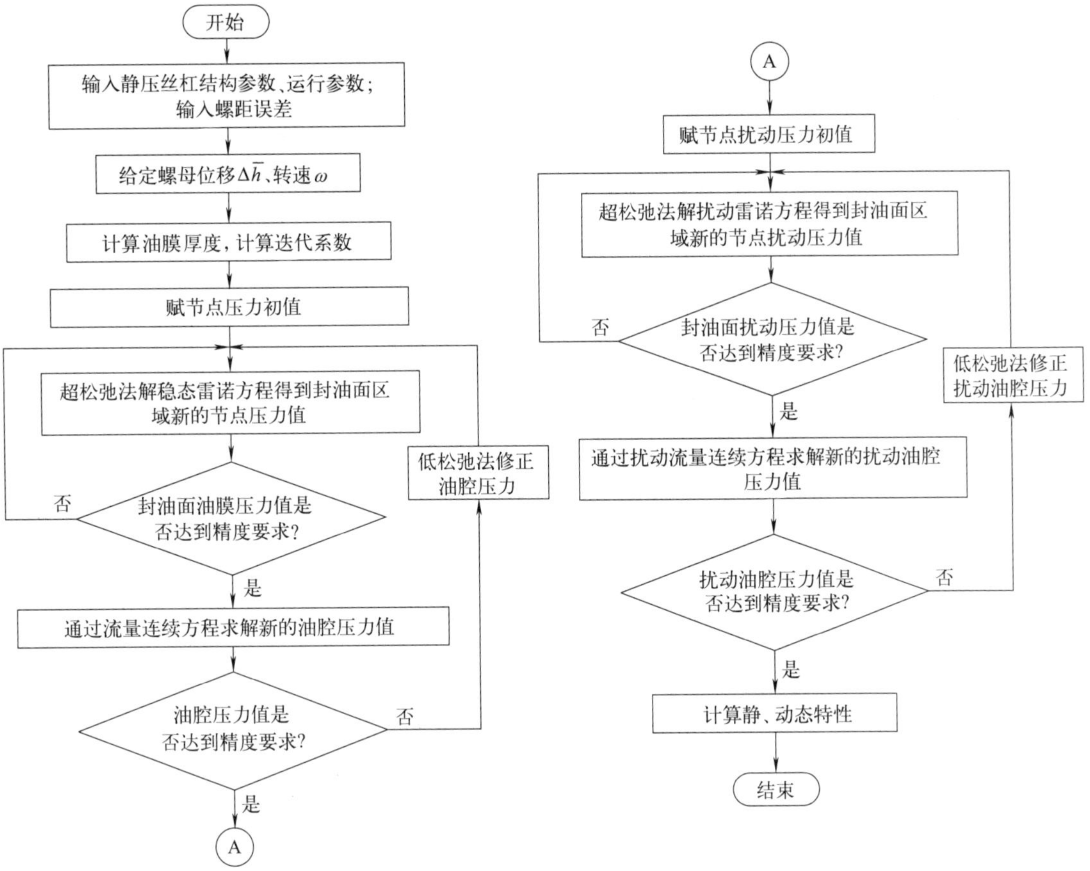

图 5-10　静动态特性计算流程图

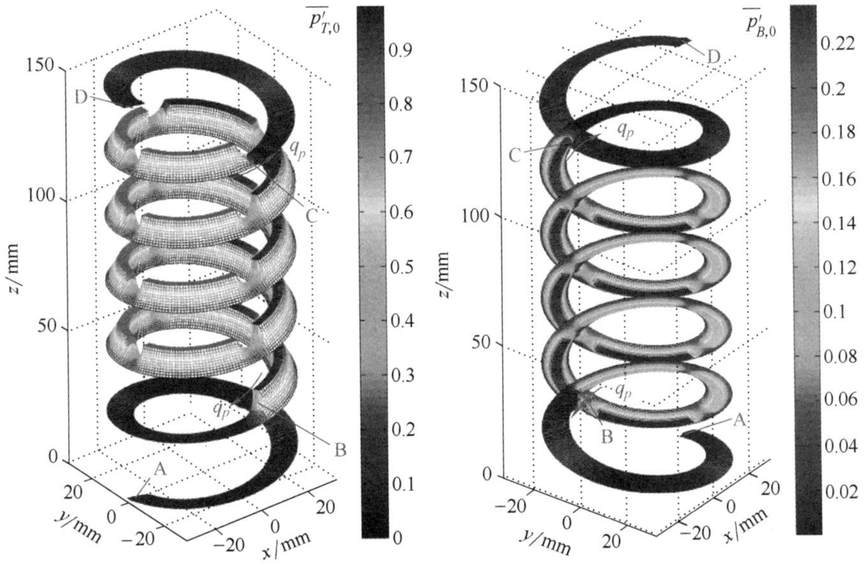

(a) $\omega=0$，螺母螺纹上侧

(b) $\omega=0$，螺母螺纹下侧

图 5-11

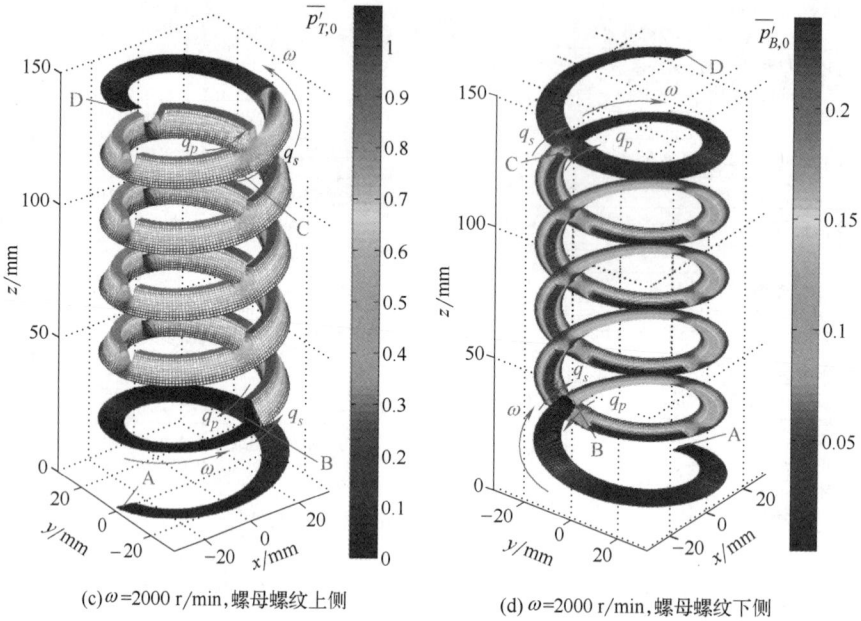

(c) $\omega=2000\,\text{r/min}$,螺母螺纹上侧

(d) $\omega=2000\,\text{r/min}$,螺母螺纹下侧

图 5-11　螺母螺纹上、下侧油膜的压力 $\overline{p}'_{T/B,0}$ 分布

（毛细管节流,情况 3 的螺距误差, $\Delta\overline{h}=0.6$, $\omega=0$ 或 2000r/min）

考虑到润滑油的流动路径:润滑油流过节流器进入螺旋油腔,然后流过螺旋封油面到达螺纹的齿顶和齿底,之后从齿顶和齿底的回油口流出。压力诱导的流量 q_p 很难使得狭长的封油面 AB 和 CD 充满润滑油。对于螺母螺纹的两端,边界条件修正为:基于边界条件计算得到的初始压力分布,从边界 B 到边界 A,从边界 C 到边界 D,遍历节点的压力值,找出压力值近似等于 0 的节点。在这些节点之后,沿着螺旋方向的压力梯度将减小为 0,压力流 q_p 变为 0。因此,把这些节点作为新的流场边界,来计算压力及扰动压力分布。封油面 AB 和 CD 上剩下的部分从流场中舍弃。

（2）丝杠转速为 1000r/min、2000r/min 或 3000r/min 时边界条件的修正

当丝杠转速为 1000r/min、2000r/min 或 3000r/min 时,润滑油的流动包含压力诱导的流量 q_p 和剪切流 q_s。q_p 和 q_s 在边界 B 处具有相反的方向,在边界 C 处具有相同的方向,如图 5-11（c）和（d）所示,其中符号 ω 表示丝杠的旋转方向。根据边界条件计算得到的压力分布,在边界 B 处,当丝杠转速为 1000r/min、2000r/min 或 3000r/min 时,剪切流 q_s 大于压力流 q_p。因此,润滑油很难流入封油面 AB,将封油面 AB 从流场中舍弃。在边界 B 处修正的边界条件为:位于螺旋油腔边界上的节点具有相同的稳态油腔压力或扰动油腔压力,稳态油腔压力或扰动油腔压力从螺旋油腔到螺纹齿顶或齿底线性减小到 0［从图 5-11（c）中边界 B 处可以看出］。在边界 C 处,流向封油面 CD 的流量是压力流 q_p 和剪切流 q_s 的联合,在封油面 CD 采用雷诺边界条件。

5.1.3.4　迭代程序正确性验证

为了验证静态特性计算的正确性,迭代程序的计算结果与已出版的数据结果进行了对比。El-Sayed 和 Khatan[33] 用"精确"方法计算了采用其建议螺纹参数的液体静压丝杠副

的承载能力。如图 5-12 所示，迭代程序的计算结果与 El-Sayed 和 Khatan[33] 给出的结果高度一致。Prabhu 和 Ganesan[164] 给出了考虑旋转导致的润滑油惯性力时，多油腔锥形静压推力轴承的静态特性。当液体静压丝杠副的螺旋升角等于 0 时，即为多个多油腔锥形静压推力轴承的联合。图 5-13 所示为迭代程序的计算结果与 Prabhu 和 Ganesan[164] 所给出结果的比较，两者具有很高的一致性。

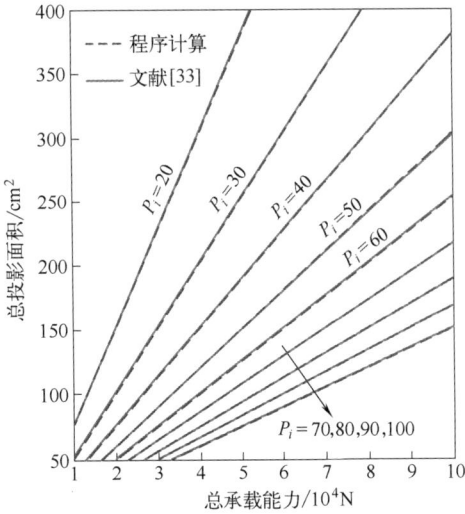

图 5-12　液体静压丝杠副承载能力的比较

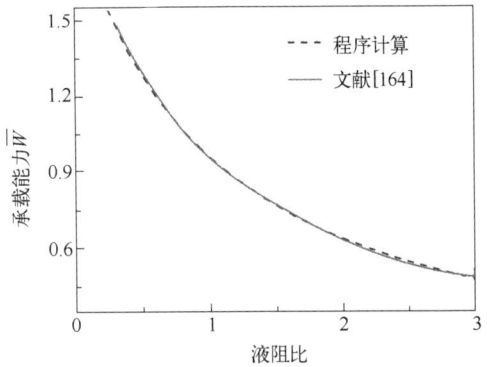

图 5-13　多油腔锥形静压推力轴承承载能力的比较

Rowe 和 Chong[334] 给出了两种计算动静压径向轴承动态特性的方法：小扰动理论法和差分法。本文中给出的动态特性系数是用小扰动理论法计算得到的结果。为了验证动态特性系数计算结果的正确性，也采用差分法进行了计算。图 5-14 所示为用两种方法计算得到的轴向刚度系数、阻尼系数的比较。图中实心图例表示小扰动理论法的计算结果，空心图例表示差分法的计算结果。可见，两种方法的计算结果完全一致。此外，动态特性的计算是基于静态特性基础上的，动态特性的一致性进一步反映了静态特性计算的正确性。

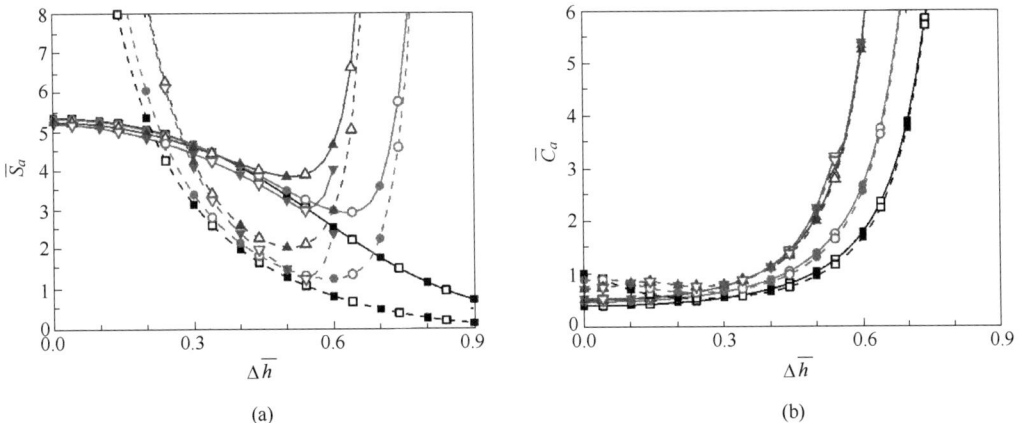

(a)

(b)

图 5-14　轴向刚度系数、阻尼系数的比较

5.2 螺母螺距误差影响下液体静压丝杠副静动态特性分析

当只考虑螺母螺距误差时，随着丝杠的转动，在给定的螺母轴向波动位移 $\Delta\bar{h}$（螺母偏离理想位置的位移量）下，静压螺母运动过程中静动态特性保持不变。根据 Fukada 等[38,39] 的测量结果，螺母内螺纹的加工误差往往显著大于丝杠外螺纹的加工误差，其对滑动丝杠副摩擦特性的分析中也忽略了丝杠的螺距误差。

本章分析了前文所述 4 种情况的螺母螺距误差下，毛细管补偿和薄膜补偿断续油腔液体静压丝杠副的静动态特性随螺母波动位移 $\Delta\bar{h}$ 的变化规律。实际上，螺母螺距误差的大小、周期和相位等都可能与所取的 4 种情况有差异，并会叠加上不规律的随机成分，而穷举所有的螺距误差情况是不可能的。因此，这里着重对静动态特性的变化规律进行分析、解释，以揭示螺距误差的作用机理。

螺距误差将减小波动位移 $\Delta\bar{h}$ 的可移动范围，对应情况 1 到情况 4 的螺距误差，计算区间分别为：$0\leqslant\Delta\bar{h}\leqslant0.9$，$0\leqslant\Delta\bar{h}\leqslant0.8$，$0\leqslant\Delta\bar{h}\leqslant0.7$ 和 $0\leqslant\Delta\bar{h}\leqslant0.6$。

5.2.1 静态特性计算结果与讨论

5.2.1.1 油腔压力与流过节流器的流量

如图 5-11 所示，螺母螺纹上侧（或下侧）的油腔压力不相等，这是由于法向间隙沿螺旋方向的波动，导致油腔周围封油面的静压液阻变化所致。图 5-15 所示为油腔压力 $\bar{p}'_{r,T2}$ 及流过其补偿节流器（图 5-6 中油路②）的流量 $\bar{Q}_{c/m,T2}$，油腔压力 $\bar{p}'_{r,B2}$ 及流过其补偿节流器（图 5-6 中油路⑥）的流量 $\bar{Q}_{c/m,B2}$ 随螺母波动位移 $\Delta\bar{h}$ 的变化。图 5-16 所示为油腔压力 $\bar{p}'_{r,T3}$ 及流过其补偿节流器（图 5-6 中油路③）的流量 $\bar{Q}_{c/m,T3}$，油腔压力 $\bar{p}'_{r,B3}$ 及流过其补偿节流器（图 5-6 中油路⑦）的流量 $\bar{Q}_{c/m,B3}$ 随螺母波动位移 $\Delta\bar{h}$ 的变化。图中，实线表示毛细管节流器补偿，虚线表示薄膜节流器补偿；螺距误差分别为情况 1 和情况 3。

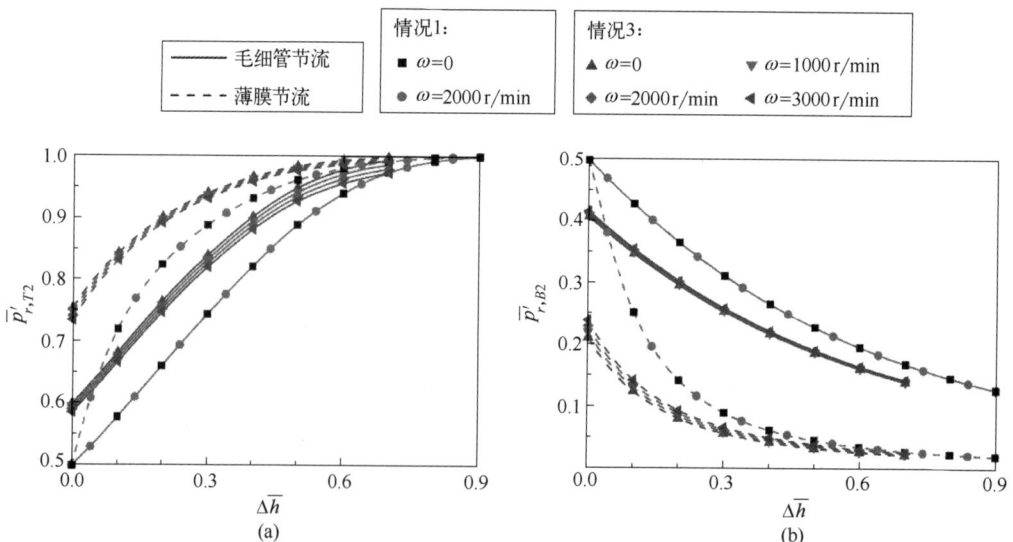

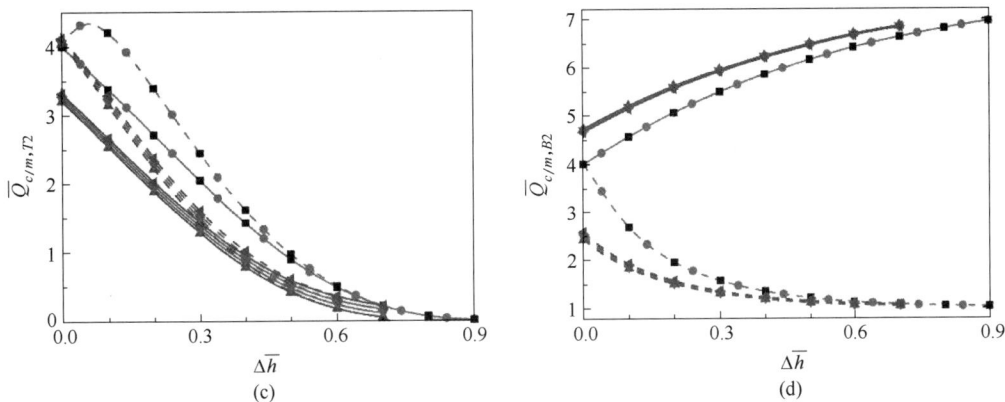

(c) 　　　　　　　　　　　(d)

图 5-15　油腔压力 $\overline{p}'_{r,T2}$、$\overline{p}'_{r,B2}$ 与流量 $\overline{Q}_{c/m,T2}$、$\overline{Q}_{c/m,B2}$ 随螺母波动位移 $\Delta\overline{h}$ 的变化

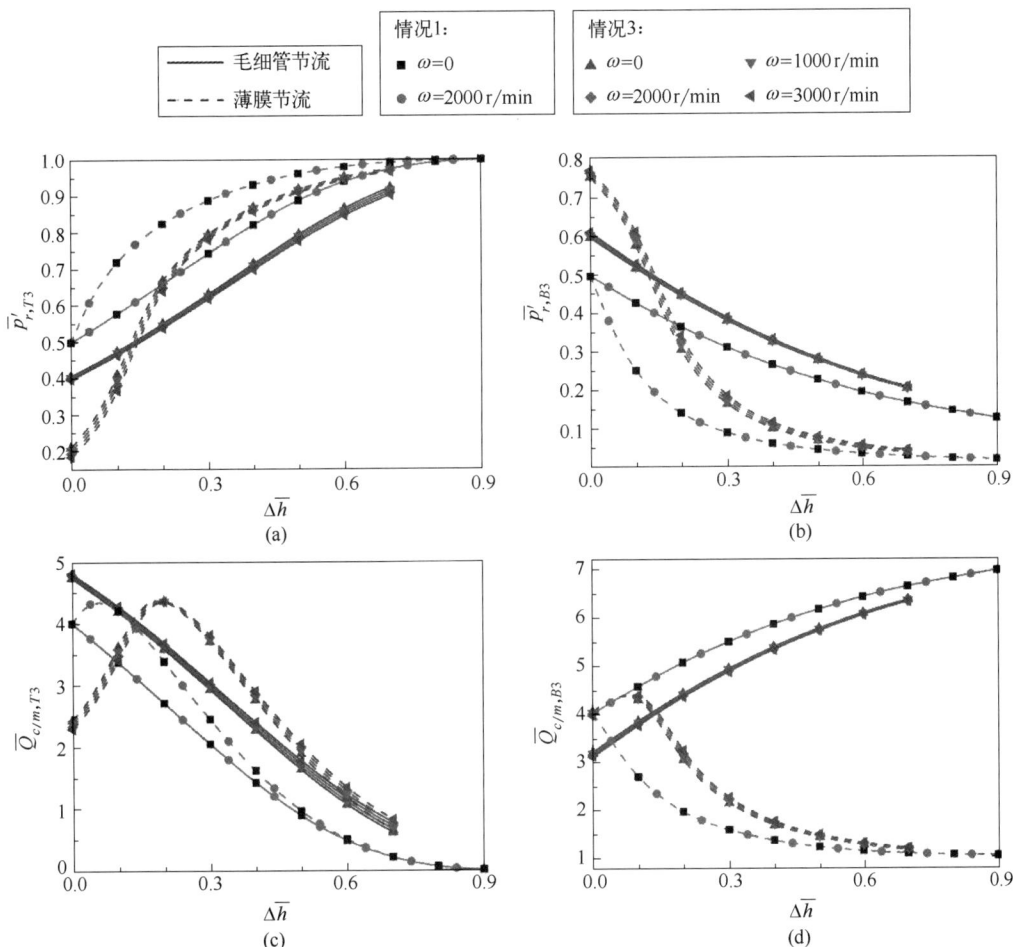

(a) 　　　　　　　　　　　(b)

(c) 　　　　　　　　　　　(d)

图 5-16　油腔压力 $\overline{p}'_{r,T3}$、$\overline{p}'_{r,B3}$ 与流量 $\overline{Q}_{c/m,T3}$、$\overline{Q}_{c/m,B3}$ 随螺母波动位移 $\Delta\overline{h}$ 的变化

由图 5-15 和图 5-16 可以看出：

① 随着螺母波动位移 $\Delta\overline{h}$ 的增大，螺母螺纹上侧油膜间隙逐渐减小，油腔压力 $\overline{p}'_{r,T2}$、$\overline{p}'_{r,T3}$ 逐渐增大；螺母螺纹下侧油膜间隙逐渐增大，油腔压力 $\overline{p}'_{r,B2}$、$\overline{p}'_{r,B3}$ 逐渐减小。与

163

毛细管节流器相比，薄膜节流器的自动反馈补偿功能，增大了对置油腔的压力差，其效果是：使得无量纲值大于 0.5 的油腔压力更大，小于 0.5 的油腔压力更小。

② 情况 3 的螺距误差（只有振幅为 $4\mu\mathrm{m}$ 的周期螺距误差）增大了油腔压力 $\overline{p}'_{r,T2}$、$\overline{p}'_{r,B3}$，而减小了油腔压力 $\overline{p}'_{r,T3}$、$\overline{p}'_{r,B2}$。这是由于，如图 5-9 所示，情况 3 的螺距误差减小了螺旋油腔 T2、B3 附近的法向间隙，而增大了螺旋油腔 T3、B2 附近的法向间隙，分别导致液阻的增大和减小，从而导致油腔压力的变化。

③ 当没有螺距误差时（情况 1），丝杠转速对油腔压力和流量没有影响。这是由于沿着螺旋方向，油膜间隙保持常数，丝杠转速变化时，流入、流出油腔的速度流保持相等，油腔周围封油面的液阻不变，油腔压力不变。

④ 在情况 3 的螺距误差下，随着丝杠转速的增大，油腔压力和流量稍微变化。这是由螺旋油腔螺旋方向的两个边界处油膜厚度不相等所致。如图 5-15（a）中的 $\overline{p}'_{r,T2}$ 随着丝杠转速的提高而稍微减小，是由于螺旋油腔 T2 右侧的法向间隙大于其左侧的法向间隙（见图 5-9），随着转速的增大，更多的润滑油被剪切流从螺旋油腔带走，进而封油面的液阻减小，导致了油腔压力的减小。

⑤ 对于毛细管补偿的静压丝杠副，流量与油腔压力具有相反的变化趋势，这可以从流过毛细管节流器的流量方程［式（5-39）］看出。$\overline{p}'_{r,T2}$、$\overline{p}'_{r,T3}$ 增大，则流过其补偿毛细管节流器的流量 $\overline{Q}_{c,T2}$、$\overline{Q}_{c,T3}$ 减小；$\overline{p}'_{r,B2}$、$\overline{p}'_{r,B3}$ 减小，则流过其补偿毛细管节流器的流量 $\overline{Q}_{c,B2}$、$\overline{Q}_{c,B3}$ 增大。对于薄膜补偿的静压丝杠副，流量受到油腔压力与薄膜位移的联合作用，从图中可见，$\overline{Q}_{m,T2}$、$\overline{Q}_{m,B2}$ 随着 $\overline{p}'_{r,T2}$ 的增大、$\overline{p}'_{r,B2}$ 的减小都减小；而 $\overline{Q}_{m,T3}$、$\overline{Q}_{m,B3}$ 在情况 3 中出现先增大后减小的变化趋势。解释如下：图 5-17 为薄膜节流器补偿时的液阻网络图。无螺距误差下，$\Delta\overline{h}=0$ 时，各个油腔封油面的液阻相等，设为 R_0，即 $R_{Ti}=R_{Bi}=R_0$。从图 5-15 和图 5-16 中可见，当没有螺距误差时，随着螺母波动位移 $\Delta\overline{h}$ 的增大，即随着液阻 R_{Ti} 的增大、液阻 R_{Bi} 的减小，$\overline{Q}_{m,T2}$ 和 $\overline{Q}_{m,T3}$ 先略有增大后逐渐减小，而 $\overline{Q}_{m,B2}$ 和 $\overline{Q}_{m,B3}$ 逐渐减小。而参考图 5-9 的法向间隙图，情况 3 的

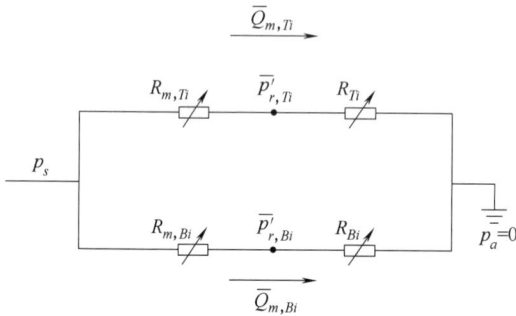

图 5-17 薄膜节流器补偿的液阻网络图

螺距误差导致液阻 R_{T2} 增大、R_{B2} 减小，从而导致 $\overline{Q}_{m,T2}$ 越过增大的区域直接减小，而 $\overline{Q}_{m,B2}$ 更进一步减小；同时，情况 3 的螺距误差导致液阻 R_{T3} 减小、R_{B3} 增大，从而导致 $\overline{Q}_{m,T3}$ 增大的区域变大，出现先较大幅度的变大后减小，而 $\overline{Q}_{m,B3}$ 也出现了先略有增大后减小的趋势。

5.2.1.2 总流量

图 5-18 所示为静压丝杠副所需总流量 $\overline{Q}_{\mathrm{total}}$ 随螺母波动位移 $\Delta\overline{h}$ 的变化趋势。对于毛细管补偿静压丝杠副，随着螺母波动位移 $\Delta\overline{h}$ 的增大，其总流量略微减小；对于薄膜补偿静压丝杠副，其总流量有显著的下降。例如，当螺母波动位移 $\Delta\overline{h}=0.3$，无螺距误差，$\omega=0$ 时，薄膜补偿静压丝杠副比毛细管补偿静压丝杠副总流量 $\overline{Q}_{\mathrm{total}}$ 减少 14.08（46.69%）。比较

图 5-18（a）和（b）可见丝杠转速对总流量影响很小，可忽略。从前文的分析可以看出，对于两对置的螺旋油腔，当采用毛细管补偿时，随着螺母波动位移 $\Delta\bar{h}$ 的增大，一个油腔的流量增大，则另一个油腔的流量必然减小，最后总的流量变化并不大；当采用薄膜补偿时，随着螺母波动位移 $\Delta\bar{h}$ 的增大，可能出现两个油腔的流量都减小，也可能出现一个油腔的流量减小，一个油腔的流量先增大后减小的现象，而总体上以减小为主，因此薄膜补偿静压丝杠副的总流量有显著减小。总流量的减小，可以有效地减小泵吸功率，节省能量。对于液体静压丝杠副这种具有多圈承载特点的静压设备，其所需流量往往较大，更加显现出薄膜补偿方式降低总流量的实际意义。此外，螺距误差对毛细管补偿静压丝杠副总流量的影响很小，可以忽略；而情况 3、4 的螺距误差对薄膜补偿静压丝杠副总流量的影响在 $\Delta\bar{h}\leqslant0.15$ 时较大，这是由于情况 3、4 的螺距误差导致薄膜补偿静压丝杠副的流量在 $\Delta\bar{h}$ 较小时有较大波动，如图 5-15（c）、（d）和图 5-16（c）、（d）所示。

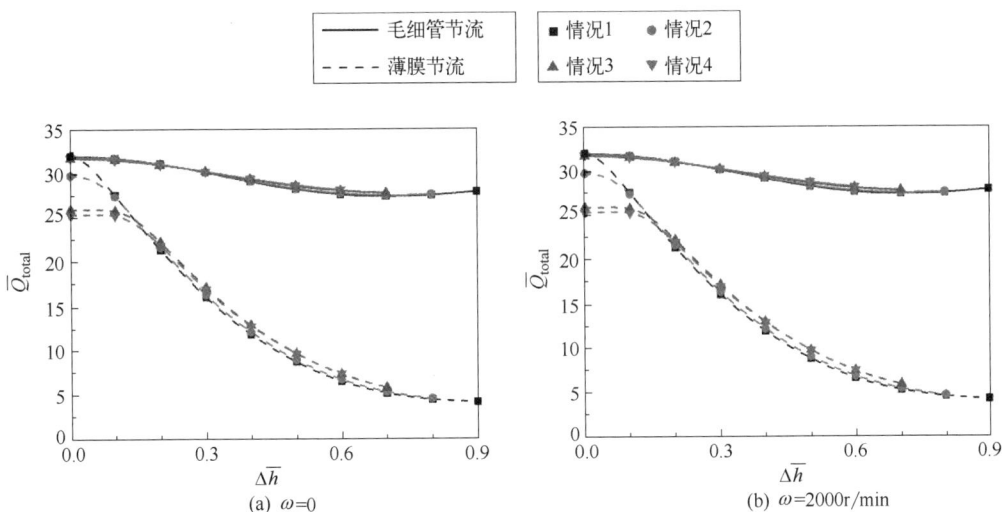

图 5-18　总流量 $\bar{Q}_{total}$ 随螺母波动位移 $\Delta\bar{h}$ 的变化

5.2.1.3　轴向承载能力

图 5-19 所示为在不同的螺距误差和丝杠转速下，轴向承载能力 $\bar{W}_a$ 随螺母波动位移 $\Delta\bar{h}$ 的变化趋势。可以看出：

① 当丝杠转速 $\omega=0$ 时［图 5-19（a）］，润滑油膜只有静压效应，此时，随着螺母波动位移 $\Delta\bar{h}$ 的增大，毛细管补偿静压丝杠副的轴向承载能力近似线性增大，而薄膜补偿静压丝杠副的轴向承载能力先快速增大，之后增大放缓。可见，用薄膜节流器代替毛细管节流器，轴向承载能力得到显著的提高，尤其是在区间 $0.1\leqslant\Delta\bar{h}\leqslant0.5$。例如，当 $\Delta\bar{h}=0.3$ 时，薄膜补偿无螺距误差静压丝杠副的轴向承载能力比毛细管补偿无螺距误差静压丝杠副增大 1.32（85.00%）。由图 5-15（a）和（b）可见，与毛细管节流器相比，薄膜节流器的自动反馈调节功能，使得两对置的油腔压力 $\bar{p}'_{r,T2}$ 与 $\bar{p}'_{r,B2}$ 的差值增大，在有效承载面积一定的情况下，对置油腔压力差值越大，承载能力越大，因此薄膜节流器有效地提高了承载能力。

② 动压效应不大时，螺距误差对毛细管补偿静压丝杠副承载能力的影响很小，可以忽略；而螺距误差对薄膜补偿静压丝杠副承载能力的影响在 $\Delta\bar{h}$ 较小（$\Delta\bar{h}\leqslant0.3$）时较大，在 $\Delta\bar{h}$ 较大时可以忽略。由图可见，螺距误差会导致薄膜补偿静压丝杠副的油腔压力在 $\Delta\bar{h}$ 较

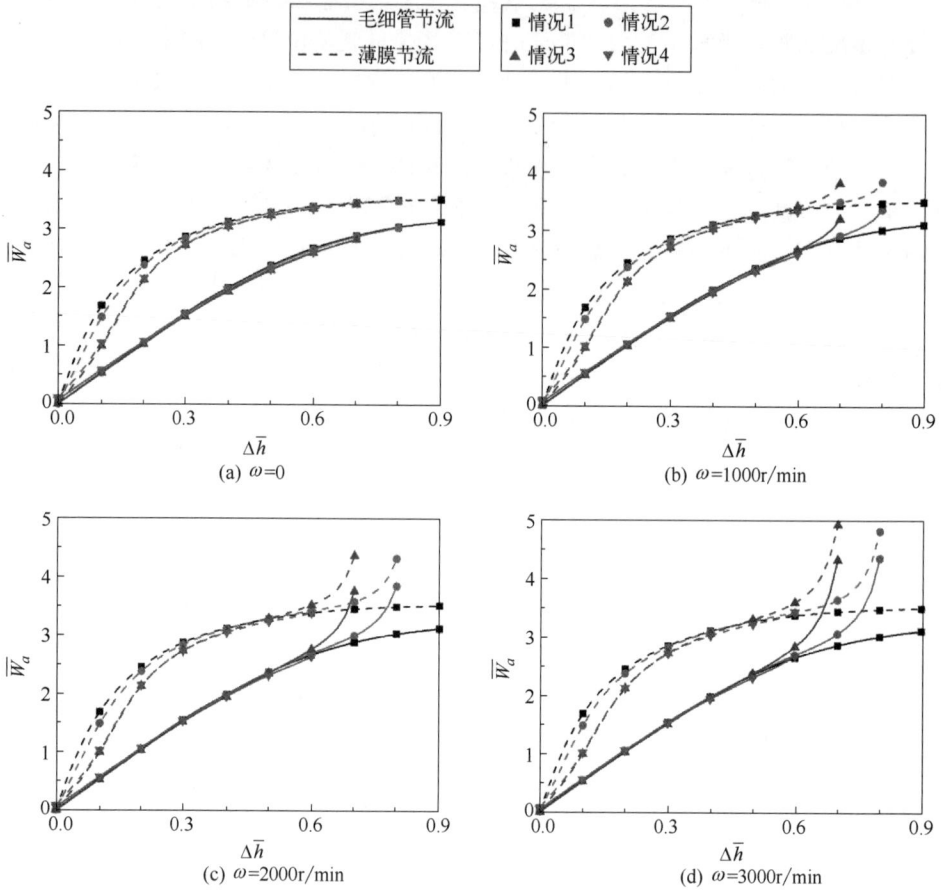

图 5-19 轴向承载能力 $\overline{W}_a$ 随螺母波动位移 $\Delta\overline{h}$ 的变化

小时出现较大波动，这引起了承载能力的波动。没有螺距误差（情况 1）时，由于在 θ 方向油膜厚度不变，没有动压效应，丝杠转速对轴向承载能力没有影响。

③ 当存在螺距误差且丝杠转速不为 0 时，油膜既有静压效应，又有动压效应。由图 5-19（b）~（d）可见，在很大的螺母波动位移 $\Delta\overline{h}$ 范围内，轴向承载能力变化并不大，此时动压效应对承载能力的贡献很小。随着螺母波动位移 $\Delta\overline{h}$ 的继续增大，轴向承载能力出现增大现象。这是由于螺母波动位移增大到一定程度后，螺母螺纹上侧油膜的动压效应变得显著（上侧间隙减小），而螺母螺纹下侧油膜的动压效应保持很小（下侧间隙增大），承载能力为上侧油膜力减去下侧油膜力，从而承载能力增大。动压效应对承载能力有所贡献的区间分别为：$\omega = 1000\text{r/min}$ 时，$\Delta\overline{h} > 0.6$；$\omega = 2000\text{r/min}$ 时，$\Delta\overline{h} > 0.55$；$\omega = 3000\text{r/min}$ 时，$\Delta\overline{h} > 0.5$。而当 $\Delta\overline{h}$ 达到 0.6 及以上且 ω 达到 2000r/min、3000r/min 时，承载能力的增大变得显著。随着丝杠转速的增大，动压效应逐渐增强，承载能力增大的趋势更明显。动压效应的变化可以从图 5-11 中看出，图 5-11（c）中封油面上的动压力明显增大（$\Delta\overline{h} = 0.6$）。当 $\Delta\overline{h}$ 增大到 0.7 时，动压力将更加显著，此时，情况 3 的螺距误差下，丝杠转速从 0 增大到 1000r/min、2000r/min 和 3000r/min 时，对于毛细管补偿静压丝杠副，轴向承载能力分别增大 14.00%、33.06% 和 53.86%；对于薄膜补偿静压丝杠副，轴向承载能力分别增大 11.52%、27.10% 和 44.14%。

④ 情况 2 和情况 4 的动压效应对承载能力的贡献小于情况 3 的。对于情况 2，是由于其

螺距误差幅值小于情况 3 的螺距误差；对于情况 4，是由于其螺距累积误差增大了螺母螺纹上侧封油面 CD 的法向间隙（如图 5-9 所示），因此封油面 CD 段的动压效应减小。在情况 2 的螺距误差下，$\Delta \overline{h}=0.7$，丝杠转速从 0 增大到 1000r/min、2000r/min 和 3000r/min 时，毛细管补偿静压丝杠副轴向承载能力分别增大 1.86%、4.16% 和 6.94%；薄膜补偿静压丝杠副轴向承载能力分别增大 1.58%、3.52% 和 5.83%。在情况 4 的螺距误差下，$\Delta \overline{h}=0.6$，丝杠转速从 0 增大到 1000r/min、2000r/min 和 3000r/min 时，毛细管补偿静压丝杠副轴向承载能力分别变化 -0.39%、1.08% 和 3.48%；薄膜补偿静压丝杠副轴向承载能力分别变化 -0.27%、0.87% 和 2.72%。

5.2.2　动态特性计算结果与讨论

5.2.2.1　轴向刚度系数

图 5-20 所示为在不同的螺距误差和丝杠转速下，轴向刚度系数 $\overline{S}_a$ 随螺母波动位移 $\Delta \overline{h}$ 的变化趋势。可以看出：

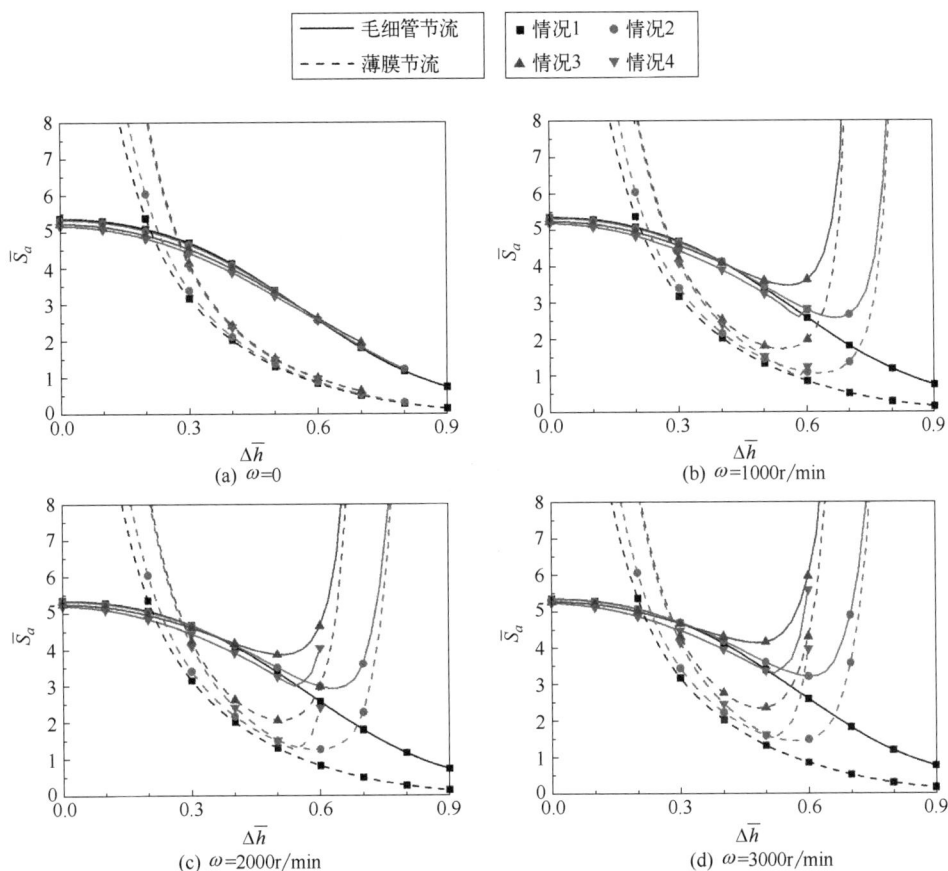

图 5-20　轴向刚度系数 $\overline{S}_a$ 随螺母波动位移 $\Delta \overline{h}$ 的变化

① 当丝杠转速 $\omega=0$ 时［图 5-20（a）］，只存在静压效应，此时，对于毛细管补偿的静压丝杠副，随着螺母波动位移 $\Delta \overline{h}$ 的增大，轴向刚度系数逐渐减小。这是由于当 $\Delta \overline{h}=0$ 时，对于轴向刚度来说，压力比处于最佳值附近（设计压力比等于 0.5）。随着螺母波动位移的增大，压力比逐渐远离最佳值，导致轴向刚度系数减小。螺距误差对毛细管补偿静压丝杠副

轴向刚度系数的影响不大。例如，当 $\Delta\bar{h}=0$ 时，情况 2、情况 3 和情况 4 的螺距误差下的轴向刚度系数相对于没有螺距误差的情况 1 分别只减少了 0.69%、2.76% 和 3.79%。

② 与毛细管节流器相比，当采用薄膜节流器时，在较小的螺母波动位移 $\Delta\bar{h}$ 下，轴向刚度系数得到显著的提高。薄膜补偿静压丝杠副在整个范围的变化曲线如图 5-21 所示，当 $\Delta\bar{h}=0$ 时，无螺距误差薄膜补偿静压丝杠副的轴向刚度系数达到 21.46，而无螺距误差毛细管补偿静压丝杠副的轴向刚度系数只有 5.37，增大率达到 299.83%。但是随着螺母波动位移 $\Delta\bar{h}$ 的增大，薄膜补偿静压丝杠副的轴向刚度系数迅速下降，在 $\Delta\bar{h}$ 略大于 0.2 时，下降到低于毛细管补偿的水平。只存在静压效应时（即 $\omega=0$ 或没有螺距误差），在较大的螺母波动位移 $\Delta\bar{h}$ 下，毛细管补偿和薄膜补偿静压丝杠副的轴向刚度系数都下降到较小值。从图 5-21 中可以看出，在螺母波动位移 $\Delta\bar{h}$ 较小时，螺距误差对薄膜补偿静压丝杠副轴向刚度系数具有显著影响。这是由螺距误差导致的扰动油腔压力波动引起的。作为一个例子，图 5-22 所示为情况 3 的螺距误差与无螺距误差下的扰动压力对比，可以看出螺距误差导致扰动油腔压力产生较大的波动，尤其是在较小的螺母波动位移 $\Delta\bar{h}$ 下。

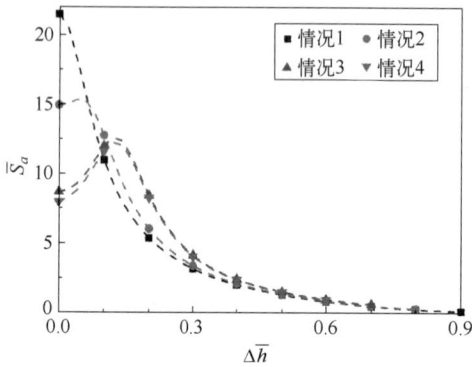

图 5-21 轴向刚度系数 $\bar{S}_a$ 随螺母波动位移 $\Delta\bar{h}$ 的变化

（$\omega=0$，薄膜节流器补偿）

③ 随着丝杠转速的增大，对于情况 1，轴向刚度系数基本不变；对于情况 2、情况 3 和情况 4，轴向刚度系数下降到一定值后，当螺母波动位移 $\Delta\bar{h}$ 达到一定程度，出现陡增的现象。这是由于情况 2、情况 3 和情况 4 的螺距误差下，在螺母波动位移 $\Delta\bar{h}$ 较小时，动压效应很小，不能改变轴向刚度系数递减的变化趋势；但是，当螺母波动位移 $\Delta\bar{h}$ 增大到一定值后，由于动压效应迅速变得显著，封油面上的扰动压力 $\overline{p'}_{z,T/B}$ 陡然增大，这导致了轴向刚度系数由减小到增大的转变。并且，随着丝杠转速

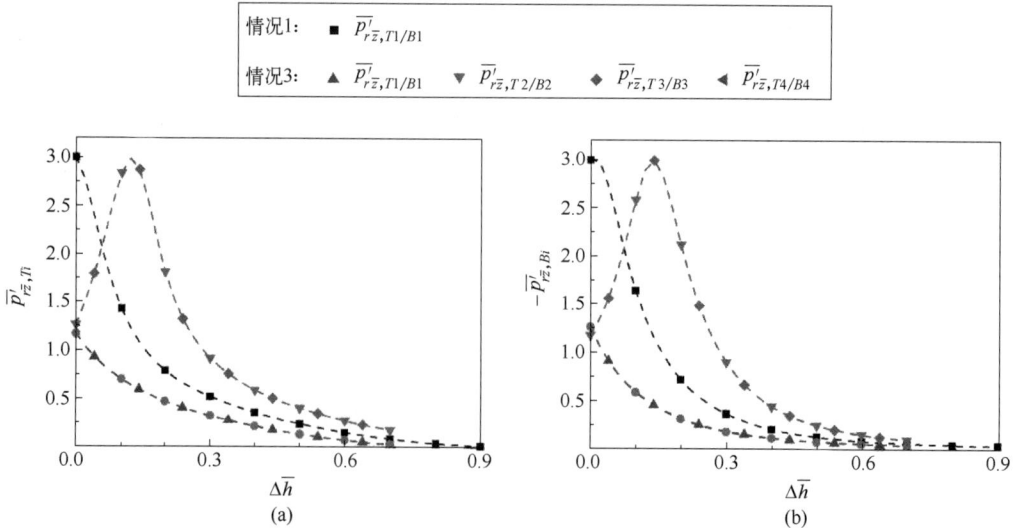

图 5-22 扰动油腔压力 $\overline{p'}_{rz,Ti/Bi}$ 随螺母波动位移 $\Delta\bar{h}$ 的变化

（$\omega=0$，薄膜节流）

从 0 增大到 1000r/min、2000r/min 和 3000r/min，出现刚度转变的螺母波动位移（刚度由减小变为增大）逐渐前移，这是由于动压效应随着转速的增大而增大。

由于轴向刚度系数是通过对扰动压力 $\overline{p}'_{z,T/B}$ 积分而得 [式 (5-60)]，扰动压力 $\overline{p}'_{z,T/B}$ 的分布可以进一步解释轴向刚度系数的变化趋势。图 5-23 所示为螺母波动位移 $\overline{\Delta h}$ 等于 0.6，丝杠转速为 0 或 1000r/min，情况 3 的螺距误差下，毛细管补偿静压丝杠副扰动压力 $\overline{p}'_{z,T/B}$ 的分布情况。可以看出：丝杠转速为 0 时 [图 5-23 (a) 和 (b)]，轴向刚度系数主要来自螺旋油腔的贡献。但是，当丝杠转速为 1000r/min 时，对于螺母螺纹上侧的油膜（间隙减小侧），由于动压效应，封油面上的扰动压力 $\overline{p}'_{z,T/B}$ 变得显著，如图 5-23 (c) 所示，尤其是封油面 CD，其类似于一个动压推力轴承。因此，扰动压力 $\overline{p}'_{z,T/B}$ 的积分（轴

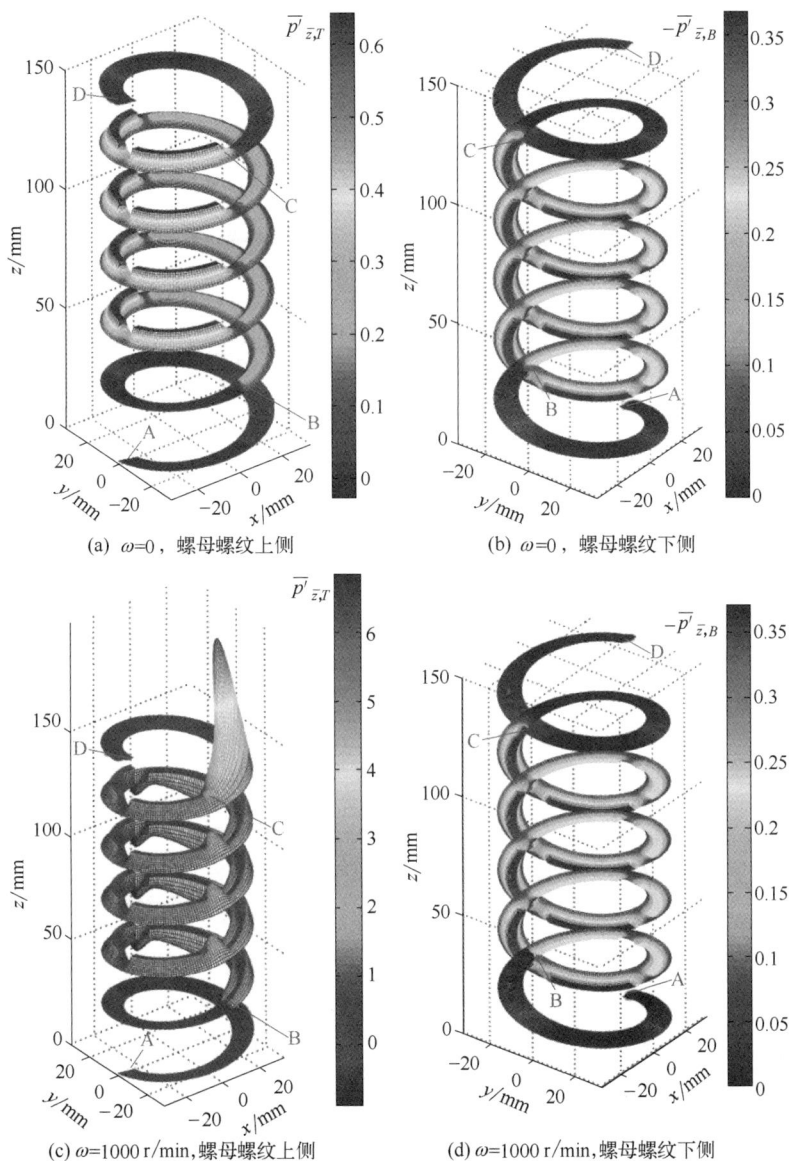

(a) $\omega=0$，螺母螺纹上侧　　　　　　(b) $\omega=0$，螺母螺纹下侧

(c) $\omega=1000$ r/min，螺母螺纹上侧　　　(d) $\omega=1000$ r/min，螺母螺纹下侧

图 5-23　螺母螺纹上、下侧油膜的扰动压力 $\overline{p}'_{z,T/B}$ 分布

毛细管节流，情况 3 的螺距误差，$\overline{\Delta h}=0.6$，$\omega=0$ 或 1000r/min

向刚度系数）变大。这是在丝杠转速为 1000r/min、2000r/min 和 3000r/min 及较大螺母波动位移下，轴向刚度系数出现陡增的原因。

5.2.2.2 轴向阻尼系数

图 5-24 所示为在不同的螺距误差和丝杠转速下，轴向阻尼系数 $\overline{C}_a$ 随螺母波动位移 $\Delta \overline{h}$ 的变化趋势。可以看出：

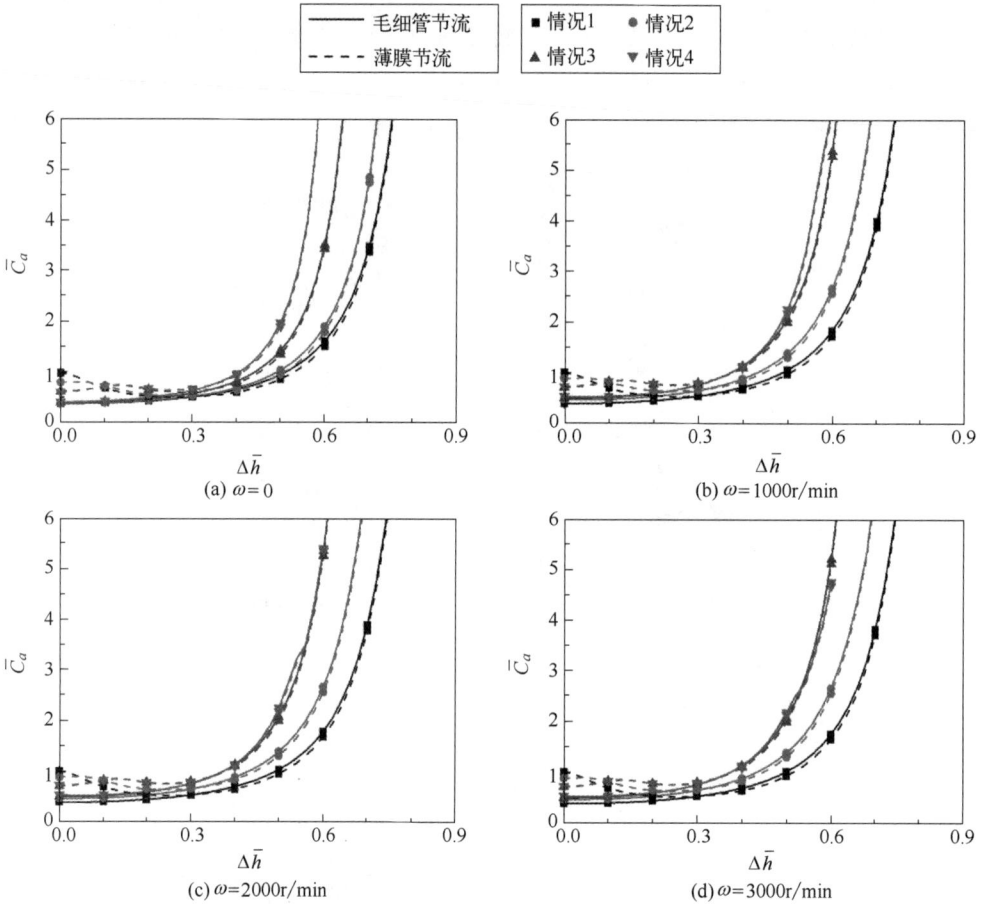

图 5-24　轴向阻尼系数 $\overline{C}_a$ 随螺母波动位移 $\Delta \overline{h}$ 的变化

① 丝杠转速为 0 时，随着螺母波动位移 $\Delta \overline{h}$ 的增大，毛细管补偿静压丝杠副的轴向阻尼系数逐渐增大，无螺距误差薄膜补偿静压丝杠副的轴向阻尼系数先稍微减小，后逐渐增大。两者的增大都是先缓慢后加剧，当 $\Delta \overline{h}$ 达到一定值后（大约在 0.6 前后），陡然增大。

② 在螺母波动位移 $\Delta \overline{h}$ 较小时（$\Delta \overline{h} < 0.3$），薄膜补偿静压丝杠副的轴向阻尼系数大于毛细管补偿静压丝杠副。这是由于 $\Delta \overline{h}$ 较小时，薄膜的自动反馈调节作用提高了油腔部分的扰动压力 $\overline{p'}_{\dot{z},T/B}$，并且扰动油腔压力作为迭代封油面部分扰动压力 $\overline{p'}_{\dot{z},T/B}$ 时的一个边界条件，也导致了封油面部分扰动压力 $\overline{p'}_{\dot{z},T/B}$ 的增大，如图 5-25 所示。因而，扰动压力 $\overline{p'}_{\dot{z},T/B}$ 的积分增大，即轴向阻尼系数增大。当 $\Delta \overline{h} = 0$，$\omega = 0$，无螺距误差时，薄膜补偿静压丝杠副比毛细管补偿静压丝杠副轴向阻尼系数提高 0.61（163.27%）。在螺母波动位移 $\Delta \overline{h}$ 较大时，毛细管补偿与薄膜补偿静压丝杠副的轴向阻尼系数基本重合，此时轴向阻尼系

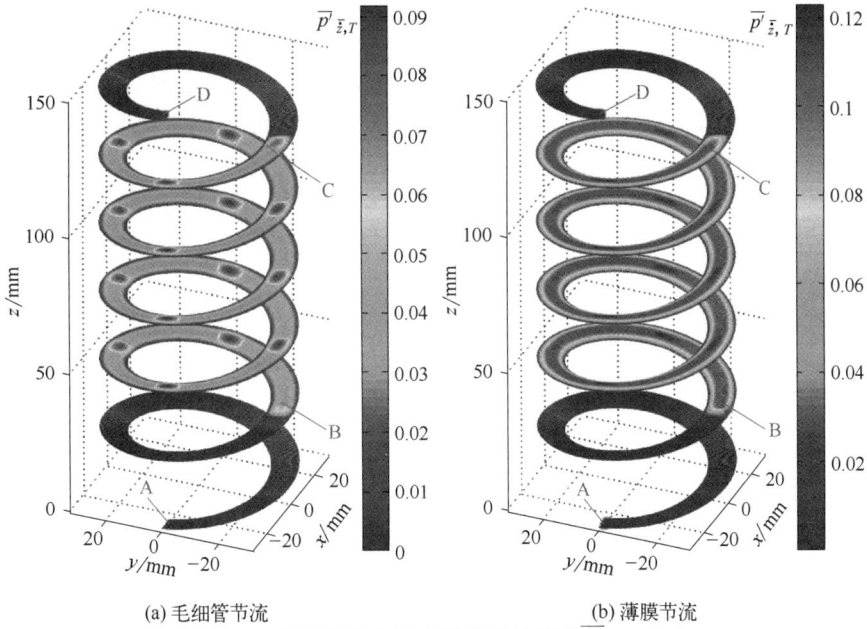

(a) 毛细管节流　　　　　　　　　　　　　　(b) 薄膜节流

图 5-25　螺母螺纹上侧油膜的扰动压力 $\overline{p}'_{\overline{z},T}$ 分布

（无螺距误差，$\Delta\overline{h}=0$，$\omega=0$）

数主要来自封油面区域。

③ 在较小的螺母波动位移 $\Delta\overline{h}$ 下（$\Delta\overline{h}<0.3$），螺距误差对毛细管补偿静压丝杠副轴向阻尼系数的影响较小；而薄膜补偿静压丝杠副的轴向阻尼系数在不同情况的螺距误差下会有波动，其波动趋势与图 5-21 所示螺距误差对轴向刚度系数影响的趋势一致，可见与轴向刚度系数类似，这也是由螺距误差导致的扰动油腔压力 $\overline{p}'_{r\overline{z},Ti/Bi}$ 的波动所致，如图 5-26 所示。随着螺母波动位移 $\Delta\overline{h}$ 的进一步增大，螺距误差的影响变得显著。例如，当 $\Delta\overline{h}=0.5$，$\omega=0$ 时，情况 2、情况 3 和情况 4 的螺距误差下的轴向阻尼系数相对于没有螺距误差的情

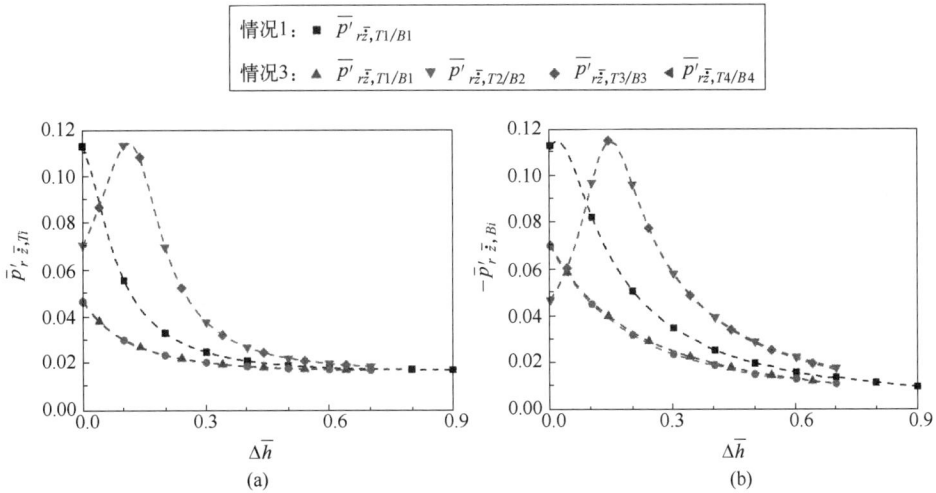

图 5-26　扰动油腔压力 $\overline{p}'_{r\overline{z},Ti/Bi}$ 随螺母波动位移 $\Delta\overline{h}$ 的变化

$\omega=0$，薄膜节流

171

况，毛细管补偿静压丝杠副分别增大了 9.29％、49.62％和 107.86％，薄膜补偿静压丝杠副分别增大了 10.59％、56.67％和 119.96％。

④ 螺母波动位移 $\Delta \overline{h}$ 达到一定值后，轴向阻尼系数陡然增大。并且，从情况 1 到情况 4，出现阻尼陡增的螺母波动位移逐渐前移。这主要是由螺母螺纹上侧油膜（间隙减小侧）封油面部分的扰动压力 $\overline{p}'_{\overline{z},T/B}$ 变化引起的。随着螺母波动位移的增大，螺母螺纹上侧油膜产生的阻尼显著大于下侧油膜产生的阻尼，并且螺距误差对上侧油膜产生较大影响。图 5-27 所示为螺母波动位移 $\Delta \overline{h}$ 等于 0.5，不同的丝杠转速和螺距误差下，螺母螺纹上侧油

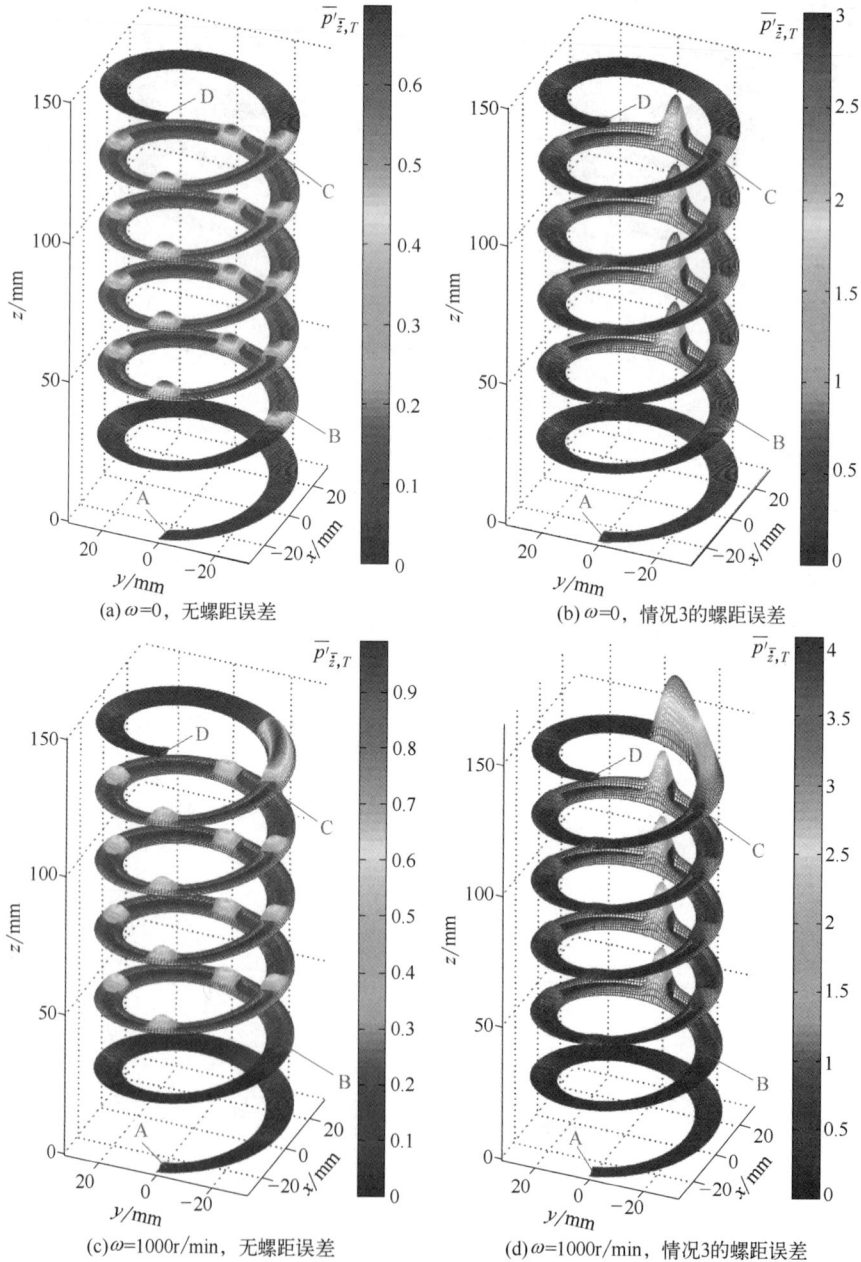

(a) $\omega=0$，无螺距误差

(b) $\omega=0$，情况3的螺距误差

(c) $\omega=1000\mathrm{r/min}$，无螺距误差

(d) $\omega=1000\mathrm{r/min}$，情况3的螺距误差

图 5-27　螺母螺纹上侧油膜的扰动压力 $\overline{p}'_{\overline{z},T}$ 分布

毛细管节流，情况 1 和 3 的螺距误差，$\Delta \overline{h}=0.5$，$\omega=0$ 或 $1000\mathrm{r/min}$

膜扰动压力 $\overline{p'_{z,T/B}}$ 的分布情况。可见，此时轴向阻尼系数主要来自封油面部分扰动压力的贡献。没有螺距误差时，封油面上的扰动压力分布是均匀的，如图 5-27（a）所示；在情况 3 的螺距误差下，封油面上有着不均匀的扰动压力分布，如图 5-27（b）所示。图 5-27（b）中的扰动压力峰值位置对应最小法向间隙处。在情况 3 的螺距误差下，尽管在有些位置扰动压力减小（对应法向间隙增大处），但是，与没有螺距误差的情况相比，扰动压力的积分变大，即轴向阻尼系数变大。随着螺母波动位移 $\Delta\overline{h}$ 进一步增大，扰动压力峰值变大，导致轴向阻尼系数陡然增大。

⑤ 比较图 5-24（a）和（b），可以看出，随着丝杠转速从 0 增大到 1000r/min，轴向阻尼系数有所增大，这主要来自封油面 CD 处扰动压力的贡献，如图 5-27（c）和（d）所示。例如，当 $\Delta\overline{h}=0.5$ 时，丝杠转速从 0 增大到 1000r/min，情况 1、情况 2、情况 3 和情况 4 的螺距误差下的毛细管补偿静压丝杠副轴向阻尼系数分别增大 12.06%、34.29%、46.27% 和 14.40%，薄膜补偿静压丝杠副轴向阻尼系数分别增大 13.69%、37.56%、48.37% 和 15.10%。当丝杠转速从 1000r/min 增大到 2000r/min 和 3000r/min 时，轴向阻尼系数略微减小，这是由于随着转速的增大，空穴区域有所增加，而空穴区域的扰动压力等于 0，对轴向阻尼没有贡献。

5.3　利用螺母螺距误差提高液体静压丝杠副静动态特性的新方法

随着高速切削技术日益广泛的应用，液体静压丝杠副在高速机床上的应用将越来越广泛，动压效应的作用也就凸显出来。本章从利于产生动压效应的角度出发，利用螺母上周期螺距误差与螺旋油腔的合理配合，来极大地增强动压效应，进而提高液体静压丝杠副的静动态特性。其中，螺母上的周期螺距误差可在加工完成后测量得到，也可在加工时蓄意加工制造得到。本章以蓄意加工的周期螺距误差为例进行分析。

螺母螺纹通常应用数控车床或数控磨床加工，蓄意加工的周期螺距误差可以通过数控机床的螺距误差补偿功能实现。只需将螺距误差的补偿值离散输入到数控机床，补偿值等于在补偿掉原有螺距误差的基础上叠加上蓄意加工的周期螺距误差。

5.3.1　布局配置方法与相关参数

5.3.1.1　蓄意加工的周期螺距误差与油腔布局的配置方法

图 5-28 所示为有效直径 D 处一圈螺纹的展开图，从中可以看出螺母螺纹上蓄意加工的周期螺距误差和螺旋油腔的分布情况，螺母螺纹上、下侧螺旋面上蓄意加工的周期螺距误差可以表达为

$$\begin{cases} f_{n,T}(\theta)=E_n\sin\left(\dfrac{2\pi}{T_n}\theta+\varphi_{n,T}\right) \\ f_{n,B}(\theta)=E_n\sin\left(\dfrac{2\pi}{T_n}\theta+\varphi_{n,B}\right) \end{cases} \tag{5-66}$$

对应每圈螺纹的 4 对螺旋油腔，本章中所取的蓄意加工的周期螺距误差每圈波动 4 个周期，即 $T_n=\pi/2$。螺旋油腔的中间位置位于最大轴向间隙处，两螺旋油腔间封油面的中间位置位于最小轴向间隙处。这样的布局，使得润滑油从油腔流出后，在丝杠螺旋面表面速度

的带动下，沿螺旋方向呈"爬坡"式流动，流向收敛的楔形间隙。动压效应产生于封油面，且随着油膜厚度的减小而增大，把油腔间的封油面置于波动油膜间隙的波谷处，极大增强了封油面上的动压效应。相位分别取为 $\varphi_{n,T}=\pi/2$，$\varphi_{n,B}=3\pi/2$。相位差（$\varphi_{n,T}-\varphi_{n,B}$）等于 π，以使螺母螺纹上、下侧的螺旋油腔保持轴向对称。图 5-29 所示为 $\overline{\Delta h}=0.5$，$E_n=5\,\mu m$ 时，中径处螺母螺纹上、下侧法向间隙（$\overline{h}'_{s,T}$、$\overline{h}'_{s,B}$）的波动情况。虚线位置表示各个螺旋油腔的中间位置，此处对应波动法向间隙的峰值处。

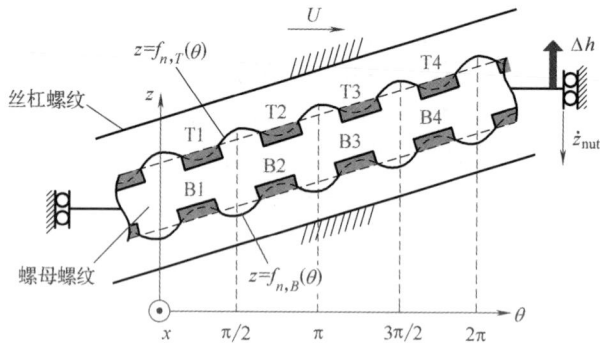

图 5-28 有效直径 D 处一圈螺纹的展开图-油腔与蓄意加工的周期螺距误差分布

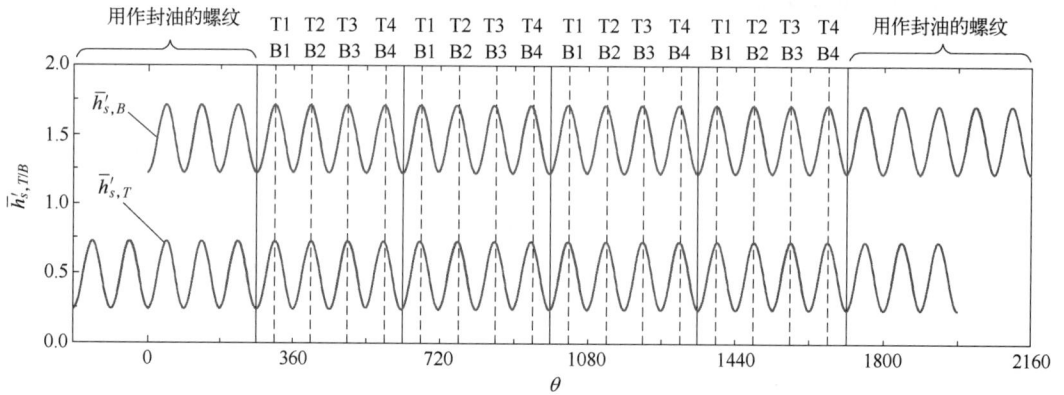

图 5-29 螺母螺纹上、下侧法向间隙

5.3.1.2 计算参数

蓄意加工的周期螺距误差振幅 E_n 分别取 0 和 $5\,\mu m$。螺旋油腔包角 θ_r 分别取 $70°$、$50°$ 和 $30°$。设计压力比 γ 取为 0.5，对于不同的 θ_r，根据 0.5 的设计压力比计算节流器设计参数 $\overline{C}_{sc}$ 和 $\overline{C}_{sm}$，计算流程图如图 5-30 所示，计算结果如表 5-2 所示。其余参数如表 5-1 所示。

表 5-2 节流器设计参数

参数	$\overline{C}_{sc}$ 和 $\overline{C}_{sm}$ 值
$E_n=5\,\mu m,\theta_r=70°$	$\overline{C}_{sc}=113.2,\overline{C}_{sm}=113.2$
$E_n=5\,\mu m,\theta_r=50°$	$\overline{C}_{sc}=100.8,\overline{C}_{sm}=100.8$
$E_n=5\,\mu m,\theta_r=30°$	$\overline{C}_{sc}=79.9,\overline{C}_{sm}=79.9$

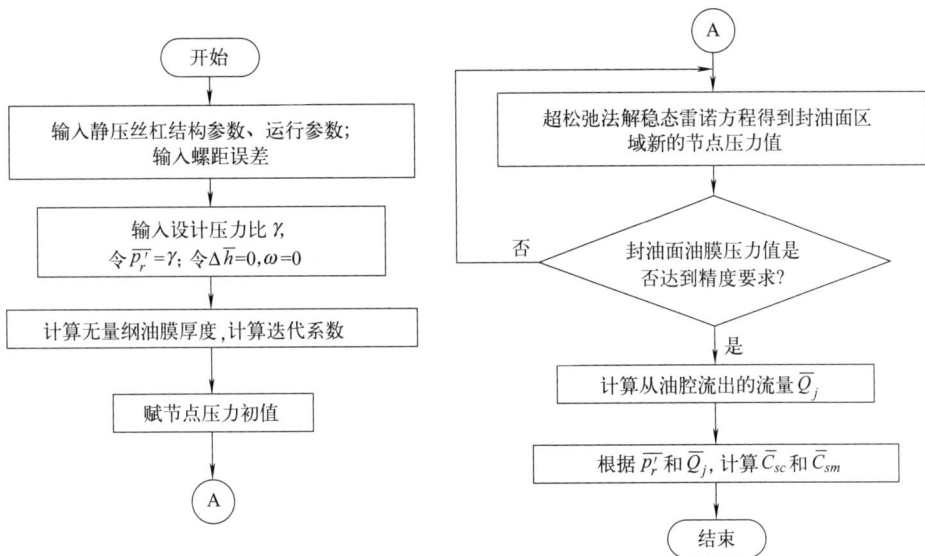

图 5-30　节流器设计参数计算流程图

5.3.2　轴向承载能力的提高

图 5-31 所示为轴向承载能力 $\overline{W}_a$ 随螺母波动位移 $\Delta\overline{h}$ 的变化趋势。可以看出：

① 螺母螺纹上存在振幅为 $5\mu m$ 的蓄意加工的周期螺距误差时，与前文中 4 种情况的螺距误差下的承载能力相比，动压效应对承载能力的贡献显著提高。图 5-31 中，动压效应对承载能力有所贡献的区间分别为：$\theta_r=70°$ 时，$\Delta\overline{h}>0.4$ [图 5-31（a）]；$\theta_r=50°$ 时，$\Delta\overline{h}>0.2$ [图 5-31（b）]；$\theta_r=30°$ 时，$\Delta\overline{h}>0.1$ [图 5-31（c）]。随着油腔包角 θ_r 的减小，动压效应开始对承载能力产生贡献的 $\Delta\overline{h}$ 值逐渐减小。而图 5-19 中，当 $\Delta\overline{h}$ 达到 0.5、0.6 时，动压效应才开始对承载能力有所贡献。

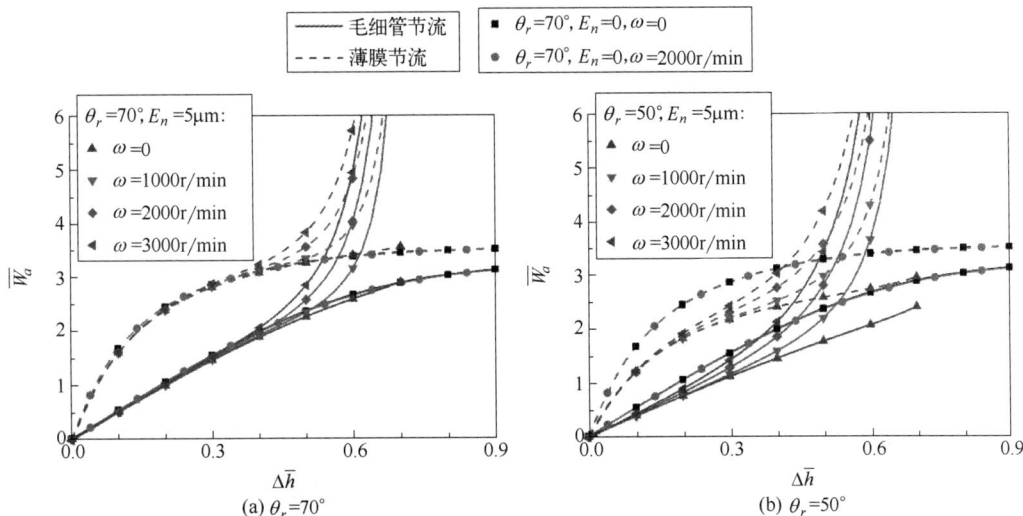

(a) $\theta_r=70°$

(b) $\theta_r=50°$

图 5-31

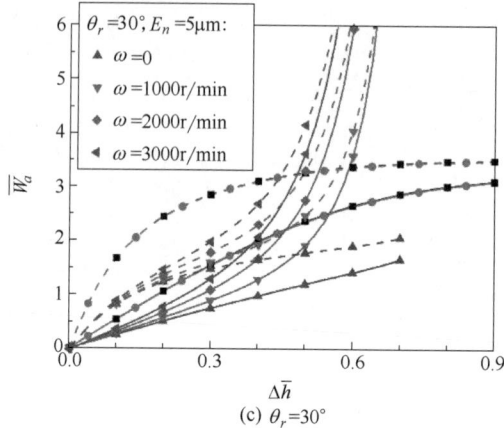

图 5-31　轴向承载能力 $\overline{W}_a$ 随螺母波动位移 $\Delta\overline{h}$ 的变化

② 图 5-31 中，动压效应开始对承载能力产生贡献后，随着 $\Delta\overline{h}$ 的继续增大，承载能力的增大越来越快。且与刚度系数、阻尼系数一样，承载能力也出现陡然增大的现象，这使得即使在极端外载下，静压丝杠副也能够正常工作，且有效地避免丝杠螺母螺纹的直接接触，减小了磨损。出现陡增的 $\Delta\overline{h}$ 值在 0.6 前后，随着油腔包角 θ_r 的减小而减小。而图 5-19 中，承载能力的增大是有限的，只有当丝杠转速达到 2000r/min、3000r/min，$\Delta\overline{h}$ 达到 0.6 以上时，承载能力的增大才变得显著。

③ 与图 5-19 中相同，丝杠转速对动压效应有较大影响。例如，当 $\Delta\overline{h}=0.5$，$\theta_r=50°$，存在蓄意加工的周期螺距误差时，随着丝杠转速从 0 增大到 1000r/min、2000r/min 和 3000r/min，毛细管补偿静压丝杠副的轴向承载能力分别增大 24.10%、58.65% 和 94.09%；薄膜补偿静压丝杠副的轴向承载能力分别增大 15.61%、38.73% 和 62.52%。

④ 只有静压效应时，随着油腔包角的减小，承载能力逐渐减小，这是由于有效承载面积的减小。当 $\Delta\overline{h}=0.2$，$\omega=0$，θ_r 分别取 70°、50°、30°时，对于毛细管补偿静压丝杠副，无量纲轴向承载能力分别为 0.99、0.75 和 0.50；对于薄膜补偿静压丝杠副，无量纲轴向承载能力分别为 2.38、1.82 和 1.23。

在螺母螺纹加工时，不可能保证其螺纹的螺距误差完全等于预先设定的蓄意加工的周期螺距误差。当螺母螺距误差在振幅为 5μm 的蓄意加工周期螺距误差的基础上，叠加上情况 2 或情况 3 的周期螺距误差时，中径处螺母螺纹上、下侧法向间隙的波动情况如图 5-32 所示，承载能力曲线的变化如图 5-33 所示。从图 5-33 可以看出，当在蓄意加工的周期螺距误差基础上，叠加上情况 2 或情况 3 的螺距误差时，动压效应对承载能力的贡献进一步提高。例如，当 $\Delta\overline{h}=0.46$，$\omega=2000r/min$，$\theta_r=70°$时，叠加上情况 2、情况 3 的螺距误差，毛细管补偿静压丝杠副的无量纲轴向承载能力分别增大 5.90% 和 54.17%，薄膜补偿静压丝杠副的无量纲轴向承载能力分别增大 4.04% 和 36.70%；$\theta_r=50°$时，叠加上情况 2、情况 3 的螺距误差，毛细管补偿静压丝杠副的无量纲轴向承载能力分别增大 10.54% 和 91.75%，薄膜补偿静压丝杠副的无量纲轴向承载能力分别增大 7.70% 和 67.28%。出现轴向承载能力陡增的螺母波动位移值有所减小，当叠加上情况 3 的螺距误差时，出现陡增的 $\Delta\overline{h}$ 值减小到 0.4~0.5 之间。图 5-33（b）和（d）中，在区间 $0<\Delta\overline{h}<0.3$，承载能力主要来自静压效应，此时，叠加上情况 2、情况 3 的螺距误差后，承载能力稍微减小，这是由于薄膜补偿静

压丝杠副的油腔压力对封油面液阻变化的影响较敏感，情况 2、情况 3 的螺距误差导致封油面液阻的变化，引起油腔压力的波动，从而引起承载能力的变化。

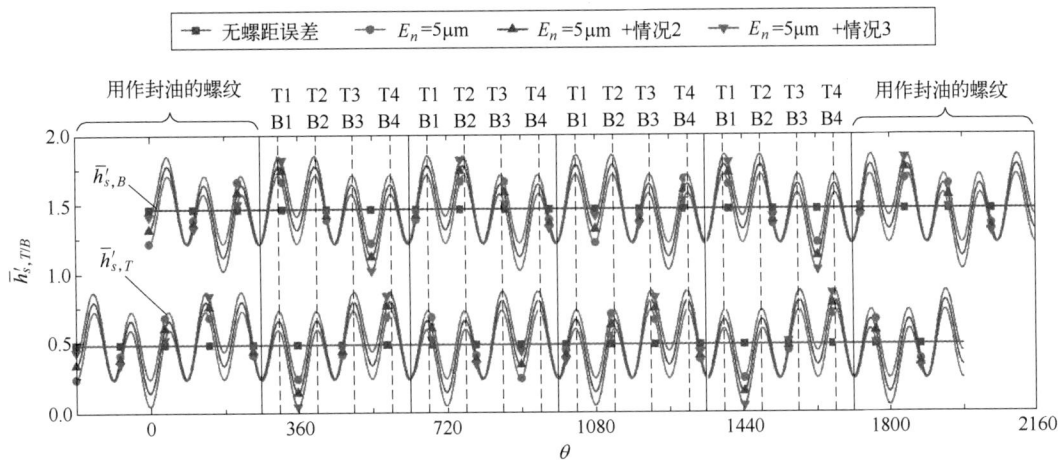

图 5-32　$\Delta \bar{h} = 0.5$ 时螺母螺纹上、下侧法向间隙

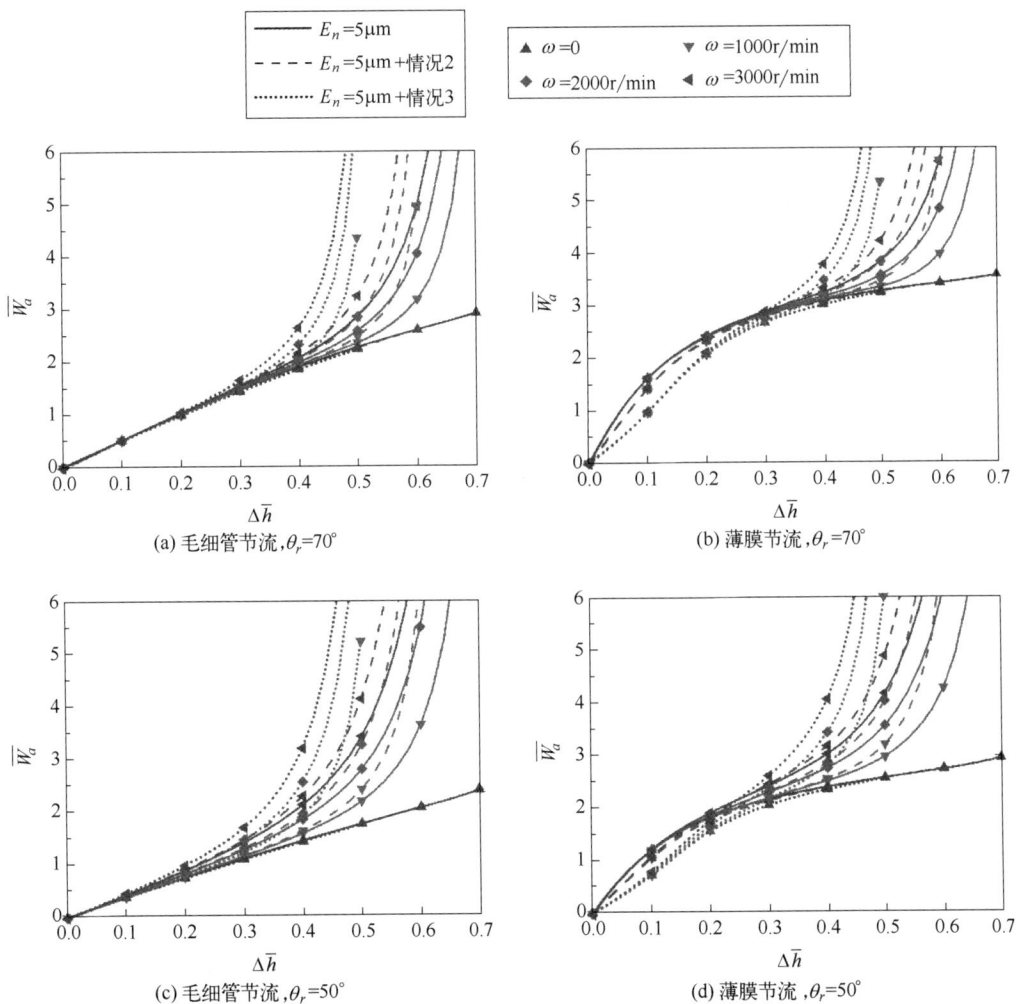

图 5-33　轴向承载能力 $\overline{W}_a$ 随螺母波动位移 $\Delta \bar{h}$ 的变化

5.3.3 动态特性的提高

5.3.3.1 轴向刚度系数

图 5-34 所示为轴向刚度系数 $\overline{S}_a$ 随螺母波动位移 $\Delta\overline{h}$ 的变化趋势。可以看出：

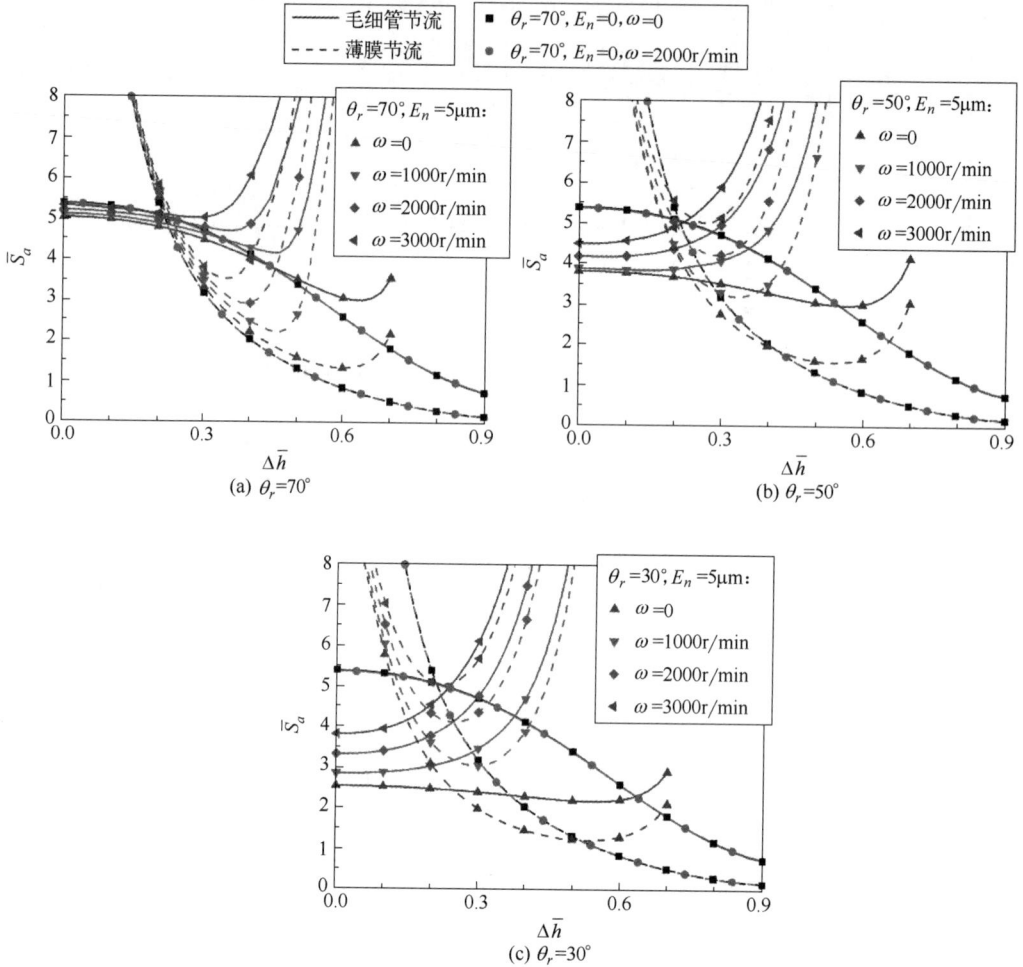

图 5-34 轴向刚度系数 $\overline{S}_a$ 随螺母波动位移 $\Delta\overline{h}$ 的变化

① 在没有螺距误差（$E_n = 0\mu m$）时，采用薄膜节流器代替毛细管节流器，在较小的螺母波动位移 $\Delta\overline{h}$ 下，轴向刚度系数得到显著的提高。但是，薄膜补偿静压丝杠副的轴向刚度系数随着螺母波动位移 $\Delta\overline{h}$ 的增大迅速下降。并且，对于毛细管和薄膜两种补偿方式，在较大的螺母波动位移 $\Delta\overline{h}$ 下，轴向刚度系数都下降到较小值。蓄意加工的螺距误差恰好有效地提高了在较大螺母波动位移 $\Delta\overline{h}$ 下的轴向刚度系数。

② 与前文中 4 种情况的螺距误差下的轴向刚度系数（图 5-20）相比，动压效应对轴向刚度系数的提高显著增强。图 5-20 中，当 $\Delta\overline{h}$ 达到 0.5、0.6 时，才能体现出螺距误差产生的动压效应对轴向刚度系数提高所起的作用，$\Delta\overline{h}$ 达到 0.6 后，轴向刚度系数才出现陡然增大。图 5-34 中，油腔包角 θ_r 为 70° 时 [图 5-34（a）]，$\Delta\overline{h}$ 大于 0.3，轴向刚度系数就有显著的提高，$\Delta\overline{h}$ 达到 0.4 后，轴向刚度系数就出现陡然增大现象。油腔包角 θ_r 为 50°、30° 时

[图 5-34（b）、（c）]，动压效应进一步增强，尤其是对于薄膜补偿静压丝杠副，轴向刚度系数由减小变为增大的转折点进一步前移。1000r/min、2000r/min、3000r/min 的丝杠转速下，$\theta_r = 70°$时，薄膜补偿静压丝杠副轴向刚度系数的最小值分别为 2.19、2.91 和 3.51，对应的 $\Delta\overline{h}$ 值分别为 0.46、0.40 和 0.34；$\theta_r = 50°$时，轴向刚度系数最小值分别增大到 3.16、4.20 和 5.00，对应的 $\Delta\overline{h}$ 值分别减小到 0.34、0.28 和 0.26。动压效应随着丝杠转速的增大而增大，当 $\Delta\overline{h}$ 达到一定值后，轴向刚度系数开始由于动压效应有所增大时，丝杠转速的提高对轴向刚度系数的增大有显著作用。

③ 油腔包角的减小，虽然增大了动压效应，但是减小了有效承载面积，螺母波动位移 $\Delta\overline{h}$ 较小时，动压效应不明显，轴向刚度系数随着油腔包角的减小有所减小，从图 5-34 中可以看出，这对于毛细管补偿静压丝杠副尤为明显。当 $\Delta\overline{h} = 0$，$\omega = 0$，θ_r 分别取 70°、50°、30°时，毛细管补偿静压丝杠副的轴向刚度系数分别为 5.02、3.79 和 2.52。

在振幅为 5μm 的蓄意加工周期螺距误差的基础上，叠加上情况 2 或情况 3 的周期螺距误差时的轴向刚度系数曲线如图 5-35 所示。可见，叠加上情况 2、情况 3 的螺距误差后，动压效应进一步增强，轴向刚度系数进一步增大。例如，对于毛细管补偿静压丝杠副，当

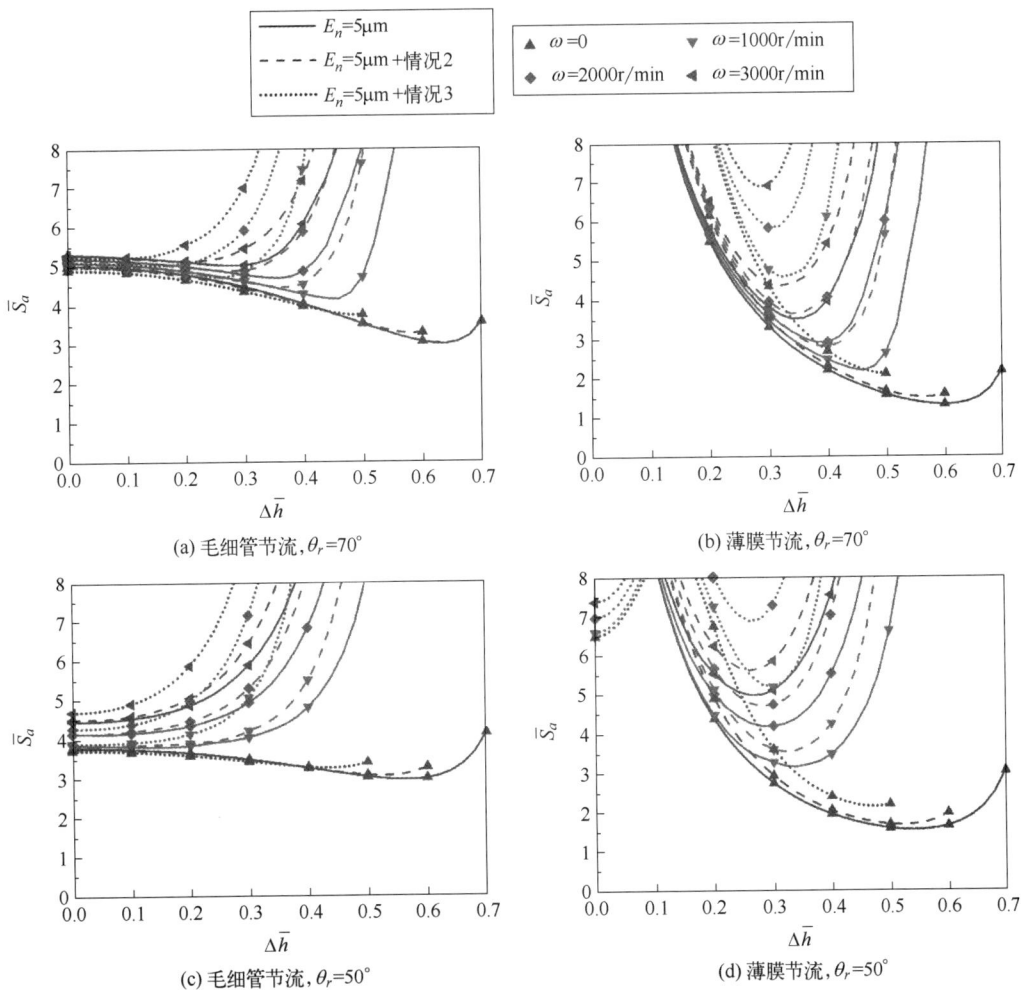

图 5-35　轴向刚度系数 $\overline{S}_a$ 随螺母波动位移 $\Delta\overline{h}$ 的变化

$\Delta \overline{h} = 0.3$，$\omega = 2000 \text{r/min}$，$\theta_r = 70°$时，叠加上情况 2、情况 3 的螺距误差，轴向刚度系数分别增大 2.21% 和 23.49%；$\theta_r = 50°$时，轴向刚度系数分别增大 8.88% 和 60.85%。对于薄膜补偿静压丝杠副，$\theta_r = 70°$，$\omega = 1000 \text{r/min}$、$2000 \text{r/min}$、$3000 \text{r/min}$时，叠加上情况 2 的螺距误差，轴向刚度系数最小值分别增大 28.01%、25.05% 和 24.27%，叠加上情况 3 的螺距误差，轴向刚度系数最小值分别增大 109.96%、100.69% 和 96.14%。在图 5-35 (d) 中，叠加上情况 3 的螺距误差，$\Delta \overline{h} = 0$时，轴向刚度系数下降到 8 以下，这是由于此时轴向刚度系数主要来自静压效应，螺距误差导致封油面液阻改变，进而导致扰动油腔压力的变化，从而影响了轴向刚度系数。

5.3.3.2 轴向阻尼系数

图 5-36 所示为轴向阻尼系数 $\overline{C}_a$ 随螺母波动位移 $\Delta \overline{h}$ 的变化趋势。可以看出：

① 螺母波动位移 $\Delta \overline{h}$ 大于 0.3 时，毛细管补偿与薄膜补偿静压丝杠副的轴向阻尼系数基本重合。与没有螺距误差（$E_n = 0$）时的情况相比，蓄意加工的螺距误差显著提高了轴向阻尼系数，尤其是在螺母波动位移 $\Delta \overline{h}$ 较大时。这是由于 $\Delta \overline{h}$ 稍微增大后，轴向阻尼系数主要来自封油面区域，且封油面区域的扰动压力随油膜厚度的减小而增大。蓄意加工的周期螺距误差为使润滑油在封油面上形成"爬坡"式流动，将油腔间封油面置于波动油膜间隙的波谷处，即最小间隙处，从而恰好有效地增大了轴向阻尼系数。

② 与前文中 4 种情况的螺距误差下的轴向阻尼系数（图 5-24）相比，蓄意加工的螺距误差进一步提高了轴向阻尼系数。例如，当 $\Delta \overline{h} = 0.4$，$\omega = 0$ 时，情况 4 的螺距误差下，毛细管补偿静压丝杠副的轴向阻尼系数为 0.97，而蓄意加工的螺距误差下，$\theta_r = 70°$、$50°$、$30°$时，轴向阻尼系数分别为 1.46、2.57 和 3.11，增大率分别达到 50.52%、164.95% 和 220.62%。图 5-36 中，油腔包角 $\theta_r = 70°$时，$\Delta \overline{h}$ 大于 0.5，轴向阻尼系数出现陡然增大。油腔包角减小到 $50°$、$30°$时，轴向阻尼系数出现陡然增大的 $\Delta \overline{h}$ 值进一步减小。图 5-24 中，$\Delta \overline{h}$ 达到 0.6 时，轴向阻尼系数才出现陡然增大。

③ 丝杠转速从 0 增大到 1000r/min、2000r/min 和 3000r/min 时，轴向阻尼系数有所减小，这是由于在发散的楔形区出现空穴，空穴区域对轴向阻尼系数无贡献。图 5-36 (a) 中，

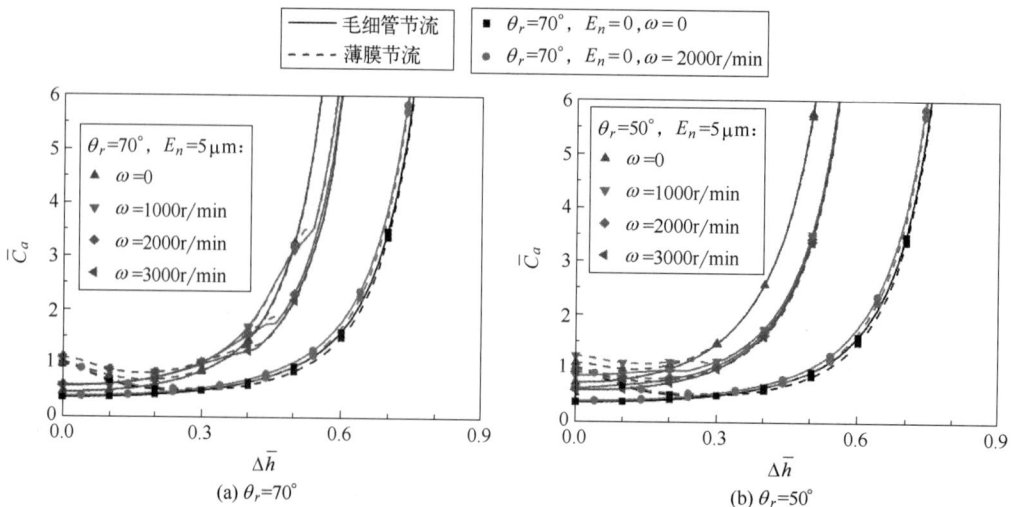

(a) $\theta_r = 70°$　　　　(b) $\theta_r = 50°$

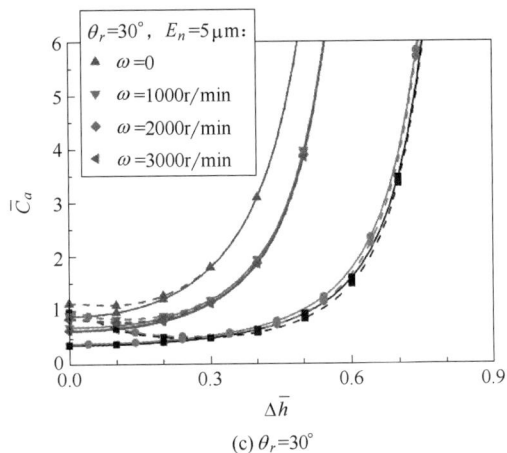

(c) $\theta_r = 30°$

图 5-36　轴向阻尼系数 $\overline{C}_a$ 随螺母波动位移 $\Delta\overline{h}$ 的变化

轴向阻尼系数的转折处，就是空穴开始出现的位置。油腔包角减小时，虽然有效承载面积有所减小，但是轴向阻尼系数并没有明显减小。

图 5-37 所示为在蓄意加工的周期螺距误差上叠加上情况 2 或情况 3 的周期螺距误差时

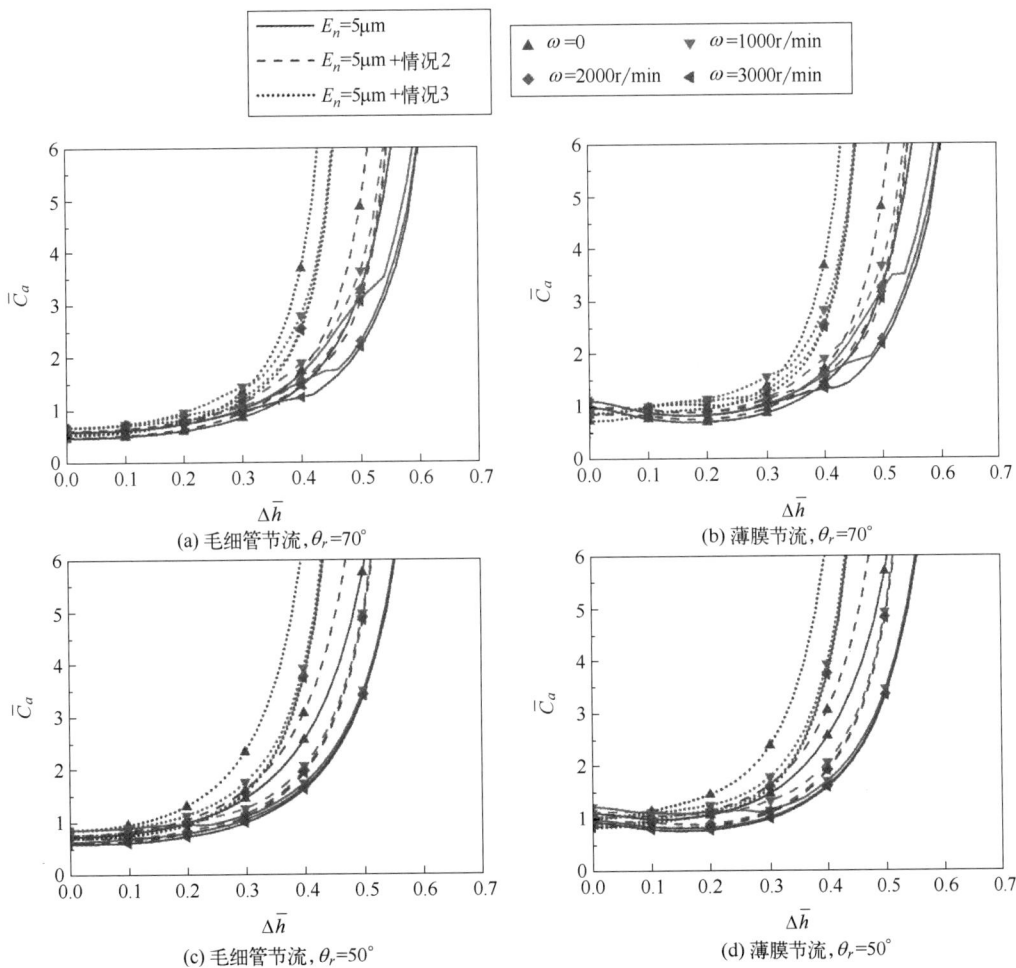

(a) 毛细管节流, $\theta_r = 70°$

(b) 薄膜节流, $\theta_r = 70°$

(c) 毛细管节流, $\theta_r = 50°$

(d) 薄膜节流, $\theta_r = 50°$

图 5-37　轴向阻尼系数 $\overline{C}_a$ 随螺母波动位移 $\Delta\overline{h}$ 的变化

的轴向阻尼系数变化曲线。可见，叠加上之后，螺母波动位移 $\Delta \bar{h}$ 大于 0.3 时，毛细管补偿与薄膜补偿静压丝杠副的轴向阻尼系数也保持基本一致，且轴向阻尼系数进一步增大，出现轴向阻尼系数陡然增大的螺母波动位移 $\Delta \bar{h}$ 进一步减小。对于薄膜补偿静压丝杠副，当 $\Delta \bar{h} = 0.3$，$\omega = 0$，$\theta_r = 70°$时，叠加上情况 2、情况 3 的螺距误差，轴向阻尼系数分别增大 9.97％和 58.96％；$\theta_r = 50°$时，轴向阻尼系数分别增大 11.53％和 61.72％。当叠加上情况 3 的螺距误差时，螺母波动位移 $\Delta \bar{h}$ 达到 0.4 左右时，轴向阻尼系数就出现陡然增大趋势。

5.3.4 总流量的变化

图 5-38 所示为总流量 $\bar{Q}_{\text{total}}$ 随螺母波动位移 $\Delta \bar{h}$ 的变化趋势。可以看出：

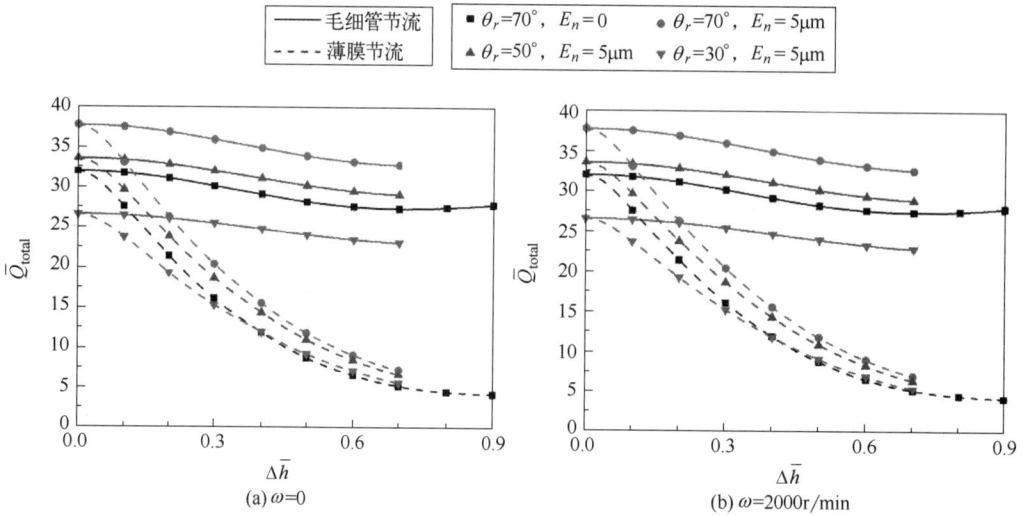

图 5-38 总流量 $\bar{Q}_{\text{total}}$ 随螺母波动位移 $\Delta \bar{h}$ 的变化

① 具有蓄意加工的周期螺距误差的液体静压丝杠副，其总流量围绕没有螺距误差（$E_n = 0$）时的情况上下波动。油腔包角为 70°时，总流量大于无螺距误差时的情况，这是由于蓄意加工周期螺距误差后，螺旋油腔周围封油面液阻减小，同时，根据设计压力比为 0.5，与其配合的节流器液阻也减小，从而导致总流量增大。随着油腔包角从 70°减小到 50°、30°，流出螺旋油腔的液阻逐渐增大，导致液体静压丝杠副总流量逐渐减小。当 $\Delta \bar{h} = 0$，$\omega = 0$ 时，无螺距误差时的无量纲总流量为 32.01；存在蓄意加工的周期螺距误差，$\theta_r = 70°$、50°和 30°时的无量纲总流量分别为 37.74、33.59 和 26.63，其相对无误差情况的变化率分别为 17.90％、4.94％和 -16.81％。

② 与前文中 4 种情况的螺距误差下的总流量变化趋势相同，随着螺母波动位移 $\Delta \bar{h}$ 的增大，薄膜补偿静压丝杠副的总流量有显著的下降。比较图 5-38（a）和（b）可见，丝杠转速对总流量的影响很小，可以忽略。这是由于在 θ 方向上，螺旋油腔两端的油膜厚度相等，因此，在不同的丝杠转速下，螺旋面表面速度引起的进、出螺旋油腔的剪切流保持相等，油腔周围封油面液阻和总流量不变。

具有蓄意加工周期螺距误差的静压丝杠副总流量 $\bar{Q}_{\text{total}}$ 受情况 2、情况 3 的螺距误差影响的变化曲线如图 5-39 所示。可见，采用毛细管补偿时，总流量基本不变；采用薄膜补偿时，总流量在 $\Delta \bar{h} < 0.15$ 时，有所波动。这与情况 2、情况 3 的螺距误差对无蓄意加工螺距

误差静压丝杠副总流量的影响（图 5-18）相同。比较图 5-39（a）和（b），图 5-39（c）和（d）可见，叠加上情况 2、情况 3 的螺距误差后，丝杠转速对总流量的影响同样很小，可忽略不计。

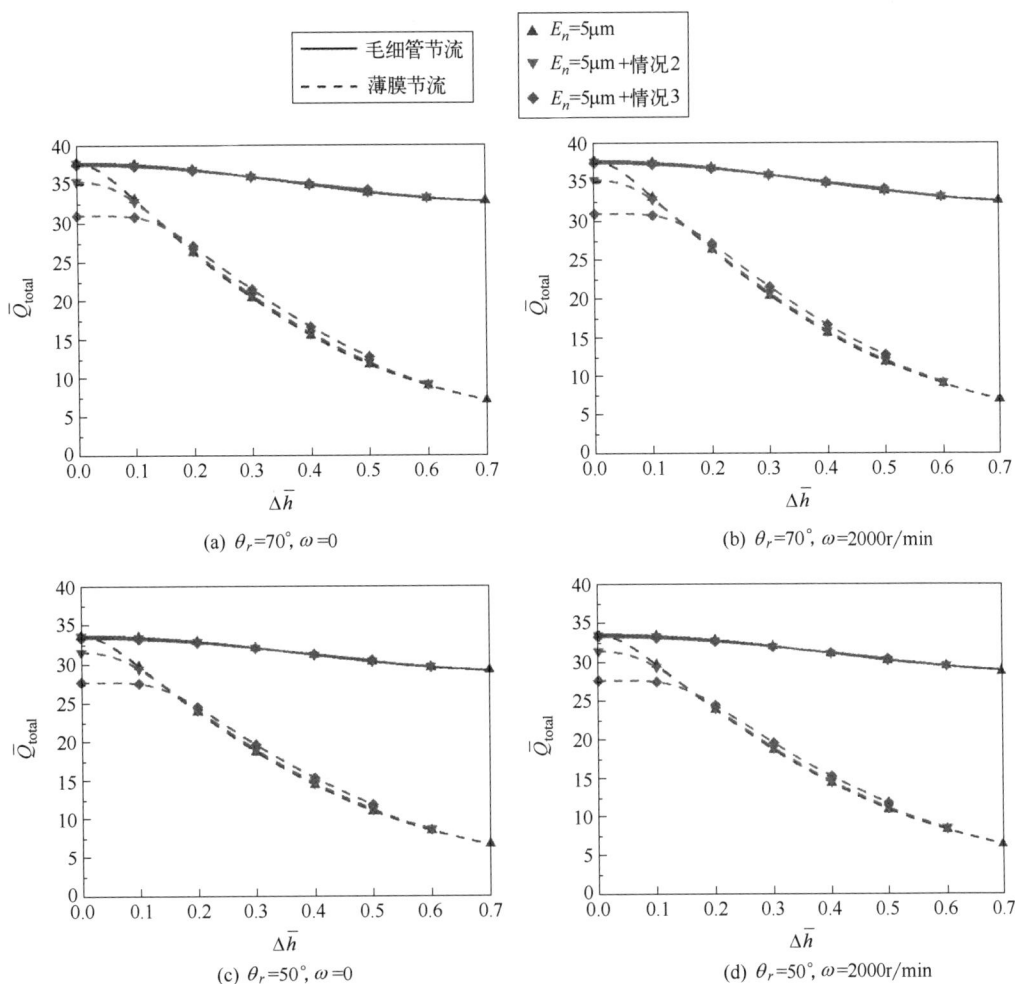

图 5-39　总流量 $\overline{Q}_{total}$ 随螺母波动位移 $\Delta\overline{h}$ 的变化

5.4　本章小结

本章建立了螺距误差作用下液体静压丝杠副的油膜特性数学模型并对其静动态特性进行了综合分析。

首先，建立液体静压丝杠副油膜特性数学模型；借助于等效平面方法，结合简化形式的Navier-Stokes 方程、润滑油的质量守恒原理和界面无滑移边界条件，推导了螺旋型油膜的广义雷诺方程；建立含螺母螺距误差的油膜间隙模型，结合油膜速度边界，推导了在液体静压丝杠副中瞬态雷诺方程的具体形式，并运用小扰动理论推导其扰动形式；推导毛细管节流、薄膜节流液体静压丝杠副流量连续方程的稳态形式和扰动形式。给出液体静压丝杠副轴向承载能力、轴向动刚度、轴向阻尼等的计算公式；给出用有限差分法数值求解油膜特性控制方程，进而得到静动态特性的计算流程，并验证了迭代程序的正确性。

然后，对比分析了 4 种情况的螺母螺距误差下，毛细管补偿和薄膜补偿断续油腔液体静压丝杠副的轴向静动态特性；为揭示螺距误差的作用机理，着重对静动态特性的变化规律进行了分析、解释。

最后，根据螺纹螺旋面上螺旋油腔和封油面的分布，通过在螺母上蓄意加工的周期螺距误差，把油腔间的封油面置于油膜间隙的波谷处，使润滑油从油腔流出后，沿螺旋方向呈"爬坡"式流动，流向收敛的楔形间隙，极大地增强了封油面上的动压效应，进而提高了液体静压丝杠副的轴向静动态特性。轴向承载能力、轴向刚度系数和轴向阻尼系数等得到显著提高。

第6章

螺距误差作用下液体静压蜗杆齿条副的油膜特性数学模型及静动态特性分析

6.1 液体静压蜗杆齿条副的应用特点及发展现状

随着航空工业、造船、可再生能源电站等行业的发展，对大型精密零件的需求日益增加。大型精密零件的加工依赖于大型机床，其行程超过工件的尺寸。大型机床的开发涉及各种科学和工程问题，但学术界尚未对其进行深入研究，这可能与实验所需的高投入有关。

进给驱动器的设计是机床发展的关键。滚珠丝杠和直线电机是中小型数控机床最常用的两种方式。但是，滚珠丝杠在大行程情况下刚度明显减弱，直线电机在重负载情况下能耗明显增加。因此，齿轮齿条传动和静压蜗杆齿条传动在大型机床中更受青睐。静压蜗杆齿条传动具有传动效率高、承载能力大、抗振能力强、运动接近无摩擦、无磨损等一系列特点，显示出明显的优势和广阔的应用前景。例如，东芝机械公司的超大型机床可以高精度地加工重达数百吨的工件，其中静压蜗杆齿条传动是保持机床进给机构超高进给精度的关键技术之一。

静压蜗杆齿条传动的研究报道较少，但静压支承、静压导轨、静压转台等方面的研究报道较多，为静压蜗杆齿条传动的设计和性能分析提供了有益的指导。

静压设备静动态特性的计算方法主要分为两大类，即解析计算法和数值计算法。解析计算方法相对简单，计算时间短，但基于许多近似假设，降低了计算精度。数值计算方法主要有有限差分法和有限元法，可以获得较高的计算精度。

Hanawa 等[323] 从理论和实验上研究了一种新型多孔和油盘组合静压推力轴承的静态特性。他们发现，在轴承间隙小于 $15\mu m$ 的情况下，新型轴承的承载能力和静态刚度与传统多孔轴承相似，在轴承间隙大于 $15\mu m$ 的情况下，新型轴承的承载能力和静态刚度与传统油盘轴承相似；Gohara 等[324] 应用薄膜节流器来改善静压推力轴承的静态特性。他们发现薄膜节流器补偿静压推力轴承可以获得更高的静刚度和更低的功耗；Sinhasan 和 Sah[160] 采用有限元方法对小孔节流器补偿的静压径向轴承的动态特性进行了理论研究。他们发现，润滑油的非线性因子显著影响刚度和阻尼系数；Shi 等[325] 研究了油膜厚度、倾角、转速和扰动频率比对 3-DOF 空气静压推力轴承刚度和阻尼系数的影响。Kong 等[326] 使用弹性流体动力润滑分析预测了蜗轮中的弹性接触和油膜厚度，并发现由于卷吸失效导致的不良油膜形成。Sharif 等[327] 结合一种新颖的三维弹性接触模拟技术，给出了蜗轮接触变形和润滑特性建模的理论基础。Simon[328] 对一种新型凹蜗杆传动进行了热弹流润滑分析，研究了设计参数和工作参数对润滑特性的影响。

此外，学者们还发现加工误差对静压设备的静态和动态特性有显著影响。Liu 等[329] 研究了倾斜、温度及其耦合对静压转台轴承特性的影响。结果表明，倾斜和热效应对静压转台有显著的影响，尤其是倾斜。在倾斜作用下，气腔压力、承载能力和刚度均降低 50%。Zoupas 等[330] 研究了制造误差对可倾瓦推力轴承静态特性的影响。他们发现，制造误差的影响可能对静态特性有利或有害，这取决于误差的类型。Zhang 等[331] 研究了轴颈圆度误差对不同孔数的静压径向轴承运动精度的影响。结果表明，在相同圆度误差下，六腔静压轴承的运动精度高于三腔、四腔和五腔静压轴承。Zhang 等[332] 研究了静压推力轴承在倾斜误差、鞍形误差和花瓣形误差下的运动精度。他们发现误差的时变特性是造成静压推力轴承运动误差的主要原因。

影响静压蜗杆齿条传动静、动态特性的加工误差有很多，如螺距误差、齿角误差、中径误差、齿顶径误差、齿根径误差等。但最显著的是螺距误差，因为蜗杆螺纹与齿条螺纹之间的螺旋面在工作中有螺旋方向的相对运动，螺距误差引起油膜间隙在螺旋方向的波动，会进一步导致动压力的产生。因此，螺距误差对静压蜗杆齿条传动的静态和动态特性的影响最显著。

液压蜗杆齿条传动通常需要与进给驱动中的线性导轨结合使用。直线导轨主要承受径向载荷和转动力矩，起导向作用。静压蜗杆齿条传动主要承受轴向载荷，起传递轴向运动的作用。因此，静压蜗杆齿条传动的轴向性能是一个主要的关注点。本章研究了静压蜗杆齿条传动的轴向静、动态特性，包括齿条螺距误差的幅值、周期和相位以及蜗杆转速的影响。借助螺纹螺旋面展开图，实现了同时求解雷诺方程和流量连续性方程的数值计算方法。详细讨论了腔室压力、流量、轴向油膜力、轴向刚度系数和轴向阻尼系数的变化趋势，为静压蜗杆齿条传动的设计和性能优化提供有益的指导。

6.2　液体静压蜗杆齿条副的油膜特性数学模型

6.2.1　静压蜗杆齿条的结构

图 6-1 所示为静压蜗杆齿条的典型结构。静压油腔位于齿条螺纹的两个螺旋面上。润滑油通过供油管流入静压蜗杆齿条，供油管与分油盘相连。然后，润滑油通过分油盘进入蜗杆内部的轴向油道，流向啮合区域。螺纹的每个螺旋体在一圈内设置了六个轴向油道。蜗杆内部共有 12 个轴向油道，连通到两个螺纹螺旋面。当蜗杆的齿面脱离啮合区域时，分油盘会切断相应的油路，这不仅可以防止流量损失，还能保持足够的静压力。

坐标 $o\text{-}xyz$ 和 θ 如图 6-1 所示。原点 o 位于蜗杆中心，z 轴沿轴向指向右，x 轴沿径向指向下，θ 代表从 x 轴开始的角坐标。齿条螺纹的两个螺旋面分别称为"螺旋面 A"和"螺旋面 B"。

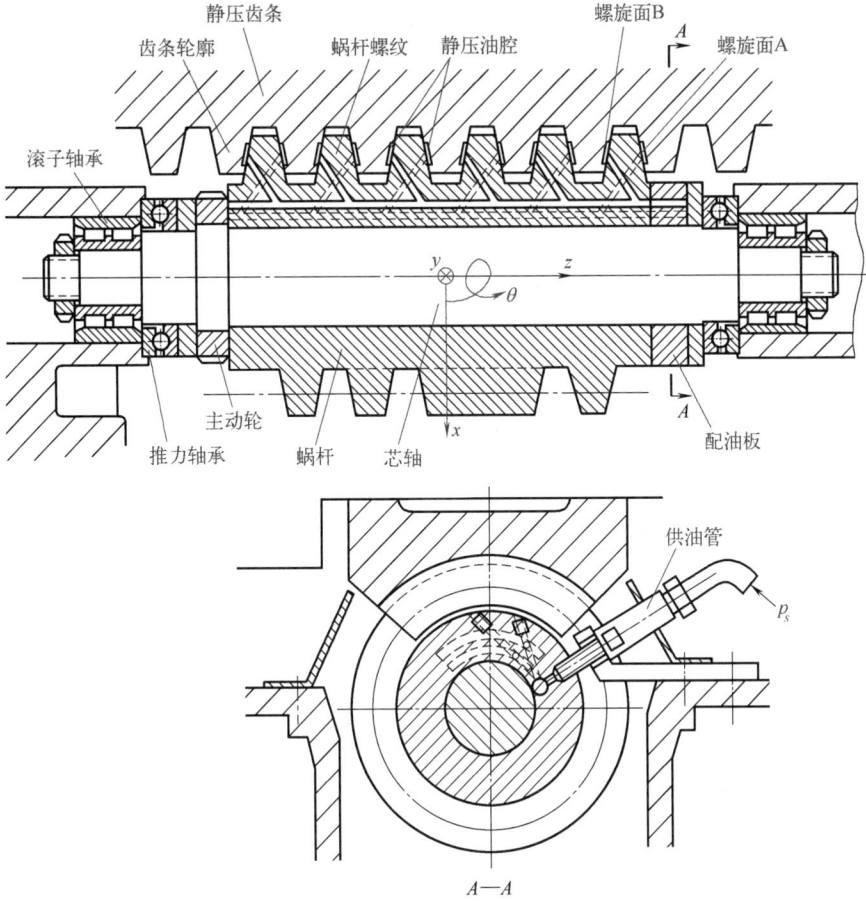

图 6-1　静压蜗杆齿条的结构

6.2.2　油膜间隙

齿条螺纹属于内螺纹，其加工精度比蜗杆螺纹更难保证。本章仅考虑齿条螺纹的螺距误差。假设螺旋面 A 和螺旋面 B 的螺距误差可以用函数表示为 $f_A(\theta)$ 和 $f_B(\theta)$，在外部轴向载荷的作用下，蜗杆将产生轴向位移 Δd。此时，螺旋面 A 和螺旋面 B 两侧螺纹的轴向间隙可分别写为

$$\begin{cases} h_{a,A}=h_{a0}+f_A(\theta)-\Delta d \\ h_{a,B}=h_{a0}-f_B(\theta)+\Delta d \end{cases} \tag{6-1}$$

其中，h_{a0} 为蜗杆螺纹与齿条螺纹之间的设计轴向间隙。

任意半径 r 下的螺纹法向间隙可分别表示为

$$\begin{cases} h_A=h_{a,A}\cos\lambda\cos\alpha' \\ h_B=h_{a,B}\cos\lambda\cos\alpha' \end{cases} \tag{6-2}$$

其中，λ 是半径 r 处的螺旋角，$\alpha'=\arctan(\tan\alpha\cos\lambda)$。

假设螺旋面 A 和螺旋面 B 的螺距误差相同，则螺距误差函数可写成

$$f_A(\theta)=f_B(\theta)=a+b\theta+E\sin\left(\frac{2\pi}{T}\theta+\varphi\right) \tag{6-3}$$

其中，$a+b\theta$ 表示累积螺距误差，其中 a 表示初始误差，b 表示误差的斜率，并且 $E\sin$ $[(2\pi/T)\theta+\varphi]$ 表示具有振幅 E、周期 T 和相位 φ 的周期螺距误差。根据文献［38，39］螺距误差的测量值，两个螺旋面的螺距误差基本相同，单齿螺距误差（周期等于螺纹的一个导程，即 $T=2\pi$）是螺距误差的主要组成部分。

图 2 所示为蜗杆轴向位移 Δd 为 $10\mu m$ 时螺旋面 A 和螺旋面 B 两侧法向间隙的变化情况以及几种典型的螺距误差情况。在图 6-2（a）中，螺距误差具有相同的相位 φ 但振幅 E 不同，而在图 6-2（b）中，螺距误差具有相同的振幅 E 但相位 φ 不同。在螺旋面 A 侧，相位 φ 为 0 时的螺距误差具有逐渐收敛的楔形间隙；相位 φ 为 $\pi/2$ 时的螺距误差具有先收敛后发散的楔形间隙；相位 φ 为 π 时的螺距误差具有发散的楔形间隙；相位 φ 为 $3\pi/2$ 时的螺距误差具有先发散后收敛的楔形间隙。在螺旋面 B 侧，油膜间隙相对于螺旋面 A 具有相反的变化趋势。螺距误差引起的油膜间隙沿螺旋方向的波动将导致蜗杆螺纹与齿条螺纹啮合运动时产生动压力。

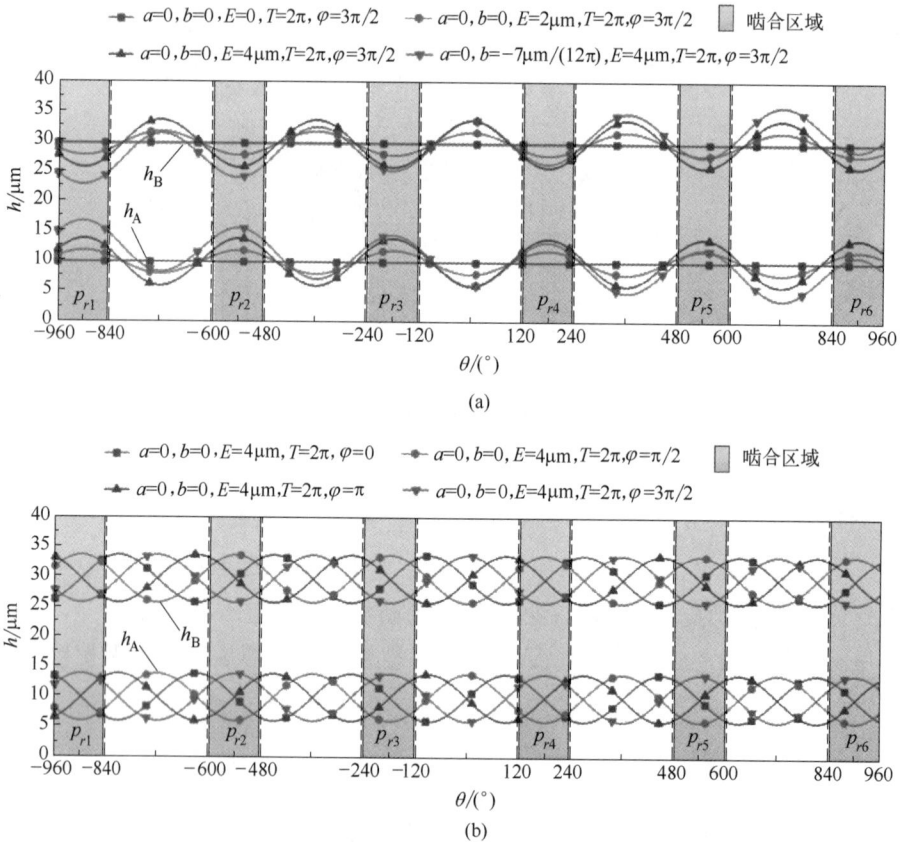

(a)

(b)

图 6-2　在几种典型的螺距误差情况下，螺旋面 A 和螺旋面 B 两侧的法向间隙

6.2.3　雷诺方程

雷诺方程建立在展开的扇形平面上，可表示为

$$\frac{\partial}{\partial r'}\left(r'h'^{3}\frac{\partial p'}{\partial r'}\right)+\frac{1}{r'}\times\frac{\partial}{\partial \theta'}\left(h'^{3}\frac{\partial p'}{\partial \theta'}\right)=$$

$$12\omega^2\cos\alpha\,\frac{\partial}{\partial r'}\left(\frac{\rho r'r^2 h'^3\Delta_r}{r_c}\right)+6\eta r\omega\,\frac{\cos(2\lambda_r)}{\cos\lambda_r}\times\frac{\partial h'}{\partial\theta'}+12\eta r\omega\tan\lambda_r\sin\lambda_r\,\frac{\partial h'}{\partial\theta'}+$$

$$(-1)^k\times12\eta r'\Delta\dot{z}\cos\lambda_r\cos\alpha_r \tag{6-4}$$

其中，螺旋面 A 的上标 $k=1$，螺旋面 B 的上标 $k=2$。雷诺方程包括惯性项、楔形项和瞬态项。

引入无量纲形式参数，可表示为

$$\frac{\partial}{\partial\overline{r'}}\left(\overline{r'}\,\overline{h'}^3\,\frac{\partial\overline{p'}}{\partial\overline{r'}}\right)+\frac{1}{\overline{r'}}\times\frac{\partial}{\partial\theta'}\left(\overline{h'}^3\,\frac{\partial\overline{p'}}{\partial\theta'}\right)=\Lambda\,\frac{\partial}{\partial\overline{r'}}\left(\frac{\overline{r'}\,\overline{r}^2\,\overline{h'}^3\Delta_r}{\overline{r_c}}\right)+$$

$$6\,\frac{\overline{r}\,\overline{\omega}}{\cos\lambda}\times\frac{\partial\overline{h'}}{\partial\theta'}+(-1)^k\times12\overline{r'}\Delta\dot{z}\cos\lambda_r\cos\alpha_r \tag{6-5}$$

在给定的轴向位移扰动和轴向速度扰动下，无量纲法向间隙和扰动压力如下所示

$$\overline{h'}=\begin{cases}\overline{h}_{s,A}-\Delta\overline{z}\cos\lambda_r\cos\alpha_r\\ \overline{h}_{s,B}+\Delta\overline{z}\cos\lambda_r\cos\alpha_r\end{cases} \tag{6-6}$$

其中

$$\begin{cases}\overline{h}_{s,A}=\overline{h}_{a,A}\cos\lambda_r\cos\alpha_r\\ \overline{h}_{s,B}=\overline{h}_{a,B}\cos\lambda_r\cos\alpha_r\end{cases} \tag{6-7}$$

$$\overline{p'}=\overline{p'}_0+\Delta\overline{p'}=\begin{cases}\overline{p'}_{A,0}+\dfrac{\partial\overline{p'}_A}{\partial\overline{z}}\bigg|_0\Delta\overline{z}+\dfrac{\partial\overline{p'}_A}{\partial\dot{\overline{z}}}\bigg|_0\Delta\dot{\overline{z}}\\[3mm] \overline{p'}_{B,0}+\dfrac{\partial\overline{p'}_B}{\partial\overline{z}}\bigg|_0\Delta\overline{z}+\dfrac{\partial\overline{p'}_B}{\partial\dot{z}}\bigg|_0\Delta\dot{\overline{z}}\end{cases} \tag{6-8}$$

扰动的雷诺方程可以表示为

$$\text{Reynolds}\begin{pmatrix}\overline{p'}_{A/B,0}\\ \overline{p'}_{\overline{z},A/B}\\ \overline{p'}_{\dot{\overline{z}},A/B}\end{pmatrix}=$$

$$\begin{cases}\Lambda\dfrac{\partial}{\partial\overline{r'}}\left(\dfrac{\overline{r'}\overline{r}^2\overline{h'}^3_{s,A/B}\Delta_r}{\overline{r_c}}\right)+6\dfrac{\overline{r}\,\overline{\omega}}{\cos\lambda}\times\dfrac{\partial\overline{h'}_{s,A/B}}{\partial\theta'}\\[3mm] (-1)^k\times3\cos\lambda\cos\alpha'\begin{bmatrix}-\dfrac{6\overline{r}\,\overline{\omega}}{\overline{h'}_{s,A/B}\cos\lambda}\times\dfrac{\partial\overline{h'}_{s,A/B}}{\partial\theta'}+\overline{r'}\overline{h'}_{s,A/B}\dfrac{\partial\overline{h'}_{s,A/B}}{\partial\overline{r'}}\times\dfrac{\partial\overline{p'}_{A/B,0}}{\partial\overline{r'}}+\dfrac{\overline{h'}_{s,A/B}}{\overline{r'}}\times\dfrac{\partial\overline{h'}_{s,A/B}}{\partial\theta'}\times\dfrac{\partial\overline{p'}_{A/B,0}}{\partial\theta'}\\[3mm] -\dfrac{\Lambda}{\overline{h'}_{s,A/B}}\dfrac{\partial}{\partial\overline{r'}}\left(\dfrac{\overline{r'}\overline{r}^2\overline{h'}^3_{s,A/B}\Delta_r}{\overline{r_c}}\right)\end{bmatrix}\\[3mm] (-1)^{k+1}\times3\overline{r'}\overline{h'}^2_{s,A/B}\dfrac{\partial(\cos\lambda\cos\alpha')}{\partial\overline{r'}}\times\dfrac{\partial\overline{p'}_{A/B,0}}{\partial\overline{r'}}+(-1)^k\times\Lambda\dfrac{\partial}{\partial\overline{r'}}\left(3\overline{h'}^2_{s,A/B}\cos\lambda\cos\alpha'\dfrac{\overline{r'}\overline{r}^2\Delta_r}{\overline{r_c}}\right)\\[3mm] (-1)^k\times12\overline{r'}\cos\lambda\cos\alpha'\end{cases}+ \tag{6-9}$$

其中 $\overline{p'}_{\overline{z},A/B}=\partial\overline{p'}_{A/B}/\partial\overline{z}$，$\overline{p'}_{\dot{\overline{z}},A/B}=\partial\overline{p'}_{A/B}/\partial\dot{\overline{z}}$，且 Reynolds( )为

$$\text{Reynolds}(\quad)=\left[\frac{\partial}{\partial\overline{r'}}\left(\overline{r'}\,\overline{h'}^3_{sk}\,\frac{\partial(\ )}{\partial\overline{r'}}\right)+\frac{1}{\overline{r'}}\times\frac{\partial}{\partial\theta'}\left(\overline{h'}^3_{sk}\,\frac{\partial(\ )}{\partial\theta'}\right)\right] \tag{6-10}$$

6.2.4 流量连续性方程

每个静压油腔都有一个单独的毛细管节流器，总共有 12 个毛细管节流器嵌入到油路中。毛细管节流器的流量为

$$\overline{Q}_{cj} = \frac{1}{12}\overline{C}_{sr}(1-\overline{p}'_{rj}),\, j=1,2,\cdots,12 \tag{6-11}$$

其中，$\overline{C}_{sr} = 3\pi d_c^4 / (32h_{a0}^3 l_c)$

如图 6-3 所示，第 j 个油腔的流量如下。

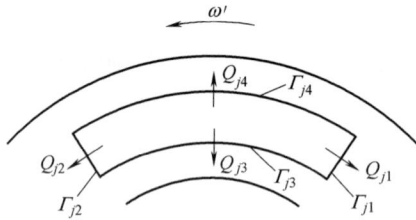

图 6-3 毛细管节流器的流量示意图

$$\begin{cases} \overline{Q}_{j1} = \int_{\Gamma_{j1}} \left(\dfrac{\overline{h}'^3}{12\overline{r}'} \times \dfrac{\partial \overline{p}'}{\partial \theta'} \bigg|_{\Gamma_{j1}} - \dfrac{\overline{r}'\ \overline{\omega}'\ \overline{h}'}{2} \right) \mathrm{d}\overline{r}' \\[3mm] \overline{Q}_{j2} = \int_{\Gamma_{j2}} \left(-\dfrac{\overline{h}'^3}{12\overline{r}'} \times \dfrac{\partial \overline{p}'}{\partial \theta'} \bigg|_{\Gamma_{j2}} + \dfrac{\overline{r}'\ \overline{\omega}'\ \overline{h}'}{2} \right) \mathrm{d}\overline{r}' \\[3mm] \overline{Q}_{j3} = \int_{\Gamma_{j3}} \dfrac{\overline{h}'^3}{12} \left(\overline{r}'\dfrac{\partial \overline{p}'}{\partial \overline{r}'} \bigg|_{\Gamma_{j3}} - \Lambda \dfrac{\overline{r}'^3}{\overline{r}_c} \right) \mathrm{d}\theta' \\[3mm] \overline{Q}_{j4} = \int_{\Gamma_{j4}} \dfrac{\overline{h}'^3}{12} \left(-\overline{r}'\dfrac{\partial \overline{p}'}{\partial \overline{r}'} \bigg|_{\Gamma_{j4}} + \Lambda \dfrac{\overline{r}'^3}{\overline{r}_c} \right) \mathrm{d}\theta' \end{cases} \tag{6-12}$$

流量连续性方程可写成

$$\overline{Q}_{cj} = \sum_j (\overline{Q}_{j1} + \overline{Q}_{j2} + \overline{Q}_{j3} + \overline{Q}_{j4}) \tag{6-13}$$

6.2.5 边界条件

① 齿顶、齿根和螺纹圆周边界上的压力为零。
② 作用在腔体上的压力为腔体压力。
③ 式（6-13）成立。
④ 在空化区 $\overline{p}' = \partial \overline{p}'/\partial \theta' = 0$。

6.2.6 轴向油膜力

轴向油膜力表示静压蜗杆传动的负载能力，其无量纲形式为

$$\overline{F}_a = \int_0^{\theta'_m n} \int_{\overline{r}'_i}^1 (\overline{p}'_{A} - \overline{p}'_{B})\overline{r}'\cos\lambda\cos\alpha'\,\mathrm{d}\theta'\mathrm{d}\overline{r}' \tag{6-14}$$

6.2.7　轴向刚度和阻尼系数

轴向刚度和阻尼系数可写成

$$\begin{cases} \overline{S}_a = \int_0^{\theta'_m n} \int_{\overline{r'_i}}^1 (\overline{p'}_{\overline{z},A} - \overline{p'}_{\overline{z},B}) \overline{r'} \cos\lambda \cos\alpha' \, d\theta' \, d\overline{r'} \\ \overline{C}_a = \int_0^{\theta'_m n} \int_{\overline{r'_i}}^1 (\overline{p'}_{\dot{\overline{z}},A} - \overline{p'}_{\dot{\overline{z}},B}) \overline{r'} \cos\lambda \cos\alpha' \, d\theta' \, d\overline{r'} \end{cases} \tag{6-15}$$

6.3　液体静压蜗杆齿条副的静动态特性分析

6.3.1　计算与验证

静压蜗杆传动装置的参数见表 6-1。

表 6-1　静压蜗杆传动装置的参数

参数	数值	参数	数值
齿条内半径(r_i)	100mm	螺距误差的振幅(E)	$0.2\mu m, 4\mu m$
油腔内半径(r_1)	110mm	周期螺距误差(T)	2π
油腔外半径(r_2)	120mm	螺距误差的相位(φ)	$0, \pi/2, \pi, 3\pi/2$
蜗杆外半径(r_o)	130mm	供油压力(p_s)	10MPa
有效直径(D)	230mm	润滑油动力黏度(η)	$0.028\text{Pa} \cdot \text{s}$
啮合区的螺纹数(n)	6	润滑油密度(ρ)	875kg/m^3
螺纹角的一半(α)	7.5°	蜗杆转速(ω)	0,1000r/min,2000r/min, 3000r/min
螺距(P)	52mm		
轴向间隙(h_{a0})	0.02mm	设计压力比(β)	0.5
齿条在 θ 方向的包角(θ_r)	120°	毛细管节流器的设计参数($\overline{C}_{sr}$)	30.3
螺旋槽在 θ 方向的包角(θ_p)	70°		

静压蜗杆传动静态和动态特性的迭代求解方案如图 6-4 所示。根据雷诺方程，通过超松弛迭代计算油腔的节点压力。采用基于流量连续性方程的亚松弛迭代法计算油腔压力。扰动压力分布可用相同的迭代法求解。轴向刚度系数是位移扰动压力的积分 $\overline{p'}_{\overline{z},A/B}$，轴向阻尼系数是速度扰动压力的积分 $\overline{p'}_{\dot{\overline{z}},A}$。将流场划分为多个网格，采用数值积分的方法，计算轴向油膜力、刚度和阻尼系数。

Rowe 和 Chong[334] 提出了两种预测静压设备动态特性的方法，即扰动法和有限差分法。采用这两种方法计算轴向刚度和阻尼系数。两种方法计算出的静压蜗杆齿条传动的动态特性对比如图 6-5 所示，可以看出，两种方法的结果非常一致，这验证了静压蜗杆齿条传动动态特性的迭代计算方法。

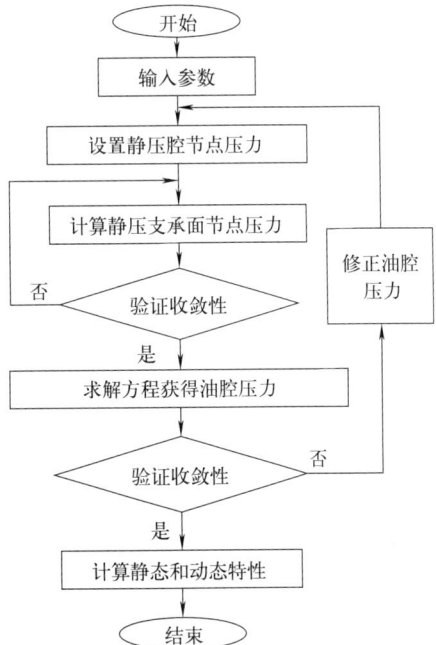

图 6-4　迭代求解方案

填充标记：扰动法
未填充标记：有限差分法

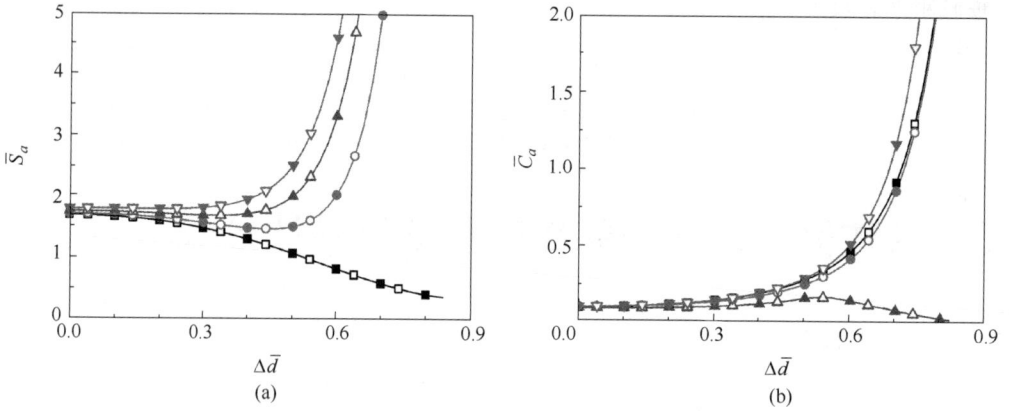

图 6-5　轴向刚度和阻尼系数的比较

6.3.2　油腔压力和流量

图 6-6 显示了螺距误差对油腔压力和流量的影响。油腔压力 $\overline{p}_{r2}$ 位于螺旋锥体 A 的一侧（油膜间隙在这一侧减小）。流量 $\overline{Q}_{c2}$ 表示通过连接油腔 $\overline{p}_{r2}$ 的毛细管节流器的流量。从图 6-6（a）可以看出，随着轴向位移 $\Delta\overline{d}$ 的增加，油腔压力 $\overline{p}_{r2}$ 逐渐增大，从而提供了更大的静压力，这是因为封油面上的流动阻力逐渐增大。螺距误差改变了油腔压力 $\overline{p}_{r2}$，因为它改变了油膜间隙和从静压腔流出的润滑油的流动阻力。随着蜗杆转速的增加，油腔压力 $\overline{p}_{r2}$ 逐渐减小。这是因为油膜间隙的波动改变了蜗杆的平衡位置（无外部负载时的位置）。在蜗杆转速为 0、1000r/min、2000r/min 和 3000r/min 时，平衡位置的无量纲坐标分别为 $z=0$、$z=-0.09$、$z=-0.18$ 和 $z=-0.28$。随着蜗杆转速的增加，平衡位置向 z 轴的负方向移动，即向螺旋面

$a=0, b=0, E=0$（没有螺距误差）：■ $\omega=0$　● $\omega=1000$r/min

$a=0, b=0, E=4\mu m, T=2\pi, \varphi=0$：▲ $\omega=0$　▼ $\omega=1000$r/min
　◆ $\omega=2000$r/min　◀ $\omega=3000$r/min

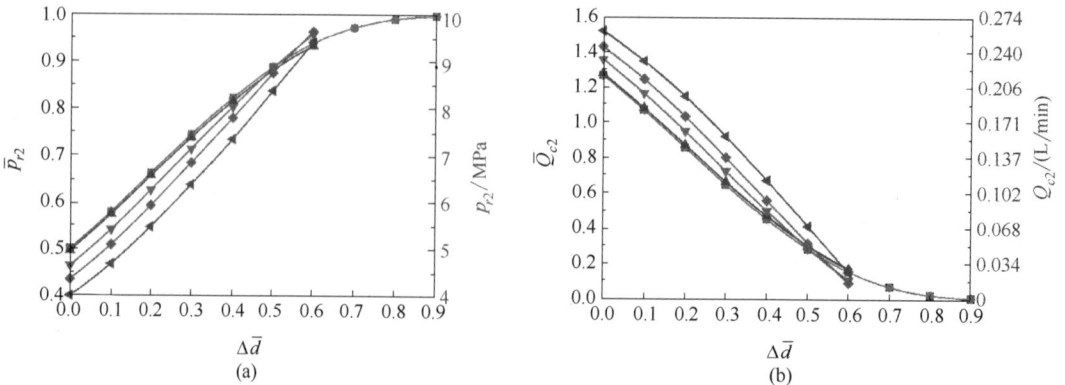

图 6-6　在螺距误差为 $a=0$，$b=0$，$E=4\mu m$，$T=2\pi$ 和 $\varphi=0$ 时，
（a）油腔压力 $\overline{p}_{r2}$ 和（b）流量 $\overline{Q}_{c2}$ 随轴向位移 $\Delta\overline{d}$ 的变化

B 的方向移动，因此螺旋面 A 一侧的油膜间隙逐渐增大，从而导致油腔压力 $\overline{p}_{r2}$ 减小。

如图 6-6（b）所示，流量 $\overline{Q}_{c2}$ 的变化趋势与油腔压力 $\overline{p}_{r2}$ 正好相反，这是固定节流器（包括毛细管节流器）的特点。

6.3.3　轴向油膜力

图 6-7 显示了螺距误差和蜗杆转速对轴向油膜力 $\overline{F}_a$ 的影响；其中，螺距误差的振幅和周期相同：$a=0$，$b=0$，$E=2\mu m$，$T=2\pi$，但相位不同（a）$\varphi=0$，（b）$\varphi=\pi/2$，（c）$\varphi=\pi$，（d）$\varphi=3\pi/2$。可以看出，相位 φ 为 0、$\pi/2$ 和 $3\pi/2$ 的螺距误差会使轴向油膜力增大，而相位 φ 为 π 的螺距误差会使轴向油膜力减小，这可以用图 6-2（b）所示的油膜间隙波动规律来解释：在蜗杆螺纹与齿条螺纹的啮合区，相位 φ 为 π 的螺距误差导致的油膜间隙在螺旋面 A 侧（承受外部载荷的一侧）呈逐渐增大的趋势，即具有发散的楔形间隙。在蜗杆螺纹表面速度的驱动下，油腔内产生负压，轴向油膜力 $\overline{F}_a$ 减小。在螺纹啮合区，相位 φ 为 0 的螺距误差的楔形间隙逐渐收敛，相位 φ 为 $\pi/2$ 的螺距误差的楔形间隙先收敛后发散，相位 φ 为 $3\pi/2$ 的螺距误差的楔形间隙先发散后收敛。在收敛楔形间隙区域会产生正的流体动压力，轴向油膜力 $\overline{F}_a$ 增大。此外，随着蜗杆转速从 1000r/min 增加到 2000r/min 和 3000r/min，图 6-7（a）、（b）和（d）中轴向油膜力 $\overline{F}_a$ 逐渐增大，而图 6-7（c）中轴向油膜力 $\overline{F}_a$ 逐渐减小，这表明螺距误差的增强或减弱效果更加显著。

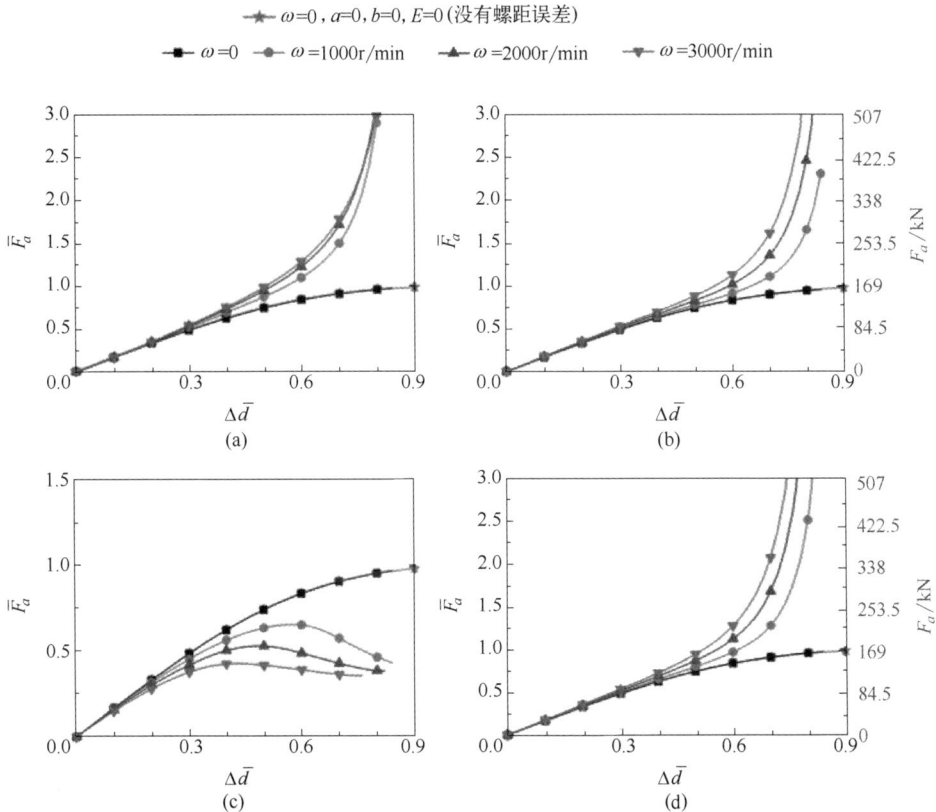

图 6-7　在螺距误差幅值和周期相同：$a=0$，$b=0$，$E=2\mu m$，$T=2\pi$，但相位不同：(a) $\varphi=0$，(b) $\varphi=\pi/2$，(c) $\varphi=\pi$，(d) $\varphi=3\pi/2$ 的情况下轴向油膜力 $\overline{F}_a$ 随轴向位移 $\Delta\overline{d}$ 的变化规律

图 6-8 显示了振幅 E 为 $4\mu m$ 的螺距误差的情况（在图 6-7 中螺距误差的振幅 E 为 $2\mu m$）。通过比较图 6-8 和图 6-7 中的曲线发现，如果螺距误差具有较大的幅值，则轴向油膜力 $\overline{F}_a$ 将在动压力的作用下增大。例如，与振幅为 $2\mu m$、相位 φ 为 $3\pi/2$ 的螺距误差相比，振幅为 $4\mu m$、相位 φ 为 $3\pi/2$ 的螺距误差在轴向位移 $\Delta\overline{d}$ 为 0.6，蜗杆转速为 1000r/min、2000r/min 和 3000r/min，这是因为增大的振幅 E 增强了动压力。

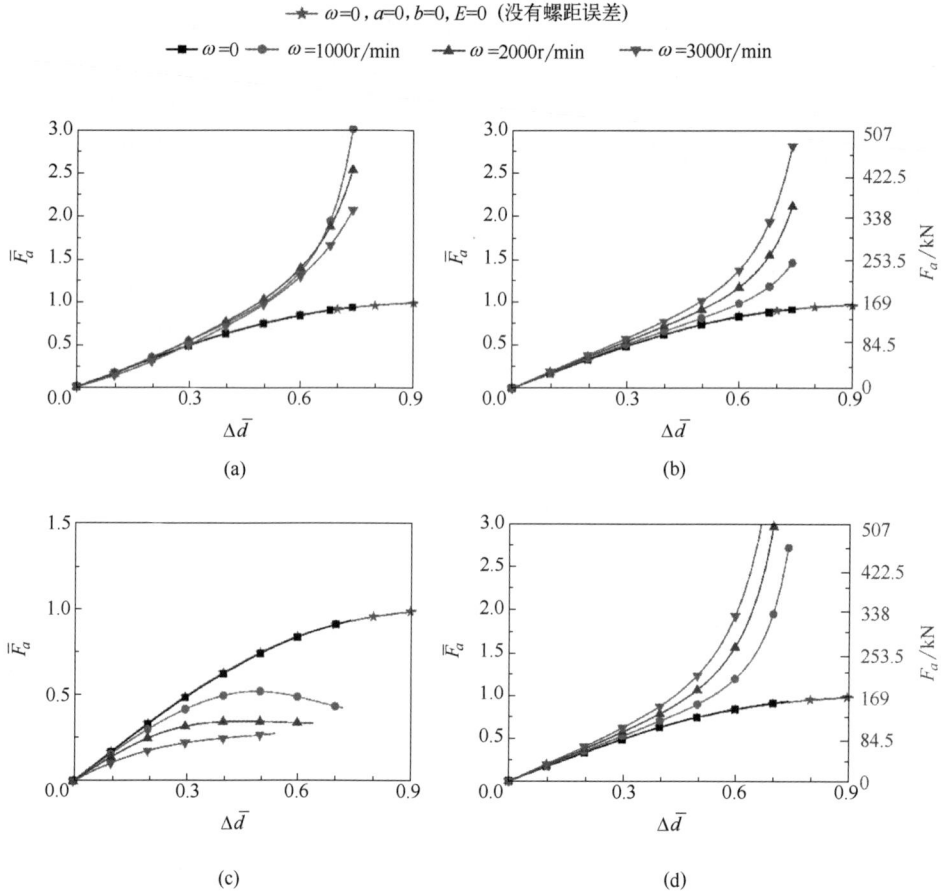

图 6-8　在螺距误差幅值和周期相同：$a=0$，$b=0$，$E=4\mu m$，$T=2\pi$，
但相位不同：(a) $\varphi=0$，(b) $\varphi=\pi/2$，(c) $\varphi=\pi$，(d) $\varphi=3\pi/2$
的情况下轴向油膜力 $\overline{F}_a$ 随轴向位移 $\Delta\overline{d}$ 的变化规律

图 6-9 显示了在振幅 E 为 $4\mu m$、相位 φ 为 $3\pi/2$、蜗杆转速为 0 和 2000r/min、轴向位移 $\Delta\overline{d}$ 为 0.6 的螺距误差下的压力 $\overline{p}'_{A/B,0}$ 的分布。可以看出，对于每种情况，同一侧上的每个混合油垫（螺旋面 A 或螺旋面 B）具有相同的静压和动压力，因为在周期 T 为 2π 的螺距误差下，每个混合油垫的油膜间隙的分布是相同的。在蜗杆转速为 0 时，只有静压力，在蜗杆转速为 2000r/min 时，螺旋面 A 侧的流体静压产生于收敛楔间隙，而在发散楔间隙消失［如图 6-9 (c) 所示］，螺旋面 B 侧的动压力很小，其对轴向油膜力的作用可以忽略［如图 6-9 (d) 所示］。

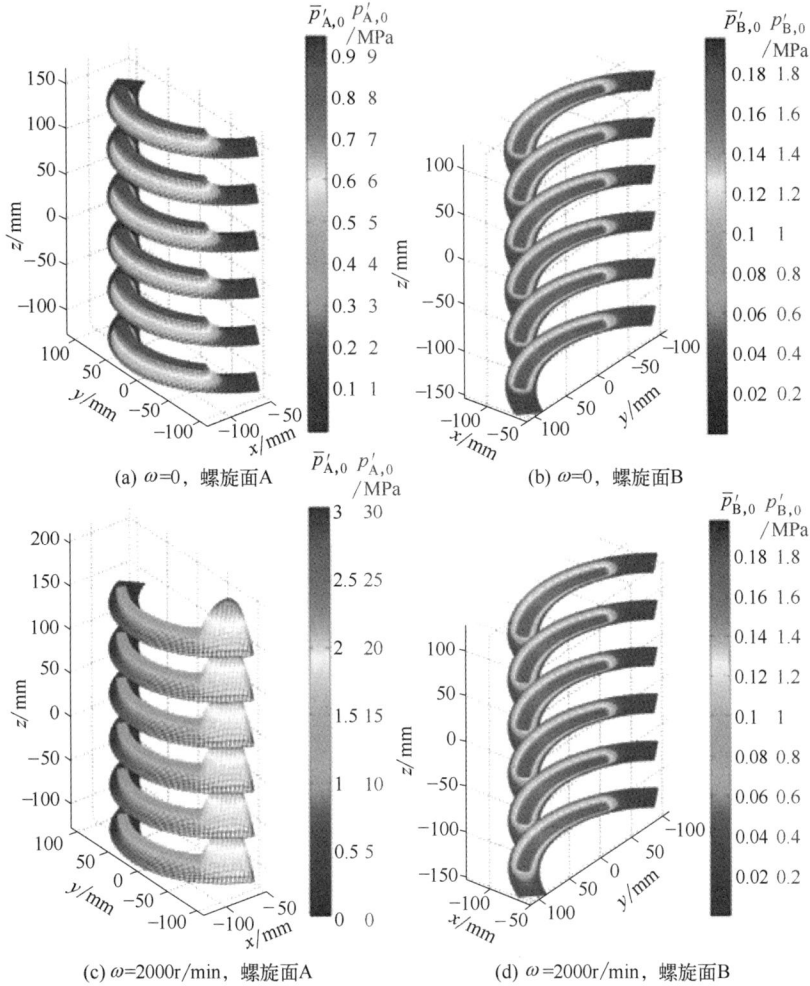

(a) $\omega=0$，螺旋面A　　　　　(b) $\omega=0$，螺旋面B

(c) $\omega=2000\text{r/min}$，螺旋面A　　(d) $\omega=2000\text{r/min}$，螺旋面B

图 6-9　在振幅 E 为 4μm、相位 φ 为 $3\pi/2$ 的螺距误差下，不同蜗杆速度下，螺旋面 A 和螺旋面 B 上的压力 $\overline{p}'_{\text{A/B},0}$ 分布

6.3.4　轴向刚度系数

图 6-10 显示了螺距误差和蜗杆速度对轴向刚度系数 $\overline{S}_a$ 的影响。螺距误差具有相同的周期和相位：$T=2\pi$ 和 $\varphi=3\pi/2$，但振幅不同：(a) $a=0$，$b=0$，$E=0\mu\text{m}$，(b) $a=0$，$b=0$，$E=2\mu\text{m}$，(c) $a=0$，$b=0$，$E=4\mu\text{m}$，(d) $a=0$，$b=-7\mu\text{m}/12\pi$，$E=4\mu\text{m}$。如图 6-10（a）所示，当没有螺距误差时，轴向刚度系数 $\overline{S}_a$ 在不同的蜗杆速度下没有变化，因为在这种情况下油膜间隙是平坦的，没有收敛或发散的楔形。如图 6-10（b）~（d）所示，当螺纹存在螺距误差时，在蜗杆螺纹表面速度的驱动下，轴向刚度系数 $\overline{S}_a$ 有明显的增加。这得益于封油面的位移扰动压力 $\overline{p}'_{z,\text{A/B}}$。此外，随着蜗杆速度的增加，轴向刚度系数 $\overline{S}_a$ 显著提高。

图 6-11 显示了在三种螺距误差和相同蜗杆速度（2000r/min）的情况下，螺距误差相位对轴向刚度系数 $\overline{S}_a$ 的影响。可以看出，当螺距误差的相位 φ 为 0、$\pi/2$ 或 $3\pi/2$ 时，轴向刚度系数很好。相位 φ 为 $3\pi/2$ 时，螺距误差的最佳值为：$a=0$，$b=0$，$E=4\mu\text{m}$，$T=2\pi$，

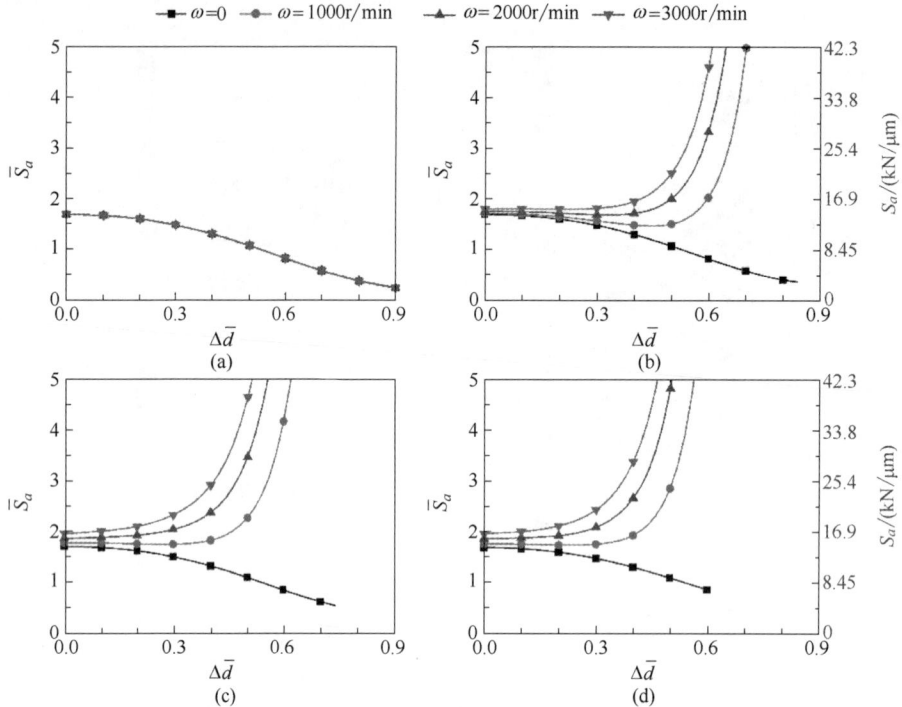

图 6-10 不同螺距误差下轴向刚度系数 $\overline{S}_a$ 随轴向位移 $\Delta\overline{d}$ 的变化：(a) $a=0$，$b=0$，$E=0\mu m$，(b) $a=0$，$b=0$，$E=2\mu m$，$T=2\pi$，$\varphi=3\pi/2$，(c) $a=0$，$b=0$，$E=4\mu m$，$T=2\pi$，$\varphi=3\pi/2$，(d) $a=0$，$b=-7\mu m/12\pi$，$E=4\mu m$，$T=2\pi$，$\varphi=3\pi/2$

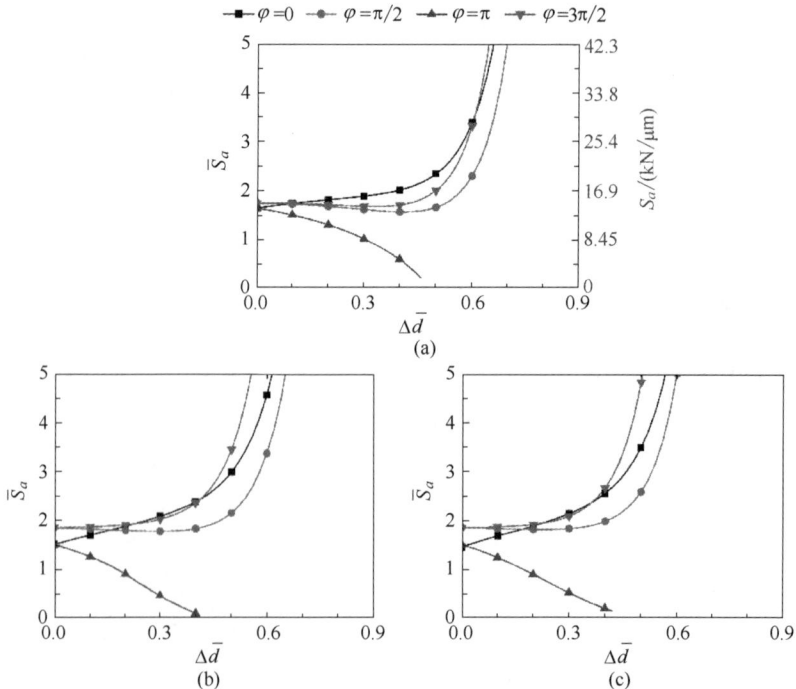

图 6-11 在蜗杆转速为 2000r/min 和不同螺距误差下，轴向刚度系数 $\overline{S}_a$ 与轴向位移 $\Delta\overline{d}$ 的变化 (a) $a=0$，$b=0$，$E=2\mu m$，$T=2\pi$，(b) $a=0$，$b=0$，$E=4\mu m$，$T=2\pi$，(c) $a=0$，$b=-7\mu m/12\pi$，$E=4\mu m$，$T=2\pi$

或 $a=0$，$b=-7\mu m/12\pi$，$E=4\mu m$，$T=2\pi$；而相位 φ 为 0 时，螺距误差的最佳值为：$a=0$，$b=0$，$E=2\mu m$，$T=2\pi$。然而，当螺距误差的相位 φ 为 π 时，轴向刚度系数逐渐下降，并最终在 $0.4<\Delta\overline{d}<0.5$ 时趋近于零，这将导致静压系统不稳定，设计阶段应避免出现这种情况。

位移扰动压力 $\overline{p}'_{z,A/B}$ 的积分恰好等于轴向刚度系数 $\overline{S}_a$。图 6-12 显示了在螺距误差幅值 E 为 $4\mu m$，相位 φ 为 0、$\pi/2$、$3\pi/2$，转速为 $2000r/min$，轴向位移为 0.6 的情况下，位移扰动压力的分布。从图 6-12（a）～（c）看出，螺距误差引起的流体动力扰动压力在封油面产生，并在收敛楔形间隙中出现，在发散楔形间隙中消失。在螺旋面 A 侧，流体动力扰动压力在相位 φ 为 0、$\pi/2$、$3\pi/2$ 的情况下都有明显的凸起，并且在相位 φ 为 $3\pi/2$ 时，凸起最为显著。如图 6-12（d）所示，在螺旋面 B 侧（不承受外部负载的侧面），位移扰动压力主要来自静压腔，并且油腔上的流体动力扰动压力非常小，这是由于螺旋面 B 侧的油膜间隙较大。

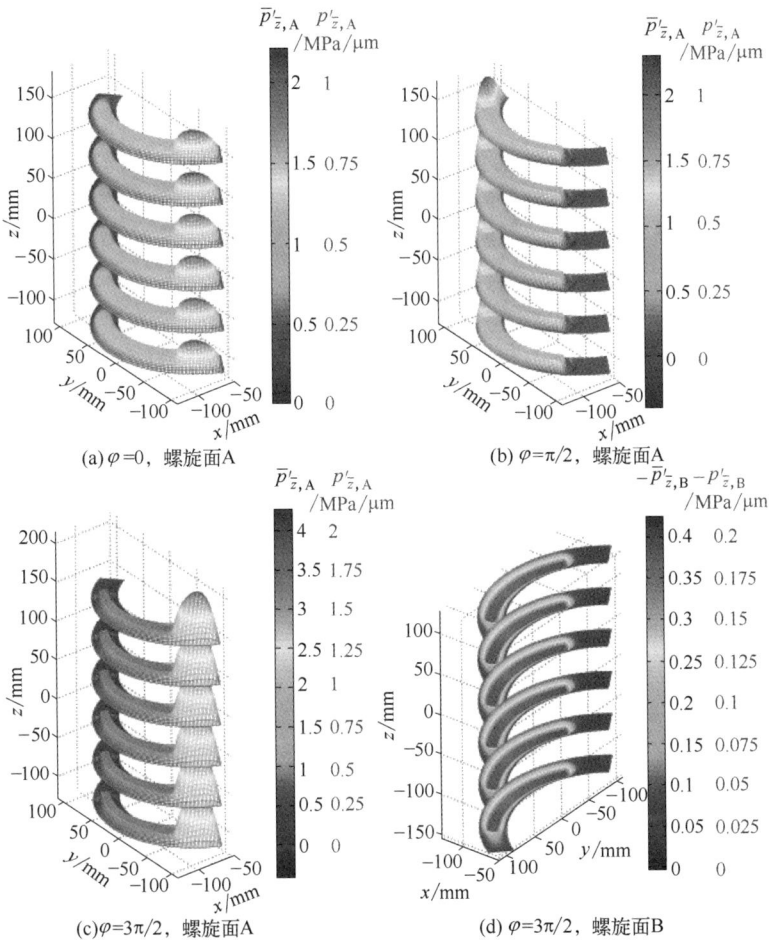

图 6-12　在蜗杆转速为 2000r/min 下，具有相同振幅（$E=4\mu m$）但不同相位的螺距误差所导致的位移扰动压力分布

6.3.5　轴向阻尼系数

图 6-13 显示了螺距误差和蜗杆转速对轴向阻尼系数 $\overline{C}_a$ 的影响。如图 6-13（a）所示，

在没有螺距误差的情况下，蜗杆转速对轴向阻尼系数 $\overline{C}_a$ 没有影响，这与轴向刚度系数 $\overline{S}_a$ 的情况相似。然而，从图 6-13（b）、（c）可以看出，当存在螺距误差时，蜗杆的转动会使轴向阻尼系数 $\overline{C}_a$ 减小。例如，在蜗杆静止（$\omega=0$）的情况下，轴向阻尼系数 $\overline{C}_a$ 在蜗杆转速为 1000r/min、轴向位移为 0.6 的条件下，螺距误差幅值分别为 $2\mu m$、$4\mu m$ 和叠加了累计螺距误差 $-7\mu m$ 时，轴向阻尼系数 $\overline{C}_a$ 分别下降了 38.33%、42.96% 和 47.58%。而当蜗杆转速从 1000r/min 增加到 2000r/min 和 3000r/min 时，轴向阻尼系数 $\overline{C}_a$ 几乎没有变化。

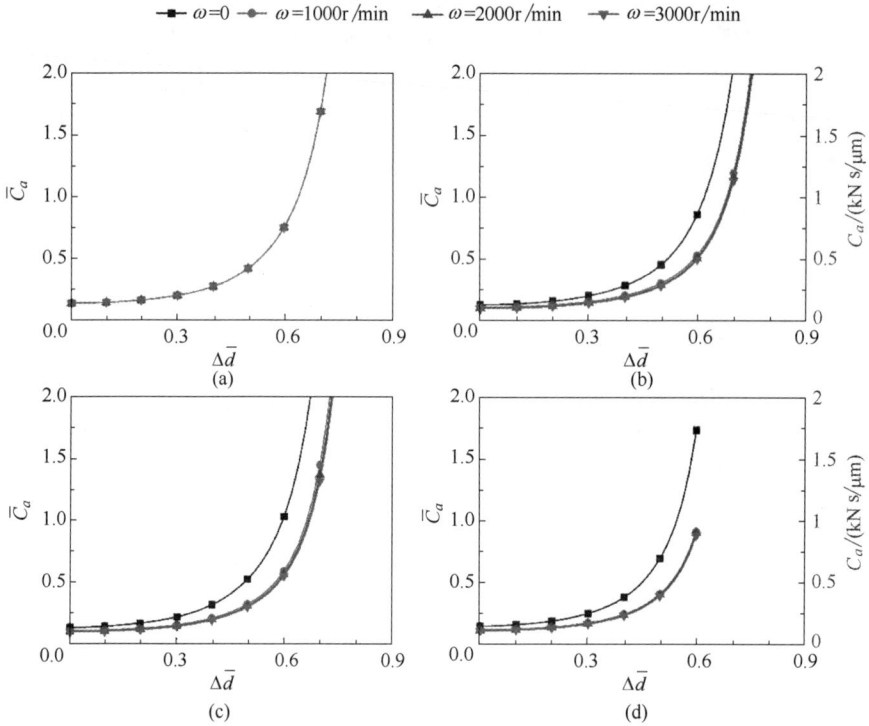

图 6-13　不同螺距误差下轴向阻尼系数 $\overline{C}_a$ 随轴向位移 $\Delta\overline{d}$ 的变化：(a) $a=0$，$b=0$，$E=0\mu m$，(b) $a=0$，$b=0$，$E=2\mu m$，$T=2\pi$，$\varphi=3\pi/2$，(c) $a=0$，$b=0$，$E=4\mu m$，$T=2\pi$，$\varphi=3\pi/2$，(d) $a=0$，$b=-7\mu m/12\pi$，$E=4\mu m$，$T=2\pi$，$\varphi=3\pi/2$

图 6-14 显示了螺距误差相位对轴向阻尼系数 $\overline{C}_a$ 的影响，可以看出，螺距误差相位 φ

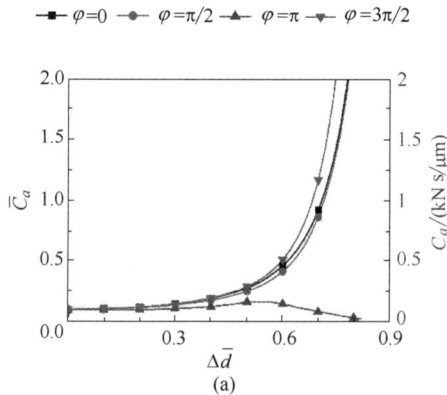

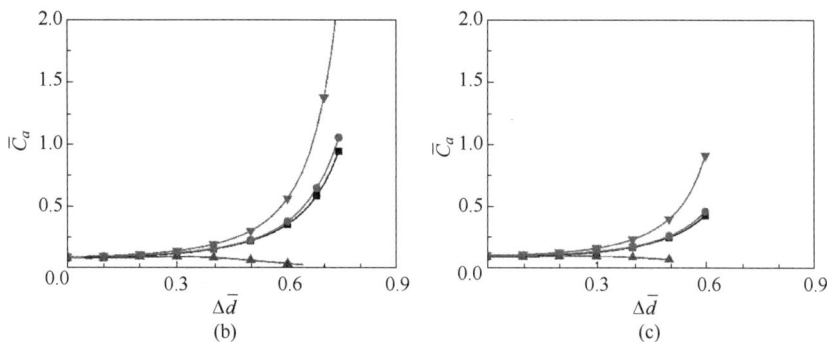

(b)

(c)

图 6-14　在蜗杆转速为 2000r/min 和不同螺距误差下，轴向阻尼系数与轴向位移的变化：

(a) $a=0$，$b=0$，$E=2\mu m$，$T=2\pi$，(b) $a=0$，$b=0$，$E=4\mu m$，$T=2\pi$，

(c) $a=0$，$b=-7\mu m/12\pi$，$E=4\mu m$，$T=2\pi$

为 $3\pi/2$ 时是轴向阻尼系数 $\overline{C}_a$ 的最佳情况，因为在这种情况下，油腔表面的油膜间隙最小，从而增强了对外部速度扰动的抵抗力。螺距误差相位 φ 为 0 和 $\pi/2$ 的情况具有相似的轴向阻尼系数 $\overline{C}_a$，其中前者具有逐渐收敛的楔形间隙，后者在啮合区内首先是收敛的，然后是发散的楔形间隙，但平均油膜间隙差异不大。然而，在螺距误差相位 φ 为 π 的条件下，轴向阻尼系数 $\overline{C}_a$ 显著下降，因为在这种情况下，啮合区形成了逐渐发散的楔形间隙，并且空穴区域较大。

位移扰动压力 $\overline{p'_{\bar{z},A}}$ 的积分恰好等于轴向阻尼系数 $\overline{C}_a$。图 6-15 显示了在蜗杆转速为 2000r/min，螺距误差幅值 E 为 $4\mu m$，相位 φ 为 0、$\pi/2$、$3\pi/2$（当 $\Delta\bar{d}=0.6$ 时），以及相位 φ 为 π（当 $\Delta\bar{d}=0.3$ 时）时，螺旋面 A 侧的速度扰动压力 $\overline{p'_{\bar{z},A}}$ 分布。可以看出，轴向阻尼主要来自封油面，静压腔对轴向阻尼的影响较小。在收敛楔形间隙中，流体动力扰动压力在较小的油膜间隙中有明显的凸起。图 6-15 (a)、(b) 和 (d) 中的封油面流体动力扰动压力分布与图 6-12 (a)～(c) 中的情况相似。在发散楔形间隙中，受蜗杆螺纹表面速度的驱动，产生了空穴，这不能发挥提高轴向阻尼的作用。如图 6-15 (c) 所示，螺距误差相位 φ

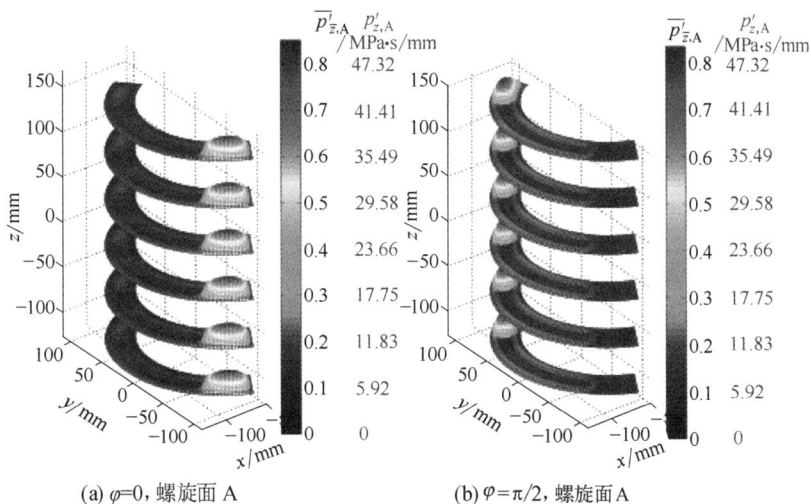

(a) $\varphi=0$，螺旋面 A

(b) $\varphi=\pi/2$，螺旋面 A

图 6-15

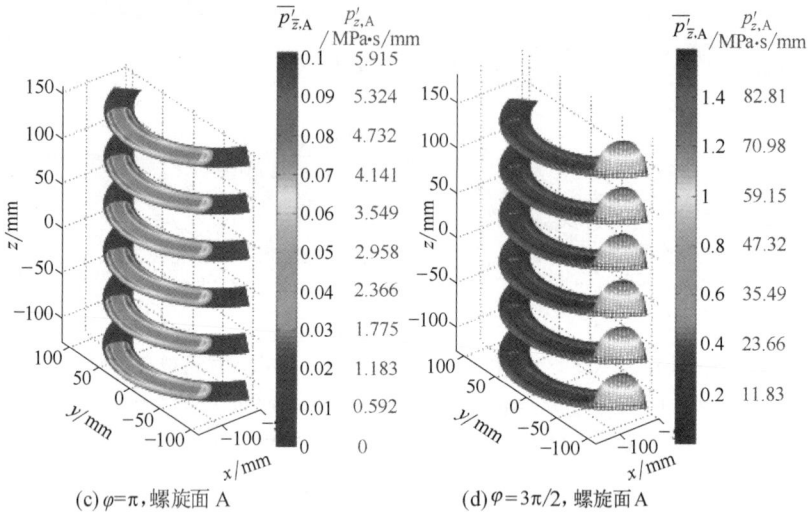

图 6-15　在蜗杆转速为 2000r/min 下，螺距误差幅值相同（$E=4\mu m$）
但相位不同的速度扰动压力分布

为 π 的情况，仅在接近静压腔的位置有较小的速度扰动压力，因为在这种情况下，形成了逐渐发散的楔形间隙。

6.4　本章小结

本章结合蜗杆转速，综合考虑了螺距误差的幅值、周期和相位，分析了螺距误差对静压蜗杆齿条副静态和动态特性的影响规律，包括油腔压力、流量、轴向油膜力、轴向刚度系数和轴向阻尼系数等。主要包括：

①螺距误差改变了封油面的油膜间隙和流动阻力，从而改变了油腔压力。油腔压力还受到蜗杆转速的影响。随着蜗杆转速的增加，油腔压力 $\overline{p}_{r2}$ 逐渐减小，因为在螺距误差的作用下，平衡位置朝着 z 轴负方向移动。

② 螺距误差的相位为 0、$\pi/2$ 或 $3\pi/2$ 时，可以增强轴向油膜力 $\overline{F}_a$，而螺距误差相位为 π 时会削弱轴向油膜力 $\overline{F}_a$。随着蜗杆转速或螺距误差幅值的增加，螺距误差对轴向油膜力 $\overline{F}_a$ 的增强或削弱效果变得更加显著。

③ 在蜗杆螺纹表面速度的驱动下，螺距误差相位 φ 为 0、$\pi/2$ 或 $3\pi/2$ 时，轴向刚度系数明显提高。随着蜗杆转速的增加，轴向刚度系数 $\overline{S}_a$ 进一步提高。对于螺距误差相位 φ 为 π 的情况，轴向刚度系数 $\overline{S}_a$ 呈逐渐下降趋势，最终在 $0.4<\Delta\overline{d}<0.5$ 时趋近于零，这将导致静压系统不稳定，应在设计阶段避免出现。

④ 在没有螺距误差的条件下，蜗杆转速对轴向阻尼系数 $\overline{C}_a$ 没有影响，而当存在螺距误差时，蜗杆的转动会削弱轴向阻尼系数 $\overline{C}_a$。螺距误差相位 φ 为 $3\pi/2$ 时是轴向阻尼系数 $\overline{C}_a$ 的最佳情况。当螺距误差相位 φ 为 π 时，轴向阻尼系数 $\overline{C}_a$ 显著下降，因为在这种情况下，啮合区内形成了逐渐发散的楔形间隙，空穴区域较大。

第 **7** 章

液体静压丝杠进给系统的
螺距误差均化作用

在丝杠副中，丝杠转过角度 θ_{ra} 时，螺母的理想位移量 $z_{i,nut} = \theta_{ra}P/2\pi$，可见，螺距 P 的精度是影响螺母运动精度的主要因素。然而，对于静压丝杠副而言，由于静压油膜对波动的油膜厚度具有均化效应，静压螺母的运动误差往往小于螺纹实际加工的螺距误差，这就是所谓的螺距误差均化作用。

只考虑螺母的螺距误差时，在恒定的外部载荷和转速下，螺母波动位移 Δh 不变，螺母的轴向位移量 $z_{nut} = z_{i,nut} + \Delta h = \theta_{ra}P/2\pi + \Delta h$，即螺母轴向位移量等于在理想位移量的基础上叠加上一个常数。然而，丝杠与螺母之间的传动关系是相对的，当丝杠从起始位置角转过角度 $\Delta\theta_{ra}$ 时，螺母位移量仍然是 $\Delta\theta_{ra}P/2\pi$，传动比仍然是精确传动比 $P/2\pi$，并无运动误差。

当丝杠上存在不可忽略的螺距误差时，丝杠旋转过程中，丝杠螺旋面对油膜的挤压效应不断变化，静压螺母上的油膜厚度不断变化，导致了静压螺母在行进过程中沿轴向不断波动，即产生了运动误差。

7.1 同时考虑丝杠和螺母螺距误差的油膜特性控制方程

图 7-1 所示为同时考虑丝杠和螺母的螺距误差时，连续油腔液体静压丝杠副在有效直径 D 处的螺纹展开图。$f_{n,T}(\theta)$、$f_{n,B}(\theta)$ 分别表示螺母螺纹上、下侧表面的螺距误差，$f_{l,T}(\theta)$、$f_{l,B}(\theta)$ 分别表示丝杠螺纹上、下侧表面的螺距误差。当丝杠沿着 θ 反方向转动时，螺母螺纹将沿着轴向向上运动。随着丝杠的转动，螺母上的螺距误差函数 $f_{n,T}(\theta)$、$f_{n,B}(\theta)$ 始终位于静压油膜区域，丝杠上的螺距误差函数 $f_{l,T}(\theta)$、$f_{l,B}(\theta)$ 位于静压油膜区域的部分不断变化，这也导致了油膜厚度的不断变化。

随着丝杠的转动，螺母螺纹上侧油膜的两表面距等效后坐标平面 $o'r'\theta'$ 的距离分别为

$$\begin{cases} h'_{T,1} = (f_{n,T}(\theta) + z_{nut})\cos\lambda_r\cos\alpha_r \\ h'_{T,2} = \left(h_{a0} + f_{l,T}(\theta_{ra} + \theta) + \dfrac{\theta_{ra}}{2\pi}P\right)\cos\lambda_r\cos\alpha_r \end{cases} \tag{7-1}$$

式中　z_{nut}——丝杠沿着 θ 反方向转动时，螺母沿 oz 轴正方向的轴向位移量。

螺母螺纹上侧的油膜厚度为

$$h'_T = h'_{T,2} - h'_{T,1} \tag{7-2}$$

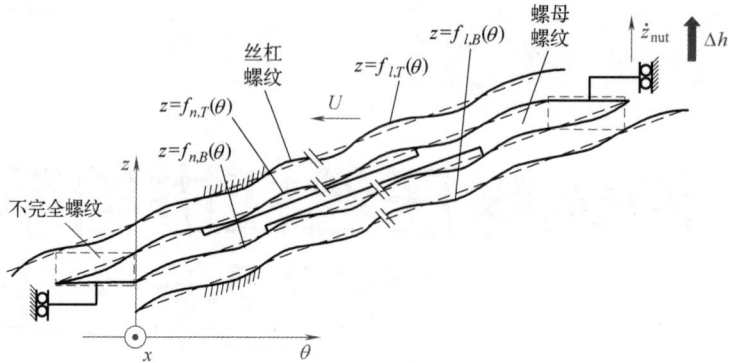

图 7-1　同时考虑丝杠和螺母螺距误差时有效直径 D 处螺纹展开图

螺母螺纹上侧油膜的速度边界值为

$$\begin{cases} v_{\theta'1}=v_{\tau1}=r\omega\tan\lambda_r\sin\lambda_r \\ v_{\theta'2}=v_{\tau2}=-r\omega\cos\lambda_r \\ v_{z'1}=v_{n1}=\dot{z}_{nut}\cos\lambda_r\cos\alpha_r \\ v_{z'2}=v_{n2}=\dfrac{P}{2\pi}\omega\cos\lambda_r\cos\alpha_r \end{cases}$$ (7-3)

式中　$\dot{z}_{nut}$——螺母沿 oz 轴正方向的轴向上升速度。

类似地，螺母螺纹下侧油膜的两表面距等效后坐标平面 $o'r'\theta'$ 的距离分别为

$$\begin{cases} h'_{B,1}=\left(f_{l,B}(\theta_{ra}+\theta)+\dfrac{\theta_{ra}}{2\pi}P\right)\cos\lambda_r\cos\alpha_r \\ h'_{B,2}=(h_{a0}+f_{n,B}(\theta)+z_{nut})\cos\lambda_r\cos\alpha_r \end{cases}$$ (7-4)

螺母螺纹下侧的油膜厚度为

$$h'_B=h'_{B,2}-h'_{B,1}$$ (7-5)

螺母螺纹下侧油膜的速度边界值为

$$\begin{cases} v_{\theta'1}=v_{\tau1}=-r\omega\cos\lambda_r \\ v_{\theta'2}=v_{\tau2}=r\omega\tan\lambda_r\sin\lambda_r \\ v_{z'1}=v_{n1}=\dfrac{P}{2\pi}\omega\cos\lambda_r\cos\alpha_r \\ v_{z'2}=v_{n2}=\dot{z}_{nut}\cos\lambda_r\cos\alpha_r \end{cases}$$ (7-6)

雷诺方程的瞬态形式为

$$\frac{\partial}{\partial r'}\left(r'h'^3_{T/B}\frac{\partial p'}{\partial r'}\right)+\frac{1}{r'}\times\frac{\partial}{\partial\theta'}\left(h'^3_{T/B}\frac{\partial p'}{\partial\theta'}\right)=$$

$$12\rho\omega^2\cos\alpha\frac{\partial}{\partial r'}\left(\frac{r'r^2h'^3_{T/B}\Delta_r}{r_c}\right)\pm6\eta\frac{r\omega}{\cos\lambda_r}\left[\frac{\partial h'_{T/B,2}}{\partial\theta'}+\frac{\partial h'_{T/B,1}}{\partial\theta'}\right]$$ (7-7)

$$\pm12\eta r'\left(\frac{P}{2\pi}\omega-\dot{z}_{nut}\right)\cos\lambda_r\cos\alpha_r$$

在式（7-7）中引入无量纲参数后，得其无量纲形式为

$$\frac{\partial}{\partial\overline{r'}}\left(\overline{r'}\ \overline{h'}^3_{T/B}\frac{\overline{\partial p'}}{\overline{\partial r'}}\right)+\frac{1}{\overline{r'}}\times\frac{\partial}{\partial\overline{\theta'}}\left(\overline{h'}^3_{T/B}\frac{\overline{\partial p'}}{\overline{\partial\theta'}}\right)=$$

$$\Lambda \frac{\partial}{\partial \overline{r'}}\left(\frac{\overline{r'}\,\overline{r}^{2}\,\overline{h'}^{3}_{T/B}\Delta_{r}}{\overline{r}_{c}}\right) \pm 6\,\frac{\overline{r}\,\overline{\omega}}{\cos\lambda}\left(\frac{\partial \overline{h'}_{T/B,2}}{\partial \theta'}+\frac{\partial \overline{h'}_{T/B,1}}{\partial \theta'}\right) \pm 12\overline{r'}\left(\frac{P}{2\pi h_{a0}}\overline{\omega}-\overline{\dot{z}}_{\text{nut}}\right)\cos\lambda_{r}\cos\alpha_{r}$$

$$(7\text{-}8)$$

7.2　低速工况下静压螺母运动误差的计算

7.2.1　计算方法

丝杠低速转动时，随着丝杠的转动，静压螺母缓慢移动，可把静压螺母看作处于准静止状态。此时可忽略瞬态雷诺方程中速度引起的挤压油膜项，即式（7-8）中的最后一项。当丝杠沿着 θ 反方向转动时，静压螺母向上运动，外部载荷向下，轴向承载能力为

$$\overline{W}_{a}=\int_{0}^{\theta'_{m}N}\int_{\overline{r'}_{i}}^{\overline{r'}_{o}}(\overline{p'}_{B,0}-\overline{p'}_{T,0})\overline{r'}\cos\lambda\cos\alpha'\,\mathrm{d}\theta'\,\mathrm{d}\overline{r'} \tag{7-9}$$

静压螺母的受力平衡方程为

$$\overline{W}_{a}=\overline{W} \tag{7-10}$$

式中　$\overline{W}$——静压螺母所受外部轴向载荷的无量纲形式，$\overline{W}=W/(p_{s}r_{o}^{2})$。

随着丝杠的转动，静压螺母轴向位移 z_{nut} 的计算流程如图 7-2 所示。将给定计算区间内

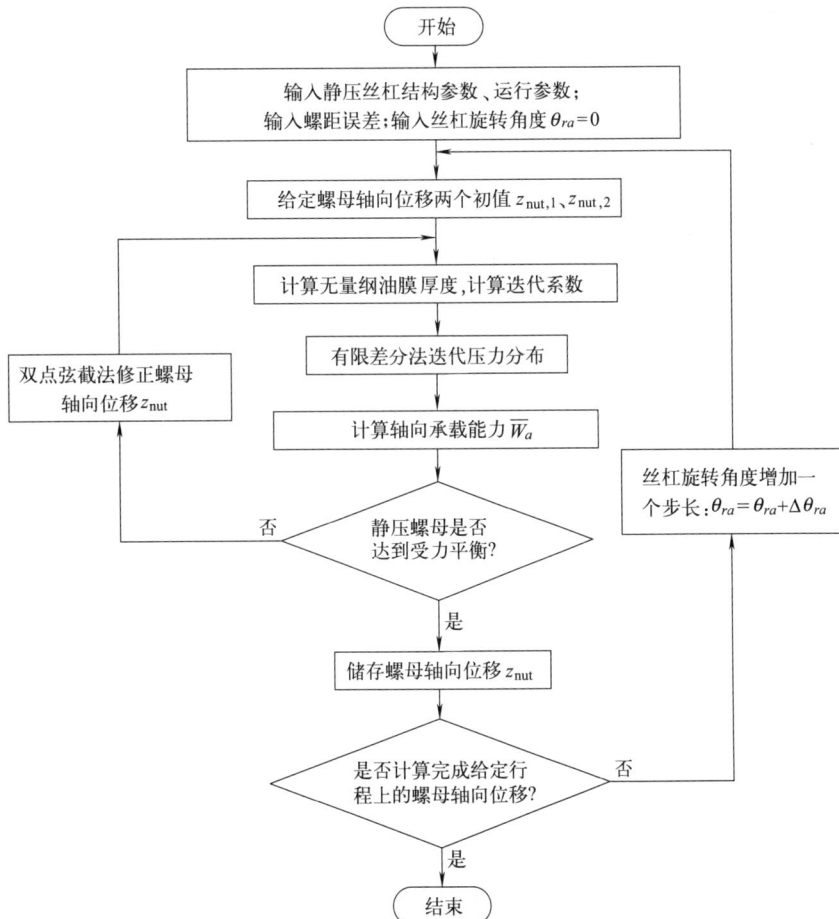

图 7-2　静压螺母轴向位移计算流程图

的丝杠转角分割为许多小间隔 $\Delta\theta_{ra}$，在每一个丝杠转角 θ_{ra} 位置，计算螺母轴向位移 z_{nut}。其中，轴向承载能力用有限差分法数值计算，螺母轴向位移 z_{nut} 用双点弦截法不断迭代修正直到静压螺母达到受力平衡。

由螺母的轴向位移 $z_{nut} = z_{i,nut} + \Delta h$，得每一个丝杠转角 θ_{ra} 位置的螺母轴向波动位移为

$$\Delta h = z_{nut} - z_{i,nut} = z_{nut} - \frac{\theta_{ra}}{2\pi}P \tag{7-11}$$

需要指出，螺母轴向波动位移 Δh 的大小并不表示运动误差；在给定的行程上，螺母轴向波动位移 Δh 的波动振幅才表示静压螺母轴向运动误差的大小。

静压螺母轴向位移 z_{nut} 的计算与静压导轨运动误差的计算方法类似，只是静压螺母结构和静压油膜形式更复杂。Shamoto 等测量了导轨的几何误差与其导致的静压滑块的运动误差。为了进一步验证用双点弦截法迭代计算螺母轴向位移 z_{nut} 的正确性，也用此方法计算了静压导轨的运动误差，并与实验数据进行了对比。如图 7-3 和图 7-4 所示，现在的计算结果与实验数据具有很好的一致性。

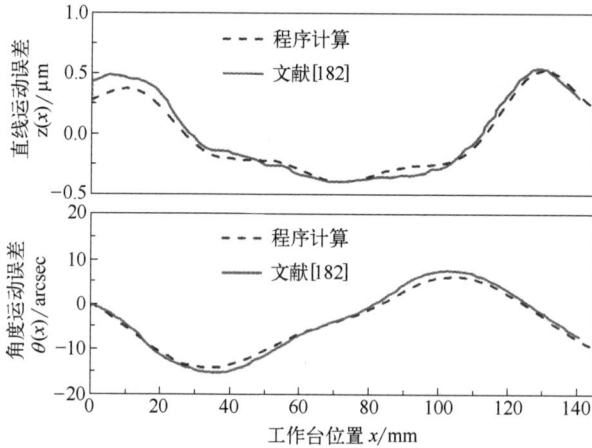

图 7-3　静压导轨竖直方向运动误差的比较

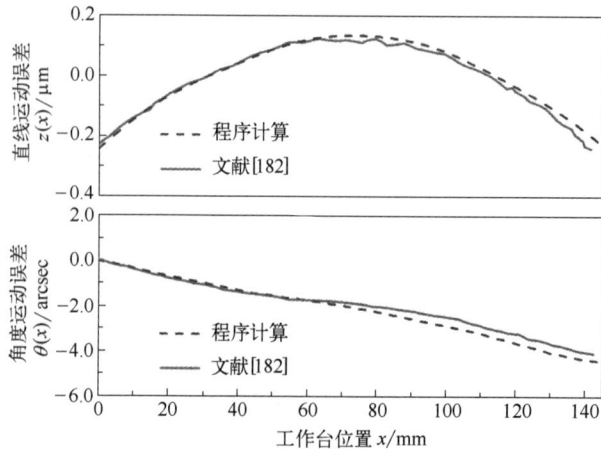

图 7-4　静压导轨水平方向运动误差的比较

7.2.2　计算参数

　　液体静压丝杠副的油腔形式分为连续油腔和断续油腔两种，本节先细致研究连续油腔液体静压丝杠副的螺距误差均化作用，再讨论油腔结构形式对均化作用的影响。连续油腔结构形式，在螺旋方向上，螺母螺纹两侧的连续螺旋油腔边界位于同一螺母横截面上，这样，在坐标 θ 方向上，两侧开连续螺旋油腔的起始位置（或终止位置）相差半圈。而螺母螺纹两端部存在半圈的不完全螺纹，恰好使得螺母螺纹两端封油面的长度相等。连续油腔液体静压丝杠副的结构参数和运行参数如表 7-1 所示。其中，节流方式采用毛细管节流器；毛细管节流器设计参数 $\overline{C}_{sc}$ 根据设计压力比 γ 计算；丝杠转速 ω 取 $10\mathrm{r/min}$，较低的转速以满足螺母始终处于平衡状态的假设。

表 7-1　连续油腔液体静压丝杠副结构参数与运行参数

结构参数与运行参数	数值
螺母内径半径(r_i)	23.5mm
油腔内径半径(r_1)	26.5mm
油腔外径半径(r_2)	29.5mm
丝杠外径半径(r_o)	32.5mm
有效直径(D)	56mm
螺母螺纹每端用作封油的螺纹	1(1/8,1/2,3/2)
开有螺旋油腔的螺母螺纹圈数	4(3,5,6)
螺母螺纹总圈数(N)	$N=n+2m$(n—开油腔的螺纹圈数;m—每侧封油的螺纹圈数)
牙型半角(α)	10°
螺距(P)	25mm
设计轴向间隙(h_{a0})	0.02mm
θ 方向螺旋油腔包角(θ_r)	70°
供油压力(p_s)	5MPa
润滑油动力黏度(η)	0.0193Pa·s
润滑油密度(ρ)	875kg/m³
节流器形式	毛细管节流器
设计压力比(γ)	0.5
丝杠旋转速度(ω)	10r/min

7.3　连续油腔液体静压丝杠副的螺距误差均化作用

7.3.1　螺距误差及其导致的螺母波动位移

　　螺距误差包含螺距累积误差、周期螺距误差和随机螺距误差，其中，周期螺距误差是具有不同周期、相位和频率的正弦函数的和，可表示成傅里叶级数。不考虑随机螺距误差，丝杠和螺母的螺距误差可以完整表示为

$$
\begin{cases}
f_{n,T}(\theta)=a_{n,T}+b_{n,T}\theta+\displaystyle\sum_{k=1}^{\infty}E_{n,T(k)}\sin\left(k\,\frac{2\pi}{T_{n,T}}\theta+\varphi_{n,T(k)}\right) \\[2mm]
f_{n,B}(\theta)=a_{n,B}+b_{n,B}\theta+\displaystyle\sum_{k=1}^{\infty}E_{n,B(k)}\sin\left(k\,\frac{2\pi}{T_{n,B}}\theta+\varphi_{n,B(k)}\right) \\[2mm]
f_{l,T}(\theta)=a_{l,T}+b_{l,T}\theta+\displaystyle\sum_{k=1}^{\infty}E_{l,T(k)}\sin\left(k\,\frac{2\pi}{T_{l,T}}\theta+\varphi_{l,T(k)}\right) \\[2mm]
f_{l,B}(\theta)=a_{l,B}+b_{l,B}\theta+\displaystyle\sum_{k=1}^{\infty}E_{l,B(k)}\sin\left(k\,\frac{2\pi}{T_{l,B}}\theta+\varphi_{l,B(k)}\right)
\end{cases}
\tag{7-12}
$$

对于实际加工的螺纹，螺距误差往往是式（7-12）中的某一项或几项组成成分占较大比重，如 Fukada 等对螺距误差的测量结果。对于螺母的螺距误差，分别考虑 4 种情况的螺距误差。对于丝杠的螺距误差，假设丝杠两螺旋面上的线性倾斜（螺距累积误差）分别为 $2\mu m/(2\pi N)$ 和 $-4\mu m/(2\pi N)$，周期螺距误差取傅里叶级数的前两阶（$T_{l,T}=T_{l,B}=2\pi N$，$\varphi_{l,T(1)}=\varphi_{l,B(1)}=\pi/2$，$\varphi_{l,T(2)}=\varphi_{l,B(2)}=\pi$）。丝杠的螺距误差可以表达为

$$
\begin{cases}
f_{l,T}(\theta)=b_{l,T}\theta+E_{l(1)}\sin\left(\dfrac{1}{N}\theta+\dfrac{\pi}{2}\right)+E_{l(2)}\sin\left(2\,\dfrac{1}{N}\theta+\pi\right) \\[2mm]
f_{l,B}(\theta)=b_{l,B}\theta+E_{l(1)}\sin\left(\dfrac{1}{N}\theta+\dfrac{\pi}{2}\right)+E_{l(2)}\sin\left(2\,\dfrac{1}{N}\theta+\pi\right)
\end{cases}
\tag{7-13}
$$

图 7-5 所示为当螺母取情况 4 的螺距误差，外部载荷 W 为 0 时，不同成分的丝杠螺距误差下，随着丝杠旋转 6 圈，螺母波动位移 Δh 的变化曲线。可以看出：①当丝杠只有螺距累积误差时（$b_{l,T}=-2\mu m/(2\pi N)$，$b_{l,B}=-4\mu m/(2\pi N)$，$E_{l(1)}=E_{l(2)}=0$），随着丝杠的转动，螺母波动位移成线性变化。曲线的斜率为 $-3\mu m/(2\pi N)$，恰好等于丝杠两螺旋面上螺距误差线性倾斜的平均值。②当丝杠只有周期螺距误差时（$b_{l,T}=b_{l,B}=0$，$E_{l(1)}=2.5\mu m$，$E_{l(2)}=0$ 或 $b_{l,T}=b_{l,B}=0$，$E_{l(1)}=0$，$E_{l(2)}=2.5\mu m$），螺母波动位移可以由具有与丝杠螺距误差相同周期的正弦函数近似表达。③前三条曲线由丝杠螺距误差的三个组成成分分别计算，合成的波动位移曲线（第 4 条曲线）由前三条曲线相加得到。总的螺母波动位移曲线在丝杠螺距误差同时包含三个组成成分时（$b_{l,T}=-2\mu m/(2\pi N)$，$b_{l,B}=-4\mu m/(2\pi N)$，$E_{l(1)}=E_{l(2)}=2.5\mu m$）计算得到。总的螺母波动位移曲线可以由合成的波动位移曲线平移得到。平移是由螺母的螺距误差导致的。但是，螺母波动位移的波动（运动误差）是相同的，即静压螺母总的运动误差等于丝杠螺距误差的各个组成成分所导致的运动误差的

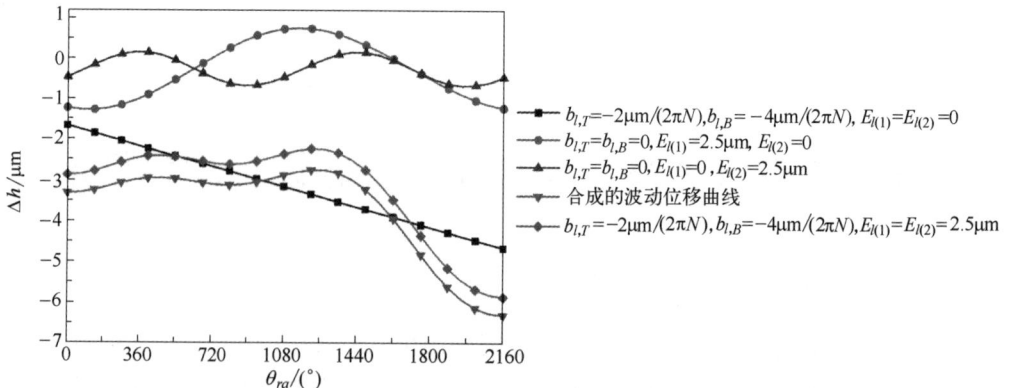

图 7-5　丝杠螺距误差取不同组成成分时螺母波动位移 Δh 变化曲线

和。换句话说，丝杠螺距误差所导致的静压螺母运动误差具有累加性。

7.3.2　对丝杠周期螺距误差的均化作用

由于运动误差具有累加性，接下来关于油膜对丝杠周期螺距误差均化作用的分析中，可只考虑傅里叶级数中周期为 T_l 的一个组成成分。假设丝杠两螺旋面具有相同的周期螺距误差，表达为

$$\begin{cases} f_{l,T}(\theta) = E_l \sin\left(\dfrac{2\pi}{T_l}\theta + \varphi_l\right) \\ f_{l,B}(\theta) = E_l \sin\left(\dfrac{2\pi}{T_l}\theta + \varphi_l\right) \end{cases} \tag{7-14}$$

定义均化系数 n_e 为

$$n_e = \frac{\Delta E}{E_l} \tag{7-15}$$

式中，ΔE 表示静压螺母运动误差的振幅，即螺母波动位移 Δh 的振幅。均化系数 n_e 定量衡量了液体静压丝杠副对周期螺距误差的均化效果，其值越小表明均化效果越好。

图 7-6 所示为螺母螺距误差，均化系数 n_e 随周期螺距误差空间频率 $2\pi/T_l$ 的变化。可以看出：①螺母螺距误差对均化系数 n_e 影响不大（情况 1 为螺母没有螺距误差）；②随着空间频率 $2\pi/T_l$ 的增大，均化系数 n_e 呈周期性变化。当丝杠上周期螺距误差的周期 T_l 接近 2π 时（$2\pi/T_l = 1$），均化系数 n_e 接近 0。这是由于螺母螺纹两端半圈不完全螺纹的存在。例如，当周期 T_l 等于 2π 时，不考虑螺母的螺距误差，从上、下侧油膜的起始位置沿着坐标 θ 方向，对置油垫上、下侧间隙的波动保持相等。这种情况下，随着滑块的移动，两对置的油垫上油膜力的变化是一致的。因此，静压螺母运动误差和均化系数 n_e 很小。进一步地，当周期 T_l 接近 2π 时，两对置油垫波动间隙的差异也相对较小。因此，静压螺母运动误差和均化系数 n_e 也保持较小值。

由于螺母螺距误差对均化系数 n_e 的影响不大，在下面的分析中，均化系数 n_e 在螺母没有螺距误差的情况下计算。图 7-7 所示为不同外部载荷 W 和周期螺距误差振幅 E_l 下计算得到的均化系数曲线。可见，外部载荷 W 和振幅 E_l 对均化系数 n_e 没有影响。随着振幅 E_l 的减小，静压螺母运动误差成比例减小。图 7-8 所示为螺母螺纹每端用作封油的螺纹圈数 m 不同时，计算得到的均化系数曲线。可见，均化系数 n_e 没有变化。这是由于在低速时，螺母螺纹两端封油面上的油膜压力沿着螺旋方向快速减小到 0，如图 7-9 所示。同时也调查了供油压力 p_s、毛细管设计参数 $\overline{C}_{sr}$、设计轴向间隙 h_{a0} 对均化系数的影响，结果表明，这些参数对均化系数 n_e 或没有影响，或影响很小，可忽略不计。

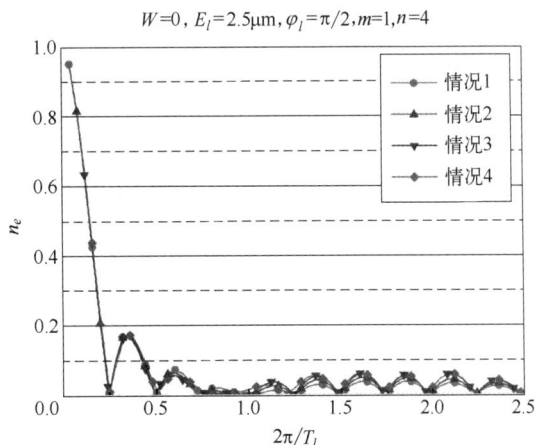

$$W=0, E_l=2.5\mu m, \varphi_l=\pi/2, m=1, n=4$$

图 7-6　不同情况的螺母螺距误差下均化系数 n_e 变化曲线

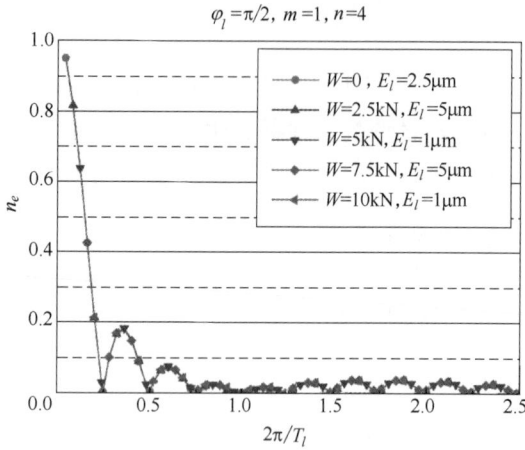

图 7-7　不同的外部载荷 W 和振幅 E_l 下均化系数 n_e 变化曲线

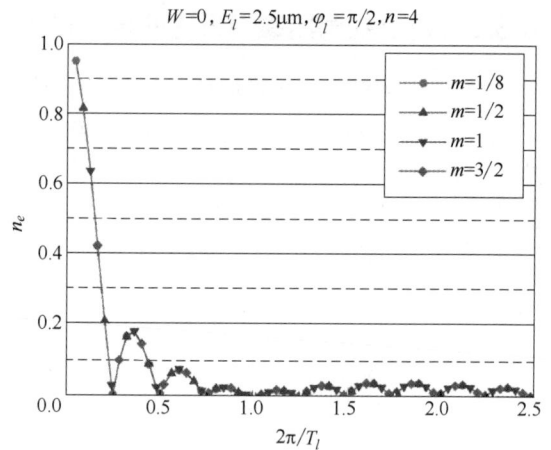

图 7-8　螺母螺纹每端用作封油的螺纹圈数 m 不同时均化系数 n_e 变化曲线

图 7-10 所示为螺母上开螺旋油腔的螺纹圈数 n 不同时，计算得的均化系数曲线。可见螺母上开螺旋油腔的螺纹圈数 n 是影响均化系数 n_e 的一个主要因素。如图 7-10（b）所示，当 $2\pi/T_l < 1/n$，即 $T_l > n$ 圈时，随着 T_l 逐步增大，均化系数 n_e 逐渐增大；当 $1/n \leqslant 2\pi/T_l \leqslant 2/n$，即 $(n/2)$ 圈 $\leqslant T_l \leqslant n$ 圈时，均化系数 n_e 呈现出第一个周期性波动，当 T_l 约等于 $3n/4$ 圈时，均化系数 n_e 达到第一个周期性波动的最大值，其最大值 $\leqslant 0.2$；当 $T_l < (n/2)$ 圈时，均化系数 n_e 小于 0.1；当 $2/n < 2\pi/T_l \leqslant 3/n$，即 $(n/3)$ 圈 $\leqslant T_l < (n/2)$ 圈时，均化系数 n_e 呈现出第二个周期性波动，当 T_l 约等于 $5n/12$ 圈时，均化系数 n_e 达到第二个周期性波动的最大值，其最大值 $\leqslant 0.1$。此外，对于图 7-10 中所有的曲线，当 $T_l = 1$ 圈时，均化系数 n_e 都接近 0，油膜对周期为 2π 的周期螺距误差具有很好的均化效果。

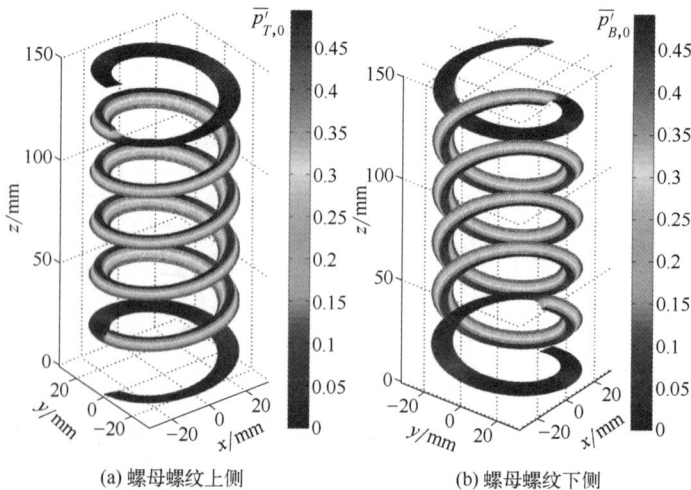

(a) 螺母螺纹上侧　　　　(b) 螺母螺纹下侧

图 7-9　螺母螺纹上、下侧油膜压力分布

$W=0$，$E_l=2.5\mu m$，$\varphi_l=\pi/2$，$T_l=2\pi$，$m=1$，$n=4$，$\theta_{ra}=0$

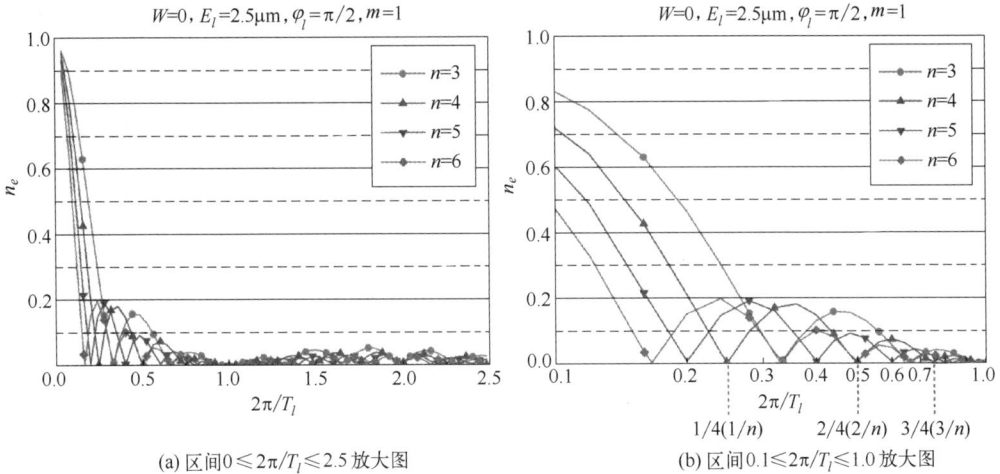

$W=0, E_l=2.5\mu m, \varphi_l=\pi/2, m=1$

(a) 区间 $0 \leqslant 2\pi/T_l \leqslant 2.5$ 放大图

$W=0, E_l=2.5\mu m, \varphi_l=\pi/2, m=1$

(b) 区间 $0.1 \leqslant 2\pi/T_l \leqslant 1.0$ 放大图

图 7-10　开有螺旋油腔的螺母螺纹圈数 n 不同时均化系数 n_e 变化曲线

7.4　静压螺母油腔结构形式对均化系数 n_e 的影响

7.4.1　静压螺母油腔结构形式

7.3 节所阐述的连续油腔结构，螺母螺纹两侧开螺旋油腔的起始位置（或终止位置）在同一螺母横截面上，使得螺母两端用于封油的螺纹圈数相等，这里称其为非轴向对称的连续油腔（A-CHR）。当然，连续螺旋油腔也可与断续螺旋油腔一样，使螺母螺纹两侧的连续螺

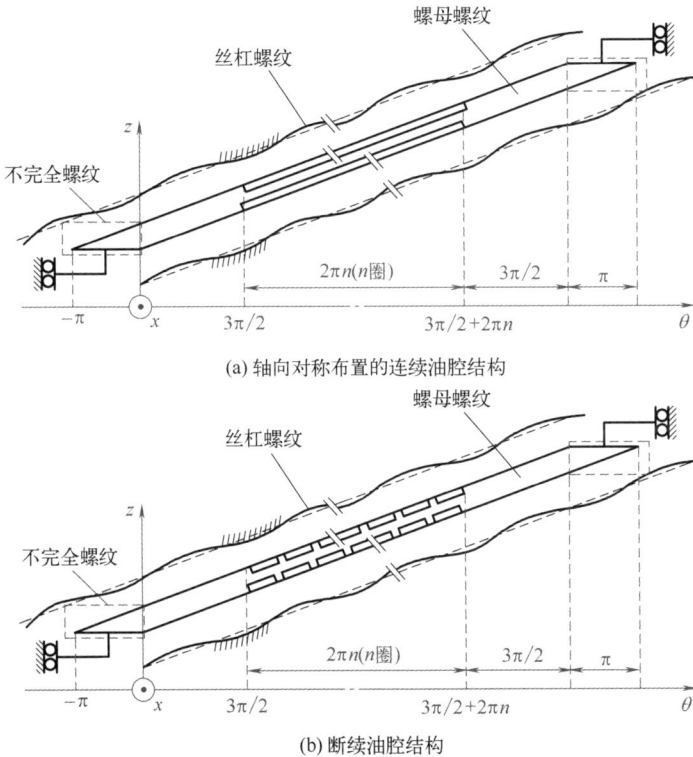

(a) 轴向对称布置的连续油腔结构

(b) 断续油腔结构

图 7-11　有效直径 D 处螺纹展开图

旋油腔成轴向对称布置，如图 7-11（a）所示，称其为轴向对称的连续油腔（S-CHR）。断续螺旋油腔结构中，一般每圈布置 3 对或 4 对对置的螺旋油腔，分别记为 3-DHR 和 4-DHR，如图 7-12（a）和（b）所示。同一轴向截面的同侧螺纹螺旋面上的多个螺旋油腔连接到同一个节流器出口，每圈布置 3 对、4 对对置螺旋油腔的结构分别需要毛细管节流器 6 个和 8 个。

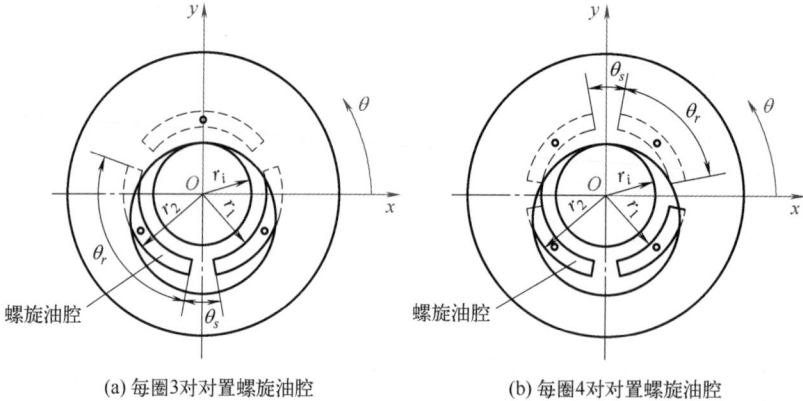

(a) 每圈3对对置螺旋油腔　　　　　　(b) 每圈4对对置螺旋油腔

图 7-12　断续油腔静压螺母轴向视图

7.4.2　不同油腔结构形式下的均化系数 n_e

图 7-13 和图 7-14 所示为不同油腔间封油面包角 θ_s 下，轴向对称布置连续油腔（S-CHR）、每圈 3 对对置油腔（3-DHR）、每圈 4 对对置油腔（4-DHR）三种静压螺母结构的均化系数 n_e 变化曲线。

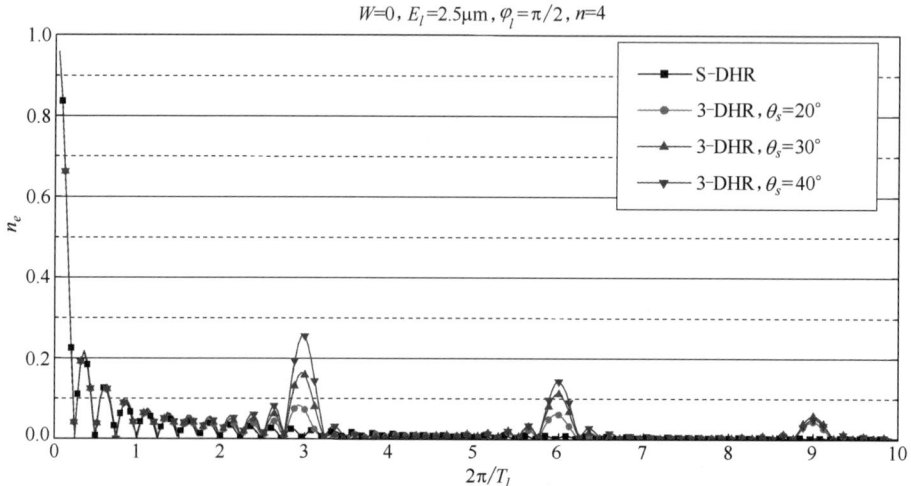

图 7-13　轴向对称连续油腔（S-CHR）、每圈 3 对对置油腔（3-DHR）下的均化系数 n_e 曲线

从图 7-13 和图 7-14 可以看出：①随着螺距误差空间频率的增大，对于 S-CHR 结构形式的静压螺母，均化系数 n_e 呈周期性减小；但是，对于 3-DHR 结构形式的静压螺母，在空间频率 $2\pi/T_l$ 为 3、6、9 时，均化系数 n_e 呈现凸起，对于 4-DHR 结构形式的静压螺母，在空间频率 $2\pi/T_l$ 为 4、8 时，均化系数 n_e 呈现凸起。这是由于当螺母螺纹上、下侧的油

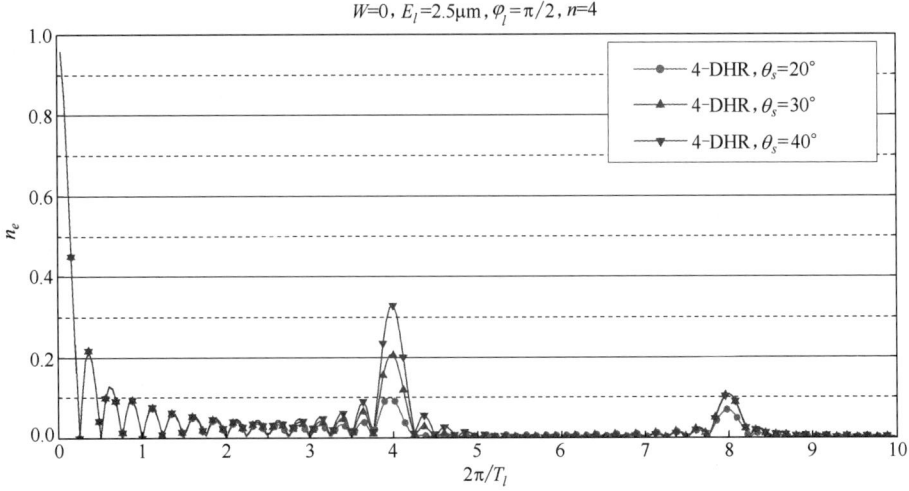

图 7-14　每圈 4 对对置油腔（4-DHR）下的均化系数 n_e 曲线

腔间封油面的轴向间隙差异达到最大时，具有这些空间频率的螺距误差导致螺母螺纹一侧的所有油腔间封油面轴向间隙增大，而另一侧的所有油腔间封油面轴向间隙减小。作为一个例子，图 7-15 所示为螺距误差空间频率 $2\pi/T_l$ 为 4 时，4-DHR 结构形式静压螺母的轴向间隙。螺母螺纹上、下侧轴向间隙的较大差异导致了螺母运动误差的增大。因此，在这些空间频率，均化系数 n_e 呈现凸起。随着油腔间封油面包角的增大，凸起逐渐增大，这是由于螺母螺

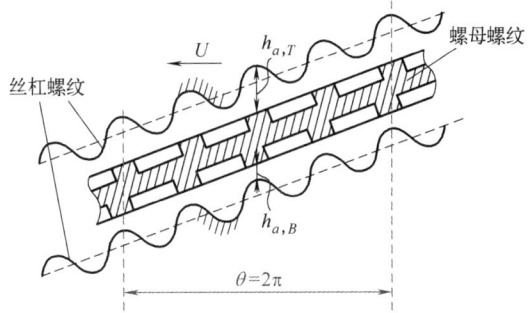

图 7-15　每圈 4 对对置油腔（4-DHR），$2\pi/T_l = 4$ 时，螺母螺纹上、下侧轴向间隙

纹上、下侧的油腔间封油面的轴向间隙差异进一步变大。② 除了凸起，对于不同的螺旋油腔布局和不同的油腔间封油面包角，均化系数 n_e 差异不大。

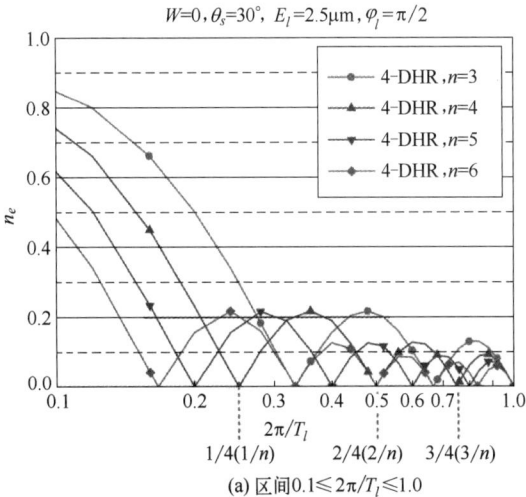

(a) 区间 $0.1 \leqslant 2\pi/T_l \leqslant 1.0$

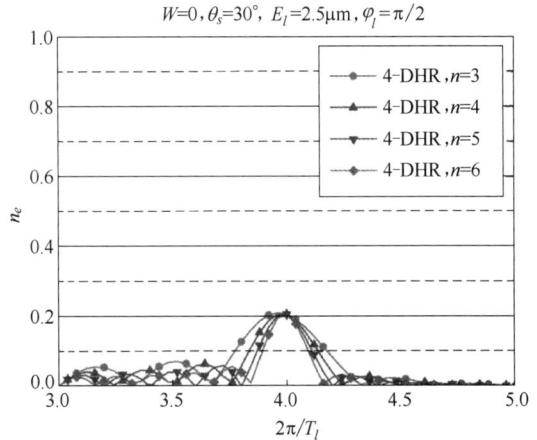

(b) 区间 $3.0 \leqslant 2\pi/T_l \leqslant 5.0$

图 7-16　开有螺旋油腔的螺母螺纹圈数 n 不同时，4-DHR 结构形式均化系数 n_e 变化曲线

图 7-16 所示为油腔间封油面包角 θ_s 为 30°，螺母上开螺旋油腔的螺纹数不同时，4-DHR 结构形式静压螺母的均化系数 n_e 变化曲线。图 7-16（a）中均化系数曲线的变化趋势与图 7-10（b）中 A-CHR 结构形式静压螺母的均化系数曲线类似：当 $1/n\leqslant2\pi/T_l\leqslant2/n$ 时，均化系数 n_e 呈现出第一个周期性波动；当 $2/n<2\pi/T_l\leqslant3/n$ 时，均化系数 n_e 呈现出第二个周期性波动。每个周期性波动的峰值略大于图 7-10（b）的情况。此外，需要指明，S-CHR 结构形式和 3-DHR 结构形式静压螺母的均化系数 n_e 在区间 $0.1\leqslant2\pi/T_l\leqslant1.0$ 的变化曲线与图 7-16（a）基本重合。随着空间频率 $2\pi/T_l$ 的进一步增大，除了凸起部分，均化系数变小，如图 7-13 和图 7-14 所示。从图 7-16（b）可以看出，对于不同的开螺旋油腔的螺纹数 n，凸起的大小和位置变化不大。

7.5 静压螺母径向位移和倾斜对均化系数 n_e 的影响

7.5.1 静压螺母径向位移和倾斜影响下的油膜厚度计算

静压螺母的径向位移和倾斜会导致油膜厚度的变化。为了直观描述螺母的空间姿态（包括轴向波动位移、径向位移和倾斜），这里将坐标系 o-xyz 移至螺母的中心，如图 7-17 所示。坐标原点 o 位于螺母中心，oz 轴沿轴向，ox 轴位于平分螺母螺纹展开图的平面内 [如图 7-17（b）所示]。

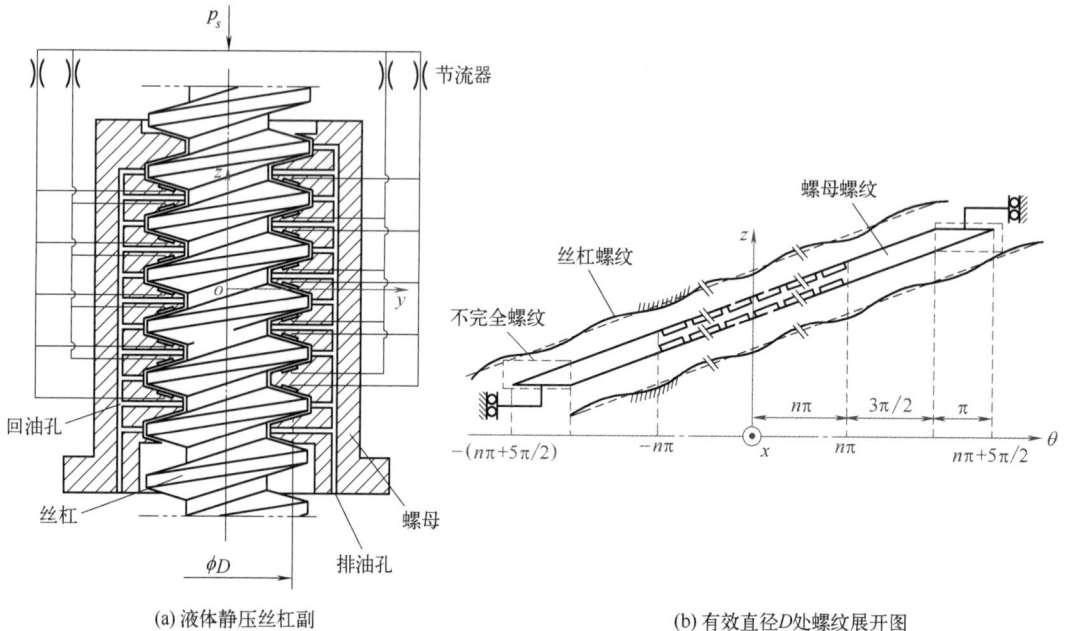

(a) 液体静压丝杠副　　　(b) 有效直径 D 处螺纹展开图

图 7-17　坐标系位置

为了计算考虑静压螺母径向位移和倾斜时的法向油膜厚度，这里引入向量运算。图 7-18 所示为几何关系和引入的向量。静压螺母的空间姿态可以由沿着轴向向量 $\boldsymbol{n}_z$ 的轴向波动位移 Δh，沿着方位角为 θ_r 的径向向量 $\boldsymbol{n}_r$ 的径向位移 Δr，以及沿着方位角为 θ_σ 的径向向量 $\boldsymbol{n}_\sigma$ 的倾斜角度 $\Delta\sigma$ 完整描述。螺母螺纹上侧螺旋面上任意一点的位置向量 $\boldsymbol{r}_T$ 可以表达为

$$\bm{r}_T = \left[\begin{matrix} r\cos\alpha & r\sin\alpha & r\tan\alpha + \dfrac{P}{2\pi}\theta + \dfrac{P}{4} - \dfrac{D}{2}\tan\alpha \end{matrix}\right]\bm{X}$$

$$(7\text{-}16)$$

式中，$\bm{X} = [\begin{matrix} i & j & k \end{matrix}]^{\mathrm{T}}$，$i$、$j$、$k$ 分别表示 x、y、z 轴的单位向量。该点的法向量 $\bm{n}_T$ 可以表达为

$$\bm{n}_T = \left[\begin{matrix} r\tan\alpha\cos\theta - \dfrac{P}{2\pi}\sin\theta & r\tan\alpha\sin\theta + \dfrac{P}{2\pi}\cos\theta & -r \end{matrix}\right]\bm{X}$$

$$(7\text{-}17)$$

轴向向量 $\bm{n}_z$ 与法向量 $\bm{n}_T$ 夹角的余弦为

$$\cos\varphi_{z,T} = \frac{\bm{n}_z \cdot \bm{n}_T}{|\bm{n}_z| \times |\bm{n}_T|} = \frac{-r}{\sqrt{\left(\dfrac{r}{\cos\alpha}\right)^2 + \left(\dfrac{P}{2\pi}\right)^2}}$$

$$(7\text{-}18)$$

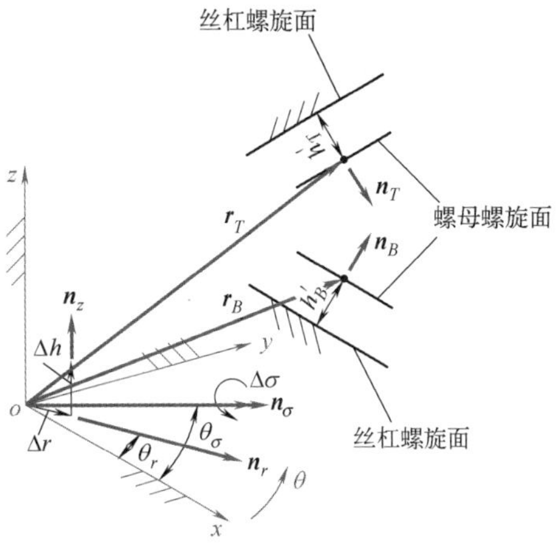

图 7-18　几何关系与引入的向量

径向位移向量 $\bm{n}_r$ 可写为

$$\bm{n}_r = \Delta r[\begin{matrix} \cos\theta_r & \sin\theta_r & 0 \end{matrix}]\bm{X} \tag{7-19}$$

径向位移向量 $\bm{n}_r$ 在法向量 $\bm{n}_T$ 上的投影为

$$\Delta h_{r,T} = \frac{\bm{n}_r \cdot \bm{n}_T}{|\bm{n}_T|} \tag{7-20}$$

由于螺母倾斜所导致的螺旋面上任意一点的位移向量 $\bm{n}'_\sigma$ 为

$$\bm{n}'_\sigma = \frac{\bm{n}_\sigma \times \bm{r}_T}{|\bm{n}_\sigma|}\Delta\sigma \tag{7-21}$$

式中，$\bm{n}_\sigma = [\begin{matrix} \cos\theta_\sigma & \sin\theta_\sigma & 0 \end{matrix}]\bm{X}$。位移向量 $\bm{n}'_\sigma$ 在法向量 $\bm{n}_T$ 上的投影为

$$\Delta h_{\sigma,T} = \frac{\bm{n}'_\sigma \cdot \bm{n}_T}{|\bm{n}_T|} \tag{7-22}$$

螺母螺纹上侧螺旋面的法向间隙可表达为

$$h'_T = [h_{a0} + f_{l,T}(\theta_{ra} + \theta)]|\cos\varphi_{z,T}| + \Delta h\cos\varphi_{z,T} + \Delta h_{r,T} + \Delta h_{\sigma,T} \tag{7-23}$$

引入无量纲参数 $\overline{h}'_T = h'_T/h_{a0}$，$\overline{\Delta r} = \Delta r/h_{a0}$ 和 $\overline{\Delta\sigma} = \Delta\sigma PN/(2h_{a0})$，无量纲形式为

$$\overline{h}'_T = [1 + \overline{f}_{l,T}(\theta_{ra} + \theta)]|\cos\varphi_{z,T}| + \overline{\Delta h}\cos\varphi_{z,T} + \overline{\Delta r}\Lambda_{r,T} + \overline{\Delta\sigma}\Lambda_{\sigma,T} \tag{7-24}$$

式中，

$$\Lambda_{r,T} = \frac{r\tan\alpha\cos(\theta - \theta_r) - \dfrac{P}{2\pi}\sin(\theta - \theta_r)}{\sqrt{\left(\dfrac{r}{\cos\alpha}\right)^2 + \left(\dfrac{P}{2\pi}\right)^2}}$$

$$\Lambda_{\sigma,T} = \frac{\left(r\tan\alpha + \dfrac{P}{2\pi}\theta + \dfrac{P}{4} - \dfrac{D}{2}\tan\alpha\right)\left[r\tan\alpha\sin(\theta_\sigma - \theta) - \dfrac{P}{2\pi}\cos(\theta_\sigma - \theta)\right] + r^2\sin(\theta_\sigma - \theta)}{\dfrac{PN}{2}\sqrt{\left(\dfrac{r}{\cos\alpha}\right)^2 + \left(\dfrac{P}{2\pi}\right)^2}}$$

类似地，可以得到螺母螺纹下侧螺旋面的无量纲法向间隙为

$$\overline{h}'_B = [1 - \overline{f}_{l,B}(\theta_{ra} + \theta)]\cos\varphi_{z,B} + \overline{\Delta h}\cos\varphi_{z,B} + \overline{\Delta r}\Lambda_{r,B} + \overline{\Delta\sigma}\Lambda_{\sigma,B} \tag{7-25}$$

式中，$\cos\varphi_{z,B}=\dfrac{r}{\sqrt{\left(\dfrac{r}{\cos\alpha}\right)^2+\left(\dfrac{P}{2\pi}\right)^2}}$，$\Lambda_{r,B}=\dfrac{r\tan\alpha\cos\left(\theta-\theta_r\right)+\dfrac{P}{2\pi}\sin\left(\theta-\theta_r\right)}{\sqrt{\left(\dfrac{r}{\cos\alpha}\right)^2+\left(\dfrac{P}{2\pi}\right)^2}}$，

$$\Lambda_{\sigma,B}=\frac{\left(-r\tan\alpha+\dfrac{P}{2\pi}\theta-\dfrac{P}{4}+\dfrac{D}{2}\tan\alpha\right)\left[r\tan\alpha\sin(\theta_\sigma-\theta)+\dfrac{P}{2\pi}\cos(\theta_\sigma-\theta)\right]-r^2\sin(\theta_\sigma-\theta)}{\dfrac{PN}{2}\sqrt{\left(\dfrac{r}{\cos\alpha}\right)^2+\left(\dfrac{P}{2\pi}\right)^2}}$$

7.5.2 不同径向位移和倾斜程度下的均化系数 n_e

随着丝杠的转动，假设静压螺母径向位移和倾斜的方位角不变（即 $\theta_r=0$，$\theta_\sigma=0$），径向位移和倾斜的大小保持不变或呈正弦函数形式变化，可表达为

$$\begin{cases}\Delta\bar{r}=\overline{E}_r\sin\left(\dfrac{2\pi}{T_r}\theta_{ra}+\varphi_r\right)\\[2mm]\Delta\bar{\sigma}=\overline{E}_\sigma\sin\left(\dfrac{2\pi}{T_\sigma}\theta_{ra}+\varphi_\sigma\right)\end{cases} \tag{7-26}$$

图 7-19 所示为具有 4-DHR 结构形式的静压螺母，在不同的径向位移和倾斜下均化系数 n_e 变化曲线。当 $T_r=T_\sigma=\infty$，$\varphi_r=\varphi_\sigma=\pi/2$ 时，$\Delta\bar{r}=\overline{E}_r$，$\Delta\bar{\sigma}=\overline{E}_\sigma$（径向位移和倾斜保持不变）；当 $T_r=T_\sigma=T_l$，$\varphi_r=\varphi_\sigma=\pi/2$ 时，$\Delta\bar{r}$ 和 $\Delta\bar{\sigma}$ 与螺距误差具有相同的波动周期。如图 7-19 所示，静压螺母径向位移和倾斜对均化系数 n_e 的影响不大。

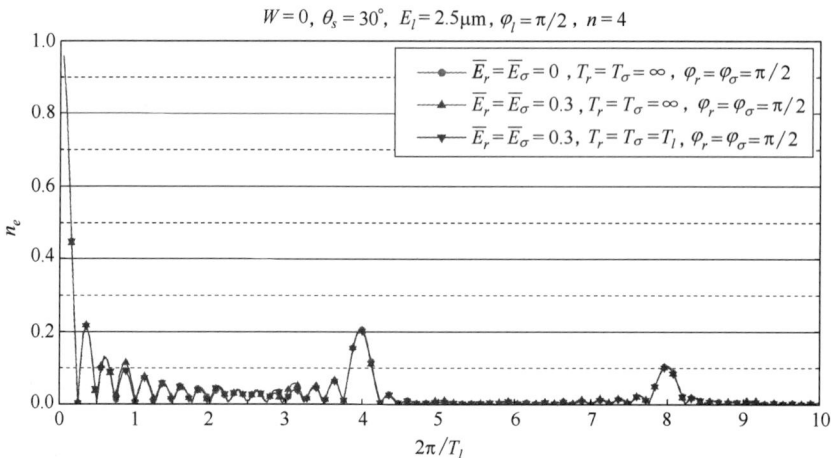

图 7-19　每圈 4 对对置油腔（4-DHR），考虑螺母径向位移和倾斜时均化系数 n_e 变化曲线

7.6　静压轴承的误差均化作用

静压径向轴承因其误差均化效应而具有卓越的运动精度，且常在精密应用中处于不同速度和外部载荷下工作。本节内容介绍静压径向轴承的误差均化效应，并考虑了轴旋转速度和外部载荷的影响。基于时分法建立了一个新的数学模型，其中轴的旋转运动被划分为多个时间间隔，详细分析了静压径向轴承的均化系数。结果表明，均化系数受旋转速度、外部载荷和圆度误差的综合影响。最后，为静压径向轴承的精度设计提供了一些有益的指导。

7.6.1　概述

静压径向轴承因其高运动精度、低摩擦和长寿命等优点，被广泛应用于精密领域。轴的圆度误差是影响静压径向运动误差的主要因素。通过预测径向运动误差，可以为静压径向轴承的精度设计提供指导。诸多研究表明，由于流体动压的误差均化效应，径向运动误差可能小于圆度误差。Kane 等[123] 通过实验测量了静压轴承的径向运动误差。他们发现，在研磨精度仅为 $2.5\mu m$ 的情况下，径向运动误差可达 $0.05\mu m$，即运动精度因误差均化效应提高了 50 倍。Aleyaasin 等[335] 通过粗调静压油膜的刚度，细调其阻尼，将轴的运动精度在精度为 $35\mu m$ 的部件上提高到 $3\mu m$。Cappa 等[336] 提出了一种数值气膜模型，用于分析各种几何误差对气浮轴颈轴承运动精度的影响。他们发现，采用更多的供气孔可以提高径向运动精度。Jang 和 Jeong[337] 基于赫兹接触理论和龙格-库塔-费尔伯格方法，研究了轴承的波纹误差对轴振动的影响。Zhang 等[332] 研究了制造和装配误差对静压推力轴承中轴的运动误差的影响，并验证了两个盘的倾斜误差是降低运动精度的主要因素。Zhang 等[331] 提出了一种近似计算方法，用于预测静压径向轴承的运动误差。经验证，六个油腔的结构比四个油腔的结构具有更高的运动精度。Cui 等[338] 采用计算流体动力学和动态网格方法研究了气浮主轴在不同制造误差下的运转精度。然而，该方法需要大量的运行时间。

一些研究者亦对静压导轨中的误差均化效应进行了研究，静压导轨与静压轴承同属于静压支承领域。Shamoto 等[182] 通过建立静压导轨的传递函数，计算了工作台的运动误差，并提出一种重加工导轨以提高运动精度的方法。Ekinci 等[186] 根据因果关系原理进行了机床误差分析，并分析了气浮导轨的运动误差，其误差取决于气浮接头的刚度。Xue 等[187] 通过平均油膜厚度，建立了一个近似模型来分析静压导轨的运动误差。Zha 等[188] 研究了不同油垫间距下静压导轨的运动直线度，并根据运动直线度与几何误差之间的关系进行了精度设计。Qi 等[190] 基于三维轮廓误差研究了静压导轨的运动误差，他们发现宽度方向的轮廓误差也会影响静压导轨的运动误差。Zhang 等[339] 提出了一种将静压丝杠作为特殊的静压导轨来研究静压丝杠中误差均化效应的方法。Zhang 等[340] 建立了一个基于等效油膜厚度的近似模型，用于研究同时考虑工作台和导轨制造误差的静压导轨的运动精度，他们发现导轨的制造误差是影响运动精度的主要因素。He 等[341] 提出了一种分层计算方法来获得工作台的运动误差，其中运动误差被分为四层，相邻两层相互连接。Khim 等[184] 通过建立气浮导轨的传递函数，研究了气浮导轨在 5 个自由度上的运动误差，并通过混合顺序双探针法进行了实验，验证了理论模型。Khim 等[342] 采用逆向推理方法，从测量的运动误差中获得导轨的几何误差，并对导轨进行了重加工以提高运动精度，其中直线运动精度提高了 $1\mu m$，角度运动精度提高了 $1\sim2$ 弧秒。Tang 等[343] 根据实际制造工艺对导轨表面进行了全面的几何误差分析，并基于导轨表面的拟合表达式计算了工作台的运动误差。综上所述，上述报告中的数学模型均依赖于静态平衡，即轴或工作台以极低的速度移动。

针对高速工况，Wang 等[192] 提出了一种同时求解流体动压润滑雷诺方程和工作台运动方程的方法，以分析工作台速度对静压导轨运动误差的影响。Zha 等[193] 建立了一个跳动误差模型，用于数值计算高速工况下静压止推轴承的轴向跳动误差。Kirk 和 Gunter[344] 分析了动压滑动轴承中轴在不平衡载荷、稳态载荷和周期性载荷下的瞬态轨迹。鲜有文献报道考虑轴的转速和外部载荷影响的静压滑动轴承的误差均化效应。然而，在精密应用中，静压滑动轴承通常在不同的速度下运行并承受不同的外部载荷。因此，本书建立了一个新的数学模型，其中考虑了速度效应和载荷效应，以便更真实地预测静压滑动轴承的误差均化效应。静压滑动轴承中轴的旋转运动被划分为一个时间序列。在每个时间步长，使用有限差分技术求解时间瞬态雷诺方程，并通过欧拉方法处理轴的运动方程。然后，获得轴的瞬态轨迹，并研究轴在不同转速和外部载荷下的运动误差，详细分析误差均化效应，这为静压滑动轴承的精度设计提供了有益的指导。

7.6.2 静压轴承的误差均化作用数学模型

7.6.2.1 静压径向轴承和油膜厚度

图 7-20（a）展示了一种典型的毛细管补偿四油腔静压径向轴承。四个油腔分别标记为 1、2、3 和 4。红色曲线代表轴存在圆度误差时的轮廓，黑色圆圈代表轴无圆度误差时的轮廓。图 7-20（b）展示了轴承表面沿圆周方向的展开图，O 表示角度坐标。轴的运动精度主要受轴的圆度误差影响。因此本节内容仅考虑轴的圆度误差，忽略轴承的圆度误差，并将轴承内表面视为理想圆。当对以转速 ω 旋转的轴施加外部载荷 W 时，轴心将偏离轴承中心。误差均化效应将随外部载荷 W 的变化而变化。

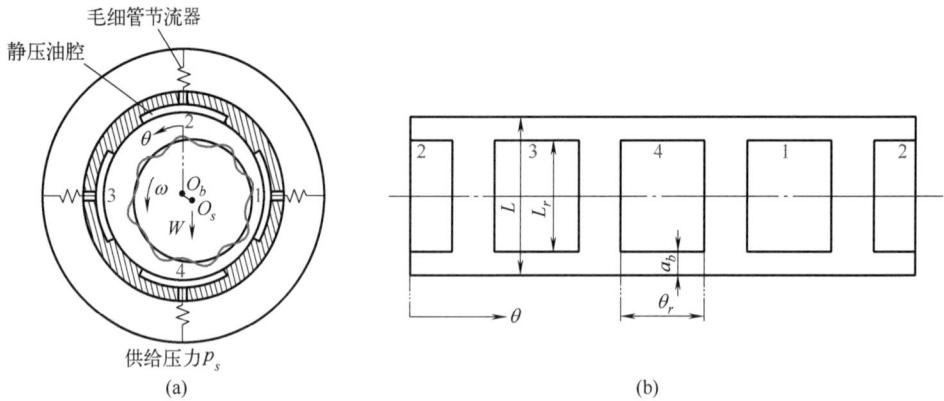

图 7-20　(a) 毛细管补偿四油腔静压径向轴承与 (b) 轴承表面展开图

图 7-21 展示了油膜厚度的计算示意图。轴的圆度误差是具有不同振幅、频率和相位的各种谐波的叠加，可以用傅里叶级数表示。根据几何关系，任意点 A 的油膜厚度可以通过以下公式计算：

$$h = c + x_s\cos\theta + y_s\sin\theta - \sum_{n=1}^{\infty} E_n\cos[n(\theta - \omega t) + \varphi_n]$$

$$(7\text{-}27)$$

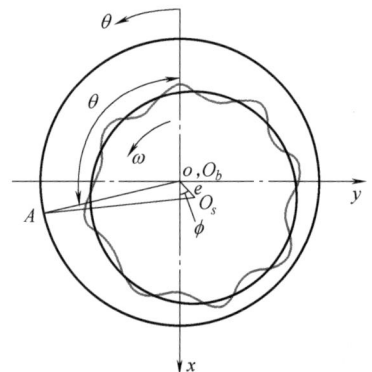

图 7-21　流体薄膜厚度计算示意图

式中　c——径向间隙；

$\qquad O_s$——轴心的坐标；

$\qquad e$——偏心距；

$\qquad \varphi$——姿态角；

E_n，φ_n——傅里叶级数第 n 项的幅值和相位；

$\qquad n$——轴外圆柱面上一个圆周上的圆度误差的波数。

当轴仅具有傅里叶级数的特定频率时，油膜厚度为：

$$h=c+x_s\cos\theta+y_s\sin\theta-E\cos[n(\theta-\omega t)+\varphi] \tag{7-28}$$

代入无量纲参数 $\bar{h}=h/c$，$\varepsilon=e/c$，$\bar{x}_s=\varepsilon\cos\phi$，$\bar{y}_s=\varepsilon\sin\phi$，$\bar{E}=E/c$ 后，无量纲油膜厚度为：

$$\bar{h}=1+\bar{x}_s\cos\theta+\bar{y}_s\sin\theta-\bar{E}\cos[n(\theta-\omega t)+\varphi] \tag{7-29}$$

7.6.2.2　雷诺方程

轴颈与轴承间隙内静压油膜的雷诺方程可表述为：

$$\frac{1}{r^2}\times\frac{\partial}{\partial\theta}\left(h^3\frac{\partial p}{\partial\theta}\right)+\frac{\partial}{\partial z}\left(h^3\frac{\partial p}{\partial z}\right)=6\eta\omega\frac{\partial h}{\partial\theta}+12\eta\frac{\partial h}{\partial t} \tag{7-30}$$

式中　p——静压油膜压力；

　　　　r——轴半径；

　　　　z——轴向坐标；

　　　　t——时间；

　　　　η——润滑剂的动力黏度，它是润滑剂温度 T 的函数，即 $\eta(T)$。

$$\eta=\eta_0\mathrm{e}^{-\beta(T-T_0)} \tag{7-31}$$

式中，η_0 为润滑剂温度 T_0 下的动力黏度；β 为黏度-温度指数。

设油泵输入功率与摩擦功率悉数转化为热能，并被润滑剂吸收带走，则润滑剂的温升可表述为：

$$\Delta T=T-T_0=\frac{P_p+P_f}{c_h\rho Q_s} \tag{7-32}$$

式中　c_h——润滑油的比热容；

　　　　ρ——润滑油的密度；

　　　　Q_s——总流量；

　　　　P_p——油泵的输入功率；

　　　　P_f——摩擦功率。

$$\begin{cases}P_p=p_sQ_s\\P_f=F_fv\end{cases} \tag{7-33}$$

式中　p_s——供给压力；

　　　　F_f——摩擦力；

　　　　v——轴外圆柱体上的速度（$v=r\omega$）。

将无量纲参数 $\bar{p}=p/p_s$，$\bar{z}=z/L$，$\Lambda=6\eta\omega r^2/(p_sc^2)$，$\tau=\omega t$ 代入式（7-30），则无量纲雷诺方程可以写成：

$$\frac{\partial}{\partial\theta}\left(\bar{h}^3\frac{\partial\bar{p}}{\partial\theta}\right)+\left(\frac{r}{L}\right)^2\frac{\partial}{\partial\bar{z}}\left(\bar{h}^3\frac{\partial\bar{p}}{\partial\bar{z}}\right)=\Lambda\frac{\partial\bar{h}}{\partial\theta}+2\Lambda\frac{\partial\bar{h}}{\partial\tau} \tag{7-34}$$

7.6.2.3　流量连续性方程

流量连续性方程为：

$$Q_{ck}=Q_{ink}+\dot{V}_k+\frac{V_k}{E_l}\times\frac{\partial p_{rk}}{\partial t},\ k=1,2,3,4 \tag{7-35}$$

式中　Q_{ck}——流出第 k 个毛细管节流器的润滑剂；

　　　Q_{ink}——进入第 k 个油腔的润滑剂；

　　　p_{rk}——第 k 个油腔中的压力；

　　　V_k——第 k 个油腔 V_{rk} 和第 k 个连接通道 V_{ck} 的体积之和。

连接通道是指连接节流器和油腔的流体通道，则这些参数代入式（7-35），流量连续性方程可以写成：

$$\begin{cases} Q_{ck}=\dfrac{\pi d_c^4(p_s-p_{rk})}{128\eta l_c} \\[3mm] Q_{ink}=\displaystyle\int_{\Gamma_1}\left(\dfrac{h_k^3}{12\eta r}\times\dfrac{\partial p_k}{\partial\theta}-\dfrac{r\omega h_k}{2}\right)\mathrm{d}z+\int_{\Gamma_2}\left(-\dfrac{h_k^3}{12\eta r}\times\dfrac{\partial p_k}{\partial\theta}+\dfrac{r\omega h_k}{2}\right)\mathrm{d}z \\[3mm] \quad +\displaystyle\int_{\Gamma_3}\left(\dfrac{h_k^3}{12\eta}\times\dfrac{\partial p_k}{\partial z}\right)r\mathrm{d}\theta+\int_{\Gamma_4}\left(-\dfrac{h_k^3}{12\eta}\times\dfrac{\partial p_k}{\partial z}\right)r\mathrm{d}\theta \\[3mm] \dot{V}_k=\dot{V}_{rk}+\dot{V}_{ck}=\displaystyle\iint_{\text{Recess}}\dfrac{\partial h_k}{\partial t}r\mathrm{d}\theta\mathrm{d}z+\dfrac{V_{ck}}{E_c}\times\dfrac{\partial p_{rk}}{\partial t} \end{cases} \tag{7-36}$$

式中　l_c——毛细管节流器的长度；

　　　d_c——毛细管节流器的直径；

　　　E_c——连接通道的体模量。

因为在轴承内制造的连接通道是刚性的（$E_c=\infty$），所以 $(V_{ck}/E_c)(\partial p_{rk}/\partial t)\dot{V}_k$ 在表达式中的最后一项等于零。代入无量纲参数 $\overline{Q}_{ck}=(12\eta/(p_s c^3))Q_{ck}$，$\overline{Q}_{ink}=(12\eta/(p_s c^3))Q_{ink}$，$\overline{C}_{sr}=3\pi d_c^4/(32c^3 l_c)$，$\overline{p}_{rk}=p_{rk}/p_s$，$\dot{\overline{V}}_k=\dot{V}_k/(crwL)$，则式（7-36）的无量纲形式可以表示为：

$$\begin{cases} \overline{Q}_{ck}=\overline{C}_{sr}(1-\overline{p}_{rk}) \\[3mm] \overline{Q}_{ink}=\dfrac{B}{L_e/4}\displaystyle\int_{\Gamma_1}\left(\overline{h}_k^3\dfrac{\partial\overline{p}_k}{\partial\overline{x}_{nk}}+\Delta\overline{h}_k\right)\mathrm{d}\overline{y}_{nk} \\[3mm] \quad +\dfrac{B}{L_e/4}\displaystyle\int_{\Gamma_2}\left(-\overline{h}_k^3\dfrac{\partial\overline{p}_k}{\partial\overline{x}_{nk}}-\Delta\overline{h}_k\right)\mathrm{d}\overline{y}_{nk} \\[3mm] \quad +\dfrac{L_e/4}{B}\displaystyle\int_{\Gamma_3}\left(\overline{h}_k^3\dfrac{\partial\overline{p}_k}{\partial\overline{y}_{nk}}\right)\mathrm{d}\overline{x}_{nk}+\dfrac{L_e/4}{B}\displaystyle\int_{\Gamma_4}\left(-\overline{h}_k^3\dfrac{\partial\overline{p}_k}{\partial\overline{y}_{nk}}\right)\mathrm{d}\overline{x}_{nk} \\[3mm] \dot{\overline{V}}_k=\displaystyle\iint_{\text{Recess}}\dfrac{\partial\overline{h}_k}{\partial\tau}\mathrm{d}\overline{x}_{nk}\mathrm{d}\overline{y}_{nk} \end{cases} \tag{7-37}$$

流量连续性方程的无量纲形式可以表示为

$$\overline{Q}_{ck}=\overline{Q}_{ink}+\frac{2\Lambda L}{r}\dot{\overline{V}}_k+\Lambda_2\frac{\partial\overline{p}_{rk}}{\partial\tau},\quad k=1,2,3,4 \tag{7-38}$$

$$\Lambda_2=12\eta\omega V_k/(c^3 E_l)$$

7.6.2.4　边界条件

① 轴承端面上节点的压力为零。

② 油腔中的节点具有相等的压力。

③ 在油腔的边界上满足等式（7-38）。

④ 在空化区域上满足雷诺数边界 $p=\partial p/\partial\theta=0$ 条件。

7.6.2.5　静压油膜力

静压油膜力在 x 和 y 方向上的无量纲形式为

$$\begin{cases} \overline{F}_x = \dfrac{F_x}{p_sLr} = \int_0^1\int_0^{\overline{L}}\overline{p}\cos\theta\,\mathrm{d}\theta\,\mathrm{d}\overline{z} \\[3mm] \overline{F}_y = \dfrac{F_y}{p_sLr} = \int_0^1\int_0^{\overline{L}}\overline{p}\sin\theta\,\mathrm{d}\theta\,\mathrm{d}\overline{z} \end{cases} \tag{7-39}$$

摩擦力的无量纲形式是

$$\overline{F}_f = \frac{h_0}{\eta_0 Lrv}F_f = \int_0^1\int_0^{\overline{L}}\frac{1}{h}\mathrm{d}\theta\,\mathrm{d}\overline{z} \tag{7-40}$$

7.6.2.6　轴的运动方程和欧拉方程

轴的运动方程表示为

$$\begin{cases} M\ddot{x}_s = F_x(\omega t)+W_x+Mg \\ M\ddot{y}_s = F_y(\omega t)+W_y \end{cases} \tag{7-41}$$

式中　M——轴的质量；

$\ddot{x}_s$，$\ddot{y}_s$——轴的加速度；

W_x，W_y——施加在轴上的外部载荷。

通过无量纲参数 $Mc\omega^2$，$\overline{\ddot{x}}_s=\ddot{x}_s/(c\omega^2)$，$\overline{\ddot{y}}_s=\ddot{y}_s/(c\omega^2)$，$\Lambda_3=p_sLr/(Mc\omega^2)$，$\Lambda_4=g/(c\omega^2)$，$\overline{W}_x=W_x/(p_sLr)$，$\overline{W}_y=W_y/(p_sLr)$，可得无量纲运动方程为：

$$\begin{cases} \overline{\ddot{x}}_s = \Lambda_3(\overline{F}_x(\tau)+\overline{W}_x)+\Lambda_4 \\[2mm] \overline{\ddot{y}}_s = \Lambda_3(\overline{F}_x(\tau)+\overline{W}_y) \end{cases} \tag{7-42}$$

不失一般性，假设外部载荷竖直向下，即 $\overline{W}_x=\overline{W}$，$\overline{W}_y=0$。

常数时间间隔 $\Delta\tau$ 下的欧拉方程可以写为：

$$\begin{cases} \overline{\dot{x}}_s(\tau+\Delta\tau)=\overline{\dot{x}}_s(\tau)+\overline{\ddot{x}}_s(\tau)\Delta\tau \\[2mm] \overline{x}_s(\tau+\Delta\tau)=\overline{x}_s(\tau)+\overline{\dot{x}}_s(\tau+\Delta\tau)\Delta\tau \end{cases} \tag{7-43}$$

$$\begin{cases} \overline{\dot{y}}_s(\tau+\Delta\tau)=\overline{\dot{y}}_s(\tau)+\overline{\ddot{y}}_s(\tau)\Delta\tau \\[2mm] \overline{y}_s(\tau+\Delta\tau)=\overline{y}_s(\tau)+\overline{\dot{y}}_s(\tau+\Delta\tau)\Delta\tau \end{cases} \tag{7-44}$$

7.6.2.7　均化系数

为了定量测量误差均化效应并考虑轴的径向运动具有方向性，均化系数 δ_x 和 δ_y 定义为轴的运动轨迹的振幅 E_x（x 方向）和 E_y（y 方向）与圆度误差 E 的振幅的比值，即 $\delta_x=E_x/E$ 和 $\delta_y=E_y/E$。均化系数越小，轴的径向运动误差越小，运动精度越高。

7.6.2.8　求解方案

在考虑速度效应的条件下，应求解轴的瞬态轨迹，得到径向运动误差。轴的旋转运动被分为多个时间间隔。用有限差分法求解时瞬态雷诺方程和流量连续性方程，用欧拉法处理轴的运动方程。在得到轴的瞬态轨迹后，可以计算出均化系数 δ_x 和 δ_y。瞬态轨迹和均化系数的详细求解过程如图 7-22 所示，其中设置 12π 的无量纲计算时间，获得每种情况的瞬态运动轨迹。采用有限差分技术将静压油膜分为径向 100 个网格和周向 180 个网格。

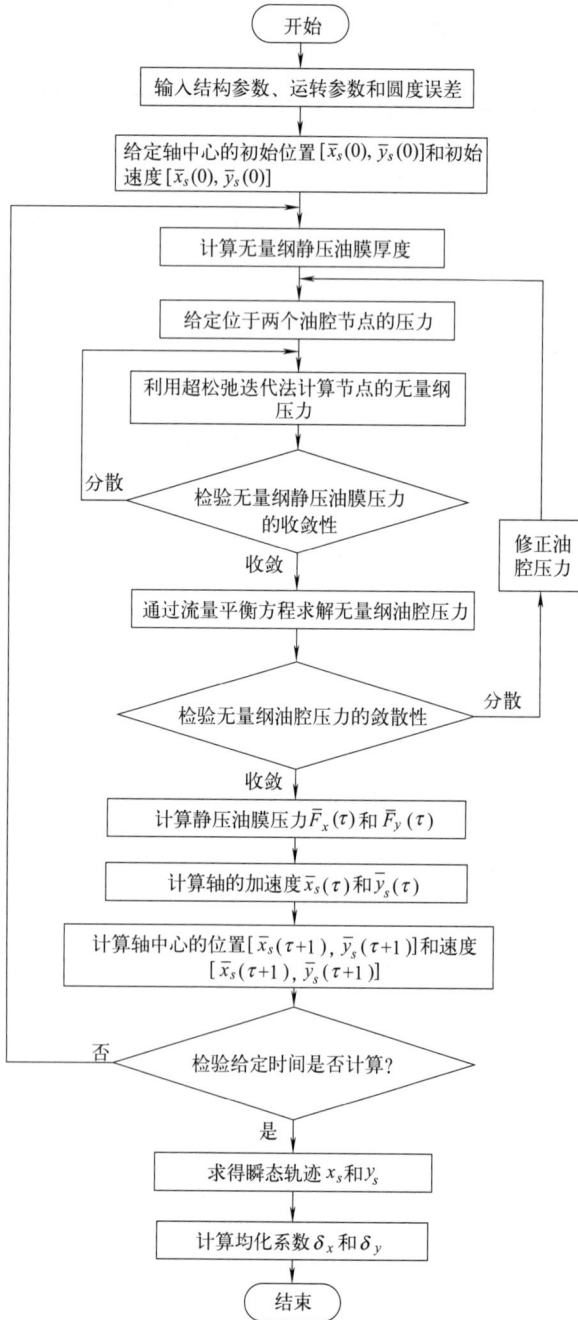

图 7-22 瞬态轨迹和均化系数的求解过程

7.6.3　在不同转速和外部荷载条件下的均化系数

图 7-23 和图 7-24 分别表示在不同转速 ω 和外部负载 W 下，均化系数 δ_x 和 δ_y 随波数 n 的变化。本节选择中心点 O_s 来评估径向运动误差，因为轴的圆度误差是在中心点 O_s 下给出的。当波数 n 等于 1 时，图 7-25（a）所示的旋转中心 O_s 下的均化系数 δ_x 和 δ_y 等于 1，即径向运动误差的振幅等于轴的谐波误差，而旋转中心 O_s' 下的均化系数 δ_x 和 δ_y 等于 0，即轴没有径向运动误差，因为圆度误差的谐波分量重构了一个圆（在这种情况下轴没有圆度误差）。为了得到均匀的表达式，平均了图中的系数。图 7-23 和图 7-24 是基于 O_s 的旋转中心给出的，用于评估径向运动误差。可以看出：

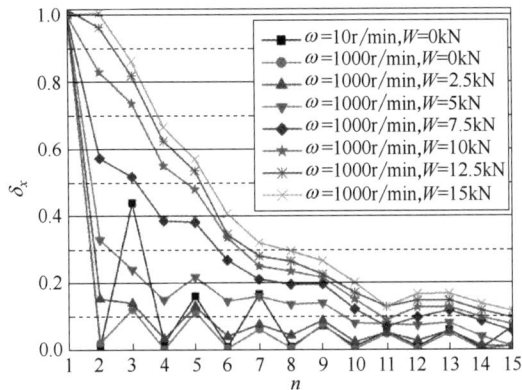

(a) $\omega=1000$r/min

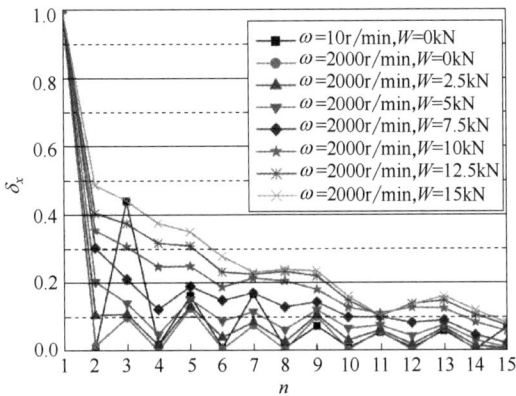

(b) $\omega=2000$r/min

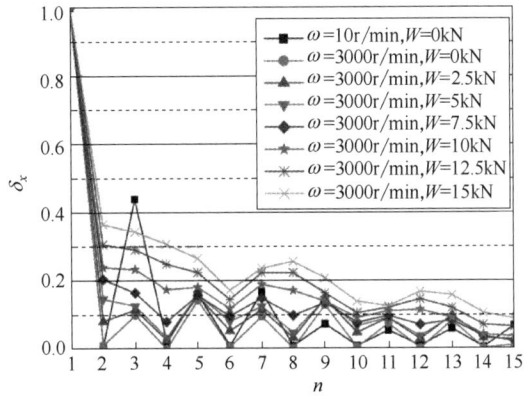

(c) $\omega=3000$r/min

图 7-23　在不同转速 ω 和外部负载 W 下的均化系数 δ_x

① 当转速 ω 等于 10r/min，外部载荷 W 等于 0kN（黑线）时，在波数 n 为 2、4、6、8、10……下，均化系数 δ_x 和 δ_y 均等于零（等于偶数）。这是因为轴有偶数个波动，与一个有四个油腔的轴承组装，这导致薄膜厚度在相反的位置有相同的变化。以图 7-25（b）为例，表示波数 n 为 2 的情况。静压油膜力的变化可以偏移，轴没有径向运动误差。均化系数 δ_x、δ_y 在波数 n 为 1、3、5、7、9 时不是零（等于奇数）。在这种情况下，均化系数 δ_x 和 δ_y 在整体上随着波数 n 的增加而呈减小趋势。在波数 n 为 3 时，均化系数 δ_x 和 δ_y 的值较大，分别为 0.44 和 0.42。图 7-25（c）显示了波数 n 等于 3 的情况。当波数 n 大于 9 时，均化系数 δ_x 和 δ_y 均小于 0.1，即径向运动误差小于 0.1。

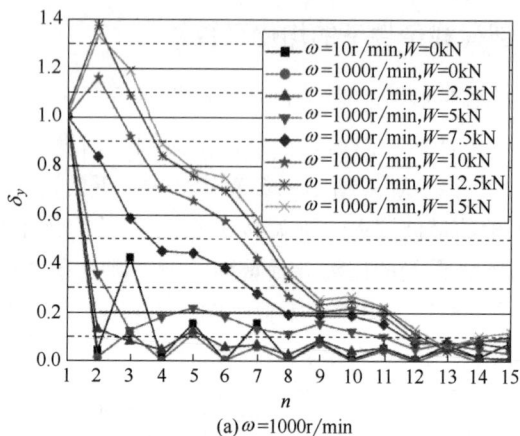

(a) $\omega=1000$r/min

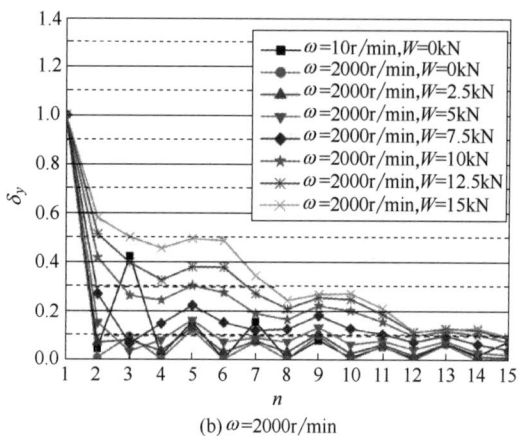

(b) $\omega=2000$r/min

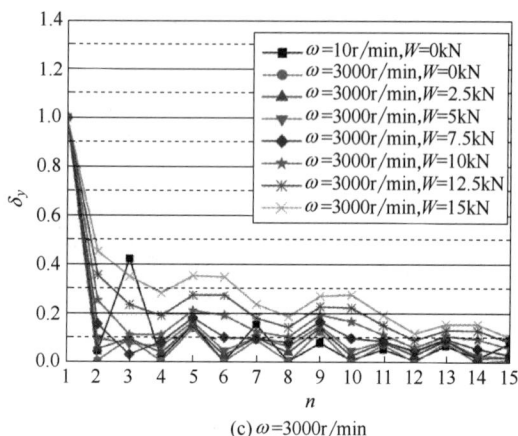

(c) $\omega=3000$r/min

图 7-24 在不同转速 ω 和外部负载 W 下的均化系数 δ_y

② 如图 7-23（a）和图 7-24（a）所示，随着转速 ω 从 0 增加到 1000r/min（红线），均化系数 δ_x 和 δ_y 明显下降，尤其是对于波数 $n=3$ 的情况（δ_x 从 0.44 下降到 0.12，δ_y 从 0.42 下降到 0.12）。当转速 ω 保持不变时，均化系数 δ_x 和 δ_y 随着外部负载 W 从 0 增加到 2.5kN 和 5kN 而逐渐增加。这是因为随着外载荷 W 的增加，轴的偏心率逐渐增大，导致动压效应增强，使误差均化效应恶化。同时，在波数 n 为 2、4、6、8、10⋯⋯时，均化系数 δ_x 和 δ_y 不等于 0（等于偶数）。随着外部荷载 W 从 5kN 进一步增加到 7.5kN、10kN、12.5kN 和 15kN，误差均化效应显著恶化，特别是在波数 n 小于 7 的情况下。在波数 n 为 2 和 3 下，均化系数 δ_y 甚至大于 1。在这种情况下，静压油膜不仅没有误差均化效应，而且增大了径向运动误差。

③ 如图 7-23（b）、（c）和图 7-24（b）、（c）所示，当外部负载 W 保持不变时，均化系数 δ_x 和 δ_y 随着转速 ω 从 1000r/min 增加到 2000r/min 和 3000r/min，均化系数 δ_x 和 δ_y 明显下降。例如，在波数 n 为 2 和外部载荷 W 为 10kN 下，相对于 1000r/min 的转速 ω，2000r/min 的转速 ω 的均化系数 δ_x 降低 0.48（57.30%），3000r/min 的转速 ω 的均化系数 δ_x 降低 0.59（71.23%），2000r/min 的转速 ω 的均化系数 δ_y 降低 0.74（63.87%），3000r/min 的转速 ω 的均化系数 δ_y 降低 0.90（77.94%）。这是因为随着转速 ω 的进一步增加，动压效应进一步增强，偏心率变小，降低了对静压油膜厚度变化的敏感性，降低了均化系数 δ_x 和 δ_y。

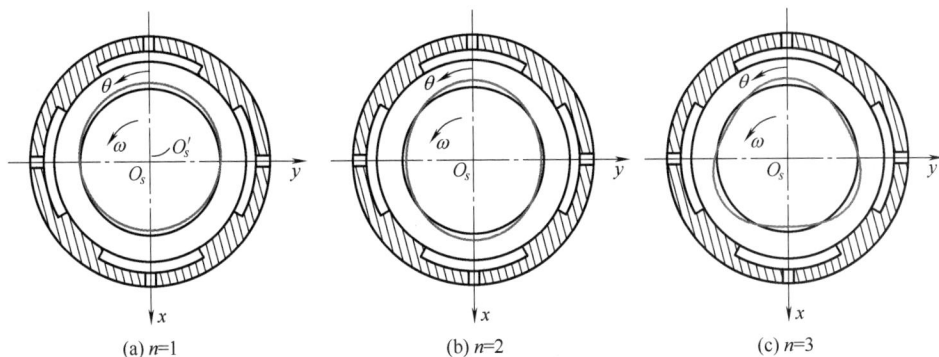

(a) $n=1$　　　　　　　(b) $n=2$　　　　　　　(c) $n=3$

图 7-25　在不同波数 n 下的轴的圆度误差

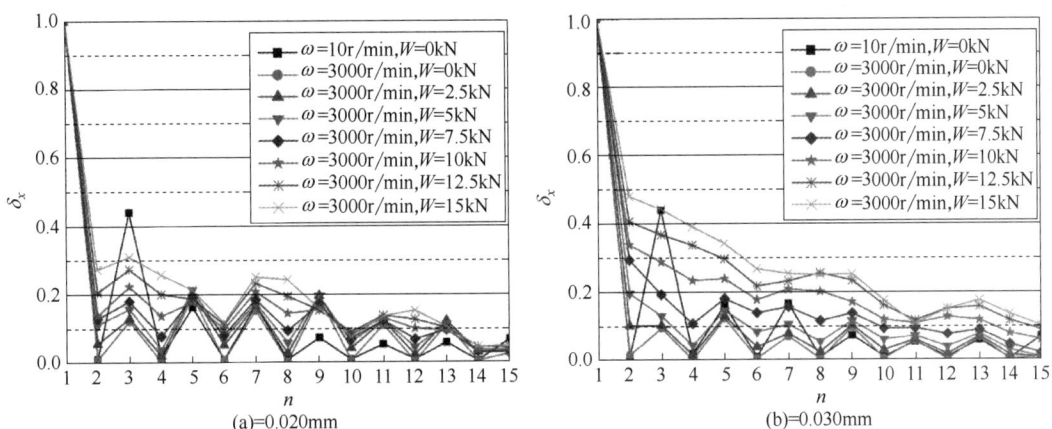

(a)=0.020mm　　　　　　　　　　　(b)=0.030mm

图 7-26　在不同半径间隙 c 和外部负载 W 下的均化系数 δ_x

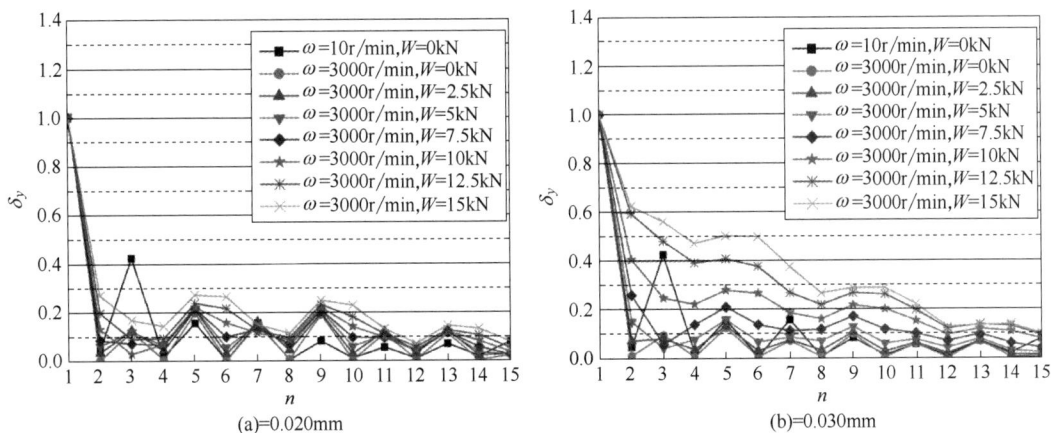

(a)=0.020mm　　　　　　　　　　　(b)=0.030mm

图 7-27　在不同半径间隙 c 和外部负载 W 下的均化系数 δ_y

通过对图 7-23 (c)、图 7-26 (a) 和图 7-26 (b) 进行比较,可以发现随着半径间隙 c 的增大,均化系数 δ_x 逐渐增大。例如,在波数 n 为 10kN 下,相对于半径间隙 c 为 0.020mm 的情况,半径间隙 c 为 0.025mm 的均化系数 δ_x 增加 0.1 (73.37%),半径间隙 c 为 0.030mm 的均化系数 δ_x 增加 0.2 (145.13%)。通过对图 7-26、图 7-27 中的结果进行比较,

发现均化系数 δ_y 与均化系数 δ_x 有相同的趋势。

均化系数的变化趋势可以进一步解释为轴的瞬态轨迹的变化，这也反映了轴的运动精度。

7.6.4 轴的瞬态轨迹

图 7-28 和图 7-29 分别显示了在不同转速 ω 和外部负载 W 下轴的瞬态轨迹的变化。轴轨迹的原始位置是自由设置的，这对瞬态轨迹的最终形状没有影响。可以看出：

① 瞬态轨迹的最终形状可以近似地看作是一个椭圆。在任何速度下，随着外部载荷 W 的增加，椭圆的中心逐渐远离轴承的中心（偏心率逐渐增大），椭圆的尺寸逐渐增大。以图 7-28（b）为例，在波数 n 为 2、转速 ω 为 2000r/min 的条件下，当外部载荷 W 从 0 增至 2.5kN、5kN、7.5kN、10kN、12.5kN 和 15kN 时，偏心率分别为 0.03、0.20、0.36、0.52、0.67、0.80 和 0.88，椭圆长轴半径分别为 0.03μm、0.17μm、0.33μm、0.51μm、0.75μm、0.89μm 和 0.99μm。椭圆尺寸的增大表示径向运动误差的增加。因此，均化系数 δ_x 和 δ_y 随着外部荷载 W 的增加而增大。

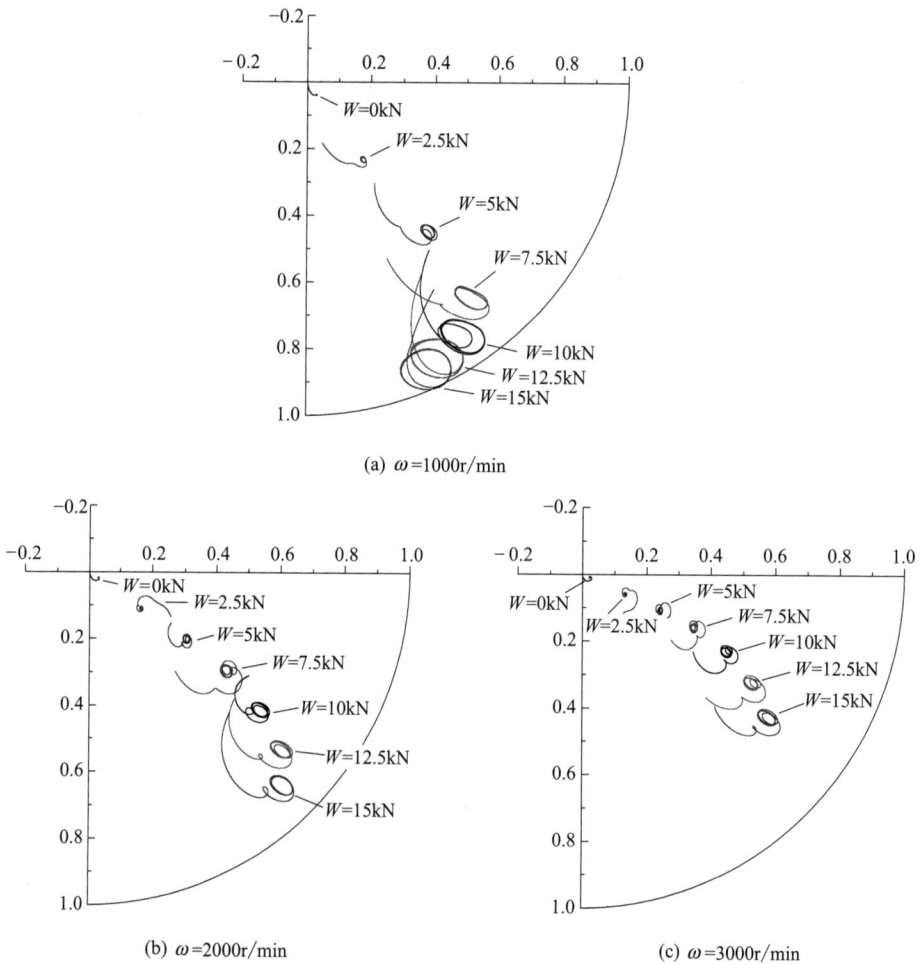

(a) ω=1000r/min

(b) ω=2000r/min

(c) ω=3000r/min

图 7-28　在不同转速 ω 和外部载荷 W 下的瞬态轨迹（波数 n＝2）

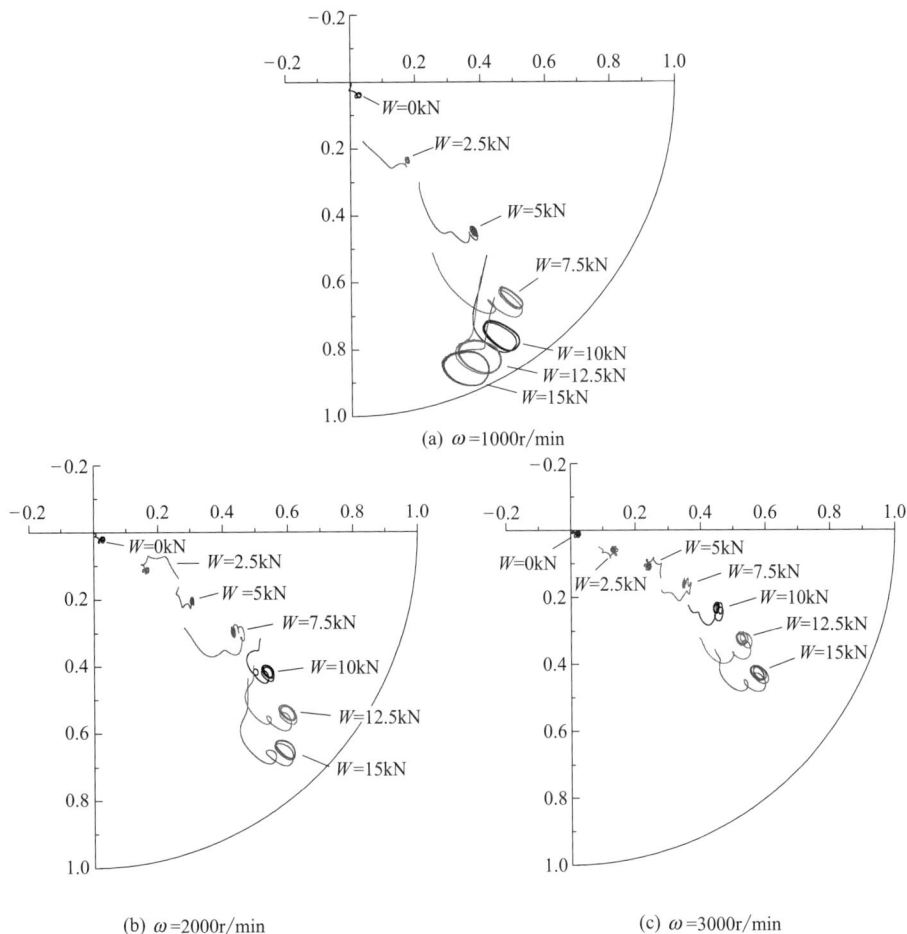

(a) $\omega = 1000\text{r/min}$

(b) $\omega = 2000\text{r/min}$

(c) $\omega = 3000\text{r/min}$

图 7-29　不同转速 ω 和外部载荷 W 下轴的瞬态轨迹（波数 $n = 3$）

② 随着转速 ω 从 1000r/min 提升至 2000r/min 和 3000r/min，偏心率逐渐减小，椭圆尺寸也随之减小。如图 7-29（a）～（c）所示，在波数 n 为 2、外部载荷 W 为 10kN 的条件下，转速 ω 从 1000r/min 递增至 2000r/min 和 3000r/min 时，偏心率分别为 0.90、0.67 和 0.50，椭圆长轴半径分别为 1.94μm、0.74μm 和 0.45μm。这表明，增强动压力和挤压膜力可以降低偏心率，提高误差均化效果。

椭圆轨迹的内部变化因素是基于压力分布随轴的旋转的变化和由此产生的静压油膜力的变化。

图 7-30 描述了转速 ω 为 2000r/min、轴旋转角 270°下不同外载荷 W 下的静压油膜厚度和压力分布。结果表明，由于动压效应和挤压膜效应，较小膜厚度附近出现压力峰。动压力随外载荷 W 的增加而逐渐增大。图 7-31 描述了外载荷 W 为 10kN、轴旋转角 270°下不同转速 ω 下的静压油膜厚度和压力分布。可以看出，随着转速 ω 的增加，动压压力逐渐减小，因为动压压力和挤压膜力降低了轴的偏心率，增加了静压油膜厚度。

图 7-32 为轴旋转时，当转速 ω 为 3000r/min，波数 n 为 2 时，静压油膜力随轴旋转的变化。结果表明，静压油膜力随轴的旋转而波动，从而导致轴中心位置的变化，产生径向运动误差。随着外载荷 W 的增加，静压油膜力的振幅逐渐增大，导致 x 方向和 y 方向的径向

运动误差分别增大。图 7-33 为波数 n 等于 3 时静压油膜力变化的情况。可以看出，当外部载荷 W 从 5kN 增加到 10kN 时，静压油膜力的波动呈现相反的趋势（相位差约等于波长的一半）。在外部载荷 W 为 7.5kN 下，静压油膜力 $\overline{F}_y$ 处于反相阶段，在此情况下，静压油膜力的振幅和均化系数 δ_y 较小。

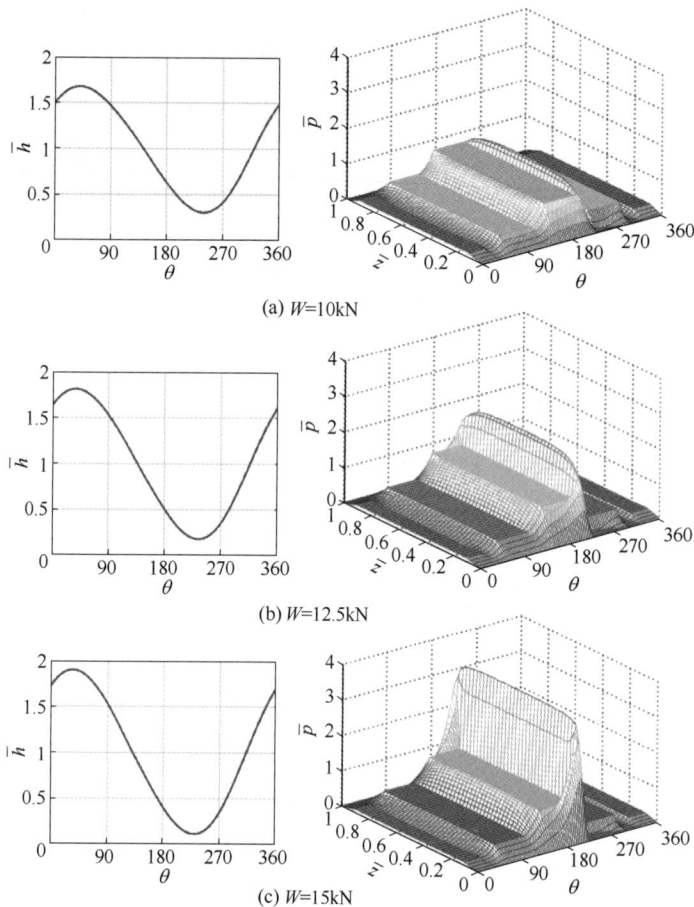

(a) W=10kN

(b) W=12.5kN

(c) W=15kN

图 7-30 静压油膜厚度和压力分布（转速 $\omega=2000\mathrm{r/min}$，轴转角 $=270°$，波数 $n=2$ 时）

7.6.5 静压径向轴承精度设计

由以上分析得出，转速 ω、外载荷 W 和波数 n 对静压径向轴承的误差均化效应有显著影响，在精度设计阶段应综合考虑。

静压径向轴承经常在不同的速度和外部载荷下工作。对于空载和低速工况 $[W=0\mathrm{kN}$ 和 $\omega=10\mathrm{r/min}$（准静态工况）$]$，径向运动误差的峰值为波数 $n=3$，应通过对轴进行再处理来改变波数 n 值或改变低速至高速工况（达到 $1000\mathrm{r/min}$）来避免。对于较低的外部载荷条件（$W\leqslant5\mathrm{kN}$），波数 n 应该尝试取一个偶数，其中静压径向轴承具有较小的均化系数和较高的运动精度。对于较高的外部负载条件（$W\geqslant7.5\mathrm{kN}$），转速 ω 需要取较大的值（达到 $2000\mathrm{r/min}$）。总体上，轴的运动精度随着波数 n 和转速 ω 的增加而呈上升趋势。当波数 n 大于 9 时，即使在重载条件下，均化系数 δ_x 和 δ_y 的值都较小。随着转速 ω 的增加，均化系数 δ_x 和 δ_y 在任何外部载荷下均逐渐减小。

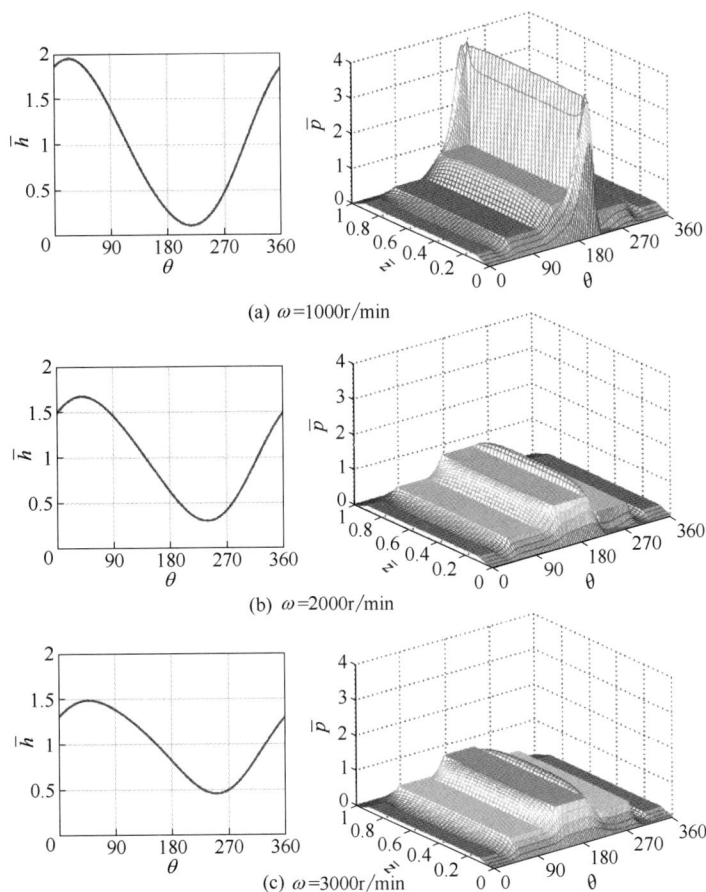

(a) $\omega=1000\text{r/min}$

(b) $\omega=2000\text{r/min}$

(c) $\omega=3000\text{r/min}$

图 7-31　不同转速 ω 下静压油膜厚度和压力分布（轴旋转角＝270°、波数 $n＝2$ 时）

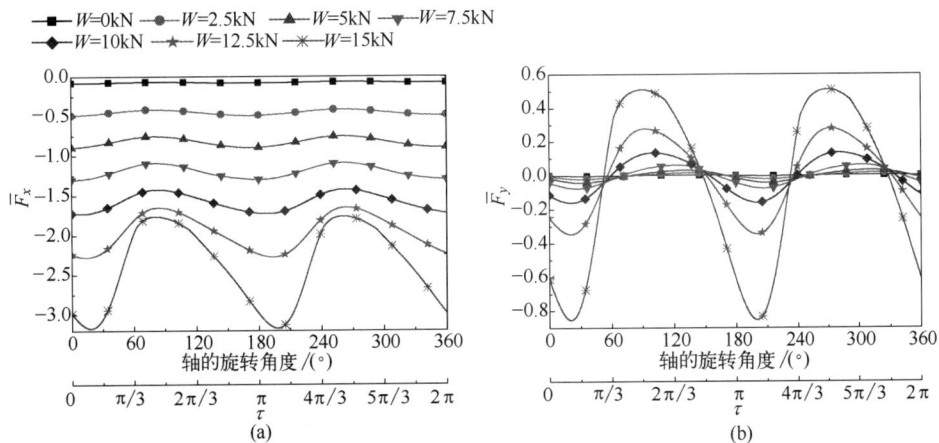

图 7-32　（a）静压油膜力 $\overline{F}_x$ 随轴旋转的变化以及（b）$\overline{F}_y$ 静压油膜力
随轴旋转的变化（转速 $\omega＝3000\text{r/min}$，波数 $n＝2$）

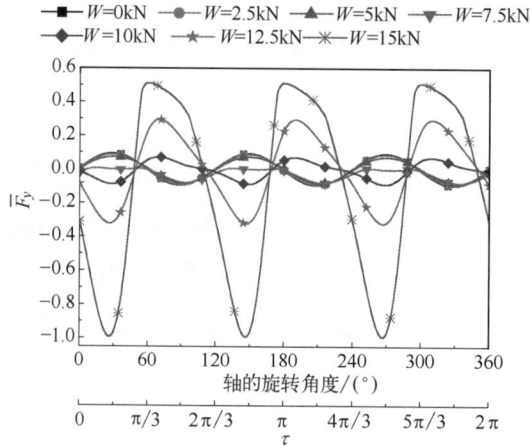

图 7-33 静压油膜力 $\overline{F_y}$（转速 $\omega=3000 \text{r/min}$，波数 $n=3$）随轴的旋转变化

7.7 本章小结

本章给出了同时考虑丝杠和螺母螺距误差的油膜特性控制方程，计算了低速、恒定外载工况下静压螺母的运动误差，分析了油膜螺距误差均化作用的影响因素。

首先，以非轴向对称布置的连续油腔静压螺母结构（A-CHR）为例进行分析，得出如下结论。

① 静压螺母的轴向运动误差主要受丝杠螺距误差的影响，且具有累加性。

② 当丝杠上只有螺距累积误差时，静压螺母的运动误差等于丝杠螺纹两侧螺旋面螺距累积误差的平均值。因此，在螺纹加工过程中，应尽可能地减小丝杠的螺距累积误差。

③ 当丝杠上只有周期螺距误差时，均化系数 n_e 可以定量衡量均化作用的大小。开螺旋油腔的螺母螺纹数 n 和丝杠螺距误差的周期 T_l 是影响均化系数 n_e 的主要因素。当 $2\pi/T_l < 1/n$，即 $T_l > n$ 圈时，均化系数 n_e 随着 T_l 的增大而增大；当 $1/n \leqslant 2\pi/T_l \leqslant 2/n$，即 $(n/2)$ 圈 $\leqslant T_l \leqslant n$ 圈时，均化系数 n_e 呈现出第一个周期性波动，波动幅值 $\leqslant 0.2$；当 $2/n < 2\pi/T_l \leqslant 3/n$，即 $(n/3)$ 圈 $\leqslant T_l < (n/2)$ 圈时，均化系数 n_e 呈现出第二个周期性波动，波动幅值 $\leqslant 0.1$。可见，可以通过增大 n 或减小 T_l 来增强油膜的螺距误差均化作用。

然后，分析了静压螺母油腔结构形式与螺母径向位移、倾斜对均化系数 n_e 的影响，主要包括：

① 随着螺距误差空间频率 $2\pi/T_l$ 的增大，S-CHR 结构静压螺母的均化系数 n_e 呈周期性减小；3-DHR 结构静压螺母的均化系数 n_e 在空间频率为 3、6、9 处出现凸起；4-DHR 结构静压螺母的均化系数在空间频率为 4、8 处出现凸起。凸起随着空间频率的增大而减小，随着油腔间封油面包角的增大而增大。在其他空间频率处，螺旋油腔布局和油腔间封油面包角对均化系数的影响不大。

② 与 A-CHR 结构静压螺母相同，S-CHR、3-DHR、4-DHR 结构静压螺母的均化系数 n_e 也在区间 $1/n \leqslant 2\pi/T_l \leqslant 2/n$ 和 $2/n < 2\pi/T_l \leqslant 3/n$ 分别出现第一个和第二个周期性波动，只是周期性波动的峰值稍微增大。

③ 螺母的径向位移和倾斜对均化系数的影响不大。

最后分析了静压轴承的误差均化作用。

第 8 章

液体静压丝杠副传动的高速运动特性

在第 7 章所建立的液体静压丝杠副螺距误差均化作用的数学模型中，螺母轴向位移 z_{nut} 的计算基于静压螺母处于准静态平衡状态的前提，只适用于低速工况。但是，液体静压丝杠副经常在不同的转速和外载下运行，并且，与传统的滚珠丝杠副相比，高进给速度是液体静压丝杠副的一个重要优势。

本章修正第 7 章的数学模型，来计算液体静压螺母在高速、不同外载下的运动路径。数学模型中，引入静压螺母的运动方程来计算螺母轴向位移 z_{nut}，避免了静压螺母处于准静态平衡状态的前提；在雷诺方程中考虑速度引起的挤压油膜效应；流量连续方程中考虑润滑油体积的变化；引入欧拉方程，作为联系静压螺母运动方程与油膜特性控制方程的桥梁，计算每一时间步的螺母轴向位移 z_{nut} 和轴向速度 $\dot{z}_{\text{nut}}$。之后，讨论在高速、不同外载（包括较小静态载荷、较大静态载荷、阶跃载荷、正弦载荷）下，液体静压螺母的运动特性。

8.1 静压螺母高速运动路径的计算

将丝杠转动过程分为多个微小的时间步，在每一时间步数值计算瞬态雷诺方程和流量连续方程，进而得到油膜合力；然后，求解静压螺母的运动方程得到静压螺母轴向移动的加速度；再用欧拉方程计算下一时间步静压螺母轴向移动的速度和位移。

同时考虑丝杠和螺母螺距误差的雷诺方程如 7.1 节所述。丝杠转动过程中每一时刻的油膜厚度表达式，需将式（7-1）、式（7-4）中的 θ_{ra} 表示为 ωt，t 表示时间。

8.1.1 考虑润滑油体积变化的流量连续方程

丝杠沿着 θ 反方向转动，流过第 j 个螺旋油腔 4 个边界的流量需将式（5-51）中含有 $\overline{\omega}$ 的项取相反号，4 个边界的流量取和即为从第 j 个螺旋油腔流出的流量 Q_j。丝杠转速较高时，考虑油膜厚度、油管体积、油腔压力等变化导致的润滑油体积变化的瞬态流量连续方程为

$$Q_{c,Ti/Bi} = \sum_j Q_j + \dot{V}_{Ti/Bi} + \frac{V_{Ti/Bi}}{E_l} \times \frac{\partial p'_{r,Ti/Bi}}{\partial t} \tag{8-1}$$

式中　$\sum_j Q_j$ ——从毛细管节流器所连接的多个螺旋油腔流出的流量的和；

E_l ——润滑油的容积弹性模量；

$V_{Ti/Bi}$——润滑油体积，其值等于油腔体积 $V_{r,Ti/Bi}$ 与敏感油路体积 $V_{c,Ti/Bi}$ 的和，这里敏感油路体积表示连接毛细管节流器与螺旋油腔的管道的体积。

$\dot{V}_{Ti/Bi}$ 可表达为

$$\dot{V}_{Ti/Bi}=\dot{V}_{r,Ti/Bi}+\dot{V}_{c,Ti/Bi}=\iint_{\text{Recess}}\frac{\partial h'_{T/B}}{\partial t}r'\mathrm{d}r'\mathrm{d}\theta'+\frac{V_{c,Ti/Bi}}{E_c}\times\frac{\partial p'_{r,Ti/Bi}}{\partial t} \tag{8-2}$$

式中，E_c 为敏感油路管道的体积弹性模量。对于液体静压丝杠副，敏感油路管道加工在静压螺母内部，因此，可以看作刚性，即 $E_c=\infty$，式（8-2）最后一项等于 0。

式（8-2）中，引入无量纲参数 $\tau=p_s h_{a0}^2 t/(\eta r_o^2)$，$\overline{\dot{V}}_{Ti/Bi}=\dot{V}_{Ti/Bi}\eta/(p_s h_{a0}^3)$，得其无量纲形式为

$$\overline{\dot{V}}_{Ti/Bi}=\iint_{\text{Recess}}\frac{\partial \overline{h}'_{T/B}}{\partial \tau}\overline{r}'\mathrm{d}\overline{r}'\mathrm{d}\theta' \tag{8-3}$$

式（8-1）中，引入无量纲参数 $\Lambda_2=V_{Ti/Bi}p_s/(E_l h_{a0}r_o^2)$，得其无量纲形式为

$$\overline{Q}_{c,Ti/Bi}=\sum_j\overline{Q}_j+\overline{\dot{V}}_{Ti/Bi}+\Lambda_2\frac{\partial \overline{p}'_{r,Ti/Bi}}{\partial \tau} \tag{8-4}$$

8.1.2 静压螺母运动方程与欧拉方程

在丝杠转速较高时，静压螺母轴向位移 z_{nut} 由螺母的运动方程决定，即

$$M\ddot{z}_{\text{nut}}=W_a(p_s h_{a0}^2 t/(\eta r_o^2))-W \tag{8-5}$$

式中 M——静压螺母及其所连接工作台的总质量；

$\ddot{z}_{\text{nut}}$——静压螺母轴向移动加速度。

丝杠沿着 θ 反方向转动时，外部载荷 W 方向向下。随着丝杠转动，静压螺母在油膜合力 W_a 和外部载荷 W 的同时作用下，并非处于准静止状态。式（8-5）两边同除以 $Mp_s^2 h_{a0}^5/(\eta^2 r_o^4)$，并引入无量纲参数 $\overline{\ddot{z}}_{\text{nut}}=\eta^2 r_o^4\ddot{z}_{\text{nut}}/(p_s^2 h_{a0}^5)$，$\Lambda_3=\eta^2 r_o^6/(Mp_s h_{a0}^5)$，$\overline{W}_a=W_a/(p_s r_o^2)$，$\overline{W}=W/(p_s r_o^2)$，得静压螺母运动方程的无量纲形式为

$$\overline{\ddot{z}}_{\text{nut}}=\Lambda_3[\overline{W}_a(\tau)-\overline{W}] \tag{8-6}$$

具有常数时间步长 $\Delta\tau$ 的欧拉方程可表达为

$$\begin{cases}\Delta\overline{\dot{z}}(\tau+\Delta\tau)=\Delta\overline{\dot{z}}(\tau)+\Delta\overline{\ddot{z}}(\tau)\Delta\tau\\\Delta\overline{z}(\tau+\Delta\tau)=\Delta\overline{z}(\tau)+\Delta\overline{\dot{z}}(\tau+\Delta\tau)\Delta\tau\end{cases} \tag{8-7}$$

8.1.3 静压螺母轴向位移计算流程

静压螺母轴向位移 z_{nut} 的计算流程如下：

① 设置 $\tau=0$ 初始时刻时，静压螺母的速度和位移：令初始速度 $\overline{\dot{z}}_{\text{nut}}(0)$ 等于 0；令初始位移 $\overline{z}_{\text{nut}}(0)$ 等于初始时刻静压螺母达到平衡状态的波动位移量 $\Delta\overline{h}$。

② 在任意时刻 τ，已知参数 $\overline{\dot{z}}_{\text{nut}}(\tau)$、$\overline{z}_{\text{nut}}(\tau)$ 下，用有限差分法计算油膜合力 $\overline{W}_a(\tau)$。

③ 用运动方程［式（8-6）］计算静压螺母的加速度 $\ddot{\overline{z}}_{\text{nut}}\,(\tau)$。

④ 用欧拉方程［式（8-7）］计算下一时刻的静压螺母速度 $\dot{\overline{z}}_{\text{nut}}\,(\tau+\Delta\tau)$ 和位移 $\overline{z}_{\text{nut}}$ $(\tau+\Delta\tau)$。

⑤ 重复步骤②～④直到计算完成给定时间内的螺母轴向位移。

计算得到静压螺母各个时刻的轴向位移 z_{nut} 后，静压螺母的波动位移可由下式计算

$$\Delta h\,(\tau)=z_{\text{nut}}\,(\tau)-z_{i,\text{nut}}\,(\tau)=z_{\text{nut}}\,(\tau)-\frac{\omega t}{2\pi}P \tag{8-8}$$

螺母波动位移 Δh 的波动振幅表示静压螺母运动误差的大小。

8.1.4　计算参数与欧拉法验证

本章以毛细管补偿、断续油腔液体静压丝杠副为例，进行计算分析。由于本章引入了考虑润滑油体积变化的流量连续方程和静压螺母的运动方程，需要增加的计算参数有：润滑油的容积弹性模量 E_l 为 1535MPa，油腔深度 d_r 为 1.5mm，敏感油路体积 $V_{c,Ti/Bi}$ 为 2cm^3，螺母和工作台的总质量 M 为 100kg。螺母的螺距误差取情况 3 的螺距误差；丝杠的螺距误差包含三个组成成分，$b_{l,T}=2\mu\text{m}/(2\pi N)$，$b_{l,B}=-4\mu\text{m}/(2\pi N)$，$E_{l(1)}=E_{l(2)}=2.5\mu\text{m}$。

Kirk 和 Gunter[344] 用欧拉法计算了转子轴承系统中轴颈的瞬态轨迹。轴颈瞬态轨迹的计算与静压丝杠副中螺母轴向位移 z_{nut} 的计算主要区别在于油膜特性控制方程不同。为了进一步验证本章中所用欧拉法的正确性，作者在原有程序的基础上修改油膜特性控制方程，来计算文献［344］中的轴颈瞬态轨迹。如图 8-1 所示，现在的计算结果与文献［344］中的数据完全一致。

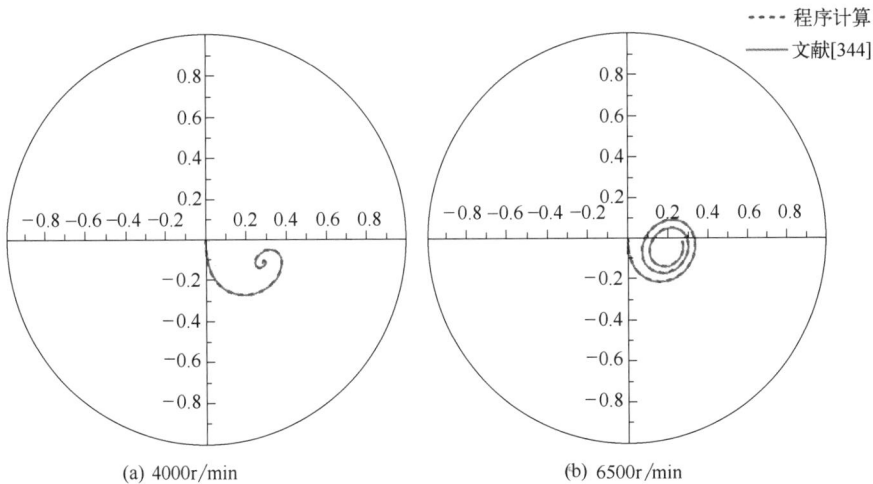

图 8-1　轴颈瞬态轨迹的比较

8.2　静压螺母在外部静载荷作用下的波动位移

图 8-2 所示为丝杠转速为 2000r/min，静载荷从 0 逐步增大到 20kN 时，随着丝杠转过 6 圈，静压螺母的波动位移。其中第一条曲线表示丝杠转速为 10r/min，静载荷为 0 时，基于静压螺母静态平衡的方法，计算得到螺母波动位移。可以看出：

① 空载工况下（$W=0$），当丝杠转速从 $10 \mathrm{r/min}$ 增大到 $2000 \mathrm{r/min}$ 时，静压螺母的波动位移变化不大。这是由于没有外部载荷时，螺母螺纹上、下侧的油膜间隙相对较大，即使丝杠转速达到 $2000 \mathrm{r/min}$，动压效应也很小。

② 静载荷等于 $2.5 \mathrm{kN}$、$5 \mathrm{kN}$、$7.5 \mathrm{kN}$ 和 $10 \mathrm{kN}$ 时的螺母波动位移曲线可以近似由空载时的螺母波动位移曲线平移得到。为便于描述，这里称这些静态载荷为"较小的静态载荷"。这种现象是由于在较小的静载荷下，动压效应仍然很小，如图 8-3 所示静载荷为 $7.5 \mathrm{kN}$，丝杠旋转角度 θ_{ra} 为 $1080°$ 时，螺母螺纹下侧油膜的压力分布（下侧为间隙减小侧）。并且随着丝杠的旋转，动压效应变化不大。可见，在较小的静载荷下，螺母波动位移的波动变化不大，而螺母波动位移的波动代表了静压螺母的运动误差。这表明，关于液体静压丝杠副在低速、恒定外载下螺距误差均化作用的结论，可以扩展到高速、较小静载荷的工况。

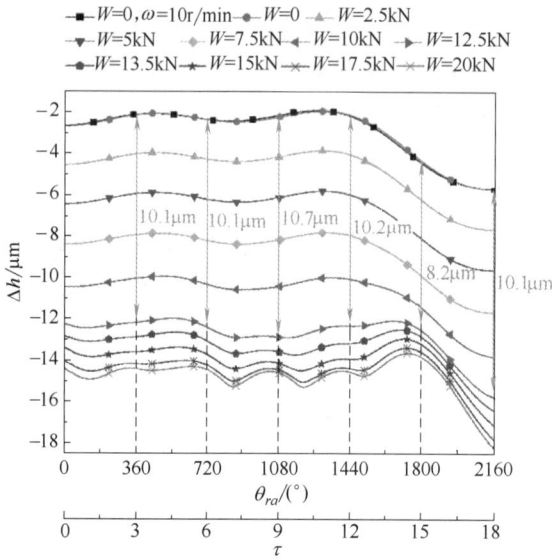

图 8-2 $\omega=2000 \mathrm{r/min}$ 时，静压螺母在不同的外部静载荷下的波动位移

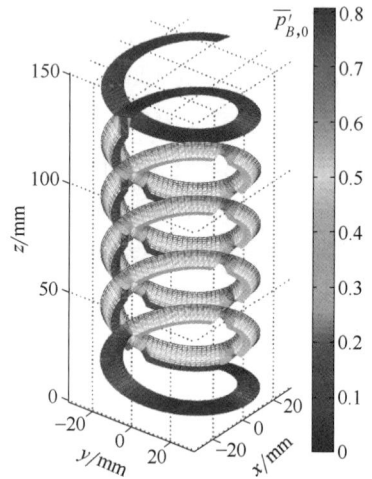

图 8-3 $W=7.5 \mathrm{kN}$，$\theta_{ra}=1080°$ 时，螺母螺纹下侧油膜的压力分布

③ 当静载荷达到 $12.5 \mathrm{kN}$、$13.5 \mathrm{kN}$、$15 \mathrm{kN}$、$17.5 \mathrm{kN}$ 和 $20 \mathrm{kN}$ 时，螺母波动位移曲线出现差异，并且载荷越大，差异越明显，这里称这些静态载荷为"较大的静态载荷"。这是由于较大的静载荷进一步减小了螺母螺纹下侧的油膜间隙，导致动压效应增大。随着丝杠的旋转，间隙不断变化，导致压力分布和油膜力变化。图 8-4 所示为静载荷为 $13.5 \mathrm{kN}$，丝杠旋转角度 θ_{ra} 分别为 $360°$、$900°$ 和 $1620°$ 时，螺母螺纹下侧油膜的法向间隙和压力分布。由于动压效应，在油膜厚度较小且有收敛楔形处，出现压力峰。丝杠旋转角度不同时，油膜厚度分布不同，导致压力峰位置和动压力大小变化。

图 8-5 所示为丝杠转速为 $3000 \mathrm{r/min}$，不同静载荷下，静压螺母的波动位移。比较图 8-2 和图 8-5 的结果，可以看出：①当丝杠转速从 $2000 \mathrm{r/min}$ 增大到 $3000 \mathrm{r/min}$ 时，在一定静载荷下的螺母波动位移曲线离空载时的波动位移曲线的距离有所减小，图 8-2 和图 8-5 中标出了在 0 和 $12.5 \mathrm{kN}$ 的静载荷下螺母波动位移曲线之间的距离。这是由于在 $12.5 \mathrm{kN}$ 的静载荷下，随着丝杠转速增大，螺母螺纹下侧油膜的动压效应变得更显著。②在相同的静载荷下，丝杠转速为 $2000 \mathrm{r/min}$ 和 $3000 \mathrm{r/min}$ 时，螺母波动位移具有相同的变化趋势。以下取 $2000 \mathrm{r/min}$ 的丝杠转速来分析静压螺母在阶跃载荷和正弦载荷作用下的波动位移。

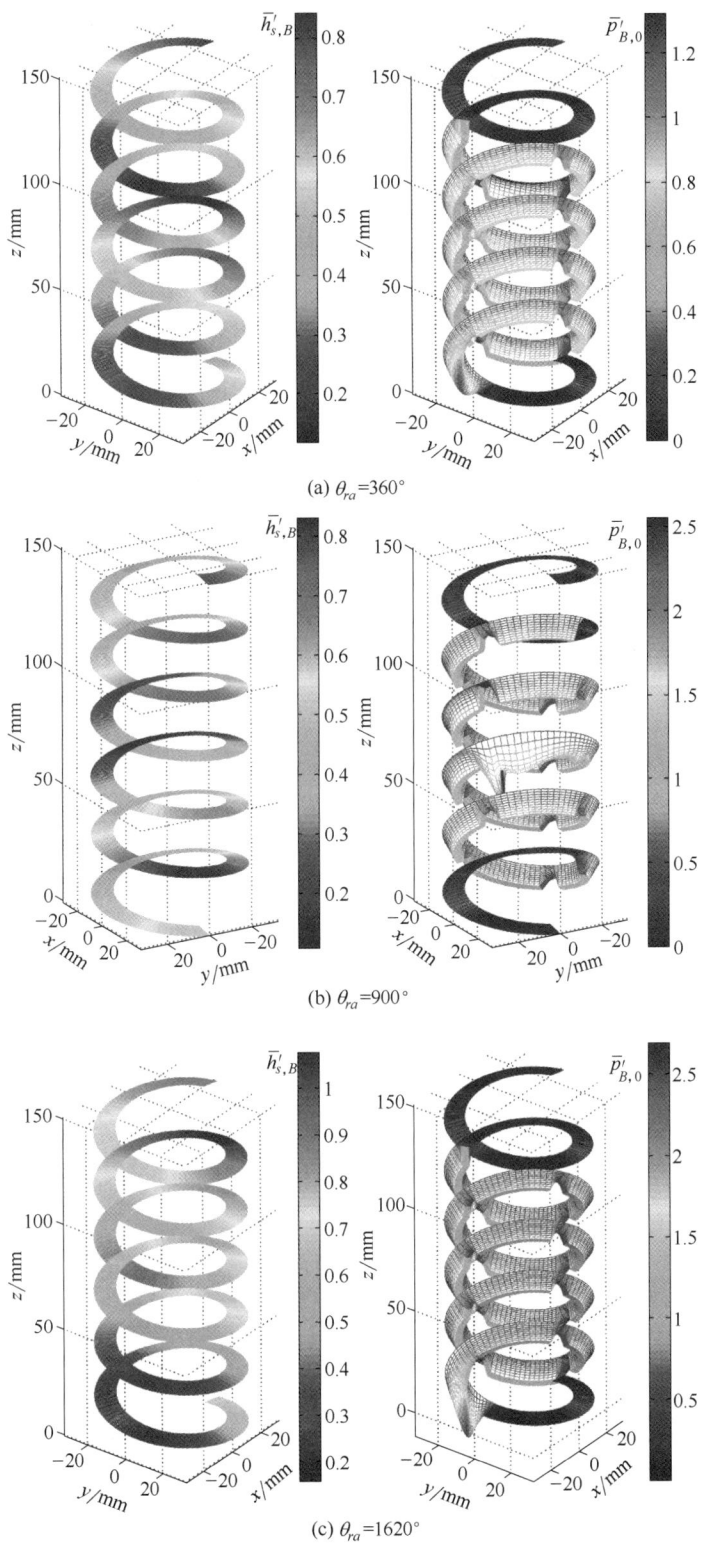

(a) $\theta_{ra}=360°$

(b) $\theta_{ra}=900°$

(c) $\theta_{ra}=1620°$

图 8-4　$W=13.5\text{kN}$，$\theta_{ra}=360°$、$900°$和 $1620°$时，螺母螺纹下侧油膜的法向间隙和压力分布

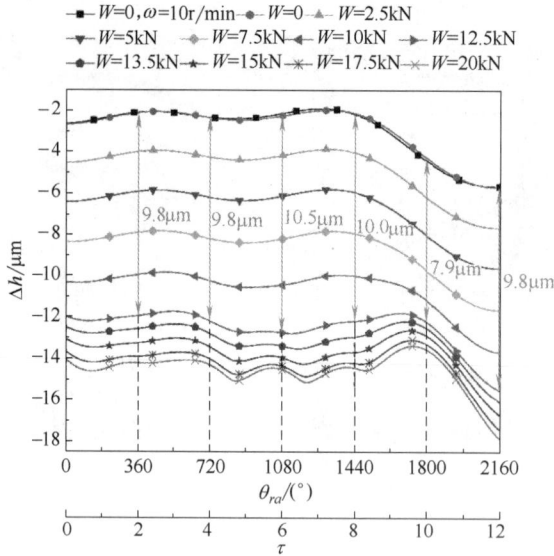

图 8-5 $\omega = 3000\text{r/min}$ 时，静压螺母在不同的外部静载荷下的波动位移

8.3 静压螺母在外部动载荷作用下的波动位移

8.3.1 外部阶跃载荷

图 8-6 所示为在丝杠转角为 720°时，在静压螺母上施加不同的阶跃载荷，静压螺母的波动位移。阶跃载荷可以表达为

$$W(\tau) = \begin{cases} 0, & 0 \leqslant \tau < 6 \\ W_{st}, & 6 \leqslant \tau \leqslant 18 \end{cases} \tag{8-9}$$

阶跃载荷的大小 W_{st} 从 0 逐渐增大到 7.5kN。图 8-6 中每条虚线表示在与阶跃载荷大小相同的静态载荷作用下，静压螺母的波动位移（与图 8-2 中的曲线相同）。对于不同的阶跃载荷，静压螺母平滑地过渡到相应静态载荷下的运动路径（虚线），无超调。

图 8-7 所示为静压螺母工作在 10kN 的静载荷下，在丝杠转角为 720°时，叠加上不同的阶跃载荷，静压螺母的波动位移。动载荷可以表达为

$$W(\tau) = \begin{cases} 10 \text{ kN}, & 0 \leqslant \tau < 6 \\ 10 \text{ kN} + W_{st}, & 6 \leqslant \tau \leqslant 18 \end{cases} \tag{8-10}$$

当叠加上 2.5kN、5kN 和 7.5kN 的阶跃载荷后，静压螺母所受载荷已经分别达到 12.5kN、15kN 和 17.5kN，逐渐达到很高的动压效应。从图 8-7 可见，在重载、高动压效应工况时，对不同的阶跃载荷，静压螺母也平滑地过渡到相应的静载荷路径。这充分体现出静压丝杠副良好的运动平稳性。

8.3.2 外部正弦载荷

图 8-8 所示为在丝杠从 720°转到 1440°的区间，在静压螺母上施加不同的正弦载荷时，静压螺母的波动位移。振幅为 2.5kN 的正弦载荷可以表达为

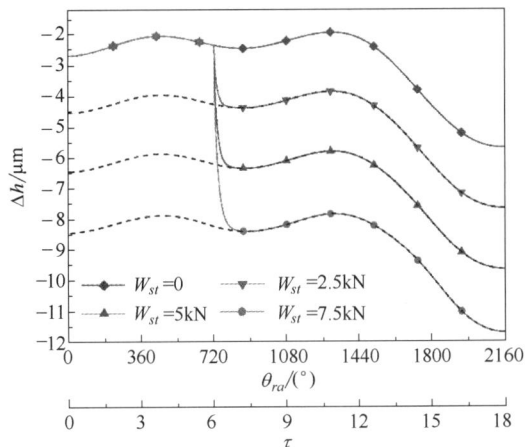

图 8-6　不同阶跃载荷作用下的静压螺母波动位移

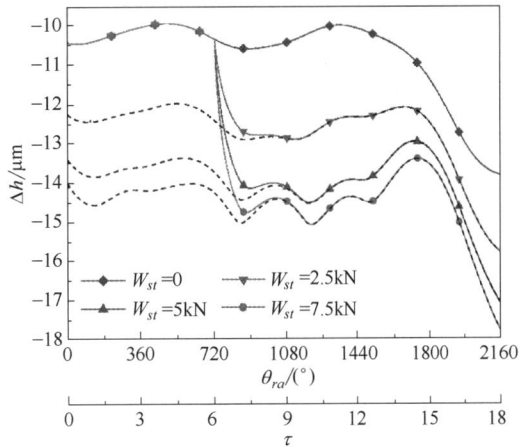

图 8-7　在 10kN 的静载荷上叠加不同的阶跃
载荷时，静压螺母的波动位移

$$W(\tau)=\begin{cases}0, & 0\leqslant\tau<6 \\ 2.5\text{kN}\times\sin[\omega_{\sin}(\tau-6)], & 6\leqslant\tau\leqslant12 \\ 0, & 12<\tau\leqslant18\end{cases}$$

(8-11)

　　正弦载荷的频率 $\omega_{\sin}$ 分别取 $\overline{\omega}$、$2\overline{\omega}$、$4\overline{\omega}$、$8\overline{\omega}$，对应的正弦载荷周期 $T_{\sin}$ 分别为 $2\pi/\overline{\omega}$、$\pi/\overline{\omega}$、$\pi/(2\overline{\omega})$、$\pi/(4\overline{\omega})$。由于丝杠转一圈所用的时间为 $2\pi/\overline{\omega}$，丝杠每转一圈，四种频率的正弦载荷分别波动 1、2、4、8 个周期。从图 8-8 可以看出：①当受到正弦载荷作用时，静压螺母的响应波动位移呈正弦波动，且其周期与相应正弦载荷的周期相同。②当 $\omega_{\sin}=\overline{\omega}$ 时，响应波动位移的振幅

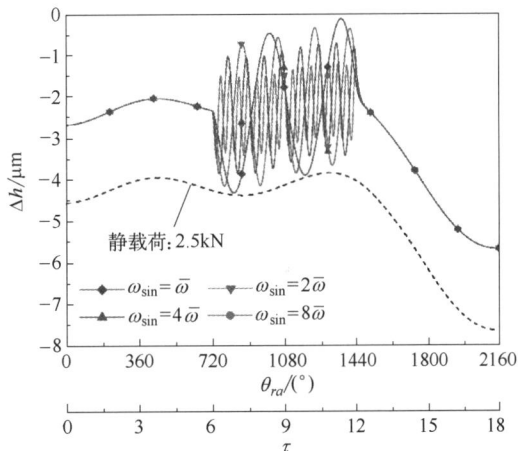

图 8-8　不同正弦载荷作用下的静压螺母波动位移

与 2.5kN 的静态载荷作用下静压螺母的波动位移量基本相等（图中虚线表示静态载荷为 2.5kN 时的波动位移），这时动刚度与静刚度相差不大。而随着正弦载荷频率逐渐增大，响应波动位移的振幅逐渐减小，这表明动刚度随着激励频率的增大而增大，并逐渐大于静刚度。这也反映出液体静压丝杠副对高频动载荷具有很好的抑制作用。

　　图 8-9～图 8-11 所示为在丝杠从 720° 转到 1440° 的区间，在静压螺母受到静载荷（7.5kN、12.5kN 或 15kN）的基础上叠加不同的正弦载荷时，静压螺母的波动位移。动载荷可以表达为

$$W(\tau)=\begin{cases}7.5(\text{或}12.5\text{或}15)\text{kN}, & 0\leqslant\tau<6 \\ 7.5(\text{或}12.5\text{或}15)\text{kN}+2.5\text{kN}\times\sin[\omega_{\sin}(\tau-6)], & 6\leqslant\tau\leqslant12 \\ 7.5(\text{或}12.5\text{或}15)\text{kN}, & 12<\tau\leqslant18\end{cases}$$

(8-12)

　　虚线表示在比被叠加的静载荷（7.5kN、12.5kN 或 15kN）大 2.5kN 或小 2.5kN 的正弦载荷作用下，静压螺母的波动位移。从图 8-9 可以看出，当正弦载荷叠加在较小的静载荷（7.5kN）上时，响应波动位移的波动情况与图 8-8 中的相差不大。值得注意的是，7.5kN

的静载荷下只产生较小的动压效应。从图 8-10 可以看出，当正弦载荷叠加在较大的静载荷（12.5kN）上时，响应波动位移出现明显的差异，动刚度得到显著提高。当 $\omega_{\sin} = \overline{\omega}$ 时，响应波动位移的振幅就明显小于增大或减小 2.5kN 的静载荷的波动位移变化量，即动刚度明显大于静刚度。并且，随着正弦载荷频率的增大，响应波动位移振幅的减小更加明显，即动刚度的增大更明显。值得注意的是，在 12.5kN 的静载荷下，封油面上已经有明显的动压效应。当被叠加的静载荷从 12.5kN 增大到 15kN 时，对正弦载荷的响应波动位移的振幅将进一步减小，如图 8-11 所示。但是，在图 8-9～图 8-11 中，响应波动位移的波动周期和其振幅随正弦载荷频率的变化趋势保持不变。

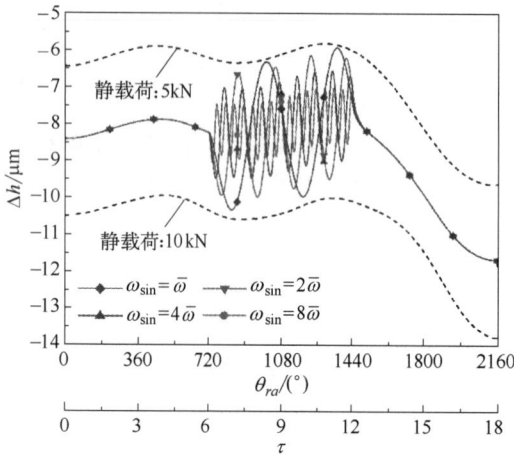

图 8-9　在 7.5kN 的静载荷上叠加不同的正弦载荷时，静压螺母的波动位移

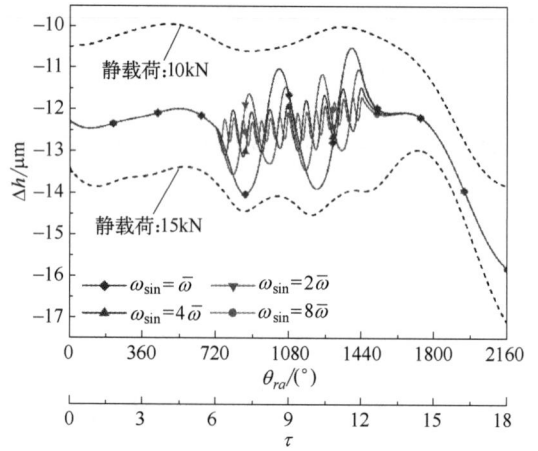

图 8-10　在 12.5kN 的静载荷上叠加不同的正弦载荷时，静压螺母的波动位移

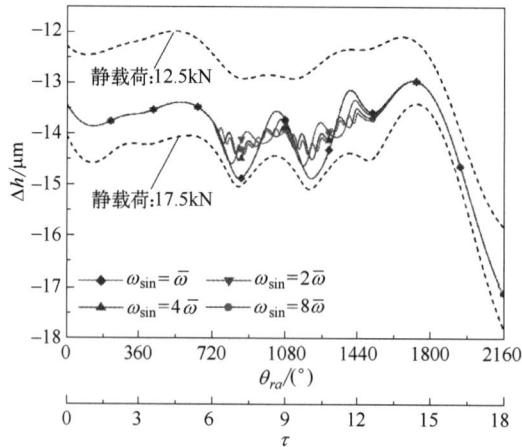

图 8-11　在 15kN 的静载荷上叠加不同的正弦载荷时，静压螺母的波动位移

8.4　本章小结

本章建立了适用于高速工况的静压螺母运动特性计算模型，分析了高速、不同外部载荷下，静压螺母的运动特性。主要包括：

　　① 在高速、较小的外部静态载荷（≤10kN）下静压螺母波动位移曲线的波动变化不大，可以近似由空载时的波动位移曲线平移得到。关于液体静压丝杠副在低速工况下的螺距误差均化作用的结论，可以扩展到高速、较小静态载荷的工况。当静态载荷增大到较大值（≥12.5kN）时，静压螺母的波动位移曲线出现差异，动压效应变得显著。随着丝杠转动，封油面上动压力的压力峰位置和大小不断变化。

　　② 当静压螺母受阶跃载荷作用时，螺母展现出平滑的过渡过程、良好的运动平稳性，即使是在动压效应显著的较大负载下。

　　③ 当静压螺母受正弦载荷作用时，螺母响应波动位移的周期与正弦载荷相同，振幅随正弦载荷频率的增大而减小。当正弦载荷叠加到动压效应显著的较大静载荷上时，响应波动位移的振幅明显减小，尤其是对于频率较大的正弦载荷。

第9章

基于静压支承的宏微双驱动进给伺服系统设计建模及动态特性分析

9.1 基于静压支承的宏微双驱动伺服系统设计

本章介绍了基于静压支承的宏微双驱动伺服进给系统的机械结构的设计思想和工作原理。利用静压轴承的工作原理，根据需求，设计了一种基于静压支承的宏微双驱动的伺服进给系统，给出了宏微双驱动伺服进给系统的总体方案，包括控制系统搭建介绍、滚珠丝杠等基础零部件的选型和进给工作台、底座等的几何尺寸确定，并且设计的宏微双驱动伺服系统采用了开放式伺服控制系统进行控制，为后续伺服进给工作台实验的改进和控制算法的实现奠定了基础。

9.1.1 宏微双驱动伺服系统介绍

9.1.1.1 宏微双驱动伺服系统组成

为了满足零部件加工越来越高的精度要求，适应加工机床高精度、高性能的发展方向，对于滚珠丝杠副与进给工作台之间的刚性连接进行了结构创新设计，本节介绍了一种静压连接装置，采用了与传统机床工作平台连接不同的静压连接方式，由此实现机床工作平台在工作进给时的微观位移调控与反馈，而且，这个伺服进给系统可以通过更改静压油膜间隙来实现静压连接和非静压连接两种工作模式的转换。宏微双驱动伺服系统组成如图 9-1 所示。

根据图 9-1 可以看到，静压伺服进给装置主要由液压控制系统、伺服控制系统、进给工作台以及测量与反馈元件组成。图中测量与反馈元件包括①电涡流位移传感器、②位移传感器前置器、③光栅尺、④限位传感器。工作过程中测量与反馈元件中得到的测量数据经由信息采集模块反馈至控制系统中，从而实现整个传动系统的调控与反馈。

9.1.1.2 硬件选型

为实现所需的伺服进给控制要求，需要选取合适的器材进行配合。要实现工作平台在工作过程中可以稳定移动以及位置精度的保持，要求伺服电机和驱动器可以保持稳定的力矩输出；电液控制系统可以保持稳定的油液压力输出；控制系统则需要根据测量系统中得到的数

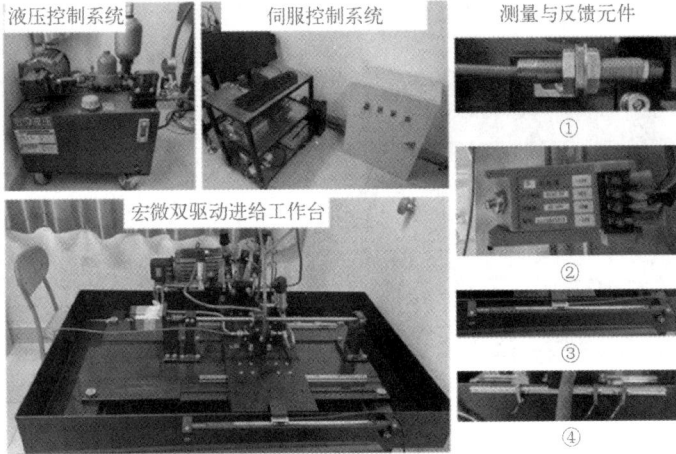

图 9-1　宏微双驱动伺服系统组成

据进行相应的运动控制。依据以上各系统要求，具体器材选型如表 9-1 所示。

表 9-1　具体器材选型

器材	选型型号
松下 A6 交流伺服电机	MHMF042L1U2M
松下 A6 驱动器	MVBDLT25SF
PCI 运动控制板卡	GTS-400-PV-VB-PCI
THK 滚珠丝杠及轴承座	BNK1404-3RRG0＋530LC3Y(BK12 BF12)
THK 导轨	SHS15C2SSC0＋450LP-Ⅱ
光栅尺	TONIC 系列 RTLC20 型紧凑型光栅尺
电涡流位移传感器	ZA-210301-00-05-50-02
电液伺服阀	FF-102

9.1.2　宏微双驱动伺服系统机械结构设计

9.1.2.1　宏微双驱动伺服系统总体方案设计

　　根据内容要求，建立宏微双驱动静压丝杠伺服系统，基于传统伺服进给传动系统的考量，本次设计实验台在丝杠螺母座与工作平台之间加装了静压连接装置，使得传动系统不再局限于传统机械连接，同时可使实验研究时能够更好地监测控制工作平台的工况，基于以上考虑，如何在丝杠螺母座以及工作平台之间加装静压连接装置，需进行详细设计，使得传动系统在工作时能够平稳运行，并且使传动系统能够在静压工况与非静压工况之间做到轻易转换。

　　根据要求搭建了基于静压支承的宏微伺服运动实验台。如图 9-1 和图 9-2 所示，进给实验台主要包括宏微进给运动平台、实验台伺服控制系统以及液压泵站三个部分。其中，宏微进给平台包括宏观进给运动部分和微观进给运动部分，宏观进给运动部分采用伺服电机与滚珠丝杠螺母副的搭配，电机与丝杠固定端之间用挠性联轴器进行连接，滚珠丝杠固定端采用径向轴承和推力球轴承支承，游离支承端采用径向轴承支承；微观进给运动部分包含芯轴单元、外部套筒、电涡流位移传感器以及四个静压油管连接块，其中微观进给运动单元与宏观进给运动单元的连接，由芯轴单元和螺母座之间使用螺栓固定连接在一起，外部套筒与进给

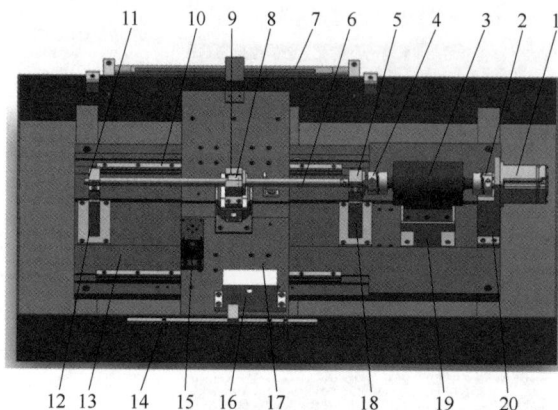

图 9-2　宏微双驱动静压丝杠伺服系统的总体结构

1—伺服电机；2—力矩传感器侧联轴器；3—力矩传感器；4—丝杠
侧联轴器；5—BK12 轴承座；6—滚珠丝杠；7—光栅尺；8—螺母；
9—螺母座；10—直线导轨；11—BF12 轴承座；12—BF12 轴
承座支承台；13—底座基台；14—光电限位开关；15—伺服
阀安装阀块；16—油路一分四连接阀块；17—进给工作台；
18—BK12 轴承座支承台；19—力矩传感器支承台；
20—伺服电机支承台

工作台通过螺栓固定连接在一起，四个静压油管连接块与外部套筒通过螺栓固定连接在一起，液压油管连接块与外部套筒之间可以加垫黄铜垫片，用以调节油膜厚度实现不同行程的微观进给量调整，实现微观进给运动。

经测试之后，确定此次宏微双驱动静压丝杠伺服系统的总体结构设计，如图 9-2 所示。不同于其他滚珠丝杠进给工作台丝杠在下、工作台在上的结构，考虑到静压支承机构的结构特殊性以及实验台装配时的便捷性，同时简化基台基座的加工工序，本节设计的双驱动静压丝杠伺服进给系统采用工作台在下、滚珠丝杠在上的结构形式。

拆除力矩传感器后，可以将伺服系统恢复成普通的伺服进给装置。同时在静压连接单元处，通过调整静压油管连

接块与内部芯轴单元的距离，可以将静压支承连接转变为刚性连接的传统进给实验台。所以，这一结构可以满足多种工况的实验要求，实验后期，可用实验台进行加装载荷、不同进给速度等实验，具有很好的兼容性和灵活性。

9.1.2.2　宏进给机构设计

宏微双驱动伺服进给系统的宏进给系统，依旧采用伺服电机搭配传统滚珠丝杠螺母副来实现工作台的宏进给位移。宏进给机械结构主要包括伺服电机、直线运动导轨、滚珠丝杠、进给工作平台、支承轴承以及轴承座等。机械结构各部分的作用及选型介绍如下：

宏进给装置的滚珠丝杠副选择了 THK 公司的 BNK1404 系列预压滚珠丝杠螺母副，滚珠丝杠轴径为 14mm，导程为 4mm，宏观进给装置的工作平台行程为 230mm。为了减小丝杠在长时间运行时发生热变形对进给工作平台定位的影响，作为补偿轴的热膨胀，轴承支承座采用"固定-简支"的安装方式，安装方式如图 9-3 所示。丝杠固定端采用 BK12 型固定支承轴承座，轴承座内包含一个径向轴承和一个推力轴承，轴承座使用锁紧螺母进行固定，锁紧时固定端的丝杠没有窜动余量；丝杠游离端采用 BF12 游离支承轴承座，轴承座内只包含一个径向轴承并用卡环进行固定，可以允许滚珠丝杠有一定范围内的窜动余量。

游离支承　　　　　　　　　　　　固定支承

图 9-3　"固定-简支"的轴承安装方式

考虑到基于静压支承的宏微伺服进给运动实验台搭建形式，以及进给过程中承受进给系统的承载能力，为了确保实验台在进给实验过程中的流畅性，进给系统选择了日本 THK 公司的 SHS 系列钢球滚珠导轨。该系列导轨拥有良好的承载能力和直线精度保持能力，在进给过程中，滑块中的钢球滚珠成 45°配置，可以很好地均摊各个方向上施加的压力，同时降低直线导轨的磨损量。因此，此系列导轨在各种情况下都能适用。考虑到进给系统直线导轨应有足够的刚性，在选取时要求对直线导轨进行适当预压处理，在保证系统运行流畅度的同时提高了直线导轨的刚度。而 THK 在导轨面上独特的沟槽设计也减小了安装误差的产生，保证了工作台能够实现平滑进给。

另外，在液压油托侧面进行了开孔处理用来安装传感器滑轨，便于各类传感器的加装，同时可在传感器滑轨处安装行程限位开关以及原点开关，防止工作台在滑动过程中行程越过极限位置发生碰撞，并且可根据后期研究实验需求进行其它装置的加装，方便进行各种工作台工况的实验研究。

出于对电机轴和滚珠丝杠的传动保护，电机与丝杠的连接选择柔性联轴器，使用膜片型联轴器。

9.1.2.3　微进给机构设计

静压轴承是滑动轴承的一种，是利用压力泵将压力润滑剂强行泵入轴承和轴之间的微小间隙的滑动轴承。静压轴承的种类有很多，根据其滑动表面间润滑状态的不同，可分为流体润滑轴承、不完全流体润滑轴承和自润滑轴承，静压轴承就是其中流体润滑轴承中的一种。根据流体润滑承载机理的不同又分为流体动力润滑轴承（动压轴承）和流体静力润滑轴承（静压轴承）。静压轴承的工作原理是当静压轴承工作时，需要外部的泵站供给液压润滑油，在轴与轴之间形成静压油膜，由于静压油膜的存在使得静压轴承与轴之间可以实现无接触，以此减小磨损以及承受载荷。静压轴承与动压轴承的不同之处在于，静压轴承工作时必须要有外部泵站供油且供油压力高，动压轴承工作室的供油压力要小一些。静压轴承在静止状态下也可以形成油膜，动压轴承则做不到这一点。

依据静压轴承的工作原理设计了宏微双驱动静压伺服进给系统的静压连接机构如图 9-4 所示，芯轴单元与外套单元具体结构设计如图 9-5 所示。

图 9-5 中（a）为芯轴单元、（b）为外套单元。在图 9-5 中可以看出，芯轴单元外圆柱面上设置了四个均布的圆形腔，每个圆形腔上下两侧分别设置了三个半圆形腔，液压油液进入静压连接装置内时由于压力作用，在进入油腔内液压油液冲击圆形腔产生向四周的冲击油液，半圆形腔的作用就是帮助圆形腔进行泄油回油，四个圆形腔下方的每个半圆形腔都设置了一个泄油通孔，进一步增加了圆形腔内的回油效率。外套单元上设置了四个与芯轴单元上相对应的均布通孔，外套单元的内壁底部均布设置了四个圆形泄油通孔作为整个静压连接装置的泄油回油孔，同时在外套单元的底部加工出十字形回油槽加快回油效率。

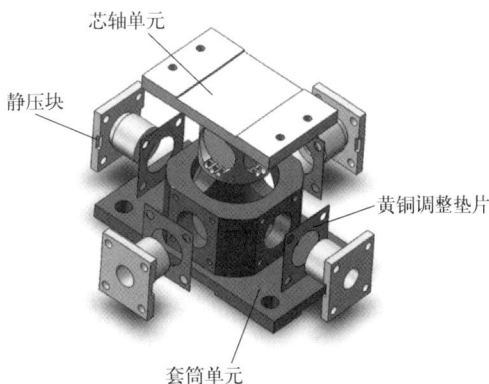

图 9-4　静压连接机构

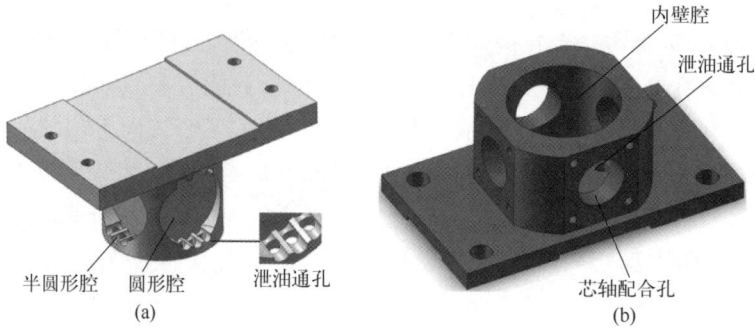

图 9-5 芯轴单元与外套单元

使用静压连接装置时将芯轴单元插入外套单元内壁腔，鉴于静压轴承工作原理，芯轴单元与外套单元在工作时要实现零接触，芯轴单元与外套单元内壁腔之间留有一定间隙，以保证微观位移运动时芯轴与外套单元内壁腔不会发生刚性碰撞，芯轴单元的圆柱状芯轴与外套单元的内壁腔之间为间隙配合，保证两者之间可以自由移动。因此在设计时芯轴单元圆柱芯轴长度应小于外套单元内壁腔深度，且在连接时芯轴单元与外套单元上下侧之间预留 $1\sim2mm$ 间隙。静压连接机构工作时，使用液压油泵向静压连接机构中芯轴单元和外套单元之间泵入液压油，使得静压连接之间形成液压油膜，通过电液伺服阀控制连接处油压大小来调节连接机构中的油膜间隙（即工作台微运动进给的行程距离）。液体静压支承能够将油腔中的油压载荷均匀分布在支承面上，可以根据支承面上的载荷自动实现压力平衡，提高了静压支承装置的位移精度。

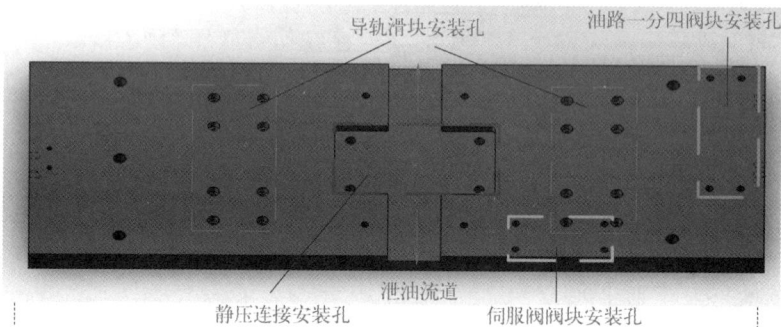

图 9-6 进给工作台

如图 9-6 所示，进给工作台的设计贴合静压连接机构外套单元底部尺寸设计，并预先开出宽度 40mm、深度 5mm 的十字形凹槽回油流道，在进给工作台上表面预留油路一分四阀块安装孔、伺服阀阀块安装孔、静压连接安装孔、导轨滑块安装孔和后续不同负载加载孔，工作台侧面预留限位传感器撞块安装孔。关于进给工作台的设计尺寸，长度上考虑到了油托两侧上加装的光栅尺以及原点开关、限位传感器；宽度上考虑到了由于下方连接的导轨滑块在安装时，两滑块之间应预留出至少一个滑块长度距离的间隙，而选型决定的 THK 公司的 SHS 系列钢球滚珠导轨上单个 LM 滑块长度为 64.4mm，考虑结构的紧凑性，故设计的进给工作台尺寸为 560mm×200mm。

为了能使工作平台可以做到在静压工况与非静压工况之间进行转换，并且不用考虑拆换静压连接机构带来的精度破坏问题，采用了两种连接块互换的形式，两种连接块如图 9-7

所示。

　　进给系统进行静压模式工作时，使用静压连接块，通过液压油泵泵入液压油在压力腔空隙处产生液压油膜，从而实现静压配合。同时在静压连接块与外套单元之间还可以加垫不同厚度的黄铜垫片，以此来调节静压油腔间隙，增加微位移运动的行程量。进行非静压模式工作时，将静压连接块更换为非静压连接块，非静压连接

图 9-7　静压连接塞与非静压连接塞

块相较于静压连接块而言，突出圆柱连接处长度稍长一些，多出的长度填补静压工作时的压力油腔空隙，使得静压连接机构中心部分挤压顶死，从而构成一个传统的机械连接机构，且非静压连接块没有进油通道。

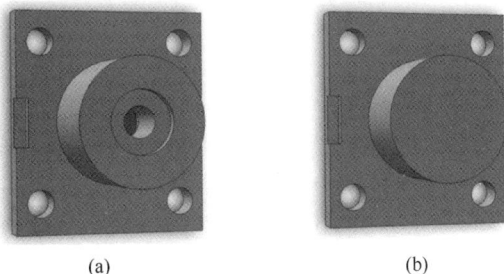

　　整个静压连接工作部分由液压油泵、主油路一分四连接阀块、节流阀、电液伺服阀、伺服阀连接块、静压支承连接机构以及各连接油管组成。电液伺服阀经由伺服阀连接块与工作平台相连接。伺服阀连接块如图 9-8 所示。

　　主油路一分四连接阀块上设置 5 个油管连接孔，其中 1 个主油路油管连接孔与液压泵站相连，主油管油液压力与液压泵站出油口压力相等；3 个节流阀连接孔，经节流阀与 1 个节流油腔和两个恒压油腔连接；1 个电液伺服阀阀块连接孔，此油路中油压与主油路油压相等，经电液伺服阀阀块流入电液伺服阀进油口，此路油压由电液伺服阀调节。

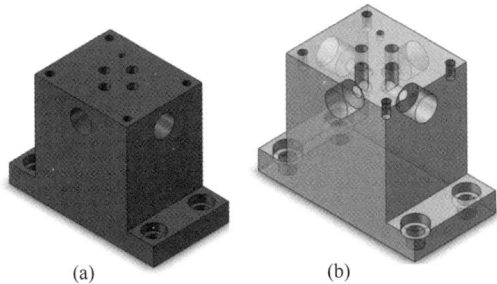

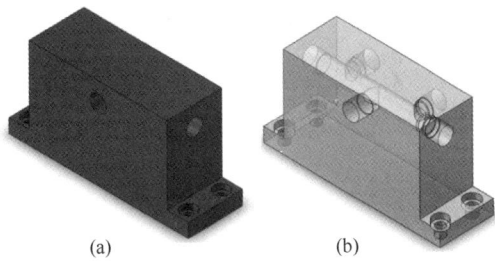

图 9-8　伺服阀连接块　　　　　　　　　图 9-9　主油路一分四油路连接阀块

　　工作时，液压油泵通过连接把液压油泵入伺服阀连接块，经由连接块流道流入伺服阀再流入静压连接机构。上述工作流程具体实施方式：

　　进油时，液压泵站泵油经主油路进入图 9-9 所示一分四油路连接阀块，分别进入四个静压油腔中，电液伺服调节油路中液压油流入伺服阀连接块负载流道 1，经由伺服阀连接块油口 1 进入伺服阀进油口 P，通过电液伺服阀出油口 1 流入伺服阀连接块负载流道 2，负载流道 2 与静压连接块上进油流道流入静压压力油腔。其余三条油路中的液压油经由节流阀调节油压分别进入一个节流油腔和两个恒压油腔。

　　泄油时，静压压力腔中的液压油经由芯轴单元泄油通孔流入外套单元内壁腔，再通过内壁腔下部泄油通孔流出静压连接机构，进入工作平台上预先开出的油槽中，再通过工作平台油槽中的泄油口流入油托，经蠕动泵回油箱。油液流动路径如图 9-10 所示。

9.1.2.4　宏微双驱动机构工作原理介绍

　　传动进给系统主要采用滚珠丝杠螺母副、静压导轨等高传动效率、无间隙的传动装置和

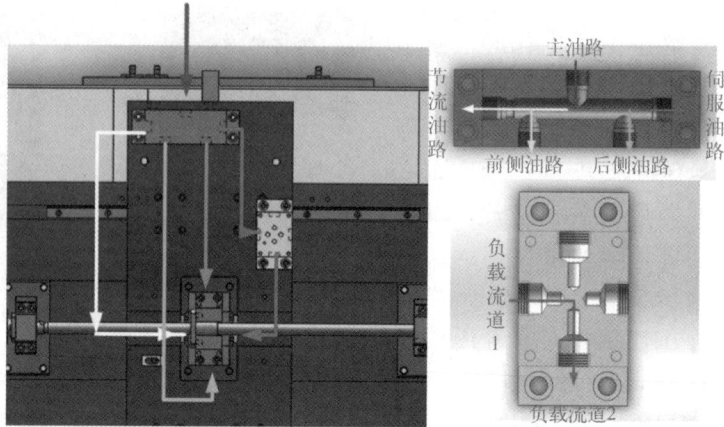

图 9-10　微动平台工作时油液流动路径

运动部件来实现运动工作台的精度定位，但对于一些加工精度要求高的精密零件而言，传统传动定位往往不能精确实现零件加工要求，因此设计了一种基于静压支承的滚珠丝杠宏微双驱动伺服系统。

　　双驱动进给系统工作时，向总控制器输入期望进给值，总控制器经过计算向伺服电机驱动器发送信号，利用丝杠螺母传动副实现电机旋转运动变为运动平台直线进给的转换，通过油托侧方安装的光栅尺来检测工作台的宏观进给位移，进而发出反馈信号。当进给工作台完成宏观进给时，总控制器收集工作台位置信息并计算误差向电液驱动器发出指令，形成宏观进给运动的闭环控制；微观运动时，静压连接装置上的四个静压油腔分配为一个节流油腔、一个电液伺服阀调节油腔和两个恒压油腔，进给工作台在完成宏观位移后得到的误差值，由总控制器向电液伺服阀发出补偿信号，液压油液由泵站向主油路一分四阀块输入，通过节流阀的调节，使得除电液伺服阀调节油腔外的三个油腔保持恒定油压，高压液压油经过电液伺服阀进入调压油腔中，通过调节电液伺服阀阀口开度来调节调压油腔中的压力，进而可以调节静压支承装置内油膜厚度。在压力差的作用下推动静压支承装置中芯轴单元产生位移，当静压支承装置中相对应油腔达到动态压力平衡时，完成微位移运动。微位移运动的检测单元是位于进给工作台上的电涡流位移传感器，通过检测芯轴单元与外套单元之间的相对位移量，作为微观运动的反馈信号，形成微观进给运动的闭环控制，实现对工作台宏进给运动误差的补偿。宏微双驱动伺服系统控制简图如图 9-11 所示。

　　这种基于静压支承的滚珠丝杠宏微双驱动伺服系统，除了可以在静压支承的情况下完成双驱动进给运动的实现，还可以变装成传统滚珠丝杠的伺服电机单驱动刚性固连进给机构，同时也能完成不同微观位移量的双驱动位移补偿。因此，相对于传统意义上单驱动进给工作台，基于静压支承的滚珠丝杠宏微双驱动伺服系统能够更好地实现工作台进给过程中精确的位移和运动性能，而不同驱动模式之间的转换也在很大程度上提高了进给实验工作台的使用范围。

9.1.3　运动控制系统介绍

9.1.3.1　测量系统选型介绍

　　双驱动进给实验台的设计定位精度为微纳尺度，测量系统由光栅尺和电涡流位移传感器

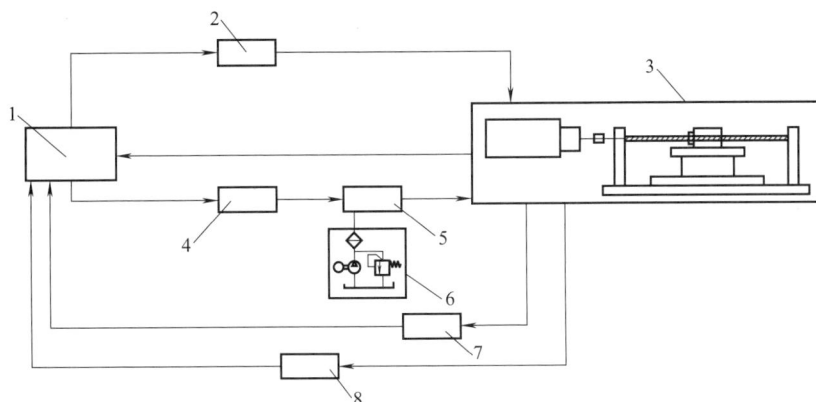

图 9-11　宏微双驱动伺服系统控制简图

1—总控制器；2—伺服电机驱动器；3—进给实验板块；4—电液伺服放大器；5—电液伺服阀；
6—液压泵站；7—电涡流位移传感器；8—光栅尺

进行测量反馈，其中光栅尺采用雷尼绍 TONIC 系列 RTLC20 型紧凑型光栅尺系统。雷尼绍 TONIC 读数头采用第三代光学滤波系统，受噪声抖动更低，包括自动增益控制和自动偏置控制在内的动态信号处理使其功能更强大，其超低电子细分误差可实现更为平稳的速度控制，扫描性能和位置稳定性都获得提高。雷尼绍 TONIC 读数头还有一个可分离的模拟或数字接口，接口提供的数字信号经细分后分辨率可达 1 nm，定时输出数字信号保证了所有分辨率下各种工业标准控制器的最佳速度性能。光栅尺测量精度满足预期设计要求，同时光栅尺还搭配了参考零位选择器和限位磁体用以方便光栅尺的使用。

为了实现电液位置伺服系统的闭环控制，需要运用位移传感器来对移动工作平台的位置变化量进行实时的测量反馈，这项信息对于设计的位移控制系统尤为重要。所以，设计选取的位移传感器需要具有高可靠性、高测量精度的特点。比较市面上现有的位移传感器，结合移动工作台的工作情况，设计选取电涡流位移传感器。电涡流位移传感器的工作原理：在电涡流位移传感器的初级线圈上加上高频励磁电压时，初级线圈中的励磁电流通过电磁场耦合，在次级线圈上感应出交流电压。由于两个次级线圈极性相反地连接在一起，因而当铁芯处于中间位置时，两个次级线圈的感应电压大小相等、相位相反，电涡流位移传感器的输出信号值为零。当铁芯偏离中点时，由于初级线圈和两个次级线圈之间的互感不相等，相应的感应电压也有区别。因而电涡流位移传感器的输出信号电压和铁芯相对中点位置的位移量成正比。电涡流位移传感器属于非接触式位移传感器。由于电涡流位移传感器是工作平台位置控制系统中的反馈元件，所测元件在液压系统驱动下工作。所以在选取时，应要求所选择的电涡流位移传感器具有可长期可靠工作、灵敏度高、抗干扰能力高、响应速度快、不受水油等杂质影响的特点。考虑到进给工作台上安装空间限制，所以选用南京株洲中航科技发展有限公司的 ZA21 系列电涡流位移传感器，其搭配 ZA-210301-00-05-50-02 型传感器探头和 ZA-210300-50-01-01-01 型电涡流位移传感器前置器。传感器探头采用公制无螺纹高频探头方便安装、减少无效的螺纹长度、使拧接螺栓更为快捷，探头及自带电缆长度选用 5m，为后续线路布局预留出了足够余量，位移传感器增益为 $K_f=50\text{V/m}$。通过测量金属被测物体与探头端面的相对位置、电涡流位移传感器感应并处理成相应的电信号输出。

9.1.3.2 伺服驱动系统介绍

驱动系统主要包括松下伺服电机以及配套使用的驱动器。其中伺服电机选择松下公司的 MINAS-A6 系列伺服电机，该系列电机结构更加紧凑，方便系统集成，且伺服电机整体小巧轻盈，小型轻量化与高速、大转矩化并存。伺服电机配套的驱动器可以实现对伺服电机的多功能控制。驱动器搭载了平滑滤波器，可自动过滤图像识别时的干扰因素，更好实现研究所需的高精度定位要求。而且选择的伺服电机驱动器兼容多种通信协议，得益于其通信协议的兼容性为后续对于双驱动进给系统的控制开发提供了很大便利。电机和驱动器相应参数如表 9-2 所示。

表 9-2 伺服电机参数

电机型号	额定功率	额定转矩	最大转矩	转子惯量	额定转速	最大转速
MHMF042LIU2M	400W	1.27N·m	4.46N·m	$0.58\times10^{-4}\text{kg}\cdot\text{m}^2$	3000r/min	6500r/min

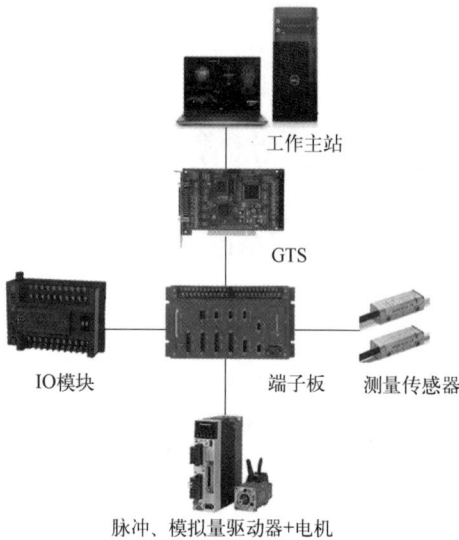

图 9-12 控制系统架构图

控制器的系统架构图如图 9-12 所示。控制系统选用了固高公司生产的 GTS-400-PV（G）-PCI 系列运动控制器，可以实现高速的点位运动控制。其核心由 DSP 和 FPGA 组成，可以实现高性能的控制计算。GTS-400-PV（G）-PCI 系列运动控制器以 IBM-PC 及其兼容机为主机，提供标准的 PCI 总线接口产品。运动控制器提供 C 语言等函数库和 Windows 动态链接库，实现复杂的控制功能。用户能够将这些控制函数与自己控制系统所需的数据处理、界面显示、用户接口等应用程序模块集成在一起，建造符合特定应用需求的控制系统，以适应各种应用领域的要求。

9.1.3.3 液压控制系统介绍

液压控制系统主要由电液伺服阀以及液压泵站组成。电液伺服阀采用南京 609 所 FF-102 电液伺服阀及对应伺服放大器，电液伺服阀采用的永磁型力矩马达，由两个永磁体、一组衔铁组件、上导磁组件、下导磁组件及两个线圈等组成。FF-102 系列电液伺服阀为力反馈两级双喷嘴挡板流量伺服阀，在 21MPa 压差下，其流量范围为 2~30L/min。该系列伺服阀采用全不锈钢壳体、内部结构紧凑，结构强度高，体积和重量较小。具有动态响应快、线性度好、工作性能稳定、可靠性高的优点，同时其小巧的体积也方便进给工作台上其他零部件的安装。

液压泵站使用明翔液压系统提供的自选搭配液压油泵站，泵站油箱储量 80L，流量 13L/min，配带 DB10 溢流阀、LS3 液位计、JL-08 过滤网以及 $5\mu\text{m}$ 级出油过滤和 $10\mu\text{m}$ 级回油过滤。

9.2 基于静压支承的宏微双驱动伺服系统的动态特性建模与分析

本章通过集中参数法和弹簧法相结合，构建了滚珠丝杠进给系统的动力学模型，依据拉格朗日方程求解了滚珠丝杠进给系统的运动微分方程，并通过系统传递函数矩阵结合进给系统主要参数实现对于滚珠丝杠伺服进给系统的频响特性计算，对于进给系统在不同工作台质量和不同扭转刚度下的动态特性进行了分析。

9.2.1 宏微双驱动滚珠丝杠进给系统的动力学建模

研究滚珠丝杠进给系统的动态特性可以帮助了解其响应速度、稳定性等方面的性能，确定滚珠丝杠进给系统的动态响应，并进一步优化系统的设计和控制方案。对于进给系统来说，系统本身的动态特性在系统运行时对运动的控制性能、工件的加工质量和系统整体运作的稳定性都有显著影响。通过对系统动态特性的分析可以明确影响系统响应速度和稳定性的因素，提高系统的定位精度，在工件加工过程中保证加工的稳定性和精度。进给系统的动态特性受系统刚度、加工工作台的位置以及加工工件的质量等多方面的影响。了解系统的动态特性对于优化设计参数、避免进给系统在共振频率下工作等有重要意义，一方面可以帮助确定适合的工作参数以提高加工质量和加工效率；另一方面可节约人力财力。因此，准确建立进给系统动力学模型、多方面分析系统的动态特性十分重要。

9.2.1.1 双驱动进给系统动力学建模方法

目前，针对滚珠丝杠进给系统的动力学建模主要有四种：集中参数模型、分布参数模型、有限元模型和混合模型。集中参数模型将滚珠丝杠进给系统简化为若干个集中的质点和弹性元件，并假设系统各部分之间没有传递延迟和相位差。利用牛顿第二定律和胡克定律，可以建立系统的运动方程。该模型适用于系统结构简单、刚度和阻尼变化较小的情况。分布参数模型通过将滚珠丝杠进给系统划分为无数个小单元，将质点和弹性元件分布在每个单元中，通过积分求和的方式建立系统的运动方程。该模型适用于系统结构复杂、刚度和阻尼变化较大的情况。

有限元模型利用有限元法，将滚珠丝杠进给系统划分为有限个单元，建立系统的有限元方程。该模型适用于系统结构复杂、刚度和阻尼变化非常大的情况。混合模型将集中参数模型和分布参数模型或有限元模型结合起来，通过简化系统的部分结构或采用更精确的模型来建立系统的运动方程。该模型适用于系统结构较复杂、同时存在较大和较小尺度的结构特点的情况。综上所述，不同的动力学建模方法适用于不同的滚珠丝杠进给系统结构和特点，选择合适的模型可以更准确地描述系统的动态性能和行为。

9.2.1.2 双驱动系统的动力学模型

滚珠丝杠双驱动滚珠丝杠进给系统的机械机构如图 9-13 所示，现利用集中参数法和弹簧法相结合建立进给系统的动力学模型，将工作台视为集中质量单元；丝杠均分为三段视为三个集中质量单元和惯性力矩单元，每一段均分丝杠之间采用弹簧阻尼单元进行连接；静压支承机构视为一个集中质量单元和弹簧阻尼单元；进给系统基台基座视为集中质量单元；其他结合部如螺母、轴承、导轨滑块等视为弹簧阻尼单元。由于伺服进给系统的动态特性主要受各部件结合部处传动刚度的影响，而结合部传动刚度主要是电机、轴承、丝杠、螺母、静压连接、工作台和导轨滑块的结合部传动刚度。为了分析滚珠丝杠伺服进给系统的动态特性，采用集中质量法和弹簧法建立系统的结构动力学等效模型。

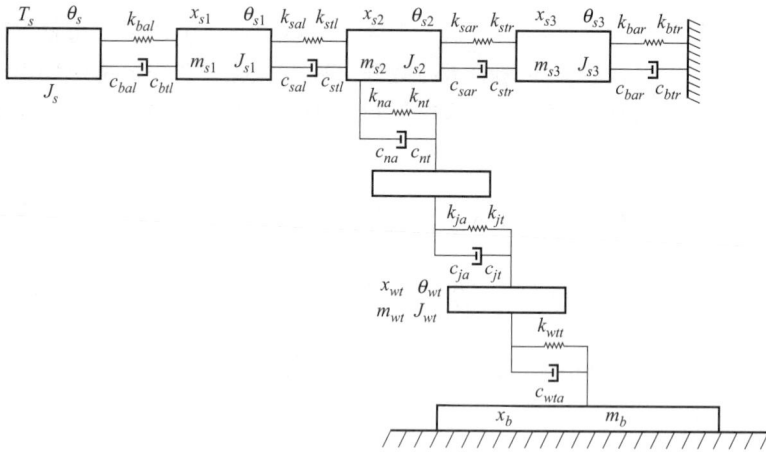

图 9-13　滚珠丝杠进给系统弹性结构模型

在建立的弹性结构模型中，将滚珠丝杠均分为三个部分，取工作台位置在丝杠中心段分析系统的动态特性。图 9-13 中各参数的含义为：伺服电机的转矩 T_s、转动惯量 J_s、旋转角 θ_s；滚珠丝杠质量 m_{s1}、m_{s2}、m_{s3}；进给工作台质量 m_{wt}；基座基台质量 m_b；轴承轴向刚度 k_{bal}、k_{bar}；滚珠丝杠轴向刚度 k_{sal}、k_{sar}；螺母轴向刚度 k_{na}；基座基台轴向刚度 k_b；静压连接机构轴向刚度 k_{ja}；滚珠丝杠扭转刚度 k_{stl}、k_{str}；螺母扭转刚度 k_{nt}；静压螺母扭转刚度 k_{jt}；滑块扭转刚度 k_{wtt}；滚珠丝杠旋转角位移 θ_{s1}、θ_{s2}、θ_{s3}；进给工作台旋转角位移 θ_{wt}、滚珠丝杠转动惯量 J_{s1}、J_{s2}、J_{s3}；进给工作台转动惯量 J_{wt}；轴承轴向阻尼 c_{bal}、c_{bar}；滚珠丝杠轴向阻尼 c_{sal}、c_{sar}；螺母轴向阻尼 c_{na}；滑块轴向阻尼 c_{wta}；轴承扭转阻尼 c_{btl}、c_{btr}；滚珠丝杠扭转阻尼 c_{stl}、c_{str}；螺母扭转阻尼 c_{nt}；静压连接机构轴向阻尼 c_{ja}；静压连接机构扭转阻尼 c_{jt}；滚珠丝杠位移 x_{s1}、x_{s2}、x_{s3}；进给工作台位移 x_{wt}；基座基台位移 x_b。

对进给系统的动力学模型进行能量计算，确定滚珠丝杠进给系统的总动能、总势能以及总的耗散能，采用拉格朗日第二类方程对图 9-13 所示的滚珠丝杠伺服进给系统的弹性模型进行数学建模，通过计算完成丝杠伺服进给系统的总动能、总势能和总耗散能的确定，得出滚珠丝杠进给系统的动力学方程矩阵。拉格朗日第二方程是通过系统的能量来计算系统的运动微分方程，在解决系统振动问题和刚体连接问题上具有重要作用。由于在构建的系统结构动力学等效模型中将滚珠丝杠进行了三段均分处理，所以在计算伺服进给系统动能方程、势能方程和耗散能方程时，需要分别计算三段均分丝杠的动能方程、势能方程和耗散能方程，通过相加得到丝杠的总动能方程、总势能方程和总耗散能方程。

9.2.1.3　双驱动进给系统的动能方程

由于将丝杠均分成了三部分，故对左段丝杠的动能、中段丝杠的动能以及右段丝杠的动能分别进行计算，结果相加得到丝杠的总动能，再依据丝杠的总动能、进给工作台的动能和基座基台的动能，相加确定进给系统的总动能。

对三段均分丝杠分别进行动能方程的计算：

左端丝杠动能为：

$$T_1 = \frac{1}{2} m_{s1} \dot{x}_{s1}{}^2 + \frac{1}{2} J_{s1} \dot{\theta}_{s1}{}^2 \tag{9-1}$$

中段丝杠动能为：

$$T_2 = \frac{1}{2} m_{s2} \dot{x}_{s2}{}^2 + \frac{1}{2} J_{s2} \dot{\theta}_{s2}{}^2 \tag{9-2}$$

右段丝杠动能为：

$$T_3 = \frac{1}{2} m_{s3} \dot{x}_{s3}{}^2 + \frac{1}{2} J_{s3} \dot{\theta}_{s3}{}^2 \tag{9-3}$$

丝杠总动能为：

$$T_s = T_1 + T_2 + T_3 \tag{9-4}$$

工作台动能为：

$$T_{wt} = \frac{1}{2} m_{wt} \dot{x}_{wt}{}^2 + \frac{1}{2} J_{wt} \dot{\theta}_{wt}{}^2 \tag{9-5}$$

基座动能为：

$$T_b = \frac{1}{2} m_b \dot{x}_b{}^2 \tag{9-6}$$

系统总动能为：

$$T_Z = T_s + T_{wt} + T_b \tag{9-7}$$

式中，m_{s1}、m_{s2}、m_{s3} 是三段均分滚珠丝杠的质量；m_{wt} 是进给工作台质量；m_b 是基座基台质量；θ_{s1}、θ_{s2}、θ_{s3} 是三段均分滚珠丝杠的旋转角位移；θ_{wt} 是进给工作台的旋转角位移；J_{s1}、J_{s2}、J_{s3} 是三段均分滚珠丝杠的转动惯量；J_{wt} 是进给工作台的转动惯量；x_{s1}、x_{s2}、x_{s3} 是三段均分滚珠丝杠的平动位移；x_{wt} 是进给工作台的平动位移；x_b 是基座基台的平动位移。

9.2.1.4　双驱动进给系统的耗散能方程

由于将丝杠均分成了三部分，故对左段丝杠的耗散能、右段丝杠的耗散能以及丝杠螺母的耗散能分别进行计算，结果相加得到丝杠的总耗散能，再依据丝杠的总耗散能、进给工作台的耗散能、基座基台的耗散能、滑块的耗散能、轴承的耗散能以及静压支承机构的耗散能，相加确定进给系统的总耗散能。

对三段均分丝杠分别进行耗散能方程的计算：

左段丝杠耗散能：

$$D_1 = \frac{1}{2} c_{stl} (\dot{\theta}_{s1} - \dot{\theta}_{s2})^2 + \frac{1}{2} c_{sal} (\dot{x}_{s1} - \dot{x}_{s2})^2 \tag{9-8}$$

右段丝杠耗散能：

$$D_2 = \frac{1}{2} c_{str} (\dot{\theta}_{s2} - \dot{\theta}_{s3})^2 + \frac{1}{2} c_{sar} (\dot{x}_{s2} - \dot{x}_{s3})^2 \tag{9-9}$$

轴承耗散能：

$$D_{bl} = \frac{1}{2} c_{bal} \dot{x}_{s1}{}^2 + \frac{1}{2} c_{bar} \dot{x}_3{}^2 + \frac{1}{2} c_{btl} \dot{\theta}_{s1}{}^2 + \frac{1}{2} c_{btr} \dot{\theta}_{s3}{}^2 \tag{9-10}$$

丝杠螺母耗散能：

$$D_n = \frac{1}{2} c_{na} \left[\dot{x}_{wt} - \dot{x}_{s2} - \frac{\dot{\theta}_{s2}}{\eta} \right]^2 + \frac{1}{2} c_{nt} \left[(\dot{x}_{wt} - \dot{x}_{s1}) \eta - \dot{\theta}_{s2} \right]^2 \tag{9-11}$$

式中，η 为螺母副的传动比，$\eta = S/2\pi$；S 为丝杠导程。

滑块导轨耗散能：

$$D_{wta} = \frac{1}{2} c_{wta} \dot{x}_{wta}{}^2 \tag{9-12}$$

基座耗散能：

$$D_b = \frac{1}{2} c_b \dot{x}_b{}^2 \tag{9-13}$$

静压支承耗散能：

$$c_j = \left(\frac{1}{c_{js}} + \frac{1}{c_{jx}} \right)^{-1} \tag{9-14}$$

$$D_j = \frac{1}{2} c_{ja} \left[\dot{x}_{wt} - \dot{x}_{s2} - \frac{\dot{\theta}_{s3}}{\eta} \right]^2 + \frac{1}{2} c_{jt} \left[(\dot{x}_{wt} - \dot{x}_{s2}) \eta - \dot{\theta}_{s2} \right]^2 \tag{9-15}$$

系统总耗散能：

$$D_Z = D_1 + D_3 + D_{bl} + D_n + D_{wta} + D_b + D_j \tag{9-16}$$

式中，c_{bal}、c_{bar} 是轴承的轴向阻尼；c_{sal}、c_{sar} 是均分滚珠丝杠的轴向阻尼；c_{na} 是螺母的轴向阻尼；c_{wta} 是滑块的轴向阻尼；c_{btl}、c_{btr} 是轴承的扭转阻尼；c_{stl}、c_{str} 是均分滚珠丝杠的扭转阻尼；c_{nt} 是螺母的扭转阻尼；c_{ja} 是静压连接机构的轴向阻尼；c_{jt} 是静压连接机构的扭转阻尼。

9.2.1.5 双驱动进给系统的势能方程

由于将丝杠均分成了三部分，故对左段丝杠的势能、右段丝杠的势能以及丝杠螺母的势能分别进行计算，结果相加得到丝杠的总耗散能，再依据丝杠的总势能、进给工作台的势能、基座基台的势能、滑块的势能、轴承的势能以及静压支承机构的势能，相加确定进给系统的总势能。

对三段均分丝杠分别进行耗散能方程的计算：

左段丝杠势能：

$$V_1 = \frac{1}{2} k_{sal} (x_{s1} - x_{s2})^2 + \frac{1}{2} k_{stl} (\theta_{s1} - \theta_{s2})^2 \tag{9-17}$$

右段丝杠势能：

$$V_3 = \frac{1}{2} k_{sar} (x_{s2} - x_{s3})^2 + \frac{1}{2} k_{str} (\theta_{s2} - \theta_{s3})^2 \tag{9-18}$$

螺母势能：

$$V_n = \frac{1}{2} k_{na} \left(x_{wt} - x_{s2} - \frac{\theta_{s2}}{\eta} \right)^2 + \frac{1}{2} k_{nt} \left(\theta_{wt} - \frac{\theta_{s1} + \theta_{s2} + \theta_{s3}}{3} \right)^2 \tag{9-19}$$

工作台势能:

$$V_{wt} = \frac{1}{2} k_{wtt} \theta_{wt}^{\,2} \tag{9-20}$$

基座势能:

$$V_b = \frac{1}{2} k_b \theta_b^{\,2} \tag{9-21}$$

静压支承势能:

$$k_j = k_{js} + k_{jx} \tag{9-22}$$

$$V_j = \frac{1}{2} k_{ja} \left(x_{wt} - x_{s2} - \frac{\theta_{s2}}{\eta} \right)^2 + \frac{1}{2} k_{jt} \left(\theta_{wt} - \frac{\theta_{s1} + \theta_{s2} + \theta_{s3}}{3} \right)^2 \tag{9-23}$$

轴承势能:

$$V_{bl} = \frac{1}{2} k_{bal} x_{s1}^{\,2} + \frac{1}{2} k_{bar} x_{s3}^{\,2} \tag{9-24}$$

系统总势能:

$$V_Z = V_1 + V_3 + V_n + V_{wt} + V_b + V_n + V_j \tag{9-25}$$

式中, k_{bal}、k_{bar} 是轴承的轴向刚度; k_{sal}、k_{sar} 是均分滚珠丝杠的轴向刚度; k_{na} 是螺母的轴向刚度; k_b 是基座基台的轴向刚度; k_{ja} 是静压连接机构的轴向刚度; k_{stl}、k_{str} 是均分滚珠丝杠的扭转刚度; k_{nt} 是螺母的扭转刚度; k_{jt} 是静压螺母的扭转刚度; k_{wtt} 是滑块的扭转刚度。

9.2.1.6　双驱动进给系统运动微分方程

通过上述计算所得的系统总动能、总势能和总耗散能,根据拉格朗日方程,系统的总动能、总势能、总耗散能之间的关系为:

$$\frac{\mathrm{d}}{\mathrm{d}t} \left[\frac{\partial L}{\partial \dot{q}_i} \right] - \frac{\partial L}{\partial q_i} + \frac{\partial D}{\partial \dot{q}_i} = Q_i \tag{9-26}$$

其中, L 为拉格朗日函数,取 $L = T\text{-}V$; D 为系统总耗散能。

定义滚珠丝杠伺服进给系统的广义坐标 q_i 和广义作用力 Q_i($i = 1$, 2, 3, 4, 5, 6, 7, 8, 9),如式(9-27)所示, Q_i 是对应于第 q_i 个坐标的广义力。

$$q_i = \begin{bmatrix} x_{s1} & x_{s2} & x_{s3} & x_{wt} & x_b & \theta_{s1} & \theta_{s2} & \theta_{s3} & \theta_{wt} \end{bmatrix}^{\mathrm{T}} \tag{9-27}$$

$$Q_i = \begin{bmatrix} 0 & 0 & 0 & F_a & 0 & T_s & 0 & 0 & 0 \end{bmatrix}^{\mathrm{T}} \tag{9-28}$$

式中, F_a 为横向载荷; T_s 为伺服电机输入转矩。

将系统的总动能式(9-7)、总耗散能式(9-16)、总势能式(9-25)、广义坐标式(9-27)、广义力式(9-28)代入拉格朗日方程式(9-26),得到广义坐标下系统的运动微分方程式(9-29)。

$$\begin{cases} m_{s1}\ddot{x}_{s1}-k_{bar}x_{s1}-\dfrac{k_{sal}}{2}(2x_{s1}-2x_{s2})+\dfrac{c_{sal}}{2}(2\dot{x}_{s1}-2\dot{x}_{s2})+c_{bal}\dot{x}_{s1}=0 \\[2mm] m_{s2}\ddot{x}_{s2}+\dfrac{k_{sal}}{2}(2x_{s1}-2x_{s2})-\dfrac{k_{sar}}{2}(2x_{s2}-2x_{s3})-\dfrac{k_{ja}}{2}\left(2x_{s2}-2x_{wt}+\dfrac{2\theta_{s2}}{\eta}\right)-\dfrac{k_{na}}{2}\left(2x_{s2}-2x_{wt}+\dfrac{2\theta_{s2}}{\eta}\right) \\[2mm] \quad +\dfrac{c_{ja}}{2}\left(2\dot{x}_{s2}-2\dot{x}_{wt}+\dfrac{2\dot{\theta}_{s2}}{\eta}\right)+\dfrac{c_{na}}{2}\left(2\dot{x}_{s2}-2\dot{x}_{wt}+\dfrac{2\dot{\theta}_{s2}}{\eta}\right)-\dfrac{c_{sal}}{2}(2\dot{x}_{s1}-2\dot{x}_{s2})+\dfrac{c_{sar}}{2}(2\dot{x}_{s2}-2\dot{x}_{s3})+\eta c_{jt}[\dot{\theta}_{s2}+\eta(\dot{x}_{s2}-\dot{x}_{wt})]=0 \\[2mm] m_{s3}\ddot{x}_{s3}+\dfrac{k_{sar}}{2}(2x_{s2}-2x_{s3})+c_{bar}\dot{x}_{s3}-\dfrac{c_{sar}}{2}(2\dot{x}_{s2}-2\dot{x}_{s3})=0 \\[2mm] m_{wt}\ddot{x}_{wt}+\dfrac{k_{ja}}{2}\left(2x_{s2}-2x_{wt}+\dfrac{2\theta_{s2}}{\eta}\right)+\dfrac{k_{na}}{2}\left(2x_{s2}-2x_{wt}+\dfrac{2\theta_{s2}}{\eta}\right)+c_{wta}\dot{x}_{wt}-\dfrac{c_{ja}}{2}\left(2\dot{x}_{s2}-2\dot{x}_{wt}+\dfrac{2\dot{\theta}_{s2}}{\eta}\right) \\[2mm] \quad -\dfrac{c_{na}}{2}\left(2\dot{x}_{s2}-2\dot{x}_{wt}+\dfrac{2\dot{\theta}_{s2}}{\eta}\right)-\eta c_{jt}[\dot{\theta}_{s2}+\eta(\dot{x}_{s2}-\dot{x}_{wt})]-\eta c_{nt}[\dot{\theta}_{s2}+\eta(\dot{x}_{s2}-\dot{x}_{wt})]=F_a \\[2mm] m_b\ddot{x}_b-k_bx_b+c_b\dot{x}_b=0 \\[2mm] J_{s1}\ddot{\theta}_{s1}-\dfrac{k_{stl}}{2}(2\theta_{s1}-2\theta_{s2})-\dfrac{k_{jt}}{2}\left(\dfrac{2}{9}\theta_{s1}+\dfrac{2}{9}\theta_{s2}+\dfrac{2}{9}\theta_{s3}-\dfrac{2}{3}\theta_{wt}\right)-\dfrac{k_{nt}}{2}\left(\dfrac{2}{9}\theta_{s1}+\dfrac{2}{9}\theta_{s2}+\dfrac{2}{9}\theta_{s3}-\dfrac{2}{3}\theta_{wt}\right) \\[2mm] \quad +\dfrac{c_{stl}}{2}(2\dot{\theta}_{s1}-2\dot{\theta}_{s2})+c_{btl}\dot{\theta}_{s1}=T_s \\[2mm] J_{s2}\ddot{\theta}_{s2}+\dfrac{k_{stl}}{2}(2\theta_{s1}-2\theta_{s2})-\dfrac{k_{str}}{2}(2\theta_{s2}-2\theta_{s3})-\dfrac{k_{jt}}{2}\left(\dfrac{2}{9}\theta_{s1}+\dfrac{2}{9}\theta_{s2}+\dfrac{2}{9}\theta_{s3}-\dfrac{2}{3}\theta_{wt}\right)-\dfrac{k_{nt}}{2}\left(\dfrac{2}{9}\theta_{s1}+\dfrac{2}{9}\theta_{s2}+\dfrac{2}{9}\theta_{s3}-\dfrac{2}{3}\theta_{wt}\right) \\[2mm] \quad -\dfrac{k_{ja}}{\eta}\left(x_{s2}-x_{wt}+\dfrac{\theta_{s2}}{\eta}\right)-\dfrac{k_{na}}{\eta}\left(x_{s2}-x_{wt}+\dfrac{\theta_{s2}}{\eta}\right)+\dfrac{c_{str}}{2}(2\dot{\theta}_{s2}-2\dot{\theta}_{s3})-\dfrac{c_{stl}}{2}(2\dot{\theta}_{s1}-2\dot{\theta}_{s2})=0 \\[2mm] J_{s3}\ddot{\theta}_{s3}+\dfrac{k_{str}}{2}(2\theta_{s2}-2\theta_{s3})-\dfrac{k_{jt}}{2}\left(\dfrac{2}{9}\theta_{s1}+\dfrac{2}{9}\theta_{s2}+\dfrac{2}{9}\theta_{s3}-\dfrac{2}{3}\theta_{wt}\right)-\dfrac{k_{nt}}{2}\left(\dfrac{2}{9}\theta_{s1}+\dfrac{2}{9}\theta_{s2}+\dfrac{2}{9}\theta_{s3}-\dfrac{2}{3}\theta_{wt}\right) \\[2mm] \quad +c_{btr}\dot{\theta}_{s3}-\dfrac{c_{str}}{2}(2\dot{\theta}_{s2}-2\dot{\theta}_{s3})=0 \\[2mm] J_{wt}\ddot{\theta}_{wt}+\dfrac{k_{jt}}{2}\left(\dfrac{2}{9}\theta_{s1}+\dfrac{2}{9}\theta_{s2}+\dfrac{2}{9}\theta_{s3}-\dfrac{2}{3}\theta_{wt}\right)+\dfrac{k_{nt}}{2}\left(\dfrac{2}{9}\theta_{s1}+\dfrac{2}{9}\theta_{s2}+\dfrac{2}{9}\theta_{s3}-\dfrac{2}{3}\theta_{wt}\right)-k_{wtt}\theta_{wt}=0 \end{cases}$$

$$(9\text{-}29)$$

将式（9-26）的拉格朗日第二类方程变为矩阵形式：

$$M\ddot{q}_i+C\dot{q}_i+Kq_i=[F]=Q_i \tag{9-30}$$

式中，M 为伺服进给系统的质量矩阵；K 为伺服进给系统的刚度矩阵；C 为伺服进给系统的阻尼矩阵。

通过计算得到系统质量矩阵表达式为：

$$M=\mathrm{diag}[m_{s1},m_{s2},m_{s3},m_{wt},m_b,J_{s1},J_{s2},J_{s3},J_{wt}] \tag{9-31}$$

刚度矩阵的表达形式为：

$$K=\begin{bmatrix} -k_{bar}-k_{sal} & k_{sal} & 0 & 0 & 0 & 0 & 0 & 0 & 0 \\[2mm] k_{sal} & -k_{sal}-k_{sar}-k_{ja}-k_{na} & -k_{sar} & k_{ja}+k_{na} & 0 & 0 & -\dfrac{k_{ja}}{\eta}-\dfrac{k_{na}}{\eta} & 0 & 0 \\[2mm] 0 & -k_{sar} & -k_{sar}-k_{bar} & 0 & 0 & 0 & 0 & 0 & 0 \\[2mm] 0 & k_{ja}+k_{na} & 0 & -k_{ja}-k_{na} & 0 & 0 & \dfrac{k_{ja}}{\eta}+\dfrac{k_{na}}{\eta} & 0 & 0 \\[2mm] 0 & 0 & 0 & 0 & -k_b & 0 & 0 & 0 & 0 \\[2mm] 0 & 0 & 0 & 0 & 0 & -k_{stl}-\dfrac{k_{jt}}{9}-\dfrac{k_{nt}}{9} & k_{stl}-\dfrac{k_{jt}}{9}-\dfrac{k_{nt}}{9} & -\dfrac{k_{jt}}{9}-\dfrac{k_{nt}}{9} & \dfrac{k_{jt}}{3}+\dfrac{k_{nt}}{3} \\[2mm] 0 & -\dfrac{k_{ja}}{\eta}-\dfrac{k_{na}}{\eta} & 0 & \dfrac{k_{ja}}{\eta}+\dfrac{k_{na}}{\eta} & 0 & k_{stl}-\dfrac{k_{jt}}{9}-\dfrac{k_{nt}}{9} & -k_{stl}-k_{str}-\dfrac{k_{jt}}{9}-\dfrac{k_{nt}}{9}-\dfrac{k_{ja}}{\eta}-\dfrac{k_{na}}{\eta} & k_{str}-\dfrac{k_{jt}}{9}-\dfrac{k_{nt}}{9} & \dfrac{k_{jt}}{3}+\dfrac{k_{nt}}{3} \\[2mm] 0 & 0 & 0 & 0 & 0 & -\dfrac{k_{jt}}{9}-\dfrac{k_{nt}}{9} & k_{str}-\dfrac{k_{jt}}{9}-\dfrac{k_{nt}}{9} & -k_{str}-\dfrac{k_{jt}}{9}-\dfrac{k_{nt}}{9} & \dfrac{k_{jt}}{3}+\dfrac{k_{nt}}{3} \\[2mm] 0 & 0 & 0 & 0 & 0 & \dfrac{k_{jt}}{3}+\dfrac{k_{nt}}{3} & \dfrac{k_{jt}}{3}+\dfrac{k_{nt}}{3} & \dfrac{k_{jt}}{3}+\dfrac{k_{nt}}{3} & -k_{jt}-k_{nt}-k_{wtt} \end{bmatrix}$$

$$(9\text{-}32)$$

阻尼矩阵的表达形式为：

$$C=\begin{bmatrix} c_{sal}+c_{bal} & -c_{sal} & 0 & 0 & 0 & 0 & 0 & 0 & 0 \\ -c_{sal} & c_{ja}+c_{na}+c_{sal}+c_{sar}+\eta^2 c_{jt}+\eta^2 c_{nt} & -c_{sar} & -c_{ja}-c_{na}-\eta^2 c_{jt}-\eta^2 c_{nt} & 0 & 0 & \dfrac{c_{ja}}{\eta}+\dfrac{c_{na}}{\eta}+\eta c_{jt}+\eta c_{nt} & 0 & 0 \\ 0 & -c_{sar} & c_{sar}+c_{bar} & 0 & 0 & 0 & 0 & 0 & 0 \\ 0 & -c_{ja}-c_{na}-\eta^2 c_{jt}-\eta^2 c_{nt} & 0 & c_{uta}+c_{ja}+c_{na}+\eta^2 c_{jt}+\eta^2 c_{nt} & 0 & 0 & -\dfrac{c_{ja}}{\eta}-\dfrac{c_{na}}{\eta}-\eta c_{jt}-\eta c_{nt} & 0 & 0 \\ 0 & 0 & 0 & 0 & c_b & 0 & 0 & 0 & 0 \\ 0 & 0 & 0 & 0 & 0 & c_{stl}+c_{btl} & -c_{stl} & 0 & 0 \\ 0 & \dfrac{c_{ja}}{\eta}+\dfrac{c_{na}}{\eta}+\eta c_{jt}+\eta c_{nt} & 0 & -\dfrac{c_{ja}}{\eta}-\dfrac{c_{na}}{\eta}-\eta c_{jt}-\eta c_{nt} & 0 & -c_{stl} & c_{str}+c_{stl} & -c_{str} & 0 \\ 0 & 0 & 0 & 0 & 0 & 0 & -c_{str} & c_{str}+c_{btr} & 0 \\ 0 & 0 & 0 & 0 & 0 & 0 & 0 & 0 & 0 \end{bmatrix}$$

$$(9-33)$$

9.2.2　双驱动进给系统模态分析

9.2.2.1　模态分析基本理论

模态分析及参数识别是研究复杂机械和工程结构振动的重要方法。它通过对外部载荷和响应的时域或者频率进行分析，求得系统的频响参数或者传递函数。通过计算或者实验仿真求解得到的机械结构本身谐振频率、阻尼比和各阶相对应振型的过程称为模态分析，对于机械结构的模态分析可以指导研发人员在设计以及改进机械结构的过程中，避免因机械结构自身谐振频率或者工作情况所引起的共振现象。

由振动理论可知，在强迫激励的多自由度系统中运动方程为：

$$[m]\{\ddot{x}\}+[c]\{\dot{x}\}+[k]\{x\}=\{f(t)\} \tag{9-34}$$

对式子做拉式变换

$$(s[m]+s[c]+[k])\{X(s)\}=\{F(s)\} \tag{9-35}$$

根据传递函数的定义

$$[H(s)]=\frac{\{X(s)\}}{\{F(s)\}}=\frac{1}{s^2[m]+s[c]+[k]} \tag{9-36}$$

根据正则振型的正交性质得：

$$[\varphi]^{-\mathrm{T}}[M][\varphi]=\mathrm{diag}(M_r)$$
$$[\varphi]^{-\mathrm{T}}[K][\varphi]=\mathrm{diag}(K_r)$$
$$[\varphi]^{-\mathrm{T}}[C][\varphi]=\mathrm{diag}(C_r) \tag{9-37}$$

解得：

$$[M]=[\varphi]^{-\mathrm{T}}(M_r)[\varphi]^{-1}$$
$$[K]=[\varphi]^{-\mathrm{T}}(K_r)[\varphi]^{-1}$$
$$[C]=[\varphi]^{-\mathrm{T}}(C_r)[\varphi]^{-1} \tag{9-38}$$

将式（9-38）代入式（9-36）中可得：

$$H(s)=\sum_{r=1}^{N}\frac{\{\varphi\}_r\{\varphi\}_r^{\mathrm{T}}}{M_r s^2+C_r s+K_r} \tag{9-39}$$

令 $s=j\omega$，得到系统的频响函数矩阵：

$$H(\omega) = \sum_{r=1}^{N} \frac{\{\varphi\}_r \{\varphi\}_r^{\mathrm{T}}}{K_r - \omega^2 M_r + j\omega C_r} \tag{9-40}$$

9.2.2.2 双驱动进给系统谐响应分析

根据系统的具体参数，利用式（9-40）可对伺服进给系统进行频响特性计算。滚珠丝杠进给系统主要参数如表 9-3 所示。根据表 9-2 中的滚珠丝杠进给系统主要参数，结合式（9-40）计算，求解得滚珠丝杠伺服进给系统的前三阶谐振频率分别为：一阶谐振频率 $f_1 = 30.7\mathrm{Hz}$、二阶谐振频率 $f_2 = 280\mathrm{Hz}$、三阶谐振频率 $f_3 = 746\mathrm{Hz}$。如图 9-14 所示为滚珠丝杠伺服进给系统的频响特性曲线图，图中频响特性曲线波峰所对应的横坐标取值分别对应系统前三阶谐振频率，可以看出当工作台移动到滚珠丝杠中段位置时，其在对应频率为 30.7Hz 时存在严重的谐振现象，所以为了确保加工机床的加工精度，应该避免加工机床在此频率下工作。

表 9-3 滚珠丝杠进给系统主要参数

系统参数	数值
工作台质量 m_{wt}	16.7kg
丝杠质量 m_{s1}、m_{s2}、m_{s3}	0.42kg
基座质量 m_b	37.8kg
丝杠转动惯量 J_{s1}、J_{s2}、J_{s3}	$6.2 \times 10^{-4}\mathrm{kg \cdot m^2}$
轴承轴向刚度 k_{bal}、k_{bar}	$7.4 \times 10^7\mathrm{N/m}$
螺母轴向刚度 k_{na}	$2.7 \times 10^8\mathrm{N/m}$
丝杠扭转刚度 k_{stl}、k_{str}	$5.2 \times 10^4\mathrm{N \cdot m/rad}$
丝杠轴向刚度 k_{sal}、k_{sar}	$6.6 \times 10^7\mathrm{N/m}$
螺母轴向阻尼 c_{na}	$7 \times 10^5\mathrm{N \cdot s/m}$
轴承轴向阻尼 c_{bal}、c_{bar}	$1.2 \times 10^4\mathrm{N \cdot s/m}$
轴承扭转阻尼 c_{btl}、c_{btr}	$3.1 \times 10^{-6}\mathrm{N \cdot m \cdot s/rad}$
基座轴向刚度 k_b	$6.9 \times 10^8\mathrm{N/m}$
静压支承轴向刚度 k_{ja}	$5 \times 10^8\mathrm{N/m}$
静压支承扭转刚度 k_{jt}	$4.5 \times 10^4\mathrm{N \cdot m/rad}$
丝杠轴向阻尼 c_{sal}、c_{sar}	$5.5 \times 10^4\mathrm{N \cdot m \cdot s/rad}$

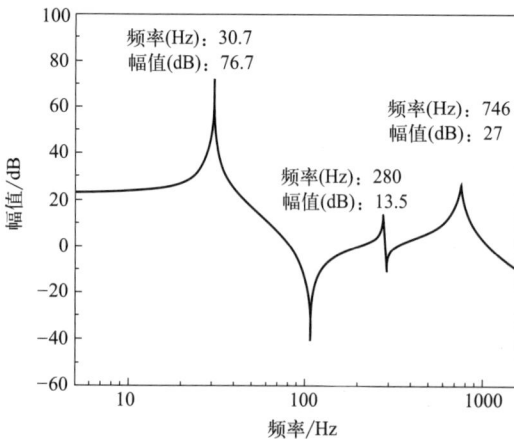

图 9-14 滚珠丝杠伺服进给系统的频响特性曲线

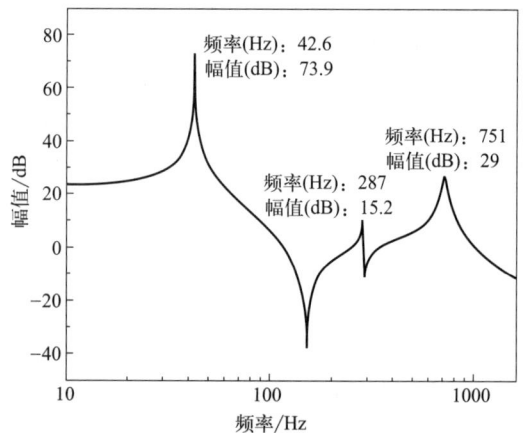

图 9-15 不同工作台位置时伺服进给系统的频响特性曲线

工作台在进给过程中，在滚珠丝杠不同位置时系统刚度矩阵也是变化的，这就导致系统的谐振频率产生变化，如图 9-15 所示为工作台运动到滚珠丝杠的 $0.1L$ 或 $0.9L$ 长度位置时双驱动进给系统的频响特性曲线，由图 9-15 中各阶谐振频率与图 9-14 中工作台在 $0.5L$ 滚珠丝杠长度位置时进给系统各阶谐振频率做对比，可知当工作台位于滚珠丝杠中间位置时，系统的谐振频率是最低的。

9.2.2.3　工作台质量变化对进给系统频响特性的影响

在数控加工机床工作时，工作台的质量包含了加工工件的质量，加工过程中工件的质量是随加工进度实时变化的，所以工作台的质量也是实时变化的。随着工作台质量的改变，对于系统的频响特性也有一定程度的影响。图 9-16 所示为工作台质量变化对于系统谐振频率的影响。图中工作台质量 m_{wt} 分别为 16.7kg、33.4kg、66.8kg，可以看出随着工作台质量的变化，滚珠丝杠进给系统的前二阶谐振频率都有一定程度的变化。如图 9-17 所示，工作台质量的变化对于系统一阶谐振频率影响最大，工作台质量增大时，系统的一阶谐振频率逐渐减小且减小跨度较大。相较于一阶谐振频率变化的高敏感性，二阶谐振频率对于工作台质量的变化响应并不明显，如图 9-18 所示，

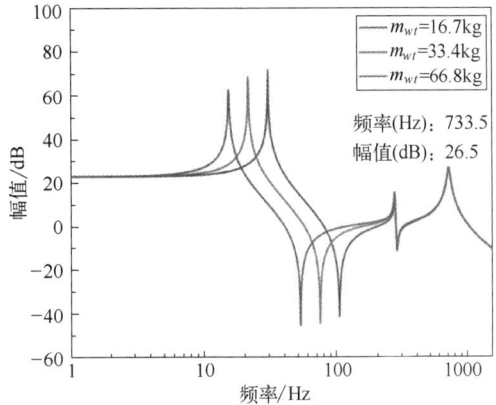

图 9-16　工作台质量变化对于系统谐振频率的影响

其变化趋势也如一阶谐振频率一样随工作台质量的增加而减小。而系统的三阶固有频率则几乎不受工作台质量变化的影响。

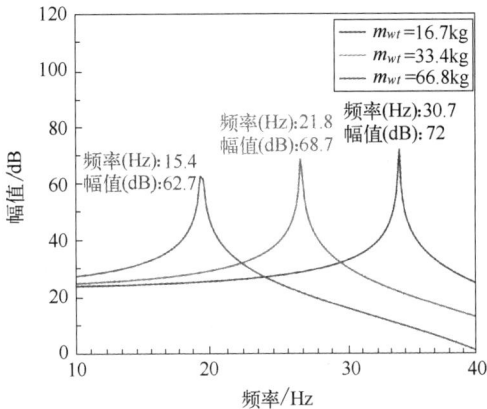

图 9-17　工作台质量变化对于系统第一阶谐振频率的影响

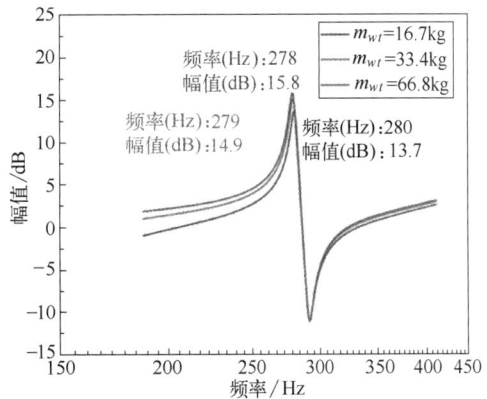

图 9-18　工作台质量变化对于系统第二阶谐振频率的影响

9.2.2.4　扭转刚度变化对进给系统频响特性的影响

对于扭转刚度变化对进给系统频响特性的影响，分别取系统扭转刚度为 k_{stl}、$80\% k_{stl}$、$120\% k_{stl}$ 时，不同的扭转刚度取值对于系统频响特性的影响。如图 9-19 所示为不同扭转刚度时系统的频响特性曲线，可以看出当扭转刚度变化，对于系统一阶谐振频率和二阶谐振频

率并没有明显影响，而系统的三阶谐振频率则受扭转刚度变化影响显著。图 9-20 为放大后系统三阶谐振频率的变化趋势，可以看出，当扭转刚度减小至 80% 时，系统的三阶谐振频率也随之减小；当扭转刚度增大至 120% 时，系统的三阶谐振频率也随之增大。由此可见，扭转振动主要影响系统的第三阶模态。

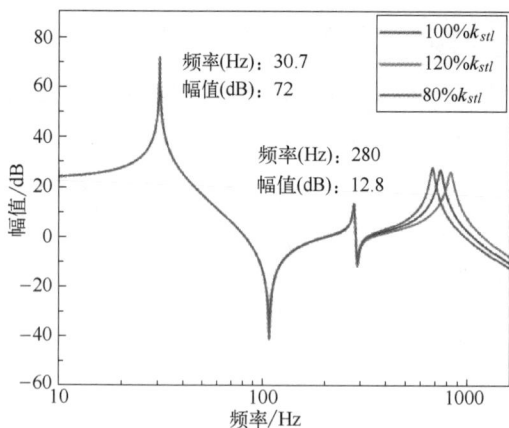

图 9-19　扭转刚度变化对于系统谐振频率的影响

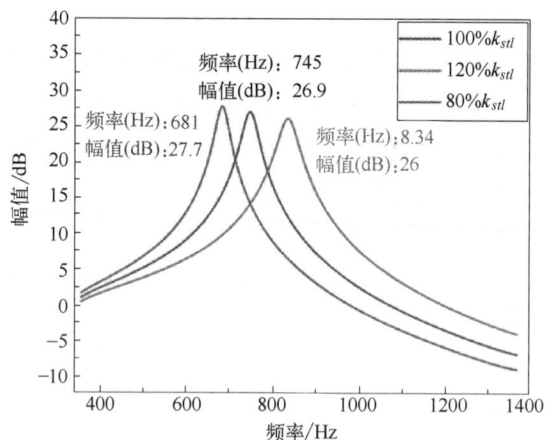

图 9-20　扭转刚度变化对于系统第三阶
谐振频率的影响

9.2.2.5　双驱动进给系统的有限元模型建立

为了进行进给系统结构的有限元振动特性分析，在 SolidWorks 绘图软件中绘制得到宏微双驱动滚珠丝杠进给机构的几何模型，保存 x_t 格式后将其导入 ANSYS WorkBench 中建立进给系统的分析模型。为了提高软件仿真计算的效率以及确保结果的准确性，将宏微双驱动滚珠丝杠进给机构的分析模型进行一些简化：忽略模型中的油托、光栅尺、电涡流位移传感器、电液伺服阀以及工作台上的安装阀块等；忽略影响计算结果的零件安装孔；忽略电机以及各部分的联轴器；忽略零部件上方便加工、装配的倒角等加工。

根据零部件实际连接方式对 Ansys WorkBench 中建立的分析模型添加连接组，对各轴承支承座、基台施加固定支承约束。对宏微双驱动滚珠丝杠进给机构的分析模型进行网格划分，一共划分出 75993 个网格单元，划分结果如图 9-21 所示。

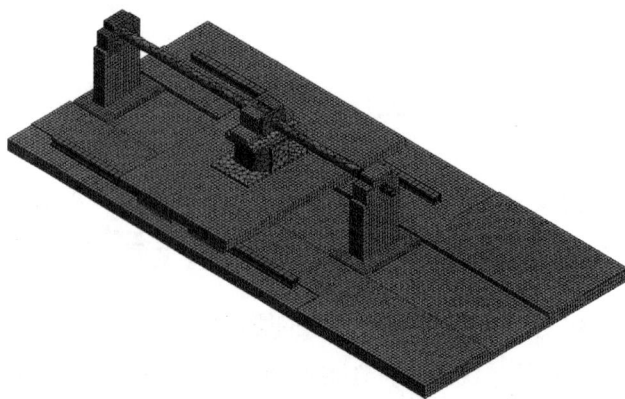

图 9-21　网格划分结果

在完成网格划分以及施加约束的前期准备后，利用 WorkBench 中的模态分析板块对系统模型做有限元振动特性分析。当工作台在丝杠中间位置时，得到双驱动进给系统的前三阶固有频率（如表 9-4 所示）和系统各阶振型（如图 9-22～图 9-24 所示）。

表 9-4　系统前三阶固有频率

模态阶数	1	2	3
频率/Hz	34	274	731

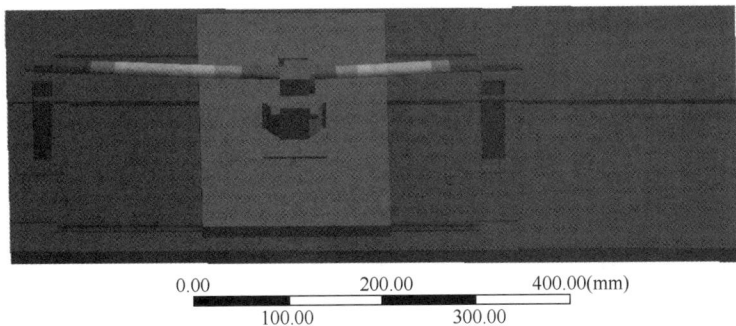

图 9-22　一阶振型

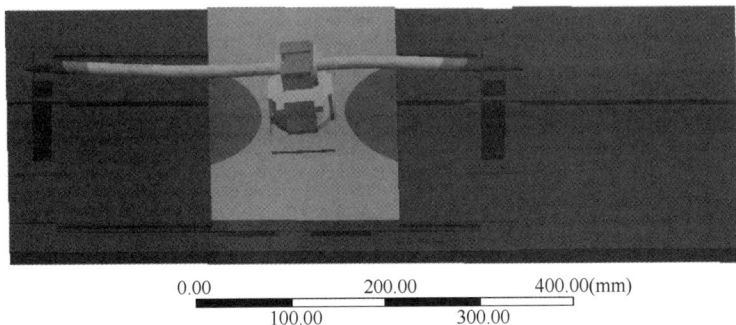

图 9-23　二阶振型

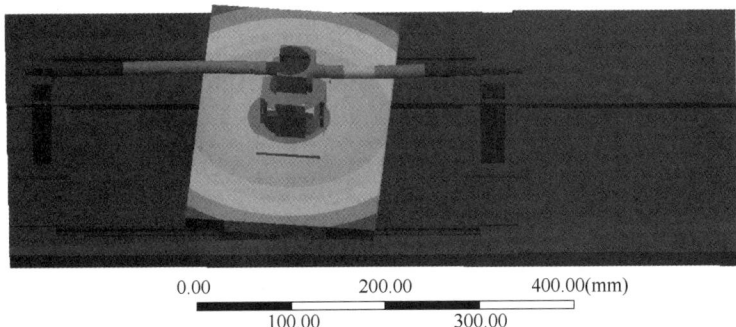

图 9-24　三阶振型

由双驱动滚珠丝杠进给系统的前三阶模态分析图可知，系统在振动特性分析中，一阶振型与二阶振型都是沿着坐标轴 Z 轴方向变化，即前两阶振型沿系统的轴向起作用。而三阶振型则是绕坐标轴 Z 轴扭转变化，即第三阶振型沿系统的扭转方向起作用。通过有限元振动特性分析结果可以看出，理论分析结果是正确的。

9.3 基于静压支承的宏微双驱动伺服系统的微运动平台动力学特性

9.3.1 微运动系统的动力学模型

9.3.1.1 工作台的运动方程

工作台的运动方程可以表示为

$$M\ddot{h}_2 = -F + \pi R_1^2(p_{r2} - p_{r1}) + \int_{R_1}^{R_2} 2\pi(p_{b2} - p_{b1})r\,\mathrm{d}r \tag{9-41}$$

式中 M——工作台的总重量；

  h_2——静压块二的油膜间隙；

  R_1——静压油腔的直径；

  R_2——静压油垫的外径；

  p_{r1}——静压块一静压油腔的压力；

  p_{r2}——静压块二静压油腔的压力

  p_{b1}——静压块一封油面压力；

  p_{b2}——静压块二封油面压力。

封油面上的压力分布满足雷诺方程（以 p_{b2} 为例）

$$\frac{1}{r} \times \frac{\partial}{\partial r}\left(r\,\frac{\partial p_{b2}}{\partial r}\right) = \frac{12\eta}{h_2^3}\dot{h}_2 \tag{9-42}$$

式中 r——径向坐标。

边界条件为

$$p_{b2}\big|_{r=R_1} = p_{r2}, \quad p_{b2}\big|_{r=R_2} = 0 \tag{9-43}$$

可解得封油面上的压力分布为

$$p_{b2} = \frac{3\eta}{h_2^3}\dot{h}_2 r^2 + E_2 \ln r + I_2 \tag{9-44}$$

式中

$$E_2 = \frac{1}{\ln\dfrac{R_2}{R_1}}p_{r2} - 3\eta\,\frac{R_2^2 - R_1^2}{\ln\dfrac{R_2}{R_1}} \times \frac{\dot{h}_2}{h_2^3} \tag{9-45}$$

$$I_2 = -\frac{\ln R_1}{\ln\dfrac{R_2}{R_1}}p_{r2} + 3\eta\,\frac{R_2^2 \ln R_1 - R_1^2 \ln R_2}{\ln\dfrac{R_2}{R_1}} \times \frac{\dot{h}_2}{h_2^3} \tag{9-46}$$

用同样的方法可求得 p_{b1}，从而可求得

$$\int_{R_1}^{R_2} 2\pi(p_{b2} - p_{b1})r\,\mathrm{d}r = L_1\left(\frac{\dot{h}_2}{h_2^3} - \frac{\dot{h}_1}{h_1^3}\right) + L_2(p_{r2} - p_{r1}) \tag{9-47}$$

式中

$$L_1 = -\frac{3}{2}\pi\eta \left[\frac{(R_1^2 - R_2^2)^2}{\ln \dfrac{R_1}{R_2}} - (R_1^4 - R_2^4) \right] \tag{9-48}$$

$$L_2 = -\pi \left[R_1^2 - \frac{R_1^2 - R_2^2}{2\ln \dfrac{R_1}{R_2}} \right] \tag{9-49}$$

可得轴的运动方程为

$$M\ddot{h}_2 = -F + D_b \left[\left(\frac{h_0}{h_1}\right)^3 \dot{h}_1 - \left(\frac{h_0}{h_2}\right)^3 \dot{h}_2 \right] + A_e(p_{r2} - p_{r1}) \tag{9-50}$$

式中，D_b 为支承在设计状态时的阻尼系数，其表达式为

$$D_b = \frac{3}{2}\pi\eta \frac{1}{h_0^3} \left[\frac{(R_1^2 - R_2^2)^2}{\ln \dfrac{R_1}{R_2}} - (R_1^4 - R_2^4) \right] \tag{9-51}$$

A_e 为有效承载面积，其表达式为

$$A_e = \frac{\pi}{2} \left(\frac{R_2^2 - R_1^2}{\ln \dfrac{R_2}{R_1}} \right) \tag{9-52}$$

由于 $h_1 = h_0 - e$，$h_2 = h_0 + e$，在小扰动时式（9-50）可以简化为

$$-M\ddot{e} - 2D_b\dot{e} + A_e(p_{r2} - p_{r1}) = F \tag{9-53}$$

9.3.1.2　流入轴承油腔的流量

设压力 p 只与半径 r 有关，则单位时间内由间隙为 h、半径为 R 的圆柱面流出的流量为

$$Q = -\frac{\pi h^3}{6\eta} \left(r \frac{\partial p}{\partial r} \right) \bigg|_{r=R} \tag{9-54}$$

因此，以静压块二为例，从圆环面 $r = R_1$ 向外流出的流量为

$$-\frac{\pi h_2^3}{6\eta} \left(r \frac{\partial p_{b2}}{\partial r} \right) \bigg|_{r=R_1} \tag{9-55}$$

它由两部分组成：一为流入轴承油腔的流量 Q_2；另一为单位时间内由于间隙 h_2 变化而被挤出的润滑油。则

$$Q_2 - \pi R_1^2 \dot{h}_2 = -\frac{\pi h_2^3}{6\eta} \left(r \frac{\partial p_{b2}}{\partial r} \right) \bigg|_{r=R_1} \tag{9-56}$$

得

$$Q_2 = \pi R_1^2 \dot{h}_2 - \frac{\pi h_2^3}{6\eta} \left(r \frac{\partial p_{b2}}{\partial r} \right) \bigg|_{r=R_1} \tag{9-57}$$

同样可求得流入静压块一的流量

$$Q_1 = \pi R_1^2 \dot{h}_1 - \frac{\pi h_1^3}{6\eta} \left(r \frac{\partial p_{b1}}{\partial r} \right) \bigg|_{r=R_1} \tag{9-58}$$

各段封油面上的压力分布经计算并简化后得

$$Q_i = \frac{1}{R_{h0}} \left(\frac{h_i}{h_0} \right)^3 p_{ri} + S_b \dot{h}_i = Q_i' + S_b \dot{h}_i \tag{9-59}$$

式中 R_{h0} 为设计状态时支承的节流液阻，其表达式为

$$R_{h0} = \frac{6\eta\ln\dfrac{R_2}{R_1}}{\pi h_0^3} \tag{9-60}$$

S_b 为支承的挤压流量系数，$S_b = A_e$。

9.3.1.3 流经小孔节流器的流量

静压块一采用小孔节流器节流，流经小孔节流器的流量为

$$Q_{g1} = K_0 \frac{\pi d_0^2}{4}\sqrt{\frac{2(p_s - p_{r1})}{\rho}} \tag{9-61}$$

式中 K_0——小孔节流器的流量系数；

$\quad\quad d_0$——小孔直径；

$\quad\quad \rho$——油液密度；

$\quad\quad p_s$——供油压力。

9.3.1.4 流量连续方程

静压块一流量连续方程为

$$Q_1' + S_b\dot{h}_1 = Q_{g1} - \tau_1\dot{p}_{r1} \tag{9-62}$$

式中，τ_1 为静压块一油路的压缩系数，其表达式为

$$\tau_1 = \beta_e V_1 + \beta_{e,\text{gas}}V_{\text{gas}} + \frac{2\pi a^2 l_1}{E_{\text{tube}}}\left(\frac{b^2 + a^2}{b^2 - a^2} + \nu_{\text{tube}}\right) \tag{9-63}$$

式中 β_e——润滑油的压缩系数，$\beta_e = 1/E_{\text{oil}}$；

$\quad\quad E_{\text{oil}}$——润滑油的容积弹性模量；

$\quad\quad V_1$——静压块一敏感油路的润滑油体积；

$\quad\quad \beta_{e,\text{gas}}$——空气的压缩系数；

$\quad\quad V_{\text{gas}}$——静压块一敏感油路渗入空气的体积；

a, b, l_1——油管的内径、外径和长度；

$E_{\text{tube}}, v_{\text{tube}}$——油管材料的弹性模量与泊松比。

式（9-62）中，展开 Q_1' 及 Q_{g1}，并忽略二次以上项，得

$$\begin{aligned}
Q_i' = Q_i'(p_{ri}, h_i) &= Q_i'\Big|_{\substack{p_{ri}=p_{r0}\\h_i=h_0}} + \frac{\partial Q_i'}{\partial p_{ri}}\bigg|_{\substack{p_{ri}=p_{r0}\\h_i=h_0}}(p_{ri} - p_{r0}) + \frac{\partial Q_i'}{\partial h_i}\bigg|_{\substack{p_{ri}=p_{r0}\\h_i=h_0}}(h_i - h_0)\\
&= Q_0' + K_{rp}\Delta p_{ri} + K_{rh}\Delta h_i
\end{aligned} \tag{9-64}$$

$$\begin{aligned}
Q_{g1} = Q_{g1}(p_{r1}, h_1) &= Q_{g1}\Big|_{\substack{p_{r1}=p_{r0}\\h_1=h_0}} + \frac{\partial Q_{g1}}{\partial p_{r1}}\bigg|_{\substack{p_{r1}=p_{r0}\\h_1=h_0}}(p_{r1} - p_{r0})\\
&= Q_{g0} + K_{gp}\Delta p_{r1}
\end{aligned} \tag{9-65}$$

式中

$$K_{rp} = \frac{1}{R_{h0}}, K_{rh} = \frac{3}{R_{h0}}\times\frac{p_{r0}}{h_0} \tag{9-66}$$

$$K_{gp} = -K_0\frac{\pi d_0^2}{4\rho}\times\frac{1}{\sqrt{\dfrac{2(p_s - p_{r0})}{\rho}}} \tag{9-67}$$

将式 (9-64) 和式 (9-65) 代入式 (9-62)，得静压块一的流量连续方程为

$$K_{rh}e + S_b\dot{e} - (K_{rp} - K_{gp})\Delta p_{r1} - \tau_1\dot{\Delta p}_{r1} = 0 \tag{9-68}$$

同理可得，静压块二的流量连续方程为

$$K_{rh}e + S_b\dot{e} + K_{rp}\Delta p_{r2} + \tau_2\dot{\Delta p}_{r2} = \Delta Q_{g2} \tag{9-69}$$

式中　ΔQ_{g2}——伺服阀的流量相对于平衡状态的增量。

$$-M\ddot{e} - 2D_b\dot{e} + A_e(p_{r2} - p_{r1}) = F \tag{9-70}$$

电液伺服阀采用南京 609 所的 F102/5 型号。电液伺服阀的传递函数可以表示为二阶系统

$$\Delta Q_{g2}(s) = \cfrac{K_{sv}}{\cfrac{S^2}{\omega_{ng}^2} + \cfrac{2\zeta_g}{\omega_{ng}}S + 1}\Delta I(s) \tag{9-71}$$

式中　K_{sv}——伺服阀的增益；

　　　ω_{ng}——伺服阀的无阻尼固有频率；

　　　ζ_g——伺服阀的阻尼比；

　　　I——伺服阀的输入电流。

9.3.1.5　微运动系统对指令输入 U_r 的传递函数

对式 (9-13)、式 (9-28)、式 (9-29) 进行拉普拉斯变换，并包含进式 (9-31) 得

$$\begin{cases} -Ms^2E(s) - 2D_bsE(s) + A_e(\Delta p_{r2}(s) - \Delta p_{r1}(s)) = F(s) \\ K_{rh}E(s) + S_bsE(s) - (K_{rp} - K_{gp})\Delta p_{r1}(s) - \tau_1s\Delta p_{r1}(s) = 0 \\ K_{rh}E(s) + S_bsE(s) + K_{rp}\Delta p_{r2}(s) + \tau_2s\Delta p_{r2}(s) = \Delta Q_{g2}(s) \\ \Delta Q_{g2}(s) = \cfrac{K_{sv}}{\cfrac{S^2}{\omega_{ng}^2} + \cfrac{2\zeta_g}{\omega_{ng}}S + 1}\Delta I(s) \end{cases} \tag{9-72}$$

由式 (9-72) 得系统的闭环方框图，如图 9-25 所示，其中，K_a 表示电液伺服阀放大器的增益，K_f 表示位移传感器的增益。

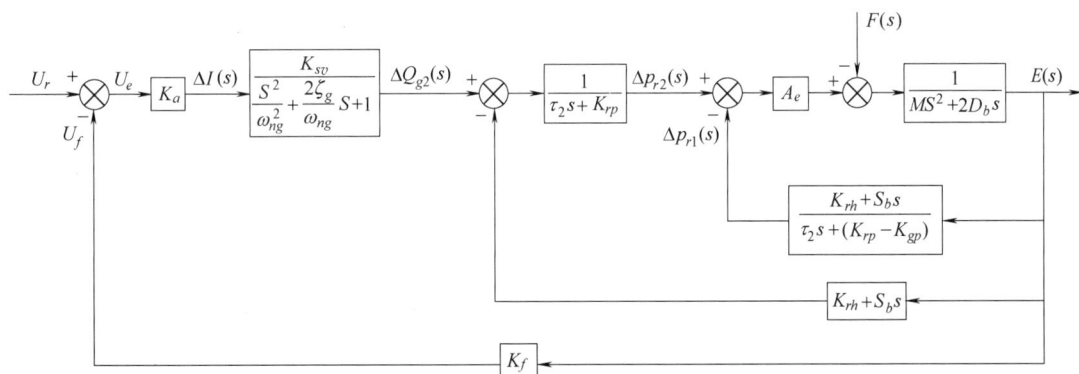

图 9-25　微运动系统的闭环方框图

对指令输入 U_r 的方框图转化为图 9-26 所示形式。其中 $G_1(s)$ 的表达式为

$$G_1(s) = \frac{A_e[\tau_1 s + (K_{rp} - K_{gp})]}{A_e[\tau_1 s + (K_{rp} - K_{gp})](S_b s + K_{rh}) + [\tau_2 s + K_{rp}]\{[\tau_1 s + (K_{rp} - K_{gp})](Ms^2 + 2D_b s) + A_e(S_b s + K_{rh})\}}$$

(9-73)

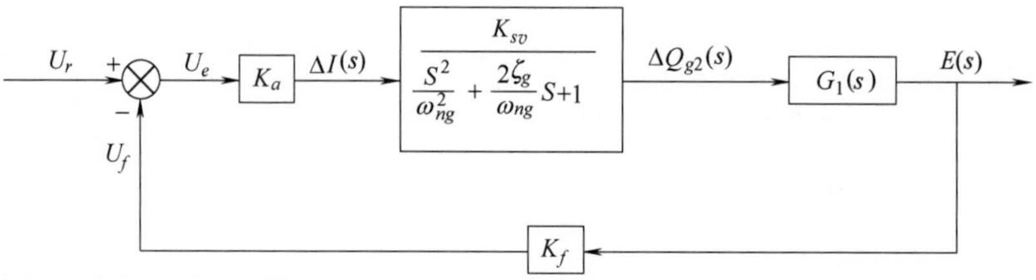

图 9-26 对指令输入 U_r 的闭环方框图

对指令输入 U_r 的开环传递函数为

$$G_k^{U_r}(s) = \frac{K_a K_{sv} K_f G_1(s)}{\dfrac{S^2}{\omega_{ng}^2} + \dfrac{2\zeta_g}{\omega_{ng}} S + 1}$$

(9-74)

对指令输入 U_r 的闭环传递函数为

$$G_b^{U_r}(s) = \frac{K_a K_{sv} G_1(s)}{K_a K_{sv} K_f G_1(s) + \dfrac{S^2}{\omega_{ng}^2} + \dfrac{2\zeta_g}{\omega_{ng}} S + 1}$$

(9-75)

9.3.2 微运动系统的动态特性分析

9.3.2.1 微运动系统对指令输入 U_r 的动态特性

代入具体参数，由式（9-74）绘制系统对指令输入 U_r 的开环 bode 图，如图 9-27 所示。可以看出，系统是一个不稳定系统。在接近 400rad/s（64Hz）附近的模态主要来自油路的压缩系数，因此，压缩系数是影响系统动态特性的关键。

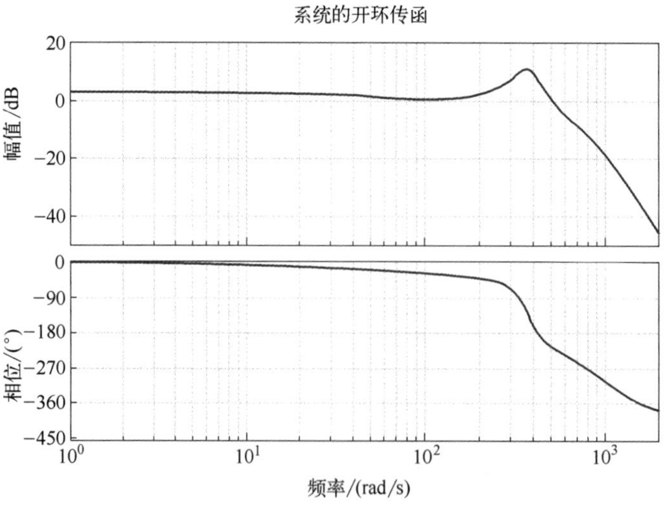

采用 PID 调节器对系统进行串联矫正，PID 调节器的传递函数为

$$G_c(s) = K_p\left(1 + \frac{1}{T_i s} + T_d s\right)$$

(9-76)

图 9-27 对指令输入 U_r 的开环 bode 图

串入 PID 调节器的系统方框图如图 9-28 所示。当 $K_p = 0.1$，$T_i = 0.0027$，$T_d = 0$ 时

（PI 控制器），系统的开环 bode 图如图 9-29 所示，可以看出，系统达到稳定，幅值裕度为 6.1dB，相位裕度为 78.5°。进一步得到系统的闭环 bode 图如图 9-30 所示，系统的带宽为 53.7rad/s。图 9-31 和图 9-32 所示为系统的单位阶跃响应和单位脉冲响应。

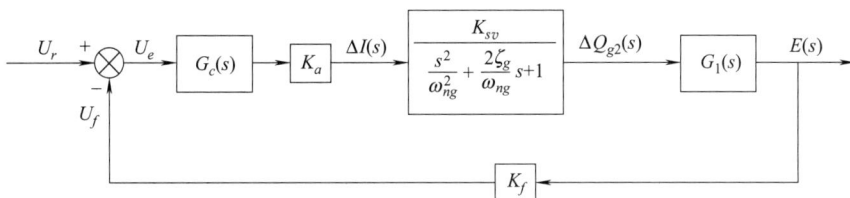

图 9-28　串入 PID 调节器的系统方框图

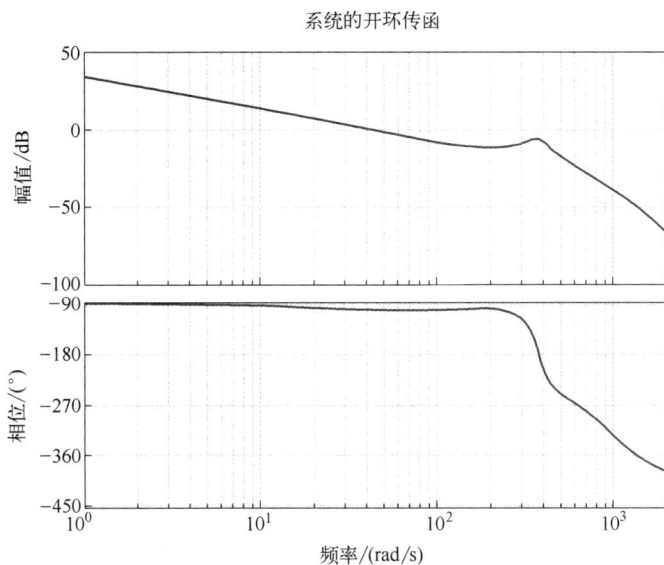

图 9-29　PID 校正后对指令输入 U_r 的开环 bode 图

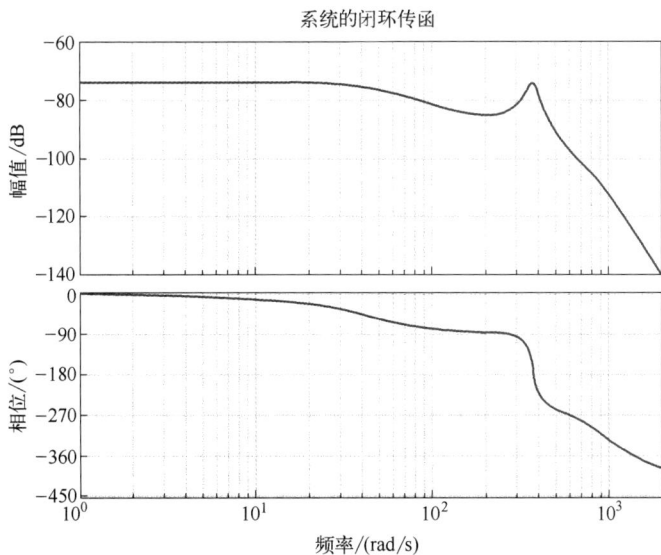

图 9-30　PID 校正后对指令输入 U_r 的闭环 bode 图

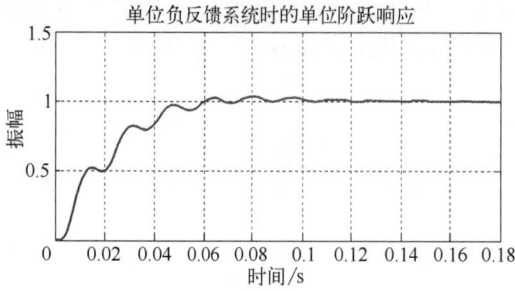

图 9-31 系统的单位阶跃响应

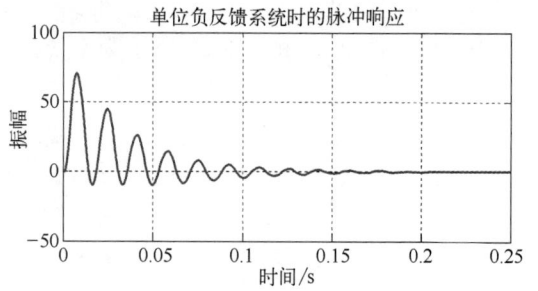

图 9-32 系统的单位脉冲响应

9.3.2.2 微运动系统对外部载荷 F 的动态特性

对指令输入 U_r 的方框图转化为图 9-33 所示形式。其中 $G_2(s)$ 的表达式为

$$G_1(s)=\cfrac{A_e[\tau_1 s+(K_{rp}-K_{gp})]}{A_e[\tau_1 s+(K_{rp}-K_{gp})](S_b s+K_{rh})+[\tau_2 s+K_{rp}]\{[\tau_1 s+(K_{rp}-K_{gp})](Ms^2+2D_b s)+A_e(S_b s+K_{rh})\}}$$

$$(9\text{-}77)$$

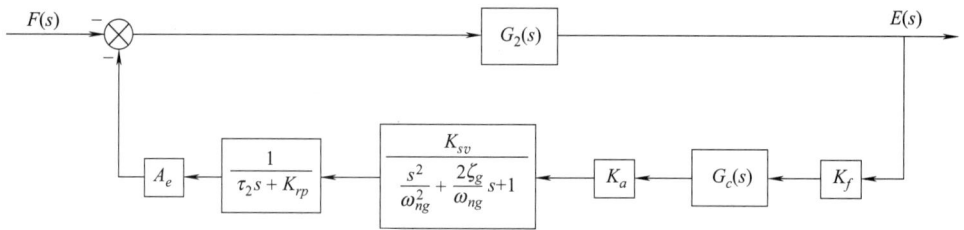

图 9-33 对外部载荷 F 的闭环方框图

对外部载荷 F 的闭环传递函数为

$$G_k^F(s)=\cfrac{E(s)}{F(s)}=-\cfrac{G_2(s)}{1+G_2(s)G_c(s)K_a K_{sv}K_f A_e\cfrac{1}{\tau_2 s+K_{rp}}\cfrac{1}{\cfrac{s^2}{\omega_{ng}^2}+\cfrac{2\zeta_g}{\omega_{ng}}s+1}} \quad (9\text{-}78)$$

系统的动态位置刚度为

$$\left|-\cfrac{F(s)}{E(s)}\right|=-\cfrac{1}{G_k^F(s)} \quad (9\text{-}79)$$

系统的动态速度刚度为

$$\left|-\cfrac{F(s)}{\dot{E}(s)}\right|=-\cfrac{1}{sG_k^F(s)} \quad (9\text{-}80)$$

系统的动态位置刚度如图 9-34 所示，系统的动态速度刚度如图 9-35 所示。

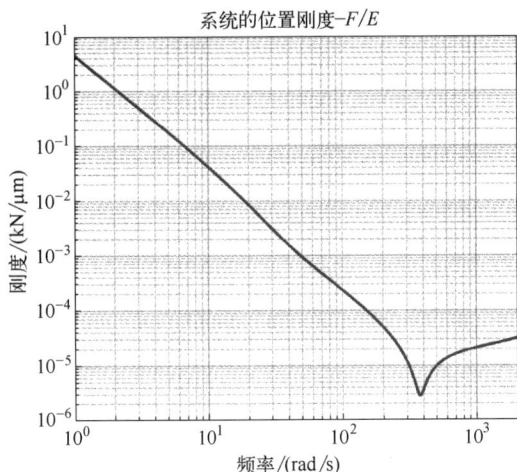

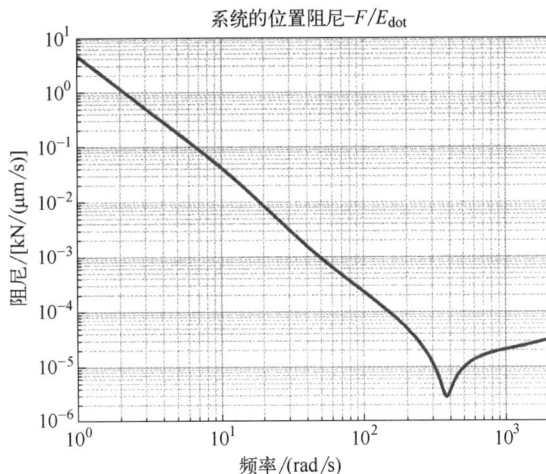

图 9-34 系统的动态位置刚度

图 9-35 系统的动态速度刚度

9.4 本章小结

本章首先介绍了基于静压连接的宏微双驱动滚珠丝杠伺服进给机构的设计思想来源，即利用静压轴承的工作原理来设计补偿进给工作台定位误差的静压连接机构。提出了基于静压支承的宏微双驱动伺服进给系统的总体设计方案，并对宏微双驱动伺服进给系统的组成和硬件选型进行了说明，详细介绍了宏观运动和微观运动的机构设计以及双驱动伺服进给系统的工作原理。搭建完成了双驱动伺服进给系统工作台的伺服驱动系统和液压控制系统，为后续验证双驱动进给系统性能实验以及系统自定义控制算法提供了实现基础。

然后，针对双驱动进给系统的动态特性分析问题，采用了集中质量法和弹簧法相结合的形式，建立了双驱动滚珠丝杠进给系统的动力学模型，依据拉格朗日方程求解了双驱动进给系统的运动微分方程。分析了双驱动进给系统的频响特性随工作台质量变化和系统扭转刚度变化时的影响规律。建立了双驱动系统的有限元分析模型，仿真分析了双驱动进给系统各阶的固有频率和振型数据，通过对进给系统有限元振动特性的分析，并将分析结果与理论计算结果进行对照。

最后，建立了基于静压支承的宏微双驱动伺服系统的微运动平台动力学特性数学模型，推导了系统的传递函数与控制方框图，分析了微运动系统对指令输入 U_r 的动态响应特性及微运动系统对外部载荷 F 的动态响应特性。

第10章

基于静压支承的宏微双驱动
进给伺服系统控制方法

本节搭建如图 10-1 所示的宏微运动实验测试系统，用于相关理论和方法的实验验证。采用固高 GTS-400-PV-VB-PCI 运动控制板卡实现高采样频率实时数字控制，宏运动部分采用松下 A6 伺服电机和 MVBDLT25SF 伺服驱动器，微动部分采用南京 609 所 FF-102 电液伺服阀及对应伺服放大器，采用直线光栅尺测量工作台的位置作为宏运动的位置反馈信号，采用位于微运动平台的电涡流微位移传感器测量微运动位移（即油膜厚度）作为微运动的位

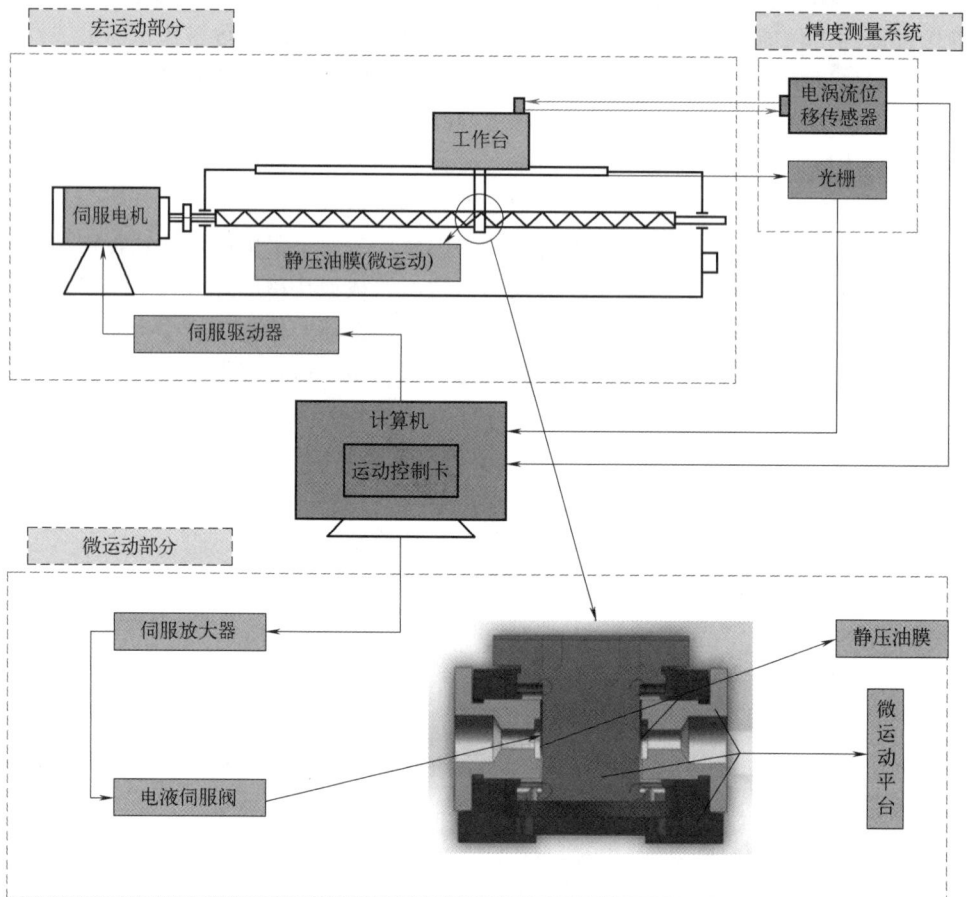

图 10-1　宏微运动实验测试系统

置反馈信号。形成具有控制算法快速成型特点的硬件全回路高精密伺服系统，将静压油膜非线性动力特性、宏微运动动力学特性、宏微运动联合控制策略以及负载、扰动等影响统一到回路系统，并针对实际应用展开综合实验研究和评估。

10.1 宏微双驱动伺服系统开环控制系统搭建

开环控制系统即系统的输出仅受系统输入的影响，且没有后续误差反馈调节的系统。开环控制系统的控制精度为其组成中各单一部件精度的集合，所以开环系统的应用场景受制于系统的使用环境，在扰动因素复杂的工作环境中并不适用。

开环控制系统相较于闭环控制系统而言结果简单、便于设计且没有反馈调节回路，一般不存在稳定性的问题。在开环控制系统中，如果出现了问题，一般都能够及时地发现并解决，但开环控制系统的调节进度受到各种环境因素干扰和变化的影响，会影响到系统控制的精度，导致系统的稳定性变差。虽然开环控制系统的结构简单且受外界影响较大，但是却能够在系统控制中起着很大的作用。一个控制系统的搭建往往需要很多的前提基础，开环控制系统提供的信息则能为后续搭建闭环控制系统提供重要参考：①被测系统可以通过开环控制系统响应得到被测系统的开环 Bode 图，通过被测系统的开环 Bode 图便可以知道被测系统的开环频率响应，进而可以通过图解法求得被测系统的闭环频率响应（向量图、等 M 圆图、等 N 圆图）；②开环控制系统的响应可以体现系统的稳定性特性；③依据被测系统的开环 Bode 图的形状也可以分析出闭环控制系统的系统响应特性。

10.1.1 微进给运动系统开环控制系统设计

本章设计的微进给运动系统的开环控制系统结构如图 10-2 所示。使用信号发生器向微进给系统发送信号，信号经由伺服放大器处理后，由伺服放大器驱动电液伺服阀阀芯开口余量，进而调整静压油腔内部油液压力，调整微位移平台中的油膜厚度，实现对微位移平台进给补偿量的控制调整。然后通过电涡流位移传感器测出微位移运动平台的进给量，所得测量数据由数据采集卡进行采集并得出微位移进给运动系统的系统频率响应。

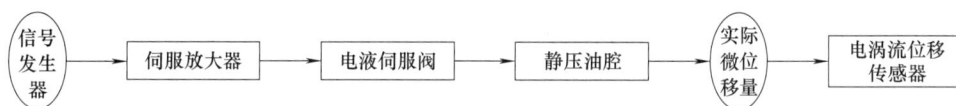

图 10-2 微进给运动开环控制系统结构框图

因为微位移进给运动系统的开环控制系统搭建中没有调节补偿环节，所以在实验中使用信号发生器，向微进给运动系统发送一个单一输入频率的正弦采样信号，则利用数据采集卡采集到的微位移运动系统反馈回来的信号，也应该是一个与输入的正弦信号相对应的正弦信号。

10.1.2 微进给运动系统开环控制系统实验分析

为了测量微位移进给系统的开环控制频率响应，采用信号发生器向伺服放大器发送正弦信号。如图 10-3 所示，在信号发生器中设置一个频率为 1Hz、偏置 2V、整体幅值 1V、单峰幅值 0.5V 的正弦波形信号。实验开始后，通过数据采集卡来对微位移运动系统中各组成部件的反馈数据，进行实时采集并记录。

微位移运动系统的开环控制系统中，需要采集的数据出处共有 7 处，分别是液压泵站的主供油管路压力、静压连接部件的四个对应油腔内压力、通过电涡流位移传感器检测到的进给运动平台位移值以及信号发生器的输出值。实验开始后，以数据采集开始进行数据采样为基准，将系统各部分进行 20s 的反馈数据采集时间设定为一个实验周期。之后利用信号发生器的频率调节旋钮，每次在上一周期的正弦频率数值基础上增加 1Hz。对微位移运动系统分别进行了 50 组不同频率（1~50Hz）的正弦信号输入，采样频率为 5000Hz，共采集了 50 组与之对应的 7 处数据反馈。

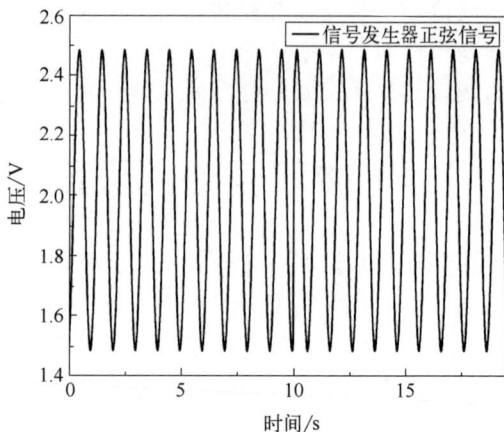

图 10-3　信号发生器中设置的正弦波形信号

以频率为 1Hz 的正弦输入信号为例，图 10-4 为液压泵站的主供油管路压力、静压连接部件的四个对应油腔内压力与正弦信号的对应反馈。实验中通过节流阀对前侧油腔压力和后侧供油压力进行调节，使这两个油腔保持压力相等，避免前、后两侧油腔产生压差，导致静压连接部件中芯轴向一侧偏转而造成实验误差。将液压泵站的供油压力设置为 5MPa。从图中可以看出，伺服油腔的压力值在 2.1~2.5MPa 之间以正弦规律波动；节流油腔压力在 2~2.3MPa 之间以正弦规律波动。伺服油腔压力值与节流油腔压力值并不相等，造成这一差异的原因是在微位移运动过程中伺服油腔的压力增大时，静压连接部件的上部芯轴在下部套筒中被推动，与之相对的节流油腔处油膜厚度减小，使得芯轴与套筒产生刚性接触。此时产生的动态平衡在部件刚性接触时加入了摩擦阻力，使得节流油腔中的压力加上摩擦阻力之和与伺服油腔的压力达到平衡，所以在数据图中表现为伺服油腔压力值与节流油腔压力值波动规律相同，但伺服油腔压力值大于节流油腔压力值。

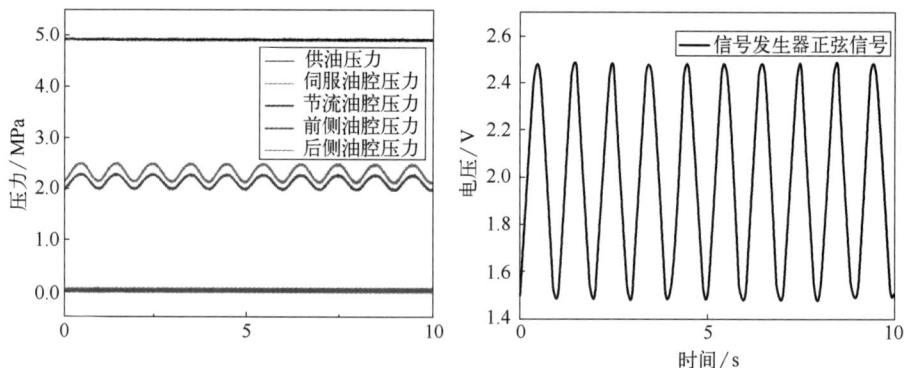

图 10-4　输入正弦信号后油腔压力反馈

进给运动工作台的位移数据如图 10-5 所示，从图中可以看出，在输入正弦信号后，进给运动工作台的位移数值在 1.88~1.885mm 之间以正弦规律波动。由于检测进给运动工作台位移变化的电涡流位移传感器布置在节流油腔一侧，根据图 10-4 中进给工作台位移随正弦输入信号的变化趋势，可以看出，在图 10-5 中进给运动工作台的位移值变化趋势是与正弦信号波形成呈相关的。

为了便于计算单频正弦信号输入的频率响应，对实验所得数据以完整周期进行截取，即在正弦信号波形的起点（电压为 0 时）开始，截取任意整周期的数据进行运算。图 10-6 为信号发生器输入信号和进给运动工作台位移的数据截取，将截取后的数据分别减去它们的均值，并对截取的位移数据进行取负处理，使其变化趋势与正弦信号波形呈正相关。

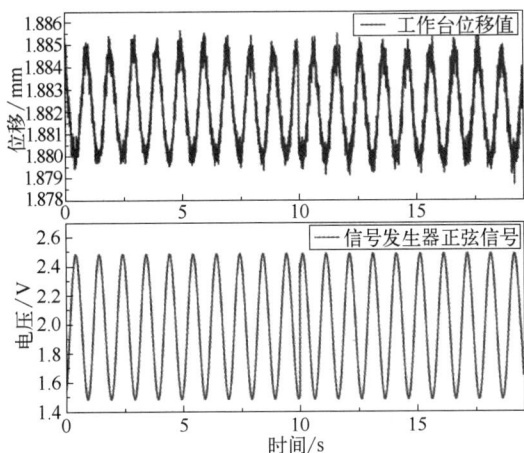

图 10-5　进给工作台位移随正弦
输入信号的变化趋势

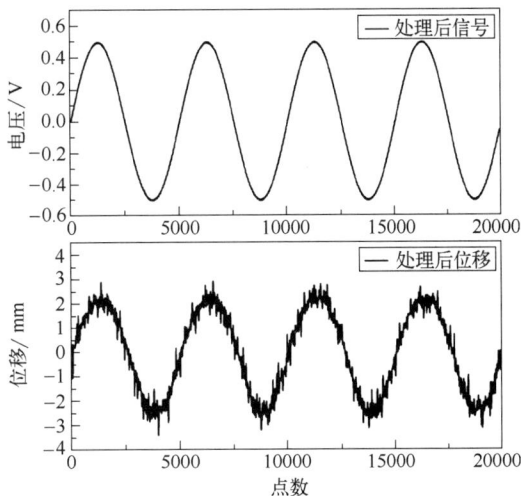

图 10-6　输入信号和进给运动工作
台位移的数据截取

10.1.3　微进给运动系统开环频率响应参数辨识

对于一个系统而言，对于系统本身频率响应分析的本质就是对系统传递函数的解析。针对系统频率响应的测量给出了一种测量推导系统传递函数的方法。为了测量微进给运动系统的频率响应，开环控制实验中引入了单一输入频率的正弦采样信号，在数据采集卡中采集到的数据也是正弦信号。其频率与输入信号相同，而幅值和相位角则不同。图 10-7 为离散系统信号响应。

图 10-7　离散系统信号输入与响应

图中：$\dfrac{B}{A}=\left|G(\mathrm{e}^{j\omega T})\right|$、$\phi=\angle G(\mathrm{e}^{j\omega T})$、$G(\mathrm{e}^{j\omega T})=G(z)\big|_{z=\mathrm{e}^{j\omega T}}=\dfrac{B}{A}\mathrm{e}^{j\phi}$

$r(kT)$ 是一个长度为 N 的采样信号，T 为采样周期：

$$r(kT)=A\sin(\omega kT) \qquad 0\leqslant k\leqslant N \tag{10-1}$$

$y(kT)$ 也是一个长度为 N 的信号：

$$y(kT)=B_c(\omega)\cos(\omega kT)+B_s(\omega)\sin(\omega kT) \tag{10-2}$$

其中：$B(\omega)=\sqrt{B_c{}^2(\omega)+B_s{}^2(\omega)}$、$\phi(\omega)=a\tan\dfrac{B_c(\omega)}{B_s(\omega)}$、$\sin\phi=\dfrac{B_c(\omega)}{B(\omega)}$、$\cos\phi=\dfrac{B_s(\omega)}{B(\omega)}$。

离散系统的频率响应：

$$G(\mathrm{e}^{j\omega T})=\frac{1}{A}B(\omega)\mathrm{e}^{j\phi}=\frac{B(\omega)}{A}(\cos\phi+j\sin\phi)=\frac{1}{A}\left[B_s(\omega)+jB_c(\omega)\right] \tag{10-3}$$

通过式（10-3）可以看出，想要得到系统的频率响应就要计算出 B_c、B_s。为了辨识参

数 B_c 和 B_s，我们选取最小二乘优化指标为：

$$J = \sum_{k=0}^{N-1} \left[y(kT) - B_c\cos(\omega kT) - B_s\sin(\omega kT) \right]^2 \tag{10-4}$$

由式（10-4）可以得出，要想得到 B_c 和 B_s 的最优估计值，则其应满足：

$$\begin{cases} \dfrac{\partial J}{\partial B_c} = 0 \\[2mm] \dfrac{\partial J}{\partial B_s} = 0 \end{cases} \tag{10-5}$$

当 B_c 和 B_s 满足式（10-5）的最优估计值条件后：

$$\begin{cases} B_c = \dfrac{1}{N}\left[\displaystyle\sum_{k=0}^{N-1} 2y(kT)\cos(\omega kT) - B_c\sum_{k=0}^{N-1}\cos(2\omega kT) - B_s\sum_{k=0}^{N-1}\sin(2\omega kT) \right] \\[4mm] B_s = \dfrac{1}{N}\left[\displaystyle\sum_{k=0}^{N-1} 2y(kT)\sin(\omega kT) - B_c\sum_{k=0}^{N-1}\sin(2\omega kT) + B_s\sum_{k=0}^{N-1}\cos(2\omega kT) \right] \end{cases}$$

$$\tag{10-6}$$

通过合理地选择 ω 和时间序列 N、T 之间的关系来对式（10-6）进行相应的简化：

$$\omega = n\,\frac{2\pi}{NT} \qquad\qquad 1 \leqslant n \leqslant \frac{N}{2} \tag{10-7}$$

由于整数倍的正弦波形，其上半轴与下半轴累计相加刚好实现数值抵消，所以简化后的 B_c 和 B_s 的计算公式为：

$$\begin{cases} B_c = \dfrac{2}{N}\displaystyle\sum_{k=0}^{N-1} y(kT)\cos(\omega kT) \\[4mm] B_s = \dfrac{2}{N}\displaystyle\sum_{k=0}^{N-1} y(kT)\sin(\omega kT) \end{cases} \tag{10-8}$$

依据以上对于离散系统的频率响应理论计算的推导过程，对微进给运动系统的频率响应进行计算。由于在开环控制实验中对系统输入的是单频正弦信号而不是扫频信号，所以将上一节实验中采集到的数据进行相应的处理，得到在 1Hz 频率下的正弦采样信号辨识模型：幅频（dB）=13.4；相频（°）=−9.13。

对微位移运动系统分别进行了 50 组不同频率（1～50Hz）的正弦信号输入，故对每一组采集得到的数据都进行频率测量计算，共得到 50 组正弦采样信号辨识模型。将这些辨识后得到的数据模型组合起来便可得到如图 10-8 所示的微位移运动系统开环实验控制 Bode 图。

由图 10-8 可以看出，通过系统频率响应测量得到的响应模型并不平滑，离散数据构成的系统开环 Bode 图并不能提供可视化的有效信息反馈。所以需要对离散数据进行样条曲线拟合，曲线拟合不要求所得到的近似曲线严格经过所有的数据点，但应使拟合得出的曲线与现有的样条曲线之间做到数据偏差最小化，能够近似且完整表达出原有样条曲线中的传递信息。数值分析学科中提到了对于样条曲线的插值计算来完成数据近似计算，对于数据样条曲线的拟合也是一个做插值运算的过程。实验利用最小二乘法对得到的数据样条曲线进行拟合，最小二乘法通过最小化误差的平方和来对样条曲线拟合最佳数值。通过最小二乘法可以简单地实现样条曲线与拟合函数之间的误差最小化。

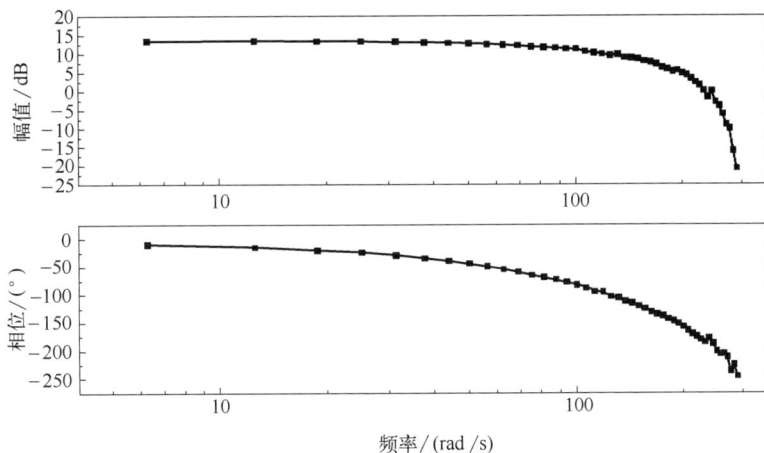

图 10-8　微位移运动系统开环实验控制 Bode 图

利用最小二乘法对图 10-8 所示的离散模型进行样条曲线拟合，将得到的系统开环 Bode 图离散数据导入 Matlab 软件，使用软件中的鲁棒控制工具箱（Robust control toolbox）来完成最小二乘法拟合操作。首先利用 ginput 函数进行选点操作，将辨识出的 50 个离散模型进行点选。点选操作结束后利用 vpck 函数对选取点的坐标进行转换，将所选离散模型在 Bode 图中的二维坐标转换为对数坐标，通过 fitmag 函数实现离散模型的曲线拟合。使用 polt 函数将原始离散模型和拟合得到的曲线进行可视化展示，最后使用 hold on 命令将原始离散模型和拟合得到的曲线绘制在同一张图上更直观地比较拟合效果。图 10-9 为原始离散模型和拟合得到的曲线对比图。

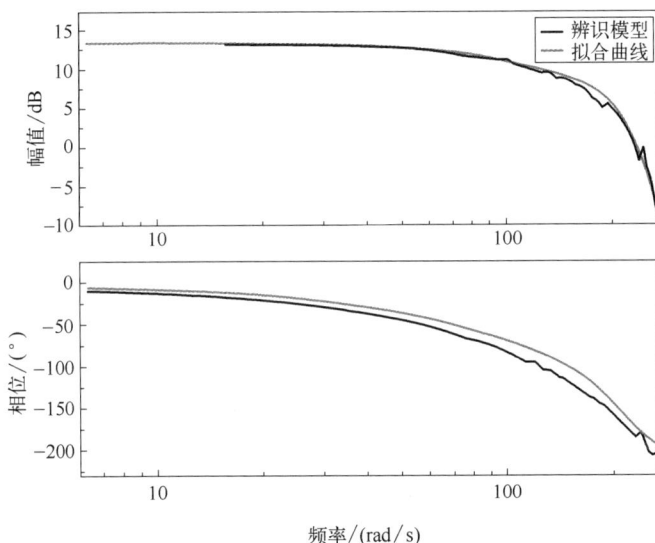

图 10-9　原始离散模型和拟合得到的曲线对比图

通过 Matlab 得到拟合后的 Bode 图，并通过运算得出拟合后的微位移运动系统开环传递函数：

$$G_K(s) = \frac{0.1712s^4 + 145.4s^3 + 45530s^2 + 1.534 \times 10^7 s + 2.8 \times 10^9}{s^4 + 320.9s^3 + 82780s^2 + 1.76 \times 10^7 s + 5.923 \times 10^8} \tag{10-9}$$

利用微位移运动系统的开环传递函数求解得系统闭环传递函数为：

$$G_B(s) = \frac{0.0001726s^5 + 0.156s^4 + 53.91s^3 + 1.797 \times 10^4 s^2 + 3.667 \times 10^6 s + 1.54 \times 10^8}{0.0192s^5 + 6.663s^4 + 1787s^3 + 2.87 \times 10^5 s^2 + 2.919 \times 10^7 s + 7.7 \times 10^8}$$

(10-10)

由所求解得到的微位移运动系统闭环传递函数绘制系统阶跃响应，如图 10-10 所示。

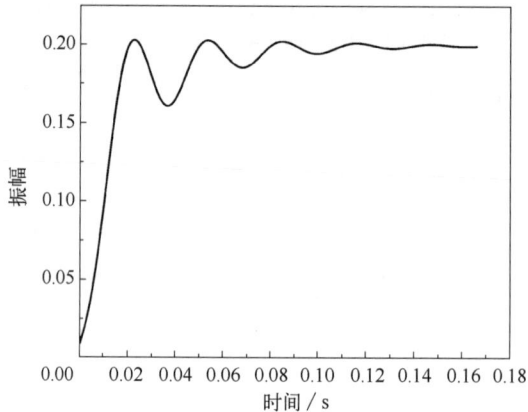

图 10-10　微位移运动系统闭环阶跃响应

10.2　宏微双驱动伺服系统全闭环控制系统搭建

10.2.1　双驱动进给系统宏微运动控制策略

宏微双驱动伺服进给系统的闭环控制系统结构如图 10-11 所示。

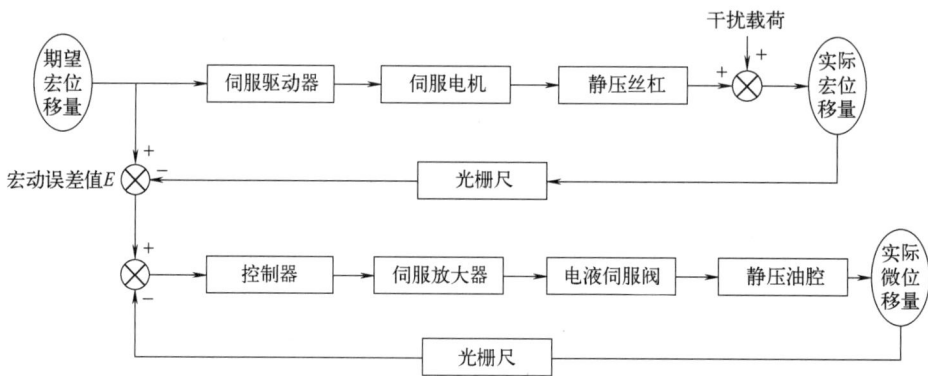

图 10-11　宏微运动控制系统结构框图

先向主控系统给定进给系统期望宏进给位移量，主控系统向伺服驱动器发送信号，通过伺服驱动器控制伺服电机，利用丝杠螺母传动副实现电机旋转运动转换为运动平台直线进给运动，通过光栅尺实时测量实际宏位移量并进行反馈到主控系统中；主控系统将光栅尺反馈回来的进给工作台实际宏进给位移数据，与最初输入的期望宏进给位移量进行比较运算，计算出期望宏位移量与实际宏位移量误差值，并将该误差值作为静压连接部件进行微进给运动的输入量；控制器根据微进给运动的输入量控制伺服放大器驱动电液伺服阀改变静压油腔压力实现工作台的微进给运动。

10.2.2　微进给运动系统控制系统设计与实验分析

基于前述实验测试系统搭建，对微进给运动的控制系统进行设计并通过实验建立其 Bode 图，分析该系统的阶跃响应与正弦响应。

如图 10-12 所示微进给部分采用 PI 控制器，当工作台运动时，电涡流位移传感器采集实际位移与期望位移做差，经 PI 控制器计算后通过电液伺服阀控制油腔压力控制工作台微进给运动。

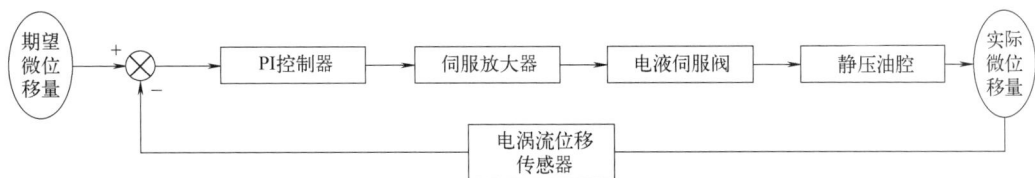

图 10-12　微进给运动控制方案

（1）阶跃响应

如图 10-13 所示，阶跃响应实验使工作台于 1.905～1.880mm 区间内双向移动，每次阶跃阶梯为 5μm，每 5s 进行一次阶跃。从图中可看出，随着伺服油腔压力的增大，工作台位移量随之减小以增大节流油腔的压力，最终达到平衡。随着油腔压力阶跃上升，工作台位移量减小，阶跃响应速率逐渐减小。这是由于随着工作台的移动，油腔压力增大，每阶跃 5μm 所需压力变化量增大，而 PI 控制器中参数固定，即压力变化速率固定，因此阶跃响应速率会降低。对于该问题，可以通过采用模糊 PID 控制器等方法加以改善。

在阶跃实验中发现，不同的 PID 参数对于阶跃响应有着影响，因此对其进行研究，发现积分系数 k_i 对于阶跃

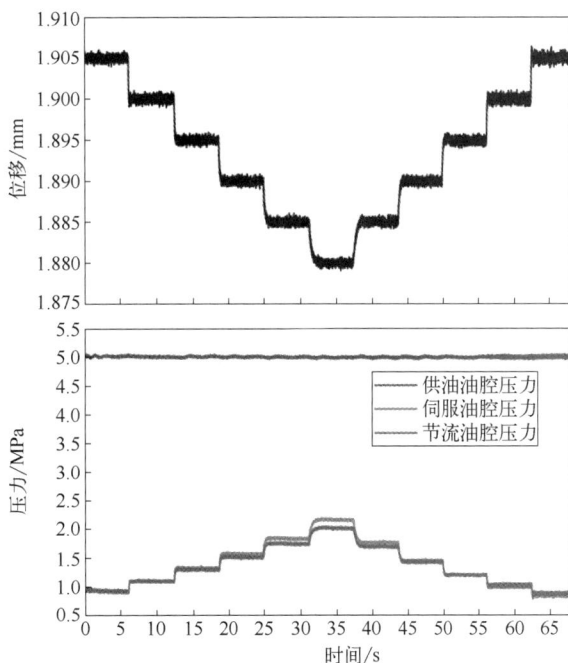

图 10-13　阶跃响应位移、油腔压力图

应速率影响较大。如图 10-14 所示，随着积分系数 k_i 的增大，阶跃响应速率增大，但 k_i 太大时，系统在阶跃响应过程中会出现超调现象。因此，应适当增大积分系数 k_i 以提高阶跃响应速率，避免使其过大产生超调现象。

将实验所得系统阶跃响应与上一节中理论推导得出的系统闭环阶跃响应进行对比。图 10-15 为实际实验所得阶跃响应与理论推导所得阶跃响应对比。

由图 10-15 可以看出，理论推导得出的系统闭环阶跃响应与实际实验得出的系统闭环阶跃响应基本吻合，说明理论推导所得系统传递函数的合理性与准确性。

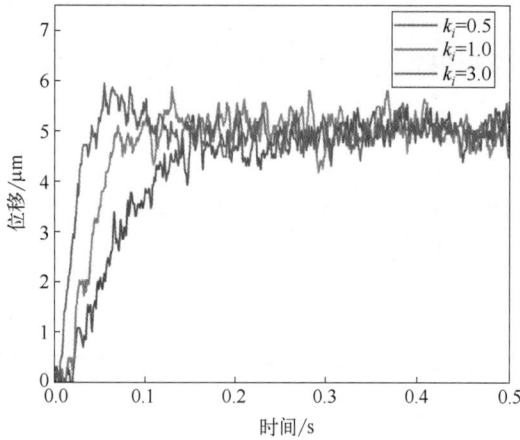

图 10-14 不同积分系数 k_i 下阶跃响应曲线图

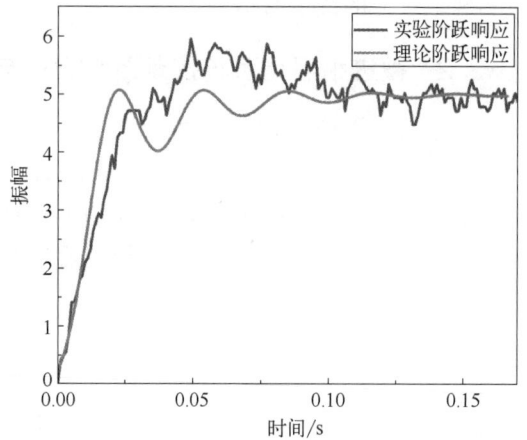

图 10-15 实验所得阶跃响应与理论所得阶跃响应对比

（2）正弦响应

如图 10-16 所示正弦响应实验使工作台于 $\pm 5\mu m$ 区间内按正弦规律移动。使用运动控制卡控制伺服阀，使用位移传感器和压力传感器采集微位移和油腔压力数据。实验过程中，供油压力为 5MPa，通过伺服阀使伺服油腔压力呈正弦变化，节流油腔压力跟随伺服油腔压力变化而变化，驱动工作台位移正弦变化。

图 10-16 中在伺服油腔压力达到峰值时，节流油腔压力与其并未相等。主要是由于在工作台移动使节流油腔减小时，有金属接触，导致节流油腔压力加上因金属接触产生的作用力的总和与伺服油腔压力平衡，表现在压力图像中即为节流油腔压力小于伺服油腔压力。

为对比不同频率正弦信号的响应，基于 P-PI 控制器进行了一系列的实验分析。如图 10-17 所示，正弦响应实验正弦信号的频率为 1Hz 和 10Hz。当正弦信号频率较小时，系统响应及时，油腔压力按照预期正弦规律变化，带动工作台进行微位移。当增大正弦信号的频率时，系统响应不及时，压力变化量较小导致工作台不能按照预期的位移量进行移动。

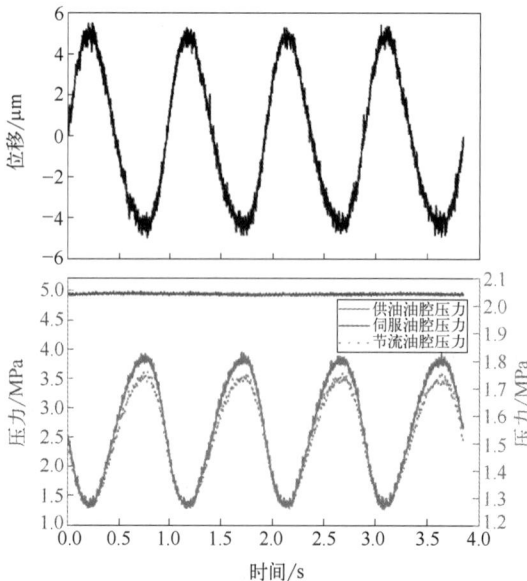

图 10-16 正弦响应图

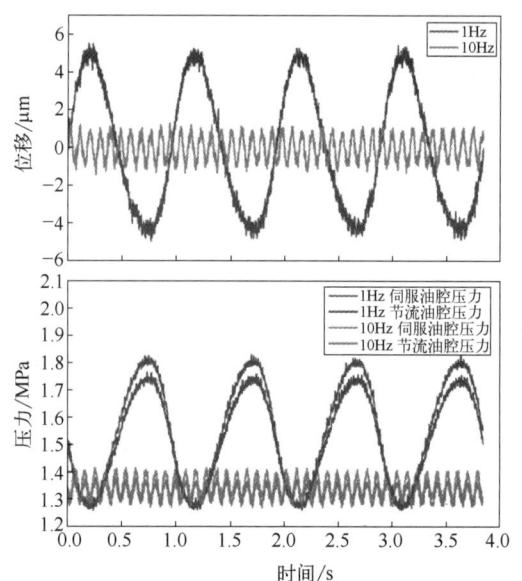

图 10-17 不同频率正弦响应图

图 10-18 中，对比较高频率正弦信号输入时，不同积分系数 k_i 对正弦响应大的影响可以得出，增大 PI 控制器的积分系数 k_i 后，系统的响应速度有了较大的改善，油腔压力的变化量与低频信号输入时基本相同，工作台能较好地按照输入的正弦信号规律移动。

10.2.3　宏微双驱动闭环响应

宏微双驱动闭环响应分为三个阶段，如图 10-19 所示，阶段①为初始阶段，阶段②为宏运动阶段，阶段③为微运动阶段。

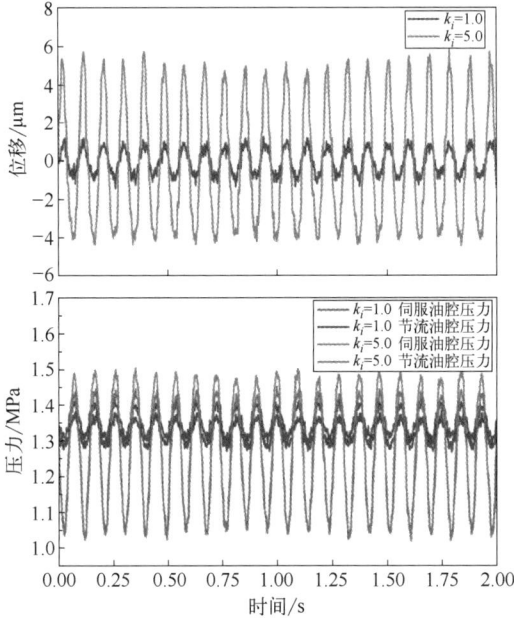

图 10-18　不同积分系数 k_i 下正弦响应图

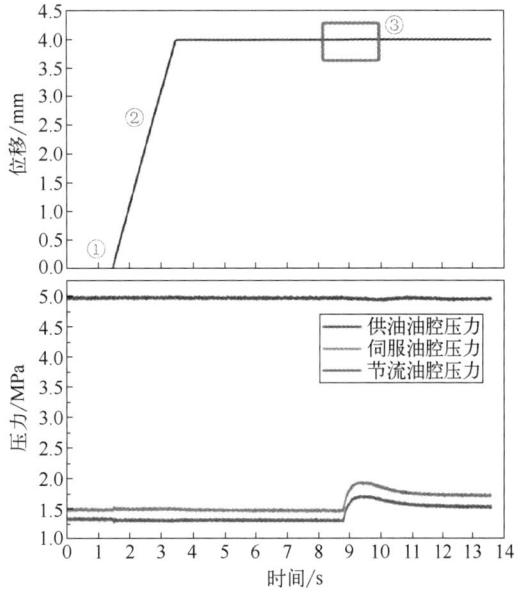

图 10-19　宏微双驱动响应

在①初始阶段，开泵、初始化程序、伺服电机使能均已完成，并且为了保证在宏进给运动时微进给部分不运动，在此阶段给伺服阀 1V 电压信号，使伺服油腔有一定压力，与节流油腔保持平衡；在②宏运动阶段工作台在伺服电机驱动下完成宏进给运动后，计算宏进给误差为③阶段做准备，在此阶段，保证伺服油腔与节流油腔压力不变，从而确保在此阶段，只有宏运动，没有微运动；图中框选并标号③的位置，其放大图及对应压力图像如图 10-20 所示，该阶段为③微运动阶段，控制器控制伺服阀改变伺服油腔压力，推动工作台完成微运动实现对宏运动误差的补偿。

在进行双驱动闭环响应实验时，期

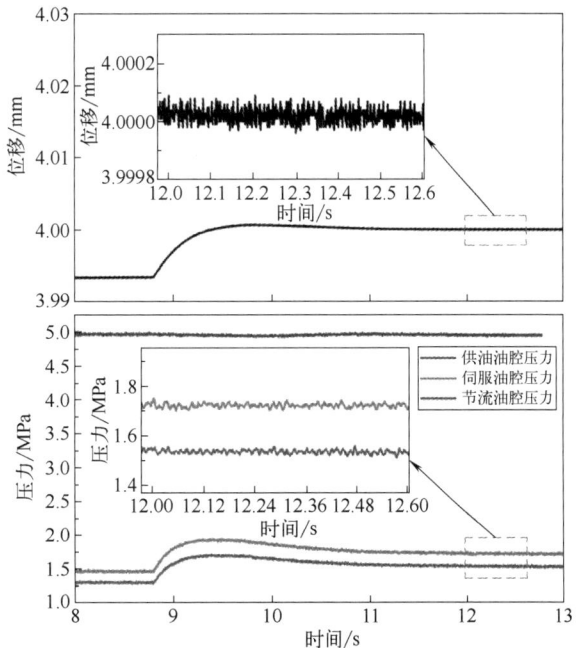

图 10-20　微动部分放大图

望目标值设置为 4mm，全程采用光栅尺作为位移的反馈，如图 10-20 中局部放大图所示，该实验最终所能达到 100nm 的精度。

由于过程中开启泵站所带来的震动及其他因素的影响，光栅尺反馈的位移值一直在增加，在控制系统的动态调节下，光栅尺的反馈位移值稳定在目标值 4mm 附近，上下波动 100nm 以内。从图 10-20 中可看出，微运动结束后，伺服油腔和节流油腔压力一直在缓慢减小，此过程即为动态补偿上述误差。

10.3　本章小结

本章首先搭建了基于静压支承的宏微双驱动伺服进给系统实验控制系统，通过进给系统的开环实验得到进给工作台的频率响应特性，通过参数辨识绘制开环 Bode 图，根据辨识到的离散参数，数据拟合得到进给系统开环控制的传递函数。

然后，对宏微双驱动伺服工作台进行了全闭环控制实验，并验证了理论得出系统闭环阶跃响应的正确性，同时验证了开环控制实验的合理性。建立了宏微复合运动控制策略，并进行了实验验证，达到 100nm 的进给精度。

参 考 文 献

[1] 中国机床工具工业协会. 中国机床工具工业 70 年巨变 [J]. 世界制造技术与装备市场，2019 (5)：90-96.

[2] 陈惠仁. 中国机床工业 40 年 [J]. 经济导刊，2019 (2)：42-52.

[3] 刘强. 数控机床发展历程及未来趋势 [J]. 中国机械工程，2021 (7)：757-770.

[4] 金华. 国产数控机床及其关键技术发展现状及展望 [J]. 科技资讯，2017 (11)：123，125.

[5] 梁训瑄. 奋战六十年我国机床工业进入世界前列 [C] //陕西省机械工程学会第九次代表大会. 中国陕西西安，2009：5-12.

[6] 梁训瑄. 我国机床工业已跨入世界行列第一方阵 [J]. 机械制造，2003 (10)：7-10.

[7] 胡江平. 数控机床智能化技术研究 [J]. 湖北农机化，2020 (2)：179.

[8] 刘志峰，滕学政，刘炳业，等. 高端数控机床的现状和发展 [J]. 机床与液压，2024 (22)：1-7.

[9] 庾辉，李梦奇，李冬英，等. 数控机床定位精度研究进展 [J]. 机械设计与研究，2015 (6)：101-104，108.

[10] 袁巨龙，张飞虎，戴一帆，等. 超精密加工领域科学技术发展研究 [J]. 机械工程学报，2010 (15)：161-177.

[11] 杨辰煜. 滚珠丝杠进给系统建模及时变振动特性研究 [D]. 兰州：兰州理工大学，2023.

[12] 张德远 等. 微纳米制造技术及应用 [M]. 北京：中国科技出版传媒股份有限公司，2025.

[13] 汤文成，徐楠楠. 滚珠丝杠副发展及研究现状 [J]. 机械设计与制造工程，2016 (4)：11-14.

[14] 袁巨龙，王志伟，文东辉，等. 超精密加工现状综述 [J]. 机械工程学报，2007 (1)：35-48.

[15] 张彬，林毅，樊坤鹏. 关于机械设计制造现代化工艺及精密加工技术的分析 [J]. 产品可靠性报告，2023 (4)：142-143.

[16] 圣卫峰. 机电一体化技术在智能制造中的实践运用 [J]. 中国高新科技，2024 (22)：123-125.

[17] 郑雷，秦鹏，董香龙，等. 数控机床进给系统静动态特性分析 [J]. 机床与液压，2021 (3)：145-149.

[18] 李延生. 机械加工工艺对工件加工精度的影响分析 [J]. 农业工程与装备，2023 (4)：19-20.

[19] 成谦. 双驱进给系统轴向刚度辨识与进给误差补偿策略研究 [D]. 武汉：武汉理工大学，2023.

[20] 刘辉，黄莹，张会杰，等. 数控机床进给系统传动刚度变化对运动精度稳定性的影响规律 [J]. 机械工程学报，2014 (23)：128-133.

[21] 徐尧，汪惠芬，刘庭煜，等. 基于激光修正测量的机床进给系统几何误差辨识新方法 [J]. 计算机集成制造系统，2016 (10)：2408-2418.

[22] 田浩亮. 智能技术在制造工艺与精密加工中的应用 [J]. 电子技术，2024 (1)：276-277.

[23] 王明强，奚浩，周赟，等. 微驱动定位进给系统结构优化设计研究 [J]. 机械设计与制造，2019 (5)：194-198.

[24] 张小成. 基于压痕特性的碳化硅微铣削去除机理研究 [D]. 哈尔滨：哈尔滨工业大学，2021.

[25] 朱永进. 考虑接触区外弹性变形的滚珠丝杠副进给系统轴向静刚度分析 [D]. 南京：东南大学，2022.

[26] 郭越阳. 滚珠丝杠副热变形建模及抑制方法研究 [D]. 北京：北京工业大学，2023.

[27] 郑子文，李圣怡. 滚珠丝杠传动机构的微动特性及轨迹跟踪控制 [J]. 光学精密工程，2001 (4)：360-363.

[28] 卢礼华，郭永丰，大刀川博之，等. 高增益 PID 控制器实现纳米定位 [J]. 光学精密工程，2007 (1)：63-68.

[29] 叶云岳. 直线电机原理与应用 [M]. 北京：机械工业出版社，2000.

[30] Brandenburg G，Bruckl S，Dormann J，et al. Comparative investigation of rotary and linear motor

feed drive systems for high precision machine tools [C] //6th International Workshop on Advanced Motion Control. Proceedings. 2000：384-389.

[31] Bruckl S. Feed-drive system with a permanent magnet linear motor for ultra precision machine tools [C] //Proceedings of the IEEE 1999 International Conference on Power Electronics and Drive Systems：Vol. 2. 1999：821-826.

[32] 丁振乾. 流体静压支承设计 [M]. 上海：上海科学技术出版社，1989.

[33] El-Sayed H R，Khatan H. A suggested new profile for externally pressurized power screws [J]. Wear，1975，31 (1)：141-156.

[34] 李亮. 整体静压轴承电火花加工技术与工艺研究 [D]. 哈尔滨：哈尔滨工业大学，2011.

[35] 潘高星. 液体静压功能部件发展及应用 [J]. 机床与液压，2013，41 (20)：137-139.

[36] Denkena B，Fischer R. Theoretical and experimental determination of geometry deviation in continuous path controlled OD grinding processes [J]. Advanced Materials Research，2011，223：784-793.

[37] Brecher C，Utsch P，Klar R，et al. Compact design for high precision machine tools [J]. International Journal of Machine Tools and Manufacture，2010，50 (4)：328-334.

[38] Fukada S，Otsuka J. Friction of sliding leadscrews under hydrodynamic lubrication：2nd report，verification of drunkenness-model theory and consideration of appropriate driving condition [J]. JSME International Journal Series C，1999，42 (4)：1012-1020.

[39] Fukada S. Friction of sliding leadscrews under hydrodynamic lubrication：1st report，establishment of clearance shape model and its analysis based on infinitely short bearing theory [J]. JSME International Journal Series C，1999，42 (4)：1003-1011.

[40] 张伯霖. 高速切削技术及应用 [M]. 北京：机械工业出版社，2002.

[41] 李圣怡. 精密和超精密机床设计理论与方法 [M]. 长沙：国防科技大学出版社，2009.

[42] Zhao P，Satomi T. Study on aerostatic lead screw [J]. Journal of The Japan Society for Precision Engineering，2007，73 (12)：1350-1355.

[43] Satomi T，Zhao P，Kobayashi D. Study on positioning accuracy of aerostatic lead screw [C] // ASME 2006 International Mechanical Engineering Congress and Exposition. American Society of Mechanical Engineers Digital Collection，2007：175-180.

[44] Tandou T，Satomi T. Fluctuation analysis on aerostatic lead screw [J]. The Proceedings of the Symposium on Motion and Power Transmission，2004，2004：105-106.

[45] Bassani R. Self-regulated hydrostatic pads [J]. Wear，1980，61 (1)：49-68.

[46] Gaca H，Ruiter J，Mehr G，et al. Hydrostatic lubrication [M] //Mang T. Encyclopedia of Lubricants and Lubrication. Berlin，Heidelberg：Springer，2014：962-970.

[47] Bassani R. Hydrostatic systems supplied through flow dividers [J]. Tribology International，2001，34 (1)：25-38.

[48] Bassani R. The self-regulated hydrostatic screw and nut [J]. Tribology International，1979，12 (4)：185-190.

[49] Bassani R. The self-regulated hydrostatic screw and nut with rectangular threads [J]. Wear，1980，61 (2)：243-261.

[50] Bassani R. The flow self-regulating hydrostatic screw and nut [J]. Journal of Lubrication Technology，1979，101 (3)：364-375.

[51] El-Sayed H R，Khatan H. The exact performance of externally pressurized power screws [J]. Wear，1974，30 (2)：237-247.

[52] El-Sayed H R，Khataan H A. The running performance of externally pressurized power screws [J]. Wear，1976，39 (2)：285-306.

［53］ El-sayed H R，Khataan H A． Study of performance of power screw-nut systems ［J］. Wear，1976，39（1）：15-23.

［54］ El-Sayed H R，Khataan H A． The tilting couple inherent to power screw-nut systems ［J］. Wear，1976，39（2）：277-284.

［55］ Tsubone M，Yamamoto A． A study on hydrostatic lead screws（1st report）［J］. Journal of the Japan Society of Precision Engineering，1981，47（12）：1504-1509.

［56］ Tsubone M，Yamamoto A． A study on hydrostatic lead screws（2nd report）［J］. Journal of the Japan Society of Precision Engineering，1982，48（10）：1341-1347.

［57］ Mizumoto H，Matsubara T，Okazaki S，et al． An infinite-stiffness hydrostatic lead screw with a hydrostatically controlled active restrictor ［J］. Bulletin of the Japan Society of Precision Engineering，1990.

［58］ Kang Y． Review for technology of hydrostatic leadscrew ［J］. Journal of the Mechatronic Industry，2013，360：35-45.

［59］ 赵树清． 高速液体静压丝杠螺母副的研究 ［D］. 兰州：兰州理工大学，2005.

［60］ 罗生梅，赵树清． 用于高速进给的流体静压螺母 ［J］. 机床与液压，2008，36（4）：327-328.

［61］ Rumbarger J．H，Wertwijn G． First design information on hydrostatic lead screws. ［J］. Mach Des，1968，40（9）：218-224.

［62］ 王杰民． 一种容易制造的多油腔静压丝杠螺母 ［J］. 机床与液压，1986（4）：49-52.

［63］ Mizumoto H，Matsubara T，Kubo M． Study of improved hydrostatic lead screw（1st report）［J］. Journal of the Japan Society of Precision Engineering，1982，48（10）：1291-1296.

［64］ Mizumoto H，Matsubara T，Kubo M． Study of improved hydrostatic lead screw（2nd report）［J］. Journal of the Japan Society of Precision Engineering，1983，49（6）：760-765.

［65］ Tsubone M，Yamamoto A，Kato S，et al． A study on hydrostatic lead screws（3rd report）［J］. Journal of the Japan Society of Precision Engineering，1983，49（7）：889-895.

［66］ Otsuka J，Tsubone M，Hamura M． A study on hydirostatic screw：in case of modified trapezoidal thread profile ［J］. Journal of the Japan Society of Precision Engineering，1983，49（8）：1083-1087.

［67］ Slocum A H． System to convert rotary motion to linear motion：US4836042 ［P］. 1989.

［68］ Slocum A H． Design and testing of a self coupling hydrostatic leadscrew ［C］//Seyfried P，Kunzmann H，McKeown P，et al． Berlin，Heidelberg：Springer Berlin Heidelberg，1991：103-105.

［69］ Rumbarger J H． Self-adjusting hydrostatic lead screw and nut assembly：3448632 ［P］. 1969.

［70］ 庞志成，孙殿才，荣涵锐． 内节流液体静压丝杠螺母的试验研究 ［J］. 机械工程师，1984（6）：14-17.

［71］ 路文忠． 电液伺服泵控制的数字式超精多功能静压丝杠 ［P］. 2012.

［72］ 陈耀龙，刘亮亮． 一种静压螺母副：CN104019204A ［P］.

［73］ Satomi T，Yamamoto A． Studies on the aerostatic lead screws（1st report）［J］. Journal of the Japan Society of Precision Engineering，1984，50（6）：975-980.

［74］ Satomi T，Yamamoto A． Studies on the aerostatic lead screws（2nd report）［J］. Journal of the Japan Society of Precision Engineering，1985，51（10）：1915-1920.

［75］ Mizumoto H，Matsubara T，Usman M． Study of improved hydrostatic lead screw（3rd report）［J］. Journal of the Japan Society for Precision Engineering，1986，52（11）：1960-1965.

［76］ Mizumoto H，Matsubara T，Makimoto Y． An aerostatic lead screw with stepped flank. ［J］. Journal of the Japan Society for Precision Engineering，1987，53（4）：646-651.

［77］ Kanai M，Ishihara S． Air bearing lead screw and nut using porous ceramic material. ［J］. Journal of the Japan Society for Precision Engineering，1990，56（12）：2201-2207.

［78］ Ohishi S. A prototype production of aerostatic lead screw with resin molded bearing surfaces and performance evaluation ［J］. Journal of the Japan Society for Precision Engineering，2015，81（6）：570-575.

［79］ Zhu J，Kapoor S G，DeVor R E，et al. A porous-restricted aerostatic lead screw actuator for high performance microscale machine tools ［J］. Journal of Manufacturing Science and Engineering，2013，135（1）：011002.

［80］ Adair K G，Kapoor S G，DeVor R E. An approach to the economic manufacture of an aerostatic lead screw for micro-scale machine tools ［J］. Journal of Manufacturing Processes，2011，13（1）：16-23.

［81］ Tachikawa H，Fukuda M，Sato K，et al. Ultra precision positioning using air bearing lead screw ［J］. Transactions of the Japan Society of Mechanical Engineers Series C，2000，66：1559-1566.

［82］ Fukuda M，Niwase Y. Precise positioning of an air bearing lead screw stage by semi-closed loop control ［J］. Key Engineering Materials，2012，523-524：538-543.

［83］ 申涛. 气体静压丝杠的研究 ［D］. 哈尔滨：哈尔滨工业大学，2011.

［84］ 申涛，孙雅洲，卢泽生. 气体静压丝杠误差均化作用的研究 ［J］. 航空精密制造技术，2008（4）：18-21.

［85］ 卢泽生，于雪梅. 多孔质气体静压丝杠螺母副研究 ［J］. 机床与液压，2007（4）：34-36.

［86］ 陈卉. 机床主轴静压轴承刚度影响因素分析与结构优化 ［D］. 上海：上海交通大学，2016.

［87］ Davies P B. A general analysis of multi-recess hydrostatic journal bearings ［C］//Proceedings of the Institution of Mechanical Engineers：Vol. 184. 1969：827-838.

［88］ Ms C C. Characteristics of externally pressurized journal bearings with membrane-type variable-flow restrictors as compensating elements ［C］//Proceedings of the Institution of Mechanical Engineers：Vol. 188. 1974：527-536.

［89］ Bassani R，Ciulli E，Piccigallo B，et al. Hydrostatic lubrication with cryogenic fluids ［J］. Tribology International，2006，39（8）：827-832.

［90］ Hsiao S te，Kang Y，Jong S M，et al. Static analysis of hydrostatic conical bearings using flow resistance network method ［J］. Industrial Lubrication and Tribology，2014，66（3）：411-423.

［91］ Liang P，Lu C，Pan W，et al. A new method for calculating the static performance of hydrostatic journal bearing ［J］. Tribology International，2014，77：72-77.

［92］ 朱希玲. 球磨机静压轴承轴瓦结构优化设计 ［J］. 润滑与密封，2009（7）：88-90.

［93］ Wang L，Guo S，Yin G. Research on lubrication performance of micro-textured journal bearing based on fluent ［C］//2016 International Conference on Artificial Intelligence and Engineering Applications. Atlantis Press，2016：223-227.

［94］ 张凯. 基于代理模型的大型球磨机静压轴承结构优化 ［D］. 长春：吉林大学，2016.

［95］ 孟曙光，熊万里，王少力，等. 有限体积法与正交试验法相结合的动静压轴承结构优化设计 ［J］. 中国机械工程，2016（9）：1234-1242.

［96］ Gao Q，Lu L，Chen W，et al. A novel modeling method to investigate the performance of aerostatic spindle considering the fluid-structure interaction ［J］. Tribology International，2017，115：461-469.

［97］ Fu G，Untaroiu A. A study of the effect of various recess shapes on hybrid journal bearing performance using computational fluid dynamics and response surface method ［J］. Journal of Fluids Engineering，2017，139（061104）.

［98］ Fedorynenko D，Sapon S，Boyko S，et al. Increasing of energy efficiency of spindles with fluid bearings ［J］. Acta Mechanica et Automatica，2017，11：204-209.

［99］ Yu M，Yu X，Zheng X，et al. Influence of recess shape on comprehensive lubrication performance of high speed and heavy load hydrostatic thrust bearing ［J］. Industrial Lubrication and Tribology，2018，71（2）：301-308.

[100] 范晋伟，李相智，穆东辉，等. 基于 CFX 的液体静压轴承关键参数优化 [J]. 制造技术与机床，2019（7）：37-43.

[101] 杨春梅，曹炳章. 空气静压轴承的参数设计与性能优化 [J]. 哈尔滨理工大学学报，2020（4）：48-55.

[102] Jamwal G，Sharma S，Awasthi R K. The dynamic performance analysis of chevron shape textured hydrodynamic bearings [J]. Industrial Lubrication and Tribology，2019，72（1）：1-8.

[103] 陈东菊，李源，查春青，等. 动态参数影响下液体静压主轴运动精度分析及优化 [J]. 西安交通大学学报，2020（6）：90-98.

[104] 黄鹏. 高液静压无心磨床砂轮主轴静压轴承的优化设计与性能研究 [D]. 贵阳：贵州大学，2021.

[105] 石豆豆，吴怀超，令狐克均，等. 粒子群算法对轧辊磨床静压轴承的多目标优化 [J]. 机械设计与制造，2022（7）：290-294，300.

[106] 李一飞，尹益辉. 球形腔小孔节流空气静压轴承优化设计 [J]. 液压与气动，2022（2）：145-151.

[107] 陈淑江，徐春望，路长厚，等. 嵌入控制油腔的静压主轴轴心运动主动控制分析与试验 [J]. 吉林大学学报（工学版），2023（4）：973-981.

[108] 王立春，戴彤焱. 大型转轴加工专机主轴静压轴承故障分析及处理方案 [J]. 金属加工（冷加工），2022（8）：82-85.

[109] Bakker O J，van Ostayen R A J. Recess depth optimization for rotating，annular，and circular recess hydrostatic thrust bearings [J]. Journal of Tribology，2009，132（011103）.

[110] Zhang Y，Yang X，Li X，et al. Research on influence of cavity depth on load capacity of heavy hydrostatic bearing in variable viscosity condition [J]. Advanced Materials Research，2010，129：1181-1185.

[111] Lee H B，Oh J H，Oh C H，et al. Structural design optimization of the rotary table of a floor type boring machine for minimum weight and compliance by using GA [J]. Applied Mechanics and Materials，2013，271-272：1421-1426.

[112] 许经伟. 精密气浮支承的承载特性分析与仿真 [D]. 哈尔滨：哈尔滨理工大学，2016.

[113] 李西兵，黄颖，李明，等. 油垫结构尺寸对某种立式车床静压推力轴承的温度场影响 [J]. 机床与液压，2016（21）：128-131.

[114] Yadav S K，Sharma S C. Performance of hydrostatic textured thrust bearing with supply holes operating with non-newtonian lubricant [J]. Tribology Transactions，2016，59（3）：408-420.

[115] Hanawa N，Kuniyoshi M，Miyatake M，et al. Static characteristics of a water-lubricated hydrostatic thrust bearing with a porous land region and a capillary restrictor [J]. Precision Engineering，2017，50：293-307.

[116] 黄颖，高华，张超群，等. 基于温升引起静压轴承变形的冷却结构优化仿真 [J]. 热加工工艺，2018（16）：169-172，175.

[117] 张远深，蔺相伟，范超超，等. 基于 Fluent 的静压轴承结构优化及温度特性研究 [J]. 液压气动与密封，2019（1）：21-24.

[118] 毛宁宁，雷中舵，孙雅洲. 基于 CFD 的气体静压高推力轴承仿真研究 [J]. 计算机仿真，2020（7）：219-223.

[119] 庄泽伟，尹自强，姚建华，等. 节流孔分布对矩形止推气浮静压轴承承载力的影响 [J]. 机械，2020（8）：6-11.

[120] 王宇. 高速重载静压推力轴承腔型效应研究 [D]. 哈尔滨：哈尔滨理工大学，2021.

[121] 田助新，李波. 油腔结构对液体静压推力轴承承载力的影响 [J]. 轴承，2021（12）：29-34.

[122] 庞志成. 国外机床静压导轨的新型结构及其设计计算 [J]. 机床与液压，1980（1）：38-48.

[123] Kane N R，Sihler J，Slocum A H. A hydrostatic rotary bearing with angled surface self-compensa-

tion [J]. Precision Engineering，2003，27（2）：125-139.

[124] Brecher C，Baum C，Winterschladen M，et al. Simulation of dynamic effects on hydrostatic bearings and membrane restrictors [J]. Production Engineering，2007，1（4）：415-420.

[125] Shie J S，Shih M C. A study on optimum design and dynamic behavior of a hydrostatic guideway on rotary machine tool [C] //2013 CACS International Automatic Control Conference（CACS）. 2013：146-151.

[126] 王东锋. 液体静压导轨及在设计中的应用研究 [J]. 精密制造与自动化，2003（4）：25-27，3.

[127] 武鹏飞. 闭式液体静压导轨设计研究 [J]. 液压气动与密封，2018（7）：23-25，28.

[128] Lai Z，Qiao Z，Zhang P，et al. The effect of structural coefficient on stiffness and deformation of hydrostatic guideway [C] //Eighth International Symposium on Advanced Optical Manufacturing and Testing Technology（AOMATT2016）. Suzhou，China，2016：968509.

[129] 蒙文，易传云，钟瑞龄，等. 高速插齿机主运动静压导轨的设计 [J]. 机床与液压，2010（8）：49-50，54.

[130] 范长庚，路文忠，陈永亮. 基于内反馈闭式静压节流原理的静压导轨设计 [J]. 液压气动与密封，2018（9）：12-17.

[131] 吕琳，邓明，李艳霞，等. 精冲机静压导轨的油膜刚度设计及控制 [J]. 精密成形工程，2010（5）：48-51.

[132] Dzodzo M，Braun M J，Hendricks R C. Pressure and flow characteristics in a shallow hydrostatic pocket with rounded pocket/land joints [J]. Tribology International，1996，29（1）：69-76.

[133] 唐健. 不同节流方式的静压轴承承载性能研究 [J]. 机床与液压，2010（12）：77-80.

[134] 李文锋，杜彦亭，李敏，等. 精密数控车床静压导轨性能仿真研究 [J]. 机床与液压，2012（5）：14-17.

[135] 李锁斌，尹志宏，唐邦强. 静压轴承薄膜节流器系统的理论建模及性能分析 [J]. 润滑与密封，2010（11）：94-97.

[136] 孟心斋，孟昭焱. 节流性能优异的新型液体静压支承节流器 [J]. 中国工程科学，2005（3）：49-52.

[137] 龚俭龙. 液体静压导轨的多目标优化及流场仿真分析 [D]. 广州：广东工业大学，2014.

[138] 左旭芬. 矩形静压导轨在数控凸轮磨床上的应用 [J]. 精密制造与自动化，2010（4）：30-31，53.

[139] Sharma S C，Jain S C，Bharuka D K. Influence of recess shape on the performance of a capillary compensated circular thrust pad hydrostatic bearing [J]. Tribology International，2002，35（6）：347-356.

[140] 吴笛. 局部多孔质气体静压径向轴承的建模与仿真 [J]. 轴承，2010（10）：31-36.

[141] Johnson R E，Manring N D. Sensitivity studies for the shallow-pocket geometry of a hydrostatic thrust bearing [C] //ASME 2003 International Mechanical Engineering Congress and Exposition. American Society of Mechanical Engineers Digital Collection，2008：231-238.

[142] Hong P C，Jin O Y，Ho H J，et al. Development of an ultra precision hydrostatic guideway driven by a coreless linear motor [J]. International Journal of Precision Engineering and Manufacturing，2005，6（2）：55-60.

[143] 刘一磊. 超精密机床液体静压导轨静动态特性分析及模态参数识别 [D]. 哈尔滨：哈尔滨工业大学，2012.

[144] 冯虎田. 滚珠丝杠副综合性能测量方法与技术 [M]. 北京：机械工业出版社，2011.

[145] Wang W，Feng X. Analysis of grinding force and elastic deformation in thread grinding process [J]. Advances in Mechanical Engineering，2013，5：827831.

[146] Bin H Z，Yamazaki K，DeVries M F. A stochastic approach to the measurement and analysis of

leadscrew drive kinematic errors [J]. Journal of Engineering for Industry, 1984, 106 (4): 339-344.

[147] Zhou Q, Anlagan O, Eman K. A new method for measuring and compensating pitch error in the manufacturing of lead screws [J]. International Journal of Machine Tool Design and Research, 1986, 26 (4): 359-367.

[148] Guevarra D S, Kyusojin A, Isobe H, et al. Development of a new lapping method for high precision ball screw (1st report) -feasibility study of a prototyped lapping tool for automatic lapping process [J]. Precision Engineering, 2001, 25 (1): 63-69.

[149] Guevarra D S, Kyusojin A, Isobe H, et al. Development of a new lapping method for high precision ball screw (2nd report): Design and experimental study of an automatic lapping machine with in-process torque monitoring system [J]. Precision Engineering, 2002, 26 (4): 389-395.

[150] Zhang L, Wang X, Cao J. Measurement and compensation of pitch error based on GMA with elimination of its hysteresis [J]. Journal of Mechanical Science and Technology, 2014, 28 (5): 1855-1866.

[151] 袭著燕, 路长厚, 郭涛, 等. 滚珠丝杠螺距误差前馈补偿法提高 X-Y 工作台定位精度的研究 [J]. 机械科学与技术, 2004 (7): 805-808.

[152] 宋现春, 张承瑞. 精密丝杠热变形误差的计算模型及其简化计算 [J]. 山东工业大学学报, 2000 (2): 160-163, 168.

[153] 宋现春, 林明星, 张承瑞, 等. 误差输入前馈补偿控制方法及其在滚珠丝杠磨削中的应用 [J]. 机械工程学报, 2002 (4): 100-102.

[154] 宋现春, 林明星, 艾兴, 等. 激光反馈螺纹磨床误差补偿系统的智能 PID 控制 [J]. 工具技术, 2001 (10): 13-15.

[155] Ho Y S, Chen N N S. Pressure distribution in a six-pocket hydrostatic journal bearing [J]. Wear, 1984, 98: 89-100.

[156] Chaomleffel J P, Nicolas D. Experimental investigation of hybrid journal bearings [J]. Tribology International, 1986, 19 (5): 253-259.

[157] Jain S C, Sinhasan R, Sharma S C. Analytical study of a flexible hybrid journal bearing system using different flow control devices [J]. Tribology International, 1992, 25 (6): 387-395.

[158] Sharma S C, Jain S C, Sinhasan R, et al. Comparative study of the performance of six-pocket and four-pocket hydrostatic/hybrid flexible journal bearings [J]. Tribology International, 1995, 28 (8): 531-539.

[159] Singh N, Sharma S C, Jain S C, et al. Performance of membrane compensated multirecess hydrostatic/hybrid flexible journal bearing system considering various recess shapes [J]. Tribology International, 2004, 37 (1): 11-24.

[160] Sinhasan R, Sah P L. Static and dynamic performance characteristics of an orifice compensated hydrostatic journal bearing with non-Newtonian lubricants [J]. Tribology International, 1996, 29 (6): 515-526.

[161] Rowe W B, Xu S X, Chong F S, et al. Hybrid journal bearings with particular reference to hole-entry configurations [J]. Tribology International, 1982, 15 (6): 339-348.

[162] Rajasekhar Nicodemus E, Sharma S C. Orifice compensated multirecess hydrostatic/hybrid journal bearing system of various geometric shapes of recess operating with micropolar lubricant [J]. Tribology International, 2011, 44 (3): 284-296.

[163] Jain S C, Sharma S C, Nagaraju T. Misaligned journal effects in liquid hydrostatic non-recessed journal bearings [J]. Wear, 1997, 210 (1): 67-75.

[164] Sharma S C，Sinhasan R，Jain S C. Performance characteristics of multirecess hydrostatic/ hybrid flexible journal bearing with membrane type variable-flow restrictor as compensating elements [J]. Wear，1992，152（2）：279-300.

[165] Liang P，Lu C，Ding J，et al. A method for measuring the hydrodynamic effect on the bearing land [J]. Tribology International，2013，67：146-153.

[166] Morsi S A. Passively and actively controlled externally pressurized oil film bearings [J]. Journal of Lubrication Technology，1972，94F（1）.

[167] Rowe W B，O' Donoghue J P. Diaphragm valves for controlling opposed pad hydrostatic bearings [J]. Proceedings of the Institution of Mechanical Engineers，Conference Proceedings，1969，184（12）.

[168] Sharma S C，Nicodemus E，Chauhan N. A study of misaligned micropolar lubricated membrane compensated hybrid journal bearing system [J]. Journal of Tribology，2011，133：031703.

[169] Gohara M，Somaya K，Miyatake M，et al. Static characteristics of a water-lubricated hydrostatic thrust bearing using a membrane restrictor [J]. Tribology International，2014，75：111-116.

[170] Kang Y，Lee J，Huang H，et al. Design for static stiffness of hydrostatic plain bearings：constant compensations [J]. Industrial Lubrication and Tribology，2011，63（3）：178-191.

[171] Wang C，Cusano C. Dynamic characteristics of externally pressurized，double-pad，circular thrust bearings with membrane restrictors [J]. Journal of Tribology，1991，113（1）：158-165.

[172] Schonfeld R. Regulator for adjusting the fluid flow in a hydrostatic or aerostatic device：US6276491 [P]. 2001.

[173] 高殿荣，赵建华，张作超，等. PM 流量控制器参数对液体静压导轨性能影响的研究 [J]. 机械工程学报，2011（18）：186-194.

[174] Gao D. Theoretical analysis and numerical simulation of the static and dynamic characteristics of hydrostatic guides based on progressive mengen flow controller [J]. Chinese Journal of Mechanical Engineering，2010，23（06）：709.

[175] 张作超. 基于 PM 控制器的静压导轨静动态特性理论与仿真分析 [D]. 秦皇岛：燕山大学，2012.

[176] Yoshimoto S，Kikuchi K. Step response characteristics of hydrostatic journal bearings with self-controlled restrictors employing a floating disk [J]. Journal of Tribology，1999，121（2）：315-320.

[177] Yoshimoto S，Anno Y，Fujimura M. Static characteristics of a rectangular hydrostatic thrust bearing with a self-controlled restrictor employing a floating disk [J]. Journal of Tribology，1993，115（2）：307-311.

[178] 梁鹏. 椭圆轨迹成形方法与控制技术研究 [D]. 济南：山东大学，2014.

[179] 刘自超，潘伟，路长厚，等. 基于压电型薄膜式差动节流阀的静压主轴轴心轨迹理论研究与仿真 [J]. 机械工程学报，2016（21）：71-77.

[180] Liu Z，Pan W，Lu C，et al. Numerical analysis on the static performance of a new piezoelectric membrane restrictor [J]. Industrial Lubrication and Tribology，2016，68：521-529.

[181] Park C H，Oh Y J，Shamoto E，et al. Compensation for five DOF motion errors of hydrostatic feed table by utilizing actively controlled capillaries [J]. Precision Engineering，2006，30（3）：299-305.

[182] Shamoto E，Park C H，Moriwaki T. Analysis and improvement of motion accuracy of hydrostatic feed table [J]. CIRP Annals，2001，50（1）：285-290.

[183] Hong P C，Hong L C，Sang L H. Experimental verification on the corrective machining algorithm for improving the motion accuracy of hydrostatic bearing tables [J]. International Journal of Precision Engineering and Manufacturing，2004，5（3）：62-68.

[184] Khim G，Oh J S，Park C H. Analysis of 5-DOF motion errors influenced by the guide rails of an

aerostatic linear motion stage [J]. International Journal of Precision Engineering and Manufacturing, 2014, 15 (2): 283-290.

[185] Kim G H, Han J A, Lee S K. Motion error estimation of slide table on the consideration of guide parallelism and pad deflection [J]. International Journal of Precision Engineering and Manufacturing, 2014, 15 (9): 1935-1946.

[186] Ekinci T O, Mayer J R R. Relationships between straightness and angular kinematic errors in machines [J]. International Journal of Machine Tools and Manufacture, 2007, 47 (12): 1997-2004.

[187] Xue F, Zhao W, Chen Y, et al. Research on error averaging effect of hydrostatic guideways [J]. Precision Engineering, 2012, 36 (1): 84-90.

[188] Zha J, Lv D, Jia Q, et al. Motion straightness of hydrostatic guideways considering the ratio of pad center spacing to guide rail profile error wavelength [J]. The International Journal of Advanced Manufacturing Technology, 2016, 82 (9): 2065-2073.

[189] Zha J, Wang Z, Xue F, et al. Effect of working position on vertical motion straightness of open hydrostatic guideways in grinding machine [J]. Chinese Journal of Mechanical Engineering, 2017, 30 (1): 46-52.

[190] Qi E, Fang Z, Sun T, et al. A method for predicting hydrostatic guide error averaging effects based on three-dimensional profile error [J]. Tribology International, 2016, 95: 279-289.

[191] Xue F, Zhao W, Chen Y. Influences of moisture expansion on motion errors of granite hydrostatic guideways [J]. Advanced Materials Research, 2011, 189-193: 4339-4345.

[192] Wang Z, Zhao W, Chen Y, et al. Prediction of the effect of speed on motion errors in hydrostatic guideways [J]. International Journal of Machine Tools and Manufacture, 2013, 64: 78-84.

[193] Zha J, Chen Y, Zhang P. Precision design of hydrostatic thrust bearing in rotary table and spindle [J]. Proceedings of the Institution of Mechanical Engineers, Part B: Journal of Engineering Manufacture, 2018, 232 (11): 2044-2053.

[194] Castelli V, Elrod H G. Solution of the stability problem for 360 deg self-acting, gas-lubricated bearings [J]. Journal of Basic Engineering, 1965, 87 (1): 199-210.

[195] Kirk R G, Gunter E J. Short bearing analysis applied to rotor dynamics—part I: theory [J]. Journal of Lubrication Technology, 1976, 98 (1): 47-56.

[196] Choy F K, Braun M J, Hu Y. Nonlinear transient and frequency response analysis of a hydrodynamic journal bearing [J]. Journal of Tribology, 1992, 114 (3): 448-454.

[197] Gadangi R K, Palazzolo A B. Transient analysis of tilt pad journal bearings including effects of pad flexibility and fluid film temperature [J]. Journal of Tribology, 1995, 117 (2): 302-307.

[198] San Andres L. Transient response of externally pressurized fluid film bearings© [J]. Tribology Transactions, 1997, 40 (1): 147-155.

[199] Sinhasan R, Goyal K C. Transient response of a two-lobe journal bearing lubricated with non-Newtonian lubricant [J]. Tribology International, 1995, 28 (4): 233-239.

[200] Kushare P B, Sharma S C. Nonlinear transient stability study of two lobe symmetric hole entry worn hybrid journal bearing operating with non-Newtonian lubricant [J]. Tribology International, 2014, 69: 84-101.

[201] Liang P, Lu C, Yang F, et al. Open-loop control of elliptical shaft center orbit [J]. Proceedings of the Institution of Mechanical Engineers, Part B: Journal of Engineering Manufacture, 2016, 230.

[202] Li S, Zhou C, Savin L, et al. Theoretical and experimental study of motion suppression and friction reduction of rotor systems with active hybrid fluid-film bearings [J]. Mechanical Systems and Signal Processing, 2023, 182: 109548.

[203] Rehman W U，Jiang G，Luo Y，et al．Control of active lubrication for hydrostatic journal bearing by monitoring bearing clearance［J］．Advances in Mechanical Engineering，2018，10（4）：168781401876814.

[204] Salazar J G，Santos I F．Active tilting-pad journal bearings supporting flexible rotors：Part II－The model-based feedback-controlled lubrication［J］．Tribology International，2017，107：106-115.

[205] Salazar J G，Santos I F．Active tilting-pad journal bearings supporting flexible rotors：Part I－The hybrid lubrication［J］．Tribology International，2017，107：94-105.

[206] Carmignani C，Forte P，Rustighi E．Active control of rotor vibrations by means of piezoelectric actuators［C］//ASME 2001 International Design Engineering Technical Conferences and Computers and Information in Engineering Conference．American Society of Mechanical Engineers Digital Collection，2020：757-764.

[207] 王勇勤，周巡，刘志芳，等．基于伺服控制节流的静压推力轴承性能分析与研究［J］．四川大学学报（工程科学版），2012，44（2）：201-205.

[208] 马柯达，吴超，付亚琴，等．应用于主动控制油膜轴承的超磁致伸缩驱动器的实验研究［J］．润滑与密封，2009，34（1）：36-39.

[209] 李仕义．新型节流器性能研究［D］．济南：山东大学，2014.

[210] 刘学忠，路长厚，潘伟．基于最优极点配置的混合轴承-转子系统振动控制［J］．振动与冲击，2008（1）：143-145，158，190.

[211] 韩桂华．重型数控车床静压推力轴承油膜控制研究［D］．哈尔滨：哈尔滨理工大学，2013.

[212] 李树森，任毅，陈素平，等．静压气体轴承主轴系统回转误差的控制与补偿［J］．润滑与密封，2016，41（2）：23-25，31.

[213] Haugaard A M，Santos I F．Stability of multi orifice active tilting-pad journal bearings［J］．Tribology International，2010，43（9）：1742-1750.

[214] Yau H T，Chen C L．Electric-hydraulic actuator design for a hybrid squeeze-film damper-mounted rigid rotor system with active control［J］．Journal of Vibration and Acoustics，2005，128（2）：176-183.

[215] Kytka P，Ehmann C，Nordmann R．Active vibration μ-synthesis-control of a hydrostatically supported flexible beam［J］．Journal of Mechanical Science and Technology，2007，21：924-929.

[216] Wardle F P，Bond C，Wilson C，et al．Dynamic characteristics of a direct-drive air-bearing slide system with squeeze film damping［J］．The International Journal of Advanced Manufacturing Technology，2010，47（9）：911-918.

[217] Bassani R．Hydrostatic self-regulating multipad journal and integral bearings［J］．Tribology Transactions，2013，56（2）：187-195.

[218] Wasson K，Sheehan T，Soroka D．Hydrostatic bearing for precision linear motion guidance：TW202307349A［P］．2024-03-27.

[219] 江桂云．基于液压伺服控制的动静压轴承设计理论研究［D］．重庆：重庆大学，2011.

[220] 姚超东．油膜轴承试验台比例阀控制［J］．机械管理开发，2018（9）：245-246，249.

[221] 朱波．机床液体静压导轨油膜厚度检测试验台自抗扰控制研究［D］．芜湖：安徽工程大学，2019.

[222] 闫志超．液体静压导轨油膜厚度抗干扰控制研究［D］．芜湖：安徽工程大学，2019.

[223] 孙国栋，靖马超，丁国龙，等．基于最小二乘法的工作台油膜厚度控制方法［J］．机械设计与研究，2017（4）：86-88，93.

[224] 董甫豹．数控机床静压导轨油膜厚度控制建模方法研究［D］．芜湖：安徽工程大学，2018.

[225] 靖马超．静压回转工作台油膜厚度的控制方法研究［D］．武汉：湖北工业大学，2018.

[226] 丁国龙，张雅丽，严双平，等．大型回转工作台导轨油膜厚度控制方法研究［J］．机床与液压，2019（16）：6-11.

[227] Zhang W，Wang Z，Zhao D. Design of autogenous tumbling mill hydrostatic bearing monitor and control system based on WinCC［C］//Proceedings of 2011 International Conference on Electronic & Mechanical Engineering and Information Technology：Vol. 6. 2011：2982-2984.

[228] Mizumoto H，Sunahara T，Yabuta Y，et al. Novel diaphragm-control restrictor for precision hydrostatic-bearing spindle［J］. Key Engineering Materials，2012，516：463-468.

[229] Renn J C，Wu G Y. A study on active closed-loop gap control for hydrostatic bearing［J］. Applied Mechanics and Materials，2019，894：51-59.

[230] Shih M C，Shie J S. Recess design and dynamic control of an active compensating hydrostatic bearing ［J］. Journal of Advanced Mechanical Design，Systems，and Manufacturing，2013，7（4）：706-721.

[231] PI普爱纳米 - 精密运动和定位的解决方案［EB/OL］.［2025-02-17］. https：//www. pi-china. cn/zh_cn/.

[232] 车永昌. 高速高加速度数控机床滚珠丝杠系统动力学特性分析［D］. 兰州：兰州理工大学，2022.

[233] 王淑坤. 滚珠丝杠进给系统定位精度分析［D］. 大连：大连理工大学，2007.

[234] 廖沛霖，龚义均，罗静，等. 直线电机驱动技术及其应用［J］. 重庆科技学院学报（自然科学版），2013（6）：130-132.

[235] 张培中. 直线电机驱动技术在机床中的应用［J］. 科技传播，2016（18）：240，266.

[236] 袁贤珍，赵岸峰，石煜，等. 长定子高温超导直线同步电机设计与研究［J］. 防爆电机，2024（1）：20-26.

[237] 张伟. 直线电机驱动技术在高速机床上的应用［J］. 机械工程师，2012（8）：148-149.

[238] 直线电机系列 GLM-CP 型｜［THK‖中国］［EB/OL］.［2025-02-17］. https：//www. thk. com/cn/glm-cp/.

[239] 周建乐，韩志卫，张雄飞，等. 直线电机车辆技术现状与应用发展［J］. 都市快轨交通，2012（1）：7-13.

[240] 应志奇，刘文翠，惠相君，等. 基于结构一体化的压电尺蠖直线电机设计［J］. 压电与声光，2019（2）：229-233.

[241] Goode P V，Chow M Y. Using a neural/fuzzy system to extract heuristic knowledge of incipient faults in induction motors：Part II-Application［J］. IEEE Transactions on Industrial Electronics，1995，42（2）：139-146.

[242] Chen T C，Sheu T T. Model reference neural network controller for induction motor speed control ［J］. IEEE Transactions on Energy Conversion，2002，17（2）：157-163.

[243] Guo Q，Wang L，Luo R. Robust fuzzy variable structure control of PMLSM servo system［C］//1997 IEEE International Conference on Intelligent Processing Systems：Vol. 1. 1997：675-679.

[244] Kami Y，Yabuya M，Shimizu T. Research and development of an ultraprecision positioning system ［J］. Nanotechnology，1995，6（4）：127.

[245] 赖志锋. 基于液体静压丝杠与液体静压导轨的超精密运动系统研究［D］. 哈尔滨：哈尔滨工业大学，2017.

[246] 杨金兴，冯增铭. 同步带传动系统的动力学建模与仿真分析［C］//第十六届中国 CAE 工程分析技术年会. 中国浙江湖州，2020：306-310，320.

[247] Katić M，Domitran Z，Horvatek M，et al. Measurement of timing belt angle transfer accuracy in angle metrology applications［J］. Results in Engineering，2023，17：100849.

[248] Islam M D，Nurunnabi M，Mridula F R，et al. A cost-effective approach after implementation of timing belt drive in the cotton ring-spinning frame［J］. Cleaner Engineering and Technology，2022，9：100536.

[249] 王素梅，徐洪波，夏国栋，等. 一种高精度、长寿命超薄气缸的设计及制造 [J]. 锻压装备与制造技术，2024（1）：47-49.

[250] 郝欣妮，朱勇，杨益洲，等. 基于 PLC 的比例阀控气缸伺服控制系统 [J]. 现代制造技术与装备，2023（10）：179-182.

[251] 赵彦楠，曾亿山，耿豪杰. 气动位置控制系统分数阶控制器的设计与仿真 [J]. 液压与气动，2019（7）：134-141.

[252] 刘海星，刘凯磊，强红宾，等. 基于反步法控制器的双缸液压系统同步运动控制研究 [J]. 机床与液压，2024（2）：168-174.

[253] 贾启康，张卫东，王晋川，等. 基于分布式液压升降系统的同步控制策略研究 [J]. 工程机械，2023（12）：67-72，9.

[254] 陈超，赵升吨，崔敏超，等. 电动缸的研究现状与发展趋势 [J]. 机械传动，2015（3）：181-186.

[255] 兰自立，王晨辉，李晓东. 柔性定位系统在飞机装配工装中的关键技术研究 [C] //2023 年中国航空工业技术装备工程协会年会. 中国陕西西安，2023：134-136.

[256] Lin D，Yang G. Adaptive robust control for electric cylinder with friction compensation by lugre model [J]. Vibroengineering Procedia，2021，39：45-50.

[257] 俞涛. 微位移机构的设计、仿真及有限元分析 [D]. 合肥：合肥工业大学，2013.

[258] 王安宁. 差速双驱动微进给系统运动控制技术研究 [D]. 济南：山东大学，2024.

[259] 张金峰，封超，马芸慧，等. 微铣金属表面微沟槽结构的粗糙度及形貌分析 [J]. 光学精密工程，2018（12）：2998-3011.

[260] 张磊，刘莹. 基于柔性铰链的微位移机构设计 [J]. 机床与液压，2010（5）：87-89.

[261] 康凯，徐伟东，徐蓉，等. 不同初始温度下脉冲大电流直线电机驱动性能研究 [J]. 电工电能新技术，2018（11）：69-75.

[262] 徐伟. 直线电机设计、控制及系统集成专题特约主编寄语 [J]. 电工技术学报，2021（6）：1101-1102.

[263] 聂应新，邢俊岩，王成举. 滚珠丝杠进给系统设计关键技术研究 [J]. 世界制造技术与装备市场，2020（1）：76-79.

[264] 王壹帆. 基于滑动螺旋传动的精密伺服进给系统研究 [D]. 济南：山东大学，2021.

[265] Peng H，Wei S，Huang X，et al. A novel ball-screw-driven rigid-flexible coupling stage with active disturbance rejection control to compensate for friction dead zone [J]. Mechanical Systems and Signal Processing，2024，208：110963.

[266] Su L，Huang G，Huang R，et al. Design of a compact long-stroke high-precision rigid-flexible coupling motion stage driven by linear motor [J]. Journal of Mechanical Science and Technology，2022，36（12）：5859-5870.

[267] 卢倩. 基于压电驱动的六自由度混联精密定位平台关键技术研究 [D]. 南京：南京航空航天大学，2020.

[268] 刘建勇，高晓东，张海峰，等. 双直线电机驱动技术在电火花加工中的应用 [C] //第 18 届全国特种加工学术会议. 中国新疆乌鲁木齐，2019：18.

[269] 唐勉志，唐皓. 滚珠丝杠副精密运动平台全行程定位精度预测及补偿 [J]. 机械科学与技术，2023.

[270] 梁永辉. 基于滑模控制架构的滚珠丝杠进给系统力/位置调控策略 [D]. 西安：西安理工大学，2024.

[271] 左斌，黄海洋，陶宇. 基于 TRIZ 的数控机床进给系统改进创新设计 [J]. 机械设计与研究，2021（1）：139-143，155.

[272] 朱子健，陈仁文，徐晓弈，等. 智能材料在微机械中的应用及发展 [J]. 航空精密制造技术，2003

（3）：4-7，12.

[273] 邵逸飞，孔繁星，何腾飞，等．压电陶瓷在精密超精密领域的应用及发展 [J]．化工自动化及仪表，2023（2）：125-130，180.

[274] 方记文，王佳，刘芳华，等．基于浮动定子的直线运动平台减振与定位控制 [J]．江苏科技大学学报（自然科学版），2020（2）：53-59.

[275] 陆昂．基于压电陶瓷的微位移促动器的研究 [D]．南京：南京邮电大学，2024.

[276] Zhang X，Li W，Li S，et al. Design，modeling，and analysis of a novel XY micro-displacement scanning stage with an elliptical compliant restraint mechanism [J]. Physica Scripta，2023，98（11）：115505.

[277] 宋冠霖．基于双压电陶瓷的线性驱动器结构设计 [D]．哈尔滨：哈尔滨工业大学，2024.

[278] 王逸勍．使用压电陶瓷制作仿生精密定位装置 [J]．传感器世界，2020（7）：31-36.

[279] Chen X，Su C，Li Z，et al. Design of Implementable Adaptive Control for Micro/Nano Positioning System Driven by Piezoelectric Actuator [J]. IEEE Transactions on Industrial Electronics，2016，63（10）：6471-6481.

[280] 崔良玉，方晨凯，丁楠，等．基于柔性铰链的手动微位移调整平台设计 [J]．天津职业技术师范大学学报，2023（2）：27-31.

[281] Shi Z，Li X，Zhu Z. Design，optimization，and characterization of an XY nanopositioning stage with multi-level spatial flexure hinges for high-precision large-stroke motion guidance [J]. The Review of Scientific Instruments，2023，94（12）：125007.

[282] 王伟祥．基于柔性铰链的压电式空间指向精调机构研究 [D]．哈尔滨：哈尔滨工业大学，2021.

[283] 孟繁勋．原子力显微镜微位移定位平台的设计 [D]．济南：山东建筑大学，2024.

[284] 季瑞南，金家楣，张建辉．六自由度微位移定位平台的设计与试验 [J]．振动，2019（6）：1264-1270，1363.

[285] 刘定强，黄玉美，吴知峰，等．宏微进给系统位置精度的误差补偿 [J]．机械科学与技术，2011（4）：645-647，651.

[286] 张揽宇，高健．高速大行程宏微复合运动平台的振动抑制与精密定位方法研究 [J]．机械工程学报，2020（11）：131.

[287] 王红．基于浮动定子的高加速度高精度直线定位平台的研究 [D]．哈尔滨：哈尔滨工业大学，2018.

[288] Pahk H J，Lee D S，Park J H. Ultra precision positioning system for servo motor – piezo actuator using the dual servo loop and digital filter implementation [J]. International Journal of Machine Tools and Manufacture，2001，41（1）：51-63.

[289] 王康．基于气压驱动的宏/微二维进给位移台的关键技术研究 [D]．镇江：江苏科技大学，2017.

[290] 赵荣丽．垂直轴宏微复合二维运动平台及直线度误差补偿技术的研究 [D]．广州：广东工业大学，2015.

[291] 韦胜强．刚柔耦合滚珠丝杠运动平台设计 [D]．广州：广东工业大学，2023.

[292] 张金迪，高健，钟耿君，等．新型三自由度宏微运动平台设计与仿真分析 [J]．现代制造工程，2019（8）：125-129.

[293] 刘成龙．磁致伸缩镜面偏转双级精密驱动系统机构设计与特性研究 [D]．沈阳：沈阳工业大学，2019.

[294] 龙涛元．宏微直线运动的压电致动器控制系统研究 [D]．广州：华南农业大学，2023.

[295] 杜付鑫．双轴差速式微量进给伺服系统摩擦建模分析与补偿研究 [D]．济南：山东大学，2019.

[296] Lu Z，Feng X，Su Z，et al. Friction parameters dynamic change and compensation for a novel dual-drive micro-feeding system [J]. Actuators，2022，11（8）：236.

[297] 胡泷，查俊，朱永生，等. 基础装备制造及高档集成数控机床研究进展 [J]. 中国机械工程，2021（16）：1891-1903.

[298] 李福华. 滚珠丝杠进给系统动力学建模、参数辨识与动态误差补偿 [D]. 北京：清华大学，2020.

[299] Yang X，Lu D，Zhang J，et al. Dynamic electromechanical coupling resulting from the air-gap fluctuation of the linear motor in machine tools [J]. International Journal of Machine Tools and Manufacture，2015，94：100-108.

[300] Yang X，Lu D，Zhang J，et al. Investigation on the displacement fluctuation of the linear motor feed system considering the linear encoder vibration [J]. International Journal of Machine Tools and Manufacture，2015，98：33-40.

[301] 陈勇将，汤文成，王洁璐. 滚珠丝杠副刚度影响因素及试验研究 [J]. 振动与冲击，2013（11）：70-74.

[302] 王晨升，冯裕海，苏芳，等. 加工工件质量及安装位置对滚珠丝杠进给系统动态特性的影响 [J]. 制造技术与机床，2023（4）：169-173.

[303] 尚彤. 双丝杠进给系统同步误差影响因素及其控制方法研究 [D]. 济南：山东建筑大学，2023.

[304] 于翰文. 宏宏双驱动微量进给伺服系统动态特性研究 [D]. 济南：山东大学，2017.

[305] 谌国章. 滚珠丝杠进给系统动态特性分析与参数辨识 [D]. 兰州：兰州理工大学，2023.

[306] 牟世刚. 高速螺母驱动型滚珠丝杠副动力学特性研究 [D]. 济南：山东大学，2013.

[307] 张仲玺，龚俊，宁会峰，等. 珩磨机伺服进给系统建模与分析 [J]. 机械设计与制造，2017（2）：132-134.

[308] 陈哲钥，张建业，吕张成，等. 基于滚珠丝杠传动的机床进给系统建模与分析 [J]. 机床与液压，2023（13）：166-171.

[309] Liu C，Zhao C，Wen B. Dynamics analysis on the MDOF model of ball screw feed system considering the assembly error of guide rails [J]. Mechanical Systems and Signal Processing，2022，178：109290.

[310] Mei Z，Chen L，Ding J. Multi-domain integrated modeling and verification for the ball screw feed system in machine tools [J]. Proceedings of the Institution of Mechanical Engineers，Part B：Journal of Engineering Manufacture，2020，234（14）：1707-1719.

[311] Huang T，Deng P，Zhang W，et al. Polytopic LPV modeling and gain scheduling H_∞ control of ball screw with position- and load-dependent variable dynamics [J]. Precision Engineering，2024，87：1-10.

[312] 尹鹏，郑银环，秦信春. 精密数控机床进给系统有限元分析 [J]. 数字制造科学，2022（1）：39-44.

[313] Zhang Z，Feng X，Li P，et al. A novel friction identification method based on a two-axis differential micro-feed system [J]. Actuators，2023，12（9）：356.

[314] 杨勇，张为民，仇炜谏，等. 基于模态综合法与动态凝聚的滚珠丝杠进给系统状态空间建模与实验验证 [J]. 振动与冲击，2017（13）：53-59.

[315] 汪涛. 伺服进给系统的位置跟踪控制方法研究 [D]. 汉中：陕西理工大学，2024.

[316] 韩硕，汤文成，包达飞. 基于变幂次趋近律的滚珠丝杠进给系统滑模控制 [J]. 东南大学学报（自然科学版），2019（2）：237-244.

[317] 刘奇. 高速 CNC 进给系统轮廓误差预测及自适应控制方法 [D]. 天津：河北工业大学，2023.

[318] 王文轩. 静压进给系统的动力学建模及控制方法研究 [D]. 西安：西安理工大学，2021.

[319] 何文琦. 数控机床进给系统磁流变阻尼主动减振控制方法研究 [D]. 西安：西安理工大学，2024.

[320] Zatarain M，Ruiz de Argandoña I，Illarramendi A，et al. New control techniques based on state space observers for improving the precision and dynamic behaviour of machine tools [J]. CIRP An-

nals，2005，54（1）：393-396.

[321] Fujimoto H，Takemura T. High-precision control of ball-screw-driven stage based on repetitive control using n-times learning filter [J]. IEEE Transactions on Industrial Electronics，2014，61（7）：3694-3703.

[322] Sun Z，Zahn P，Lechler A. A new control principle to increase the bandwidth of feed drives with large inertia ratio [J]. The International Journal of Advanced Manufacturing Technology，2017，91：1-6.

[323] Hanawa N，Kuniyoshi M，Miyatake M，et al. Static characteristics of a water-lubricated hydrostatic thrust bearing with a porous land region and a capillary restrictor [J]. Precision Engineering，2017，50：293-307.

[324] Gohara M，Somaya K，Miyatake M，et al. Static characteristics of a water-lubricated hydrostatic thrust bearing using a membrane restrictor [J]. Tribology International，2014，75：111-116.

[325] Shi J，Cao H，Jin X. Investigation on the static and dynamic characteristics of 3-DOF aerostatic thrust bearings with orifice restrictor [J]. Tribology International，2019，138：435-449.

[326] Snidle R，Evans H，Kong S，et al. Elastohydrodynamics of a worm gear contact [J]. Journal of Tribology，2001，123.

[327] Sharif K J，Kong S，Evans H P，et al. Contact and elastohydrodynamic analysis of worm gears Part 1：Theoretical formulation [J]. Proceedings of the Institution of Mechanical Engineers，Part C：Journal of Mechanical Engineering Science，2001，215（7）：817-830.

[328] Simon V. EHD lubrication characteristics of a new type of ground cylindrical worm gearing [J]. Journal of Mechanical Design，1997，119（1）：101-107.

[329] Liu Z feng，Zhan C peng，Cheng Q，et al. Thermal and tilt effects on bearing characteristics of hydrostatic oil pad in rotary table [J]. Journal of Hydrodynamics，Ser. B，2016，28（4）：585-595.

[330] Zoupas L，Wodtke M，Papadopoulos C I，et al. Effect of manufacturing errors of the pad sliding surface on the performance of the hydrodynamic thrust bearing [J]. Tribology International，2019，134：211-220.

[331] Zhang P，Chen Y，Liu X. Relationship between roundness errors of shaft and radial error motions of hydrostatic journal bearings under quasi-static condition [J]. Precision Engineering，2018，51：564-576.

[332] Zhang P，Chen Y，Zha J. Relationship between geometric errors of thrust plates and error motions of hydrostatic thrust bearings under quasi-static condition [J]. Precision Engineering，2017，50：119-131.

[333] El-Sayed H R，Khatan H. The exact performance of externally pressurized power screws [J]. Wear，1974，30（2）：237-247.

[334] Rowe W B，Chong F S. Computation of dynamic force coefficients for hybrid（hydrostatic/hydrodynamic）journal bearings by the finite disturbance and perturbation techniques [J]. Tribology International，1986，19（5）：260-271.

[335] Aleyaasin M，Whalley R，Ebrahimi M. Error correction in hydrostatic spindles by optimal bearing tuning [J]. International Journal of Machine Tools and Manufacture，2000，40（6）：809-822.

[336] Cappa S，Reynaerts D，Al-Bender F. Reducing the radial error motion of an aerostatic journal bearing to a nanometre level：Theoretical modelling [J]. Tribology Letters，2014，53（1）：27-41.

[337] Jang G，Jeong S W. Vibration analysis of a rotating system due to the effect of ball bearing waviness [J]. Journal of Sound and Vibration，2004，269（3）：709-726.

[338] Cui H，Wang Y，Yue X，et al. Numerical analysis and experimental investigation into the effects of manufacturing errors on the running accuracy of the aerostatic porous spindle [J]. Tribology Interna-

tional，2018，118：20-36.

[339] Zhang Y，Lu C，Pan W，et al. Averaging effect on pitch errors in hydrostatic lead screws with continuous helical recesses [J]. Journal of Tribology，2015，138 (021103).

[340] Zhang P，Chen Y，Zhang C，et al. Influence of geometric errors of guide rails and table on motion errors of hydrostatic guideways under quasi-static condition [J]. International Journal of Machine Tools and Manufacture，2018，125：55-67.

[341] He G，Sun G，Zhang H，et al. Hierarchical error model to estimate motion error of linear motion bearing table [J]. The International Journal of Advanced Manufacturing Technology，2017，93 (5)：1915-1927.

[342] Khim G，Park C H，Shamoto E，et al. Prediction and compensation of motion accuracy in a linear motion bearing table [J]. Precision Engineering，2011，35 (3)：393-399.

[343] Tang H，Duan J an，Zhao Q. A systematic approach on analyzing the relationship between straightness & angular errors and guideway surface in precise linear stage [J]. International Journal of Machine Tools and Manufacture，2017，120：12-19.

[344] Kirk R G，Gunter E J. Short bearing analysis applied to rotor dynamics—Part 2：Results of journal bearing response [J]. Journal of Lubrication Technology，1976，98 (2)：319-329.